Wolfgang Ebeling

Funktionentheorie, Differentialtopologie und Singularitäten

Aus dem Programm Mathematik

Dynamics in One Complex Variable
von John Milnor

Local Analytic Geometry
von Theo de Jong und Gerhard Pfister

Einführung in die Symplektische Geometrie
von Rolf Berndt

Globale Analysis
von Ilka Agricola und Thomas Friedrich

Dirac-Operatoren in der Riemann'schen Geometrie
von Thomas Friedrich

Ebene algebraische Kurven
von Gerd Fischer

Elementare Algebraische Geometrie
von Klaus Hulek

Differentialgeometrie
von Wolfgang Kühnel

Differentialgeometrie von Kurven und Flächen
von Manfredo P. doCarmo

Funktionentheorie
von Wolfgang Fischer und Ingo Lieb

Ausgewählte Kapitel aus der Funktionentheorie
von Wolfgang Fischer und Ingo Lieb

Wolfgang Ebeling

Funktionentheorie, Differentialtopologie und Singularitäten

Eine Einführung mit Ausblicken

Prof. Dr. Wolfgang Ebeling
Universität Hannover
Institut für Mathematik
Postfach 6009
30060 Hannover
E-Mail: ebeling@math.uni-hannover.de

Die Deutsche Bibliothek – CIP-Einheitsaufnahme
Ein Titeldatensatz für diese Publikation ist bei
Der Deutschen Bibliothek erhältlich.

1. Auflage März 2001

Der Verlag Vieweg ist ein Unternehmen der Fachverlagsgruppe BertelsmannSpringer.

www.vieweg.de

Konzeption und Layout: Ulrike Weigel, www.CorporateDesignGroup.de

Gedruckt auf säurefreiem Papier

ISBN-13:978-3-528-03174-9 e-ISBN-13:978-3-322-80224-8
DOI: 10.1007/978-3-322-80224-8

Vorwort

Die Untersuchung von Singularitäten analytischer Funktionen kann als ein Teilgebiet der Funktionentheorie mehrerer komplexer Veränderlicher und der algebraischen/analytischen Geometrie aufgefasst werden. Sie hat sich mittlerweile zusammen mit der Theorie der Singularitäten differenzierbarer Abbildungen zu einem eigenständigen Gebiet, der Singularitätentheorie, ausgebildet. Durch ihre Beziehungen zu zahlreichen anderen mathematischen Gebieten und Anwendungen in den Natur- und Wirtschaftswissenschaften und in der Technik (zum Beispiel unter dem Stichwort Katastrophentheorie) hat diese Theorie großes Interesse gefunden. Der besondere Reiz, aber auch die besondere Schwierigkeit dieser Theorie liegt darin, dass in ihr tief liegende Ergebnisse und Methoden aus verschiedenen mathematischen Gebieten zur Anwendung kommen.

Das vorliegende Buch hat zum Ziel, Grundlagen der Funktionentheorie mehrerer komplexer Veränderlicher darzustellen und darauf aufbauend grundlegende Konzepte der Theorie isolierter Singularitäten holomorpher Funktionen systematisch zu entwickeln. Es ist aus Vorlesungen entstanden, die der Verfasser mit dem Ziel gehalten hat, Studierende der Mathematik im Hauptstudium vom fünften Semester an in dem Gebiet der Funktionentheorie mehrerer Veränderlicher an aktuelle Fragen der Forschung heranzuführen. Dementsprechend ist das Buch auch aufgebaut. An Vorwissen werden nur Grundkenntnisse in der Funktionentheorie einer komplexen Veränderlichen und in der Algebra vorausgesetzt, wie sie die Studierenden im Allgemeinen in den ersten vier Semestern ihres Studiums erwerben. Die ersten beiden Kapitel entsprechen einer weiterführenden Vorlesung über Funktionentheorie und haben Riemann'sche Flächen und Funktionentheorie mehrerer komplexer Veränderlicher zum Inhalt. Sie stellen auch eine Einführung in die lokale komplexe Geometrie dar. Im dritten Kapitel werden die Ergebnisse auf die Deformation und Klassifikation von isolierten Singularitäten holomorpher Funktionen angewandt. Diese drei Kapitel sind aus einem Skriptum zu den Vorlesungen Funktionentheorie II und III, die der Verfasser im Wintersemester 1998/99 und im Sommersemester 1999 in Hannover gehalten hat, entstanden. Teile dieses Skriptums gehen auch auf entsprechende Vorlesungen im Wintersemester 1992/93 und im Sommersemester 1993 zurück.

Der restliche Teil des Buches beschäftigt sich mit der topologischen Untersuchung dieser Singularitäten, die mit dem mittlerweile klassischen Buch von J. Milnor [Mil68] begann. Ein Hilfsmittel dazu ist die Picard-Lefschetz-Theorie, die als eine komplexe Version der Morse-Theorie angesehen werden kann. Sie ist am Anfang des zweiten Bandes des umfangreichen zweibändigen Standardwerkes von V. I. Arnold, S. M. Gusein-Zade und A. N. Varchenko [AGV85, AGV88] dargestellt. Diese Bücher setzen allerdings viele Vorkenntnisse voraus. In den letzten beiden Kapiteln des vorliegenden Buches wird eine Einführung in diese Theorie gegeben. Im vierten Kapitel werden dazu zunächst die nötigen Grundlagen aus der algebraischen Topologie und Differentialtopologie zusammengestellt. Das fünfte Kapitel führt in die topologische Untersuchung von Singularitäten ein. Es stützt sich zum Teil auf [AGV88, Part I. The topological structure of isolated critical points of functions]. Am Ende dieses Kapitels wird ein Überblick über einige aktuellere Resultate gegeben, die zum Teil ohne Beweis dargestellt werden. Den letzten beiden Kapiteln liegt eine Vorlesung mit dem Titel "Singularitäten" zugrunde, die der Verfasser im Wintersemester 1993/94 in Hannover gehalten hat.

Das Buch kann in Teilen für eine weiterführende Vorlesung über Funktionentheorie, eine einführende Vorlesung über Differentialtopologie und für eine Spezialvorlesung/Seminar Einführung in die Singularitätentheorie benutzt werden. Als Vorlage für eine weiterführende Vorlesung über Funktionentheorie eignen sich die ersten beiden Kapitel. Der Anfang des Abschnitts 1.1, der Abschnitt 1.2, die ersten vier Abschnitte von Kapitel 3 und das Kapitel 4 behandeln Themen aus der Differentialtopologie, können unabhängig von dem Rest des Buches gelesen werden und können daher als Grundlage für eine einführende Vorlesung über Differentialtopologie dienen. Kapitel 3 und Kapitel 5 können als Lektüre für ein Seminar Einführung in die Singularitätentheorie benutzt werden, wobei je nach Kenntnisstand der Teilnehmerinnen und Teilnehmer bei Bedarf auf Resultate aus den früheren Kapiteln zurückgegriffen werden kann.

Natürlich stellen die behandelten Themen nur eine kleine Auswahl aus einer großen Vielfalt von möglichen Themen dar. Diese Auswahl ist durch die Vorlieben und die eigene Arbeit des Verfassers geprägt. Der Verfasser hofft aber, dass das Buch eine gute Grundlage für das Studium weiterführender Literatur, auf die im Literaturverzeichnis hingewiesen wird, darstellt.

Ich danke Frau S. Guttner und Herrn Dipl.-Math. Robert Wetke sehr herzlich für die sorgfältige Erstellung des größten Teils des LaTeX-Skriptums. Besonderer Dank gebührt Herrn Wetke auch für die Anfertigung der meisten Computerzeichnungen. Herrn Dr. Michael Lönne und Herrn Dr. Jörg Zintl bin ich für Hilfe beim Korrekturlesen sehr dankbar.

Hannover, im Januar 2001 — Wolfgang Ebeling

Inhaltsverzeichnis

Abbildungsverzeichnis

Tabellenverzeichnis

Kapitel 1

Riemann'sche Flächen

1.1 Riemann'sche Flächen

Wir führen zunächst den Begriff einer topologischen Mannigfaltigkeit ein.

Definition Eine *n-dimensionale topologische Mannigfaltigkeit* M ist ein Hausdorff-Raum mit abzählbarer Basis der Topologie mit der Eigenschaft, dass jeder Punkt $a \in M$ eine offene Umgebung U besitzt, die zu einer offenen Umgebung V von $\mathbb{R}^n$ homöomorph ist.

Ein Homöomorphismus $\varphi : U \to V$, $U \subset M$ offen, $V \subset \mathbb{R}^n$ offen, heißt *Karte.*

Eine Familie $\mathfrak{A} = \{\varphi_i : U_i \to V_i\}_{i \in I}$ von Karten heißt *Atlas* von M, wenn $\bigcup_{i \in I} U_i = M$.

Es seien $\varphi_1 : U_1 \to V_1$, $\varphi_2 : U_2 \to V_2$ zwei Karten mit $U_1 \cap U_2 \neq \emptyset$. Dann heißt die Abbildung

$$\varphi_2 \circ \varphi_1^{-1} : \varphi_1(U_1 \cap U_2) \longrightarrow \varphi_2(U_1 \cap U_2)$$

der zugehörige *Kartenwechsel* (vgl. Bild 1.1).

Eine 2-dimensionale topologische Mannigfaltigkeit heißt auch eine (topologische) *Fläche.*

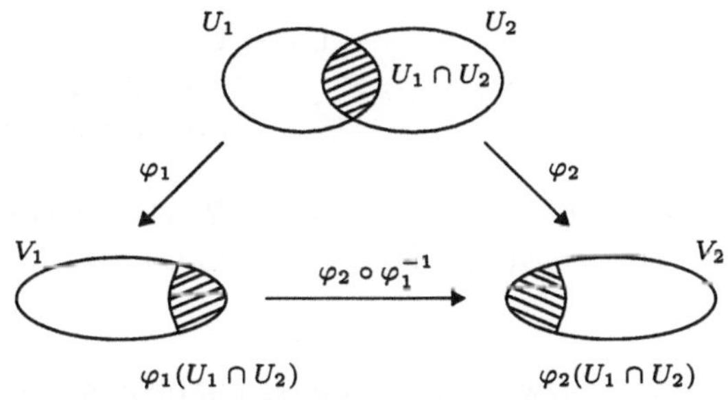

Bild 1.1: Kartenwechsel

Definition Es sei X eine Fläche. Im Folgenden identifizieren wir $\mathbb{R}^2$ auf natürliche Weise mit $\mathbb{C}$.

Ein Atlas von X heißt *komplex* (oder *holomorph*), wenn alle seine Kartenwechsel holomorph sind.

Zwei komplexe Atlanten $\mathfrak{U}$ und $\mathfrak{V}$ heißen *äquivalent*, genau dann, wenn $\mathfrak{U} \cup \mathfrak{V}$ auch ein komplexer Atlas ist.

Eine *komplexe Struktur* auf X ist eine Äquivalenzklasse von komplexen Atlanten auf X.

Eine (abstrakte) *Riemann'sche Fläche* ist eine zusammenhängende Fläche mit einer komplexen Struktur.

Bemerkung 1.1 Jede komplexe Struktur enthält einen eindeutig bestimmten maximalen Atlas $\mathfrak{A}^*$: Ist $\mathfrak{A}$ ein beliebiger Atlas aus der entsprechenden Äquivalenzklasse, so ist

$$\mathfrak{A}^* := \left\{ \varphi : U \longrightarrow V \text{ Karte} \;\middle|\; \begin{array}{l} \text{Kartenwechsel von } \varphi \\ \text{mit allen Karten von } \mathfrak{A} \text{ ist holomorph} \end{array} \right\}$$

ein maximaler Atlas.

Vereinbarung Ist X eine Riemann'sche Fläche, so ist eine Karte von X immer eine Karte des maximalen Atlas der komplexen Struktur.

Beispiel 1.1 Die komplexe Zahlenebene $\mathbb{C}$ ist eine Riemann'sche Fläche. Ein komplexer Atlas ist $\{\text{id} : \mathbb{C} \to \mathbb{C}\}$.

Beispiel 1.2 Jedes Gebiet $G \subset \mathbb{C}$ ist eine Riemann'sche Fläche. Ein Atlas ist $\{\text{id}|_G : G \to G\}$. Allgemeiner gilt: Ist X eine Riemann'sche Fläche und $Y \subset X$ eine offene und zusammenhängende Teilmenge von X, so ist auch Y eine Riemann'sche Fläche. Ein Atlas besteht aus den Karten $\varphi : U \to V$ von X, wobei $U \subset Y$.

Beispiel 1.3 Die Riemann'sche Zahlensphäre $\hat{\mathbb{C}} = \mathbb{C} \cup \{\infty\}$ ist eine Riemann'sche Fläche. Wir setzen

$$U_1 := \hat{\mathbb{C}} \setminus \{\infty\} = \mathbb{C}, \quad \varphi_1 = \text{id} : U_1 \to \mathbb{C},$$

$$U_2 := \hat{\mathbb{C}} \setminus \{0\} = \mathbb{C}^* \cup \{\infty\}, \quad \varphi_2 : \begin{array}{l} U_2 \to \mathbb{C} \\ z \mapsto \begin{cases} \frac{1}{z} & \text{für } z \in \mathbb{C}^* \\ 0 & \text{für } z = \infty. \end{cases} \end{array}$$

Hierbei ist $\mathbb{C}^* = \mathbb{C} \setminus \{0\}$. Dann ist $\{\varphi_i : U_i \to \mathbb{C} \,|\, i = 1, 2\}$ ein Atlas auf $\hat{\mathbb{C}}$. Dieser Atlas ist komplex: Es ist $\varphi_1(U_1 \cap U_2) = \varphi_2(U_1 \cap U_2) = \mathbb{C}^*$ und $\varphi_2 \circ \varphi_1^{-1} : \mathbb{C}^* \to \mathbb{C}^*, z \mapsto 1/z$, biholomorph.

Beispiel 1.4 Es seien $\omega_1, \omega_2 \in \mathbb{C}$ zwei über $\mathbb{R}$ linear unabhängige Elemente. Wir definieren

$$L := \{m_1\omega_1 + m_2\omega_2 \,|\, m_1, m_2 \in \mathbb{Z}\}.$$

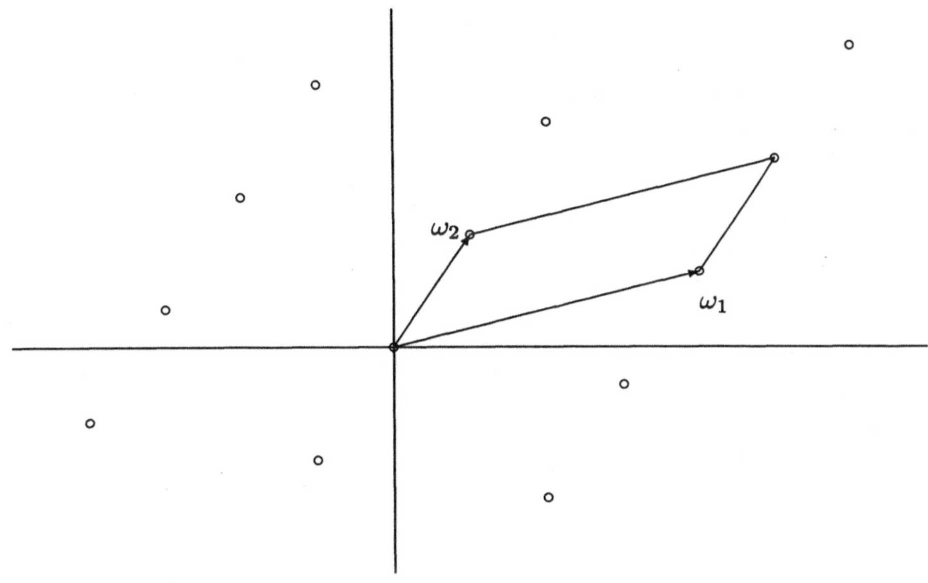

Bild 1.2: Gitter L und Parallelogramm P

Eine solche Teilmenge $L \subset \mathbb{C}$ nennt man ein *Gitter* in $\mathbb{C}$. Ein Gitter L ist eine Untergruppe von $\mathbb{C}$, die als abelsche Gruppe isomorph zu $\mathbb{Z} \times \mathbb{Z}$ ist. Ein Gitter L definiert eine Äquivalenzrelation auf $\mathbb{C}$: Zwei komplexe Zahlen $z, z' \in \mathbb{C}$ heißen äquivalent modulo L (in Zeichen $z \equiv z' \pmod L$) genau dann, wenn $z - z' \in L$. Die Menge aller Äquivalenzklassen wird mit $\mathbb{C}/L$ bezeichnet. Jede Äquivalenzklasse hat einen Repräsentanten im Parallelogramm

$$P := \{\lambda_1\omega_1 + \lambda_2\omega_2 \,|\, 0 \leq \lambda_1 \leq 1, 0 \leq \lambda_2 \leq 1\}.$$

Für P gilt außerdem: keine zwei inneren Punkte sind äquivalent und kein Randpunkt ist äquivalent zu einem inneren Punkt. Außerdem ist P kompakt. Einen solchen Bereich nennt man auch einen *Fundamentalbereich* und P heißt auch *Fundamentalparallelogramm*. Man erhält $\mathbb{C}/L$ $(= \mathbb{R}^2/L)$ aus P durch Identifikation gegenüberliegender Seiten:

$$\begin{aligned} \alpha &\equiv \alpha + \omega_2 \pmod L, \qquad \alpha = \lambda_1\omega_1 \, (0 \leq \lambda_1 \leq 1), \\ \beta &\equiv \beta + \omega_1 \pmod L, \qquad \beta = \lambda_2\omega_2 \, (0 \leq \lambda_2 \leq 1). \end{aligned}$$

Anschaulich bedeutet dies, dass man zunächst zwei gegenüberliegende Seiten identifiziert und einen Zylinder erhält, dessen beide Enden noch identifiziert werden müssen: Man bekommt einen *Torus*.

Auf $\mathbb{C}/L$ können wir nun eine Topologie wie folgt erklären. Es sei

$$\pi : \mathbb{C} \to \mathbb{C}/L$$

die Restklassenabbildung. Wir nennen eine Teilmenge $U \subset \mathbb{C}/L$ genau dann offen, wenn $\pi^{-1}(U)$ offen in $\mathbb{C}$ ist. Mit dieser Topologie ist $\mathbb{C}/L$ ein Hausdorff-Raum und die Restklassenabbildung $\pi : \mathbb{C} \to \mathbb{C}/L$ ist stetig. Da $\mathbb{C}$ zusammenhängend ist, ist auch $\mathbb{C}/L$ zusammenhängend. Da $\mathbb{C}/L$ durch Identifikation gegenüberliegender Seiten von P entsteht und P kompakt ist, ist auch $\mathbb{C}/L$ kompakt.

Wir führen nun auf $\mathbb{C}/L$ eine komplexe Struktur ein. Es sei $a \in \mathbb{C}/L$. Wir wählen ein Urbild $z \in \pi^{-1}(a)$ und eine kleine offene Kreisscheibe V um z, die nur paarweise nicht modulo L äquivalente Punkte enthält. Nach Definition der Topologie auf $\mathbb{C}/L$ ist dann $U := \pi(V) \subset \mathbb{C}/L$ offen und $\pi|_V : V \to U$ ist ein Homöomorphismus. Seine Umkehrabbildung $\varphi : U \to V$ ist eine Karte auf $\mathbb{C}/L$ um a.

Es sei $\mathfrak{U}$ die Menge aller solchen Karten. Es seien $\varphi_1 : U_1 \to V_1$ und $\varphi_1 : U_1 \to V_1$ zwei Karten aus $\mathfrak{U}$. Dann ist der Kartenwechsel $\varphi_2 \circ \varphi_1^{-1} : \varphi_1(U_1 \cap U_2) \to \varphi_2(U_1 \cap U_2)$ die Translation um einen Gittervektor, also holomorph.

Also ist $\mathbb{C}/L$ mit der durch den Atlas $\mathfrak{U}$ definierten komplexen Struktur eine kompakte Riemann'sche Fläche.

Wir wollen nun holomorphe Abbildungen zwischen Riemann'schen Flächen definieren.

Definition Es sei X eine Riemann'sche Fläche und $Y \subset X$ eine offene Teilmenge. Eine Funktion $f : Y \to \mathbb{C}$ heißt *holomorph*, wenn für jede Karte $\varphi : U \to V$ auf X die Funktion $f \circ \varphi^{-1} : \varphi(U \cap Y) \to \mathbb{C}$ holomorph ist. Mit $\mathcal{O}(Y)$ bezeichnen wir die Menge aller auf Y holomorphen Funktionen.

Bemerkung 1.2 (i) $\mathcal{O}(Y)$ ist eine $\mathbb{C}$-Algebra.

(ii) Die Bedingung braucht nur für eine Familie von Karten nachgeprüft zu werden, die Y überdecken.

(iii) Eine Karte $\varphi : U \to V$ ist holomorph. Die durch φ eingeführte Koordinate auf X heißt *lokale Koordinate* oder *Ortsuniformisierende* von X, (U, φ) heißt *Koordinatenumgebung* von $a \in U$. Statt φ schreibt man oft z.

Definition Es sei X eine Riemann'sche Fläche, $a \in X$, $f : X \setminus \{a\} \to \mathbb{C}$ eine Funktion. Der Punkt a heißt *isolierte Singularität von f*, wenn es eine offene Umgebung U von a gibt, so dass f holomorph in $U \setminus \{a\}$ ist.

Es sei a eine isolierte Singularität von f. Die Singularität a heißt *hebbar* (bzw. ein *Pol der Ordnung n*, bzw. eine *wesentliche Singularität*), wenn es eine Karte $\varphi : U \to V$ mit $a \in U$ gibt, so dass $f \circ \varphi^{-1}$ in $z_0 = \varphi(a)$ eine hebbare Singularität (bzw. einen Pol der Ordnung n, bzw. eine wesentliche Singularität) hat.

Bemerkung 1.3 Alle diese Definitionen sind unabhängig von den Koordinaten. Es sei z.B. a ein Pol von f der Ordnung n bezüglich $\varphi : U \to V$ mit $\varphi(a) = z_0$. Dann gilt

$$f \circ \varphi^{-1}(z) = \frac{a_{-n}}{(z - z_0)^n} + \dots \qquad \text{(Laurent-Entwicklung).}$$

Es $\varphi' : U' \to V'$ eine andere Karte, $\varphi'(a) = z'_0$. Dann gilt

$$\varphi \circ \varphi'^{-1}(z') = z = z_0 + b(z' - z'_0) + \dots$$

und $b \neq 0$, da $\varphi \circ \varphi'^{-1}$ biholomorph ist. Damit gilt

$$\begin{aligned} f \circ \varphi'^{-1}(z') &= f \circ \varphi^{-1} \circ (\varphi \circ \varphi'^{-1})(z') \\ &= \frac{a_{-n}}{(b(z' - z'_0) + \dots)^n} + \dots \\ &= \frac{a_{-n}}{b^n (z' - z'_0)^n} + \dots . \end{aligned}$$

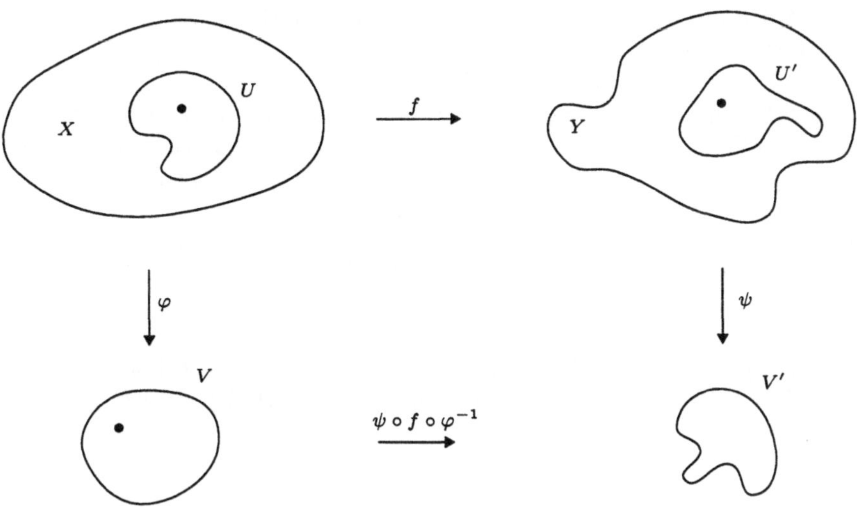

Bild 1.3: Zur Definition einer holomorphen Abbildung

Man beachte aber, dass der Koeffizient a_{-n} von $(z - z_0)^{-n}$ von der Karte abhängt. Ein Residuum ist damit insbesondere nicht erklärt!

Eine unmittelbare Folgerung aus dem Riemann'schen Hebbarkeitssatz in der komplexen Ebene ist der folgende Satz.

Satz 1.1 (Riemann'scher Hebbarkeitssatz) *Es sei X eine Riemann'sche Fläche, $U \subset X$ eine offene Teilmenge und $a \in U$. Weiter sei $f : U \setminus \{a\} \to \mathbb{C}$ eine holomorphe Funktion. Ist a eine hebbare Singularität von f, dann lässt sich f eindeutig zu einer holomorphen Funktion $f : U \to \mathbb{C}$ fortsetzen.*

Bemerkung 1.4 Ein Punkt a ist insbesondere dann eine hebbare Singularität, wenn f in einer Umgebung von a beschränkt ist.

Definition Es seien X, Y Riemann'sche Flächen. Eine Abbildung $f : X \to Y$ heißt *holomorph*, wenn f stetig ist und für jedes Paar von Karten $\varphi : U \to V$ von X und $\psi : U' \to V'$ von Y mit $f(U) \subset U'$ die Abbildung

$$\psi \circ f \circ \varphi^{-1} : V \to V'$$

holomorph ist.

Eine Abbildung $f : X \to Y$ heißt *biholomorph*, wenn f bijektiv ist und f und f^{-1} holomorph sind.

Zwei Riemann'sche Flächen heißen *isomorph* oder *konform äquivalent*, wenn es eine biholomorphe Abbildung $f : X \to Y$ gibt.

Bemerkung 1.5 Holomorphe Abbildungen $f : X \to Y = \mathbb{C}$ sind holomorphe Funktionen.

Bemerkung 1.6 Sind X, Y, Z Riemann'sche Flächen und $f : X \to Y$, $g : Y \to Z$ holomorph, so ist auch $g \circ f : X \to Z$ holomorph.

Bemerkung 1.7 Eine Abbildung $f : X \to Y$ ist genau dann holomorph, wenn f stetig ist und für jede offene Menge $V \subset Y$ und jede holomorphe Funktion $\varphi \in \mathcal{O}(V)$ die Funktion $\varphi \circ f : f^{-1}(V) \to \mathbb{C}$ holomorph ist, d.h. $\varphi \circ f \in \mathcal{O}(f^{-1}(V))$ gilt. Eine holomorphe Abbildung $f : X \to Y$ induziert deshalb eine Abbildung

$$\begin{aligned} f^* : \mathcal{O}(V) &\to \mathcal{O}(f^{-1}(V)), \\ \varphi &\mapsto \varphi \circ f. \end{aligned}$$

Diese Abbildung f^* ist ein Ringhomomorphismus. Ist $g : Y \to Z$ holomorph, $W \subset Z$ offen, $V := g^{-1}(W)$, $U := f^{-1}(V)$, dann gilt für $(g \circ f)^* : \mathcal{O}(W) \to \mathcal{O}(U)$:

$$(g \circ f)^* = f^* \circ g^*.$$

Satz 1.2 (Identitätssatz) *Es seien X, Y Riemann'sche Flächen und $f_1, f_2 : X \to Y$ zwei holomorphe Abbildungen, die auf einer Teilmenge $A \subset X$, die einen Häufungspunkt $a \in X$ besitzt, übereinstimmen. Dann gilt $f_1 \equiv f_2$.*

Beweis. Es sei

$$G := \{x \in X \mid \text{es gibt eine Umgebung } W \text{ von } x \text{ mit } f_1|_W = f_2|_W\}.$$

Nach Definition ist G offen. Wir zeigen: G ist auch abgeschlossen.

Es sei b ein Häufungspunkt von G. Wegen der Stetigkeit von f_1 und f_2 folgt $f_1(b) = f_2(b)$. Es gibt deshalb Karten $\varphi : U \to V$ auf X und $\psi : U' \to V'$ auf Y mit $b \in U$ und $f_i(U) \subset U'$, $i = 1, 2$. O.B.d.A. sei U zusammenhängend. Die Abbildung

$$g_i := \psi \circ f_i \circ \varphi^{-1} : V \to V' \subset \mathbb{C}$$

ist holomorph für $i = 1, 2$. Aus $U \cap G \neq \emptyset$ folgt $g_1 \equiv g_2$ nach dem Identitätssatz für holomorphe Funktionen einer komplexen Veränderlichen (vgl. z.B. [FL92]). Deshalb gilt

$$f_1|_U = f_2|_U,$$

also $b \in G$, also ist G abgeschlossen.

Da X zusammenhängend ist, folgt $G = \emptyset$ oder $G = X$. Aber nach dem Identitätssatz für holomorphe Funktionen einer komplexen Veränderlichen gilt $a \in G$. Also folgt $G = X$, d.h. $f_1 \equiv f_2$ auf ganz X. □

Definition Es sei X eine Riemann'sche Fläche. Eine *meromorphe Funktion* auf X ist eine holomorphe Funktion $f : X \setminus Z \to \mathbb{C}$, wobei

(i) Z eine diskrete Teilmenge von X ist;

(ii) die Punkte von Z Pole von f sind.

Es sei $\mathcal{M}(X)$ die Menge aller auf X meromorphen Funktionen.

Wir werden jetzt meromorphe Funktionen als holomorphe Abbildungen in die Riemann'sche Zahlensphäre interpretieren.

Satz 1.3 *Es sei X eine Riemann'sche Fläche. Ist f eine meromorphe Funktion auf X und definiert man $f(a) := \infty$ für einen Pol a von f, so erhält man eine holomorphe Abbildung $f : X \to \hat{\mathbb{C}}$.*

Ist umgekehrt $f : X \to \hat{\mathbb{C}}$ eine holomorphe Abbildung, so ist entweder f konstant gleich ∞ oder $f^{-1}(\infty)$ ist eine diskrete Teilmenge von X und f ist meromorph auf X.

Beweis. a) Es sei zunächst f meromorph auf X mit Polstellenmenge Z. Definiert man $f(a) := \infty$ für $a \in Z$, so erhält man eine stetige Abbildung $f : X \to \hat{\mathbb{C}}$. Es sei $\varphi : U \to V$ eine Karte von X, $\psi : U' \to V'$ eine Karte von $\hat{\mathbb{C}}$ mit $f(U) \subset U'$. Zu zeigen ist:

$$g := \psi \circ f \circ \varphi^{-1} : V \to V'$$

ist holomorph. Da f holomorph auf $X \setminus Z$ ist, ist g holomorph auf $V \setminus \varphi(U \cap Z)$. Da aber $g : V \to V' \subset \mathbb{C}$ stetig ist, folgt aus dem Riemann'schen Hebbarkeitssatz (Satz 1.1), dass g holomorph auf ganz V ist.

b) Die Umkehrung folgt aus dem Identitätssatz (Satz 1.2). □

Satz 1.4 *Die Menge $\mathcal{M}(X)$ der meromorphen Funktionen auf der Riemann'schen Fläche X ist ein Körper mit $\mathbb{C} \subset \mathcal{O}(X) \subset \mathcal{M}(X)$.*

Beweis. Aus Satz 1.3 folgt, dass der Identitätssatz (Satz 1.2) auch für meromorphe Funktionen auf X gilt. Deshalb hat ein $f \in \mathcal{M}(X)$, $f \not\equiv 0$, nur isolierte Nullstellen. Also ist $1/f$ meromorph auf X. □

Satz 1.5 (Lokale Gestalt holomorpher Abbildungen) *Es seien X, Y Riemann'sche Flächen, $f : X \to Y$ eine nicht konstante holomorphe Abbildung, $a \in X$ und $b := f(a)$.*

Dann gibt es eine natürliche Zahl $k \geq 1$, eine Karte $\varphi : U \to V$ um a von X mit $\varphi(a) = 0$ und eine Karte $\psi : U' \to V'$ von Y mit $\psi(b) = 0$ und $f(U) \subset U'$, so dass die Abbildung $F := \psi \circ f \circ \varphi^{-1} : V \to V'$ in der Koordinate z in V folgendermaßen geschrieben werden kann:

$$F(z) = z^k.$$

Beweis. Es seien $\varphi_1 : U_1 \to V_1$, $\psi : U' \to V'$ Karten von X bzw. Y mit $a \in U_1$, $\varphi_1(a) = 0$, $b \in U'$, $\psi(b) = 0$ und $f(U_1) \subset U'$. Wir betrachten die Funktion

$$f_1 := \psi \circ f \circ \varphi_1^{-1} : V_1 \to V' \subset \mathbb{C}.$$

Nach dem Identitätssatz ist f_1 nicht konstant. Wegen $f_1(0) = 0$ gibt es ein $k \in \mathbb{N}$, $k \geq 1$, so dass

$$f_1(z) = z^k g(z),$$

mit einer holomorphen Funktion $g : V_1 \to \mathbb{C}$ mit $g(0) \neq 0$. Wähle $\varepsilon > 0$, so dass für alle $z \in \mathbb{C}$ mit $|z| < \varepsilon$ gilt: $z \in V_1$ und $|g(z) - g(0)| < |g(0)|$. In der ε-Umgebung von 0 gibt es eine holomorphe Funktion h mit $h(z)^k = g(z)$ (d.h. ein Zweig von $\sqrt[k]{g(z)}$ ist definiert).

Es gibt offene Umgebungen V_2, V von 0, so dass die Abbildung

$$\begin{aligned}\alpha : V_2 &\to V\\ z &\mapsto zh(z)\end{aligned}$$

biholomorph ist. Es sei $U := \varphi_1^{-1}(V_2)$, $\varphi = \alpha \circ \varphi_1|_U : U \to V$. Für die Abbildung $F := \psi \circ f \circ \varphi^{-1}$ gilt dann nach Konstruktion $F(z) = z^k$.

Analog zu Bemerkung 1.3 kann man zeigen, dass die Zahl k unabhängig von der Wahl der Karten $\varphi_1 : U_1 \to V_1$ und $\psi : U' \to V'$ ist. □

Aus diesem Satz folgt, dass es eine Umgebung U von a gibt, so dass jedes $y \in f(U)$ mit $y \neq b$ genau k Urbilder unter f hat.

Definition Man nennt die Zahl k von Satz 1.5 die *Ordnung* oder *Vielfachheit* von f im Punkte a. In Zeichen: $k = \mathrm{ord}_a f$.

Korollar 1.1 *Es seien X, Y Riemann'sche Flächen und $f : X \to Y$ eine nicht konstante holomorphe Abbildung. Dann ist f offen, d.h. das Bild jeder offenen Menge in X unter f ist offen in Y.*

Beweis. Aus Satz 1.5 folgt unmittelbar: Ist U eine offene Umgebung von $a \in X$, so ist $f(U)$ eine offene Umgebung von $f(a)$. □

Korollar 1.2 *Es seien X, Y Riemann'sche Flächen und $f : X \to Y$ eine injektive holomorphe Abbildung. Dann ist $f : X \to f(X)$ biholomorph.*

Beweis. Ist f injektiv, so gilt $\mathrm{ord}_a f = 1$ für alle $a \in X$ und f hat in geeigneten lokalen Koordinaten die Form $f(z) = z$. Daraus folgt, dass $f^{-1} : f(X) \to X$ holomorph ist. □

Korollar 1.3 *Es sei X eine Riemann'sche Fläche und $f : X \to \mathbb{C}$ eine nicht konstante holomorphe Funktion. Dann hat die reelle Funktion $|f|$ keine lokalen Maxima auf X.*

Beweis. Hat $|f|$ in $a \in X$ ein lokales Maximum, so gibt es eine offene Umgebung U von a mit $|f(x)| \leq |f(a)|$ für alle $x \in U$. Dann ist $|f(a)|$ Randpunkt von $|f|(U)$ im Widerspruch dazu, dass $f(U)$ offen ist. □

Korollar 1.4 *Es sei X eine kompakte Riemann'sche Fläche und $f : X \to \mathbb{C}$ eine holomorphe Funktion. Dann ist f konstant.*

Beweis. Da X kompakt und $|f|$ stetig ist, muss $|f|$ auf X ein Maximum annehmen. Damit folgt die Behauptung aus Korollar 1.3. □

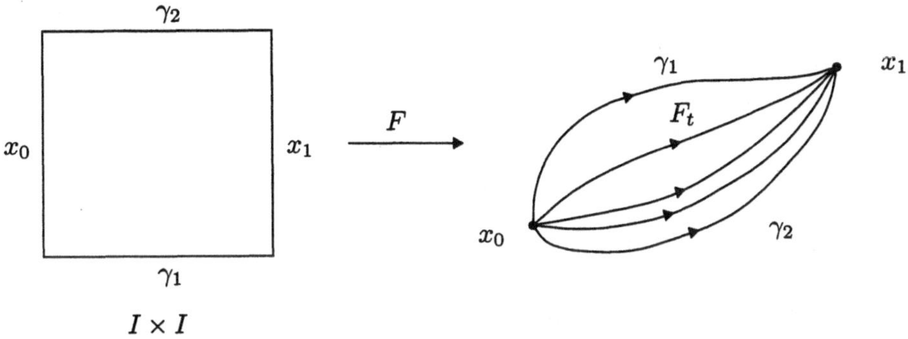

Bild 1.4: Eine Homotopie F zwischen γ_1 und γ_2

1.2 Homotopie von Wegen, Fundamentalgruppe

Wir wollen nun einige topologische Hilfsmittel bereitstellen, die mit der Homotopie von Wegen zu tun haben. Man findet sie in den meisten Büchern über algebraische Topologie, z.B. in dem Buch [GH81].

Ein *Weg* in einem topologischen Raum X ist eine stetige Abbildung $\gamma : I = [0,1] \to X$.

Definition Es sei X ein topologischer Raum und $x_0, x_1 \in X$. Es seien $\gamma_1, \gamma_2 : I \to X$ zwei Wege mit demselben Anfangs- und Endpunkt, d.h. $\gamma_1(0) = \gamma_2(0) = x_0, \gamma_1(1) = \gamma_2(1) = x_1$. Die Wege γ_1 und γ_2 heißen *homotop*, in Zeichen $\gamma_1 \simeq \gamma_2$, wenn es eine stetige Abbildung $F : I \times I \to X$ gibt mit

(i) $F(s,0) = \gamma_1(s)$ für $s \in I$,

(ii) $F(s,1) = \gamma_2(s)$ für $s \in I$,

(iii) $F(0,t) = x_0$ für $t \in I$,

(iv) $F(1,t) = x_1$ für $t \in I$.

Die Abbildung F heißt eine *Homotopie* zwischen γ_1 und γ_2.

Für festes $t \in I$ erhalten wir stets einen Weg

$$\begin{aligned} F_t \; : \; & I \to X \\ & s \mapsto F_t(s) := F(s,t). \end{aligned}$$

Für jedes $t \in I$ ist F_t ein Weg von x_0 nach x_1. Die Schar $(F_t)_{0 \leq t \leq 1}$ kann als eine Deformation von γ_1 in γ_2 betrachtet werden (vgl. Bild 1.4).

Man überprüft sofort, dass gilt:

(1) $\gamma_1 \simeq \gamma_1$,

(2) $\gamma_1 \simeq \gamma_2 \Rightarrow \gamma_2 \simeq \gamma_1$,

(3) $\gamma_1 \simeq \gamma_2, \gamma_2 \simeq \gamma_3 \Rightarrow \gamma_1 \simeq \gamma_3$.

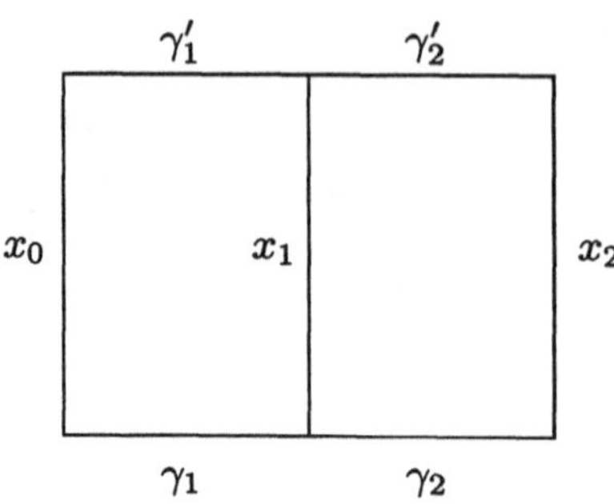

Bild 1.5: Die Homotopie FG

Definiert man ferner das *Produkt* von zwei Wegen γ_1 und γ_2 mit $\gamma_1(1) = \gamma_2(0)$ durch

$$\gamma_1\gamma_2 : I \longrightarrow X$$
$$\gamma_1\gamma_2(s) = \begin{cases} \gamma_1(2s), & 0 \le s \le \frac{1}{2}, \\ \gamma_2(2s-1), & \frac{1}{2} \le s \le 1, \end{cases}$$

so gilt ferner

(4) $\gamma_1 \simeq \gamma_1', \gamma_2 \simeq \gamma_2' \Rightarrow \gamma_1\gamma_2 \simeq \gamma_1'\gamma_2'$.

Alle Aussagen sind leicht zu zeigen. Im Fall von (4) geht man wie folgt vor: Ist $F : I \times I \to X$ eine Homotopie zwischen γ_1 und γ_1' und $G : I \times I \to X$ eine Homotopie zwischen γ_2 und γ_2', so erhält man eine Homotopie zwischen $\gamma_1\gamma_2$ und $\gamma_1'\gamma_2'$ durch

$$FG : I \times I \longrightarrow X$$
$$FG(s,t) = \begin{cases} F(2s,t), & 0 \le s \le \frac{1}{2}, \\ G(2s-1,t), & \frac{1}{2} \le s \le 1. \end{cases}$$

Man beachte, dass $F(1,t) = \gamma_1(1) = \gamma_2(0) = G(0,t)$. Symbolisch kann man dies wie in Bild 1.5 darstellen. Damit haben wir auf der Menge aller Wege eine *Äquivalenzrelation* definiert, die mit dem Produkt von Wegen verträglich ist.

Wir betrachten nun einen festen Punkt $x_0 \in X$ und geschlossene Wege $\gamma : I \to X$ mit Anfangs- und Endpunkt x_0.

Satz 1.6 *Es sei $\pi_1(X, x_0)$ die Menge der Homotopieklassen von geschlossenen Wegen mit Anfangs- und Endpunkt x_0. Bezüglich des Produktes von Wegen ist $\pi_1(X, x_0)$ eine Gruppe, deren neutrales Element durch den konstanten Weg x_0 gegeben wird und in der das zu einer Klasse $[\gamma]$ inverse Element durch $[\gamma^{-1}]$ gegeben wird, wobei $\gamma^{-1}(s) = \gamma(1-s)$ ist.*

Beweis. Alle Gruppeneigenschaften sind leicht nachzuprüfen. Wir zeigen hier $\gamma\gamma^{-1} \simeq x_0$. Eine Homotopie zwischen dem konstanten Weg x_0 und $\gamma\gamma^{-1}$ kann konkret wie folgt angegeben werden:

$$F(s,t) = \begin{cases} \gamma(2s), & 0 \le 2s \le t, \\ \gamma(t), & t \le 2s \le 2-t, \\ \gamma^{-1}(2s-1), & 2-t \le 2s \le 2. \end{cases}$$

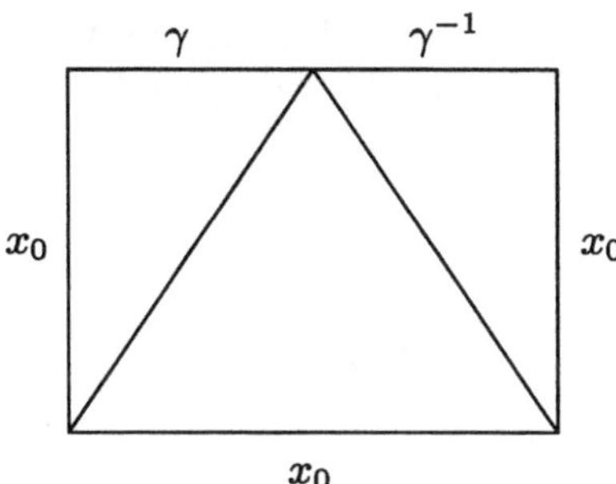

Bild 1.6: Die Homotopie F zwischen dem konstanten Weg x_0 und $\gamma\gamma^{-1}$

Symbolisch kann dies wie in Bild 1.6 dargestellt werden. Die Abbildung F ist offensichtlich auf den eingezeichneten Dreiecken stetig. Da F wohl definiert ist, d.h. die verschiedenen Definitionen stimmen auf den Durchschnitten dieser Dreiecke überein, ist F auf ganz $I \times I$ stetig. Es ist klar, dass F die gewünschte Homotopie liefert. □

Definition Die Gruppe $\pi_1(X, x_0)$ heißt die *Fundamentalgruppe von X bezüglich des Basispunktes x_0.*

Bezeichnung Mit $[\gamma]$ bezeichnen wir die Homotopieklasse des geschlossenen Weges γ. Für die Verknüpfung in $\pi_1(X, x_0)$ gilt also nach Definition $[\gamma_1][\gamma_2] = [\gamma_1\gamma_2]$.

Die nächste, offensichtliche, Frage ist, inwieweit die Fundamentalgruppe $\pi_1(X, x_0)$ vom *Basispunkt* x_0 abhängt.

Satz 1.7 *Ist α ein Weg von x_0 nach x_1, so wird durch $\alpha_* : \pi_1(X, x_0) \to \pi_1(X, x_1)$, $[\gamma] \mapsto [\alpha^{-1}\gamma\alpha]$, ein Gruppenisomorphismus definiert.*

Beweis. Offensichtlich ist α_* wohl definiert und ein Gruppenhomomorphismus. Das Inverse wird durch $(\alpha^{-1})_*$ gegeben. □

Bekanntlich heißt ein topologischer Raum X *wegzusammenhängend*, wenn je zwei Punkte x_0, x_1 in X durch einen Weg verbunden werden können.

Korollar 1.5 *Die Fundamentalgruppe eines wegzusammenhängenden topologischen Raums X hängt bis auf Isomorphie nicht vom Basispunkt ab.*

Definition Ein wegzusammenhängender topologischer Raum X heißt *einfach zusammenhängend*, wenn seine Fundamentalgruppe trivial ist, d.h. $\pi_1(X, x_0) = 0$ für einen und damit für alle Basispunkte x_0 ist.

Satz 1.8 *Es sei X ein wegzusammenhängender, einfach zusammenhängender topologischer Raum und $x_0, x_1 \in X$. Dann sind je zwei Wege $\gamma_1, \gamma_2 : I \to X$ von x_0 nach x_1 homotop.*

Beweis. Es bezeichne x_0 (bzw. x_1) den konstanten Weg in x_0 (bzw. in x_1). Da $\pi_1(X, x_0) = 0$ ist, folgt $\gamma_1\gamma_2^{-1} \simeq x_0$. Aus der Eigenschaft (4) folgt

$$\gamma_1\gamma_2^{-1}\gamma_2 \simeq x_0\gamma_2.$$

Nun ist $[\gamma_2^{-1}\gamma_2] \in \pi_1(X, x_1) = 0$, also $\gamma_2^{-1}\gamma_2 \simeq x_1$. Also folgt

$$\gamma_1 x_1 \simeq x_0\gamma_2.$$

Die Abbildung $F : I \times I \to X$ mit

$$F(s,t) := \begin{cases} \gamma_1((2-t)s), & 0 \le s \le \frac{1}{2} + \frac{1}{2}t, \\ x_1, & \frac{1}{2} + \frac{1}{2}t \le s \le 1, \end{cases}$$

ist eine Homotopie zwischen $\gamma_1 x_1$ und γ_1. Entsprechend erhält man eine Homotopie zwischen $x_0\gamma_2$ und γ_2. Also folgt $\gamma_1 \simeq \gamma_2$. □

Beispiel 1.5 a) Jede sternförmige Teilmenge $X \subset \mathbb{R}^n$ ist einfach zusammenhängend. Wir erinnern daran, dass eine Teilmenge $X \subset \mathbb{R}^n$ *sternförmig bezüglich eines Punktes* $x_0 \in X$ heißt, wenn für jeden Punkt $x \in X$ die Verbindungsstrecke $\{\lambda x_0 + (1-\lambda)x \mid 0 \le \lambda \le 1\}$ eine Teilmenge von X ist. Eine Teilmenge $X \subset \mathbb{R}^n$ heißt *sternförmig*, wenn sie sternförmig bezüglich eines Punktes $x_0 \in X$ ist. Sei $X \subset \mathbb{R}^n$ sternförmig bezüglich x_0 und $\gamma : I \to X$ ein geschlossener Weg mit Anfangs- und Endpunkt x_0. Dann liefert

$$\begin{aligned} F \; : \; & I \times I \to X \\ & (s,t) \mapsto tx_0 + (1-t)\gamma(s) \end{aligned}$$

eine Homotopie zwischen γ und x_0. Also ist $\pi_1(X, x_0) = 0$. Insbesondere folgt, dass $\mathbb{C}$ einfach zusammenhängend ist.

b) Die Riemann'sche Zahlensphäre $\hat{\mathbb{C}}$ ist einfach zusammenhängend. Zum Beweis betrachte man $U_1 := \hat{\mathbb{C}} \setminus \{\infty\}$ und $U_2 := \hat{\mathbb{C}} \setminus \{0\}$. Da U_1 und U_2 homöomorph zu $\mathbb{C}$ sind, sind U_1 und U_2 einfach zusammenhängend. Es sei nun $\gamma : I \to \hat{\mathbb{C}}$ ein geschlossener Weg mit Anfangs- und Endpunkt 0. Da I kompakt und γ stetig ist, gibt es eine Einteilung

$$0 = t_0 < t_1 < \ldots < t_{2n} < t_{2n+1} = 1$$

des Intervalls I, so dass gilt: $\gamma([t_{2k}, t_{2k+1}]) \subset U_1$ für $k = 0, \ldots, n$, $\gamma([t_{2k-1}, t_{2k}]) \subset U_2$ für $k = 1, \ldots, n$ und $\gamma(t_l) \neq \infty$ für $l = 0, \ldots, 2n+1$. Es sei $\gamma_l := \gamma|_{[t_{l-1}, t_l]}$, $l = 1, \ldots, 2n+1$. Nach Satz 1.8 kann man zu den Wegen γ_{2k}, $k = 1, \ldots, n$, homotope Wege γ'_{2k} finden, die den Punkt ∞ vermeiden. Der Weg

$$\gamma' := \gamma_1\gamma'_2\gamma_3 \cdots \gamma'_{2n}\gamma_{2n+1}$$

ist dann ein zu γ homotoper Weg mit $\gamma'(I) \subset U_1$. Da U_1 einfach zusammenhängend ist, ist γ' und damit auch γ homotop zum konstanten Weg 0.

1.3 Überlagerungen

Es soll nun der Begriff Überlagerung eingeführt werden. Eine Standardreferenz ist wieder das Buch [GH81].

Definition Es sei $p : Y \to X$ eine stetige Abbildung topologischer Räume. Die Abbildung $p : Y \to X$ ist eine *Überlagerung*, falls jeder Punkt $x \in X$ eine Umgebung U besitzt mit der Eigenschaft:

(*) $p^{-1}(U)$ ist eine disjunkte Vereinigung offener Mengen S_k in Y, so dass $p|_{S_k} : S_k \to U$ ein Homöomorphismus ist.

Die S_k heißen dann die *Blätter* über U.

Beispiel 1.6 a) Die Abbildung $\exp : \mathbb{C} \to \mathbb{C}^*$, $z \mapsto \exp(z)$, ist eine Überlagerung. Für $z_0 \in \mathbb{C}^*$ besteht $\exp^{-1}(z_0)$ aus den verschiedenen Werten des Logarithmus von z_0:

$$\log z_0 = \ln |z_0| + i(\arg z_0 + 2\pi k), \quad k \in \mathbb{Z}, \quad -\pi < \arg z_0 \leq \pi.$$

Es sei Δ eine kleine Kreisscheibe um z_0 mit $0 \notin \Delta$. Dann ist $\exp^{-1}(\Delta)$ die disjunkte Vereinigung der Blätter

$$S_k := \{\ln |z| + i(\arg z + 2\pi i k) \mid z \in \Delta, -\pi < \arg z \leq \pi\}, \quad k \in \mathbb{Z}.$$

b) Die Abbildung $p_k : \mathbb{C}^* \to \mathbb{C}^*$, $z \mapsto z^k$ $(k \geq 1)$, ist eine Überlagerung.

c) Es sei $L \subset \mathbb{C}$ ein Gitter und $\pi : \mathbb{C} \to \mathbb{C}/L$ die Restklassenabbildung. Dann ist π eine Überlagerung.

Definition Eine stetige Abbildung $p : Y \to X$ topologischer Räume heißt ein *lokaler Homöomorphismus* , wenn jeder Punkt $y \in Y$ eine offene Umgebung V besitzt, die durch p homöomorph auf eine offene Umgebung $U = p(V)$ von $p(y)$ abgebildet wird.

Eine Überlagerung $p : Y \to X$ ist ein lokaler Homöomorphismus, aber im Allgemeinen gilt nicht die Umkehrung.

Bei einem lokalen Homöomorphismus kann man nun nach der "Liftung" von Wegen, Homotopien oder Abbildungen von Z nach X fragen.

Definition Ist Z ein weiterer topologischer Raum und $f : Z \to X$ eine stetige Abbildung, so ist eine *Liftung* von f bezüglich $p : Y \to X$ eine stetige Abbildung $\tilde{f} : Z \to Y$ mit $p \circ \tilde{f} = f$, d.h. das Diagramm

$$\begin{array}{ccc} & & Y \\ & \overset{\tilde{f}}{\nearrow} & \downarrow p \\ Z & \xrightarrow{f} & X \end{array}$$

kommutiert.

Satz 1.9 *Es seien X, Y Hausdorff-Räume, $p : Y \to X$ ein lokaler Homöomorphismus, Z ein zusammenhängender topologischer Raum, $f : Z \to X$ eine stetige Abbildung und $x_0 \in X$, $y_0 \in Y$, $z_0 \in Z$ mit $p(y_0) = x_0$ und $f(z_0) = x_0$. Dann gibt es höchstens eine Liftung $\tilde{f} : Z \to Y$ von f mit $\tilde{f}(z_0) = y_0$.*

Beweis. Es sei $\tilde{f}' : Z \to Y$ eine weitere solche Liftung. Wir setzen

$$A = \{z \in Z \mid \tilde{f}(z) = \tilde{f}'(z)\}.$$

Dann ist A nicht leer, da $\tilde{f}(z_0) = \tilde{f}'(z_0) = y_0$, also $z_0 \in A$. Ist

$$B = \{z \in Z \mid \tilde{f}(z) \neq \tilde{f}'(z)\},$$

so ist Z die disjunkte Vereinigung von A und B. Wir werden nun zeigen, dass A und B offen sind. Da Z zusammenhängend ist, folgt dann, dass $A = Z$ gilt.

Es sei zunächst $z_1 \in A$ und $y := \tilde{f}(z_1) = \tilde{f}'(z_1)$. Da p ein lokaler Homöomorphismus ist, gibt es eine offene Umgebung V von y und eine offene Umgebung U von $p(y) = f(z_1)$, so dass $p|_V : V \to U$ ein Homöomorphismus ist. Da $\tilde{f}$, $\tilde{f}'$ stetig sind, gibt es eine Umgebung W von z_1 mit $\tilde{f}(W) \subset V$ und $\tilde{f}'(W) \subset V$. Wegen $p \circ \tilde{f} = p \circ \tilde{f}' = f$ gilt aber $\tilde{f}|_W = \tilde{f}'|_W = (p|_V)^{-1} \circ f|_W$. Also folgt $W \subset A$. Daher ist A offen.

Nun sei $z_1 \in B$. Dann gilt $\tilde{f}(z_1) \neq \tilde{f}'(z_1)$. Da Y ein Hausdorff-Raum ist, gibt es eine offene Umgebung V_1 von $\tilde{f}(z_1)$ und eine offene Umgebung V_1' von $\tilde{f}'(z_1)$ mit $V_1 \cap V_1' = \emptyset$. Wegen der Stetigkeit von $\tilde{f}$ und $\tilde{f}'$ gibt es eine offene Umgebung W von z_1 mit $\tilde{f}(W) \subset V_1$ und $\tilde{f}'(W) \subset V_1'$. Da V_1 und V_1' disjunkt sind, folgt $W \subset B$. Daher ist auch B offen. □

Satz 1.10 *Es sei $y_0 \in Y$, $x_0 \in X$, $p : Y \to X$ eine Überlagerung mit $p(y_0) = x_0$ und γ ein Weg in X mit $\gamma(0) = x_0$. Dann gibt es genau eine Liftung $\tilde{\gamma}$ von γ mit $\tilde{\gamma}(0) = y_0$.*

Beweis. Die Eindeutigkeit von $\tilde{\gamma}$ folgt sofort aus dem obigen Satz. Um die Existenz von $\tilde{\gamma}$ zu zeigen, unterteilen wir das Intervall $I = [0,1]$ in Teilintervalle $[t_k, t_{k+1}]$ mit $0 = t_0 < t_1 < \cdots < t_n = 1$, so dass $\gamma([t_k, t_{k+1}])$ in einer Menge U_k enthalten ist, für die die Eigenschaft $(*)$ gilt. Wir betrachten zunächst U_0 sowie das Blatt S_0 über U_0 mit $y_0 \in S_0$. Dann gibt es eine eindeutige Liftung $\tilde{\gamma}_0$ von $\gamma|_{[t_0,t_1]}$ mit $\tilde{\gamma}_0(0) = y_0$. Angenommen wir haben nun eine Liftung $\tilde{\gamma}_i : [0, t_{i+1}] \to Y$ von $\gamma|_{[0,t_{i+1}]}$ mit $\tilde{\gamma}_i(0) = y_0$. Dann gibt es eine Liftung $\gamma_{i+1}' : [t_{i+1}, t_{i+2}] \to Y$ mit $\gamma_{i+1}'(t_{i+1}) = \tilde{\gamma}_i(t_{i+1})$. Durch Zusammensetzen von $\tilde{\gamma}_i$ und γ_{i+1}' erhalten wir eine Liftung $\tilde{\gamma}_{i+1}$ von $\gamma|_{[0,t_{i+2}]}$ mit $\tilde{\gamma}_{i+1}(0) = y_0$. □

Satz 1.11 *Es seien X, Y Hausdorff-Räume, $p : Y \to X$ ein lokaler Homöomorphismus, $x_0, x_1 \in X$ und $y_0 \in Y$ mit $p(y_0) = x_0$. Es sei $F : I \times I \to X$ eine stetige Abbildung mit $F(0,t) = x_0$, $F(1,t) = x_1$ für alle $t \in I$. Wir setzen*

$$\gamma_t(s) := F(s,t).$$

Jeder Weg γ_t besitze eine Liftung $\tilde{\gamma}_t : I \to Y$ mit $\tilde{\gamma}_t(0) = y_0$ (d.h. $p \circ \tilde{\gamma}_t = \gamma_t$).

Dann haben $\tilde{\gamma}_0$ und $\tilde{\gamma}_1$ denselben Endpunkt und F kann eindeutig zu einer Homotopie $\tilde{F} : I \times I \to Y$ zwischen $\tilde{\gamma}_0$ und $\tilde{\gamma}_1$ geliftet werden.

Beweis. Wir definieren

$$\begin{aligned} \tilde{F} \;:\; & I \times I \to Y \\ & (s,t) \mapsto \tilde{\gamma}_t(s). \end{aligned}$$

Wir haben zu zeigen, dass $\tilde{F}$ stetig ist. Wegen $F = p \circ \tilde{F}$ und $F(1,t) = x_1$ für alle $t \in I$ gilt $\tilde{F}(1,t) \in p^{-1}(x_1)$ für alle $t \in I$. Da $p^{-1}(x_1)$ diskret und $\{1\} \times I$ zusammenhängend ist, folgt dann, dass es ein y_1 mit $p(y_1) = x_1$ und $\tilde{F}(1,t) = y_1$ für alle $t \in I$ gibt. Daraus folgt $\tilde{\gamma}_0(1) = \tilde{\gamma}_1(1) = y_1$ und $\tilde{F}$ ist eine Homotopie zwischen $\tilde{\gamma}_0$ und $\tilde{\gamma}_1$.

Den Beweis der Stetigkeit von $\tilde{F}$ führen wir indirekt. Angenommen, es gibt einen Punkt $(s_0, t_0) \in I \times I$, in dem $\tilde{F}$ nicht stetig ist. Es sei

$$\sigma := \inf\{s \in I \mid \tilde{F} \text{ nicht stetig in } (s, t_0)\}.$$

Es sei $x := F(\sigma, t_0)$, $y := \tilde{F}(\sigma, t_0) = \tilde{\gamma}_{t_0}(\sigma)$. Es gibt eine offene Umgebung V von y und eine offene Umgebung U von x, so dass $p|_V : V \to U$ ein Homöomorphismus ist. Wir unterscheiden zwei Fälle:

1. Fall: $\sigma = 0$. Da $F(0,t) = x_0$ für alle $t \in I$ und F stetig ist, gibt es ein $\varepsilon_0 > 0$, so dass $F([0, \varepsilon_0] \times I) \subset U$. Wegen Satz 1.9 gilt

$$\tilde{\gamma}_t|_{[0,\varepsilon_0]} = (p|_V)^{-1} \circ \gamma_t|_{[0,\varepsilon_0]} \quad \text{für alle } t \in I,$$

d.h. $\tilde{F} = (p|_V)^{-1} \circ F$ auf $[0, \varepsilon_0] \times I$. Daraus folgt, dass $\tilde{F}$ auf $[0, \varepsilon_0) \times I$ stetig ist, im Widerspruch zur Definition von σ.

2. Fall: $\sigma > 0$. Da F stetig ist, gibt es ein $\varepsilon > 0$, so dass $F(U_\varepsilon(\sigma) \times U_\varepsilon(t_0)) \subset U$, wobei

$$U_\varepsilon(\tau) = \{t \in I \mid |t - \tau| < \varepsilon\}.$$

Insbesondere gilt $\gamma_{t_0}(U_\varepsilon(\sigma)) \subset U$, wegen Satz 1.9 also

$$\tilde{\gamma}_{t_0}|_{U_\varepsilon(\sigma)} = (p|_V)^{-1} \circ \gamma_{t_0}|_{U_\varepsilon(\sigma)}.$$

Es sei $s_1 \in U_\varepsilon(\sigma)$ mit $s_1 < \sigma$. Dann ist $\tilde{F}(s_1, t_0) = \tilde{\gamma}_{t_0}(s_1) \in V$. Nach Definition von σ ist $\tilde{F}$ in (s_1, t_0) stetig. Es gibt daher ein $\delta > 0$, $\delta \leq \varepsilon$, so dass $\tilde{F}(s_1, t) = \tilde{\gamma}_t(s_1) \in V$ für alle $t \in U_\delta(t_0)$. Aus der Eindeutigkeit der Liftung folgt wieder

$$\tilde{\gamma}_t|_{U_\varepsilon(\sigma)} = (p|_V)^{-1} \circ \gamma_t|_{U_\varepsilon(\sigma)} \quad \text{für alle } t \in U_\delta(t_0),$$

d.h. $\tilde{F} = (p|_V)^{-1} \circ F$ auf $U_\varepsilon(\sigma) \times U_\delta(t_0)$. Also ist $\tilde{F}$ in einer Umgebung von (σ, t_0) stetig. Dies ist ein Widerspruch zur Definition von σ. □

Für eine Überlagerung $p : Y \to X$ kann man nun allgemein nach der Existenz von *Liftungen von stetigen Abbildungen* fragen, d.h. wir stellen die Frage, ob es zu einer vorgegebenen stetigen Abbildung $f : Z \to X$ und vorgegebenen Punkten $x_0 \in X$, $y_0 \in Y$, $z_0 \in Z$ mit $f(z_0) = p(y_0) = x_0$ eine stetige Abbildung $\tilde{f} : Z \to Y$ mit $\tilde{f}(z_0) = y_0$ gibt, so dass das Diagramm

$$\begin{array}{ccc} & & Y \\ & \overset{\tilde{f}}{\nearrow} & \downarrow p \\ Z & \xrightarrow{f} & X \end{array}$$

kommutiert.

Definition Ein topologischer Raum X heißt *lokal wegzusammenhängend*, falls es zu jedem Punkt x und jeder Umgebung U von x eine Umgebung V von x mit $V \subset U$ gibt, die wegzusammenhängend ist.

Satz 1.12 *Es seien X, Y, Z lokal wegzusammenhängende topologische Räume. Es sei $p : Y \to X$ eine Überlagerung. Ist Z einfach zusammenhängend, so ist jede stetige Abbildung $f : Z \to X$ liftbar, d.h. zu vorgegebenen Punkten $x_0 \in X$, $y_0 \in Y$, $z_0 \in Z$ mit $f(z_0) = p(y_0) = x_0$ gibt es eine stetige Abbildung $\tilde{f} : Z \to Y$ mit $\tilde{f}(z_0) = y_0$ und $p \circ \tilde{f} = f$.*

Beweis. Es sei $z_1 \in Z$ beliebig und $\gamma : I \to Z$ ein Weg von z_0 nach z_1. Es sei $\tilde{\gamma} : I \to Y$ die Liftung von $f \circ \gamma : I \to X$ mit $\tilde{\gamma}(0) = y_0$. Der Endpunkt $\tilde{\gamma}(1)$ hängt nur von z_1 und nicht von der Wahl von γ ab: Ist $\gamma_1 : I \to Z$ ein anderer Weg von z_0 nach z_1, so gilt nach Satz 1.8 $\gamma \simeq \gamma_1$, da Z einfach zusammenhängend ist. Damit gilt auch $f \circ \gamma \simeq f \circ \gamma_1$. Nach Satz 1.11 haben die Liftungen von $f \circ \gamma$ und $f \circ \gamma_1$ den gleichen Endpunkt. Daher wird durch $\tilde{f}(z_1) = \tilde{\gamma}(1)$ eindeutig eine Abbildung $\tilde{f} : Z \to Y$ definiert.

Nach Konstruktion gilt $p \circ \tilde{f} = f$. Noch zu zeigen ist: $\tilde{f}$ ist stetig in einem beliebigen $z \in Z$. Es sei U_z eine wegzusammenhängende Umgebung von z, so dass $f(U_z)$ in einer offenen Menge $V \subset X$ enthalten ist, für die die Eigenschaft $(*)$ gilt. Es sei S_z das Blatt von Y über V, in dem $\tilde{f}(z)$ liegt. Dann gilt $\tilde{f}(U_z) \subset S_z$. Für $z' \in U_z$ kann nämlich $\tilde{f}(z')$ wie folgt bestimmt werden: Es sei $\gamma_{z'} : I \to Z$ ein Weg von z nach z'. Dann ist $\tilde{f}(z')$ der Endpunkt derjenigen Liftung $\tilde{\gamma}_{z'}$ von $f \circ \gamma_{z'}$, die $\tilde{f}(z)$ als Anfangspunkt hat. Da $f \circ \gamma_{z'}$ in U_z verläuft, verläuft $\tilde{\gamma}_{z'}$ in S_z. Also ist $\tilde{f}(z') = \tilde{\gamma}_{z'}(1) \in S_z$. Die Abbildung $p_z := p|_{S_z} : S_z \to V$ ist ein Homöomorphismus und auf U_z gilt $\tilde{f} = p_z^{-1} \circ f$. Daraus folgt, dass $\tilde{f}$ auf U_z und damit in z stetig ist. □

Definition Eine *universelle Überlagerung* von X ist eine Überlagerung $p : Y \to X$ mit einem einfach zusammenhängenden Raum Y.

Bemerkung 1.8 Ist $p : Y \to X$ eine universelle Überlagerung, $q : Z \to X$ eine beliebige Überlagerung und X lokal wegzusammenhängend, so gibt es nach Satz 1.12 stets ein kommutatives Diagram

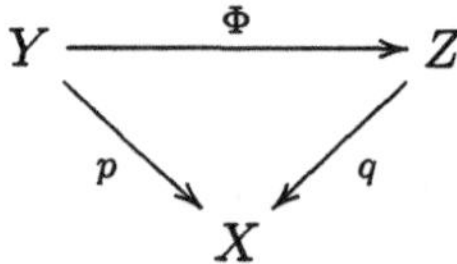

In diesem Sinn ist die universelle Überlagerung die "größte" Überlagerung von X.

Definition Zwei Überlagerungen $p : Y \to X$ und $q : Z \to X$ heißen *äquivalent*, falls es einen Homöomorphismus $\Phi : Y \to Z$ gibt, so dass das Diagramm

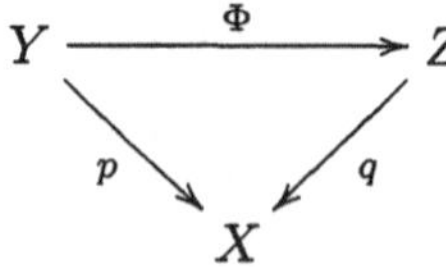

kommutiert.

Korollar 1.6 *Es sei X lokal wegzusammenhängend. Dann sind je zwei universelle Überlagerungen von X äquivalent.*

Beweis. Für zwei universelle Überlagerungen $p : Y \to X$ und $q : Z \to X$ gibt es ein Diagramm

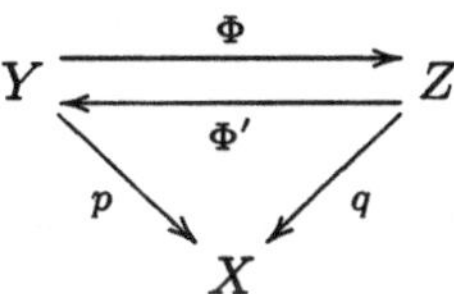

Da $\Phi'\Phi(y_0) = y_0$ und wegen der Eindeutigkeit der Liftung folgt $\Phi'\Phi = \mathrm{id}_Y$ und analog $\Phi\Phi' = \mathrm{id}_Z$. □

Beispiel 1.7 Die Überlagerung $\exp : \mathbb{C} \to \mathbb{C}^*$ ist die universelle Überlagerung von $\mathbb{C}^*$.

Es soll schließlich noch die Frage nach der Existenz der universellen Überlagerung beantwortet werden.

Definition Ein Raum X heißt *semi-lokal einfach zusammenhängend*, wenn jeder Punkt $x \in X$ eine Umgebung U besitzt, so dass jeder in U liegende geschlossene Weg nullhomotop in X ist.

Ein Raum X, der eine universelle Überlagerung besitzt, hat notwendigerweise diese Eigenschaft. Beispiele für solche Räume sind topologische Mannigfaltigkeiten.

Theorem 1.1 *Ein zusammenhängender, lokal wegzusammenhängender, semi-lokal einfach zusammenhängender Raum X besitzt stets eine universelle Überlagerung $p : \tilde{X} \to X$.*

Beweis. Wir wählen einen festen Punkt $x_0 \in X$. Wir betrachten alle Paare (x, α), wobei $x \in X$ und α eine Homotopieklasse von Wegen von x_0 nach x ist. Es sei $\tilde{X}$ die Menge aller solchen Paare. Wir definieren eine Abbildung $p : \tilde{X} \to X$ durch $p((x, a)) = x$.

Wir müssen nun $\tilde{X}$ mit einer geeigneten Topologie versehen. Es sei $(x_1, \alpha) \in \tilde{X}$ und U eine offene Umgebung von x_1, so dass jeder in U liegende geschlossene Weg nullhomotop in X ist. Für $x \in U$ sei γ_x ein in U verlaufender Weg von x_1 nach x, seine Homotopieklasse $[\gamma_x]$ hängt nach Satz 1.8 nur von x ab. Wir setzen

$$\tilde{U}(\alpha) := \{(x, \beta) \in \tilde{X} \mid x \in U,\, \beta = \alpha[\gamma_x]\}.$$

Wir nennen eine Teilmenge $W \subset \tilde{X}$ offen, wenn W die Vereinigung von Mengen der Form $\tilde{U}(\alpha)$ ist.

a) Wir zeigen, dass dadurch auf $\tilde{X}$ eine Topologie definiert wird. Dazu reicht es zu zeigen: Jeder Durchschnitt $\tilde{U}_1(\alpha_1) \cap \tilde{U}_2(\alpha_2)$ kann wieder als Vereinigung von Mengen der Form $\tilde{U}(\alpha)$ geschrieben werden. Es sei $(x, \gamma) \in \tilde{U}_1(\alpha_1) \cap \tilde{U}_2(\alpha_2)$. Dann ist $x \in U_1 \cap U_2$ und es gibt eine offene wegzusammenhängende Umgebung $V \subset U_1 \cap U_2$ von x. Dann gilt

$$(x, \gamma) \in \tilde{V}(\gamma) \subset \tilde{U}_1(\alpha_1) \cap \tilde{U}_2(\alpha_2).$$

b) Die Abbildung p ist stetig und offen, denn Mengen der Form $\tilde{U}(\alpha)$ werden durch p homöomorph auf die zugehörigen offenen Mengen $U \subset X$ abgebildet.

c) Wir zeigen, dass p eine Überlagerung ist. Es sei U eine offene Umgebung von $x_1 \in X$, so dass jeder in U liegende geschlossene Weg nullhomotop in X ist. Wir zeigen, dass U bezüglich p die Überlagerungseigenschaft $(*)$ hat. Es sei dazu $(x, \beta) \in p^{-1}(U)$.

Dann gilt $(x, \beta) = (x, \alpha[\gamma_x])$, wobei γ_x ein Weg in U von x_1 nach x ist und $\alpha = \beta[\gamma_x]^{-1}$ ist. Also gilt $(x, \beta) \in \tilde{U}(\alpha)$. Daher ist $p^{-1}(U)$ die Vereinigung über alle Homotopieklassen α von Wegen in X von x_0 nach x_1 der Mengen $\tilde{U}(\alpha)$. Diese Vereinigung ist disjunkt: Gilt $(x, \beta) \in \tilde{U}(\alpha_1) \cap \tilde{U}(\alpha_2)$, so folgt $\beta = \alpha_1[\gamma_x] = \alpha_2[\gamma_x]$, also $\alpha_1 = \alpha_2$. Die Abbildung p bildet schließlich jede Menge $\tilde{U}(\alpha)$ homoömorph auf U ab.

d) Wir zeigen, dass $\tilde{X}$ wegzusammenhängend ist. Es sei $y_0 = (x_0, 0)$, wobei 0 die Homotopieklasse des konstanten Weges mit Anfangspunkt x_0 ist. Weiter sei $y = (x, \alpha) \in \tilde{X}$. Es sei γ ein Weg von x_0 nach x, der die Homotopieklasse α repräsentiert. Für $\tau \in I = [0,1]$ setzen wir $\gamma_\tau(t) = \gamma(\tau t)$ und $\alpha_\tau = [\gamma_\tau]$. (Der Weg γ_τ ist bis auf eine Umparametrisierung der Weg $\gamma|_{[0,\tau]}$.) Dann betrachten wir die Abbildung

$$\begin{aligned} \hat{\gamma} : I &\rightarrow \tilde{X} \\ t &\mapsto (\gamma(t), \alpha_t) \end{aligned}$$

Nach Konstruktion gilt $\hat{\gamma}(0) = y_0$ und $\hat{\gamma}(1) = y$. Wir zeigen, dass $\hat{\gamma}$ stetig ist. Dazu sei $\tau \in I$ und $\tilde{V}$ offene Umgebung von $\hat{\gamma}(\tau)$, o.B.d.A. $\tilde{V} = \tilde{U}(\alpha_\tau)$, U offene Umgebung von $\gamma(\tau)$. Da γ stetig ist, gibt es ein in I offenes Intervall $I^* \subset I$ mit $\tau \in I^*$ und $\hat{\gamma}(I^*) \subset \tilde{U}(\alpha_\tau)$. Denn für $t > \tau$, $t \in I^*$, gilt $\alpha_t = [\gamma_\tau \gamma|_{[\tau,t]}]$ und aus $\gamma([\tau, t]) \subset U$ folgt $(\gamma(t), \alpha_t) \in \tilde{U}(\alpha_\tau)$. Für $t < \tau$, $t \in I^*$, schließt man analog. Also ist $\hat{\gamma}$ eine Liftung von γ und ein Weg in $\tilde{X}$ von y_0 nach y.

e) Wir zeigen schließlich, dass $\tilde{X}$ einfach zusammenhängend ist. Es sei $\hat{\gamma}$ ein Weg in $\tilde{X}$ von $y_0 = (x_0, 0)$ nach y_0 und $\gamma = p \circ \hat{\gamma}$. Dann ist $\hat{\gamma}$ die nach der Eindeutigkeit der Liftung (Satz 1.9) eindeutig bestimmte Liftung von γ mit $\hat{\gamma}(0) = y_0$. Nach d) gilt $\hat{\gamma}(t) = (\gamma(t), \alpha_t)$ mit $\alpha = [\gamma]$. Aus $\hat{\gamma}(1) = y_0$ folgt $[\gamma] = \alpha_1 = 0$, d.h. γ ist nullhomotop in X. Nach Satz 1.11 ist dann $\hat{\gamma}$ nullhomotop in $\tilde{X}$.

Damit haben wir Theorem 1.1 vollständig bewiesen. □

Definition Es sei $p : Y \rightarrow X$ eine Überlagerung und $x \in X$. Die Teilmenge $p^{-1}(x)$ von Y nennen wir auch die *Faser* von p über x. Es sei $q : Z \rightarrow X$ eine weitere Überlagerung. Eine stetige Abbildung $\Phi : Y \rightarrow Z$ heißt *fasertreu*, wenn das Diagramm

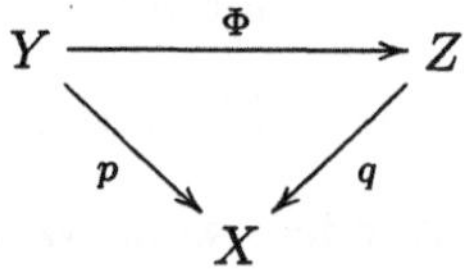

kommutiert, d.h. wenn $q \circ \Phi = p$ gilt. Einen fasertreuen Homöomorphismus $\Phi : Y \rightarrow Y$ nennt man auch eine *Decktransformation* der Überlagerung $p : Y \rightarrow X$.

Offensichtlich bilden die Decktransformationen eine Gruppe.

Satz 1.13 *Es sei $p : \tilde{X} \rightarrow X$ die universelle Überlagerung, $x_0 \in X$. Dann gibt es einen natürlichen Isomorphismus von der Gruppe G der Decktransformationen in die Fundamentalgruppe $\pi_1(X, x_0)$.*

Beweis. Wähle $y_0 \in \tilde{X}$ mit $p(y_0) = x_0$. Wir definieren eine Abbildung

$$\chi : G \rightarrow \pi_1(X, x_0)$$

wie folgt: Es sei Φ eine Decktransformation, $\tilde{\gamma} : I \to \tilde{X}$ ein Weg von y_0 nach $\Phi(y_0)$. Da $\tilde{X}$ einfach zusammenhängend ist, sind alle Wege von y_0 nach $\Phi(y_0)$ zueinander homotop. Wegen $p(\Phi(y_0)) = x_0$ ist $\gamma = p \circ \tilde{\gamma}$ ein geschlossener Weg in X mit Anfangspunkt x_0. Wir definieren:

$$\chi(\Phi) := [\gamma] \in \pi_1(X, x_0).$$

Da die Klasse $[\gamma] \in \pi_1(X, x_0)$ nur von dem Punkt $\Phi(y_0)$ abhängt, ist die Abbildung $\chi : G \to \pi_1(X, x_0)$ wohl definiert.

a) χ ist ein Homomorphismus: Zu $\Phi_1, \Phi_2 \in G$ seien $\tilde{\gamma}_1$ bzw. $\tilde{\gamma}_2$ Wege in $\tilde{X}$ von y_0 nach $\Phi_1(y_0)$ bzw. $\Phi_2(y_0)$. Dann ist $\Phi_1 \circ \tilde{\gamma}_2$ ein Weg von $\Phi_1(y_0)$ nach $\Phi_1\Phi_2(y_0)$ mit $p \circ (\Phi_1 \circ \tilde{\gamma}_2) = p \circ \tilde{\gamma}_2$, $\tilde{\gamma}_1(\Phi_1 \circ \tilde{\gamma}_2)$ ein Weg von y_0 nach $\Phi_1\Phi_2(y_0)$. Deshalb gilt:

$$\begin{aligned}
\chi(\Phi_1\Phi_2) &= [p(\tilde{\gamma}_1(\Phi_1 \circ \tilde{\gamma}_2))] \\
&= [p(\tilde{\gamma}_1)p(\Phi_1 \circ \tilde{\gamma}_2)] \\
&= [(p \circ \tilde{\gamma}_1)(p \circ \tilde{\gamma}_2)] \\
&= [p \circ \tilde{\gamma}_1][p \circ \tilde{\gamma}_2] \\
&= \chi(\Phi_1)\chi(\Phi_2).
\end{aligned}$$

b) χ ist surjektiv: Es sei $[\gamma] \in \pi_1(X, x_0)$, $\tilde{\gamma}$ die eindeutig bestimmte Liftung von γ mit Anfangspunkt y_0. Dann gibt es nach Korollar 1.6 ein $\Phi \in G$ mit $\Phi(y_0) = \tilde{\gamma}(1)$. Aus der Definition von χ folgt $\chi(\Phi) = [\gamma]$.

c) χ ist injektiv: $\chi(\Phi) = [p \circ \tilde{\gamma}] = 0$ bedeutet, dass der Weg $p \circ \tilde{\gamma}$ homotop zum konstanten Weg x_0 ist. Aus Satz 1.11 folgt, dass dann der Weg $\tilde{\gamma}$ in $\tilde{X}$ homotop zum konstanten Weg y_0 ist. Also ist $\Phi(y_0) = \tilde{\gamma}(1) = y_0$. Da $\tilde{X}$ zusammenhängend ist, folgt hieraus nach Satz 1.9, dass $\Phi = \mathrm{id}_{\tilde{X}}$. □

Beispiel 1.8 Wir betrachten die universelle Überlagerung $\exp : \mathbb{C} \to \mathbb{C}^*$. Die Translationen von $\mathbb{C}$ um $2\pi i k$, $k \in \mathbb{Z}$ sind Decktransformationen. Eine Abbildung $\Phi : \mathbb{C} \to \mathbb{C}$ mit $\exp \circ \Phi = \exp$ ist aber notwendig von der Form $\Phi(z) = z + 2\pi i k(z)$ für eine Funktion $k : \mathbb{C} \to \mathbb{Z}$. Ist Φ stetig, so muss auch k stetig und daher konstant sein. Also sind die Decktransformationen genau die Translationen um $2\pi i k$, $k \in \mathbb{Z}$. Also gilt $G = 2\pi i\mathbb{Z}$ und damit ist $\pi_1(\mathbb{C}^*, z_0)$ isomorph zu $\mathbb{Z}$.

Es sei $p : \tilde{X} \to X$ wieder die universelle Überlagerung und G die Gruppe der Decktransformationen. Dann hat man eine Abbildung

$$\begin{aligned}
\tilde{X} \times G &\to \tilde{X} \\
(y, \Phi) &\mapsto \Phi(y)
\end{aligned}$$

Damit operiert die Gruppe G auf $\tilde{X}$.

Definition Man sagt, eine Gruppe G *operiert* auf einer Menge X (von rechts), wenn es eine Abbildung

$$\begin{aligned}
X \times G &\to X \\
(x, g) &\mapsto xg
\end{aligned}$$

mit folgenden Eigenschaften gibt:

(i) $(xg)g' = x(gg')$ für alle $x \in X$ und $g, g' \in G$,

(ii) $x1 = x$ für alle $x \in X$.

Die *Bahn* eines Elements $x \in X$ ist die Menge

$$xG := \{xg \mid g \in G\}.$$

Ein *Fixpunkt* eines Elements $g \in G$ ist ein $x \in X$ mit $xg = x$. Man sagt, G operiert *fixpunktfrei* auf X, wenn kein $g \neq 1$ Fixpunkte besitzt.

Es sei nun $x_0 \in X$ und $y_0, y_1 \in \tilde{X}$ mit $p(y_0) = p(y_1) = x_0$. Nach Korollar 1.6 gibt es ein $g \in G$ mit $g(y_0) = y_1$. Nach Satz 1.9 ist g eindeutig bestimmt. Daher operiert G fixpunktfrei auf $\tilde{X}$. Wir betrachten nun auf $\tilde{X}$ die Äquivalenzrelation

$$y \sim y' :\Leftrightarrow y' \in yG.$$

Das bedeutet, dass y und y' genau dann äquivalent sind, wenn sie in der gleichen Bahn liegen. Die Äquivalenzklassen sind genau die Bahnen von G. Es sei $\tilde{X}/G$ die Restklassenmenge. Wir versehen $\tilde{X}/G$ mit der Quotiententopologie. Das bedeutet, dass eine Teilmenge $U \subset \tilde{X}/G$ genau dann offen ist, wenn $\pi^{-1}(U)$ offen in $\tilde{X}$ ist, wobei $\pi : \tilde{X} \to \tilde{X}/G$ die Restklassenabbildung ist. Mit diesen Bezeichnungen gilt:

Satz 1.14 *Es sei $p : \tilde{X} \to X$ die universelle Überlagerung mit Decktransformationsgruppe G. Dann ist der Quotientenraum $\tilde{X}/G$ homöomorph zu X.*

Beweis. Da G die Fasern von p in sich überführt und es zu zwei Punkten $y_0, y_1 \in \tilde{X}$ aus der gleichen Faser genau ein $g \in G$ mit $g(y_0) = y_1$ gibt, sind die Bahnen von G gerade die Fasern von p. Wir erhalten damit eine natürliche Abbildung

$$\begin{aligned} q \ : \ & \tilde{X}/G \to X \\ & yG \mapsto p(y). \end{aligned}$$

Diese Abbildung ist ein Homöomorphismus: Es sei zunächst $V \subset X$ offen. Wegen

$$\pi^{-1}(q^{-1}(V)) = p^{-1}(V)$$

ist $\pi^{-1}(q^{-1}(V))$ offen und damit auch $q^{-1}(V)$ nach Definition der Quotiententopologie. Ist umgekehrt $U \subset \tilde{X}/G$ offen, so ist $\pi^{-1}(U)$ offen und damit auch

$$q(U) = q\pi\pi^{-1}(U) = p(\pi^{-1}(U)).$$

Damit ist Satz 1.14 bewiesen. □

Beispiel 1.9 Es sei $L \subset \mathbb{C}$ ein Gitter. Dann operiert L auf $\mathbb{C}$ durch

$$\begin{array}{rcl} \mathbb{C} \times L & \to & \mathbb{C} \\ (z, \omega) & \mapsto & z + \omega. \end{array}$$

Es gilt

$$z \sim z' \Leftrightarrow z' = z + \omega \text{ für ein } \omega \in L \Leftrightarrow z' - z \in L \Leftrightarrow z \equiv z' \ (\operatorname{mod} L).$$

Also sind zwei komplexe Zahlen $z, z' \in \mathbb{C}$ genau dann äquivalent im obigen Sinne, wenn sie äquivalent modulo L im Sinne von Beispiel 1.4 sind. Der Quotientenraum $\mathbb{C}/L$ stimmt also mit dem in Beispiel 1.4 konstruierten Torus überein. Die Abbildung $\pi : \mathbb{C} \to \mathbb{C}/L$ ist die universelle Überlagerung von $\mathbb{C}/L$, da $\mathbb{C}$ einfach zusammenhängend ist. Die Decktransformationen dieser Überlagerung sind genau die Translationen $\mathbb{C} \to \mathbb{C}$, $z \mapsto z + \omega$, für $\omega \in L$. Also ist G isomorph zu L und die Operation von G auf $\mathbb{C}$ stimmt mit der obigen Operation von L auf $\mathbb{C}$ überein.

Wir betrachten nun lokale Homöomorphismen $p : Y \to X$, wobei X eine Riemann'sche Fläche ist.

Satz 1.15 *Es sei X eine Riemann'sche Fläche, Y ein zusammenhängender Hausdorff-Raum und $p : Y \to X$ ein lokaler Homöomorphismus. Dann gibt es genau eine komplexe Struktur auf Y, für die p holomorph ist.*

Bemerkung 1.9 Nach Korollar 1.2 ist p dann sogar lokal biholomorph.

Beweis. Zu jedem Punkt $y \in Y$ existiert eine offene Umgebung U von y und eine offene Umgebung U' von $p(y)$, so dass $p|_U : U \to U'$ ein Homöomorphismus ist. O.B.d.A. können wir annehmen, dass U' das Kartengebiet einer Karte $\varphi' : U' \to V$ von X ist. Dann ist die Abbildung

$$\varphi = \varphi' \circ p|_U : U \to V \subset \mathbb{C}$$

eine Karte von Y. Ist $\psi = \psi' \circ p|_{U_1} : U_1 \to V_1$ eine andere solche Karte, so gilt für den Kartenwechsel

$$(\psi' \circ p|_{U_1}) \circ (\varphi' \circ p|_U)^{-1} = \psi' \circ (\varphi')^{-1}$$

auf $(\varphi' \circ p|_U)(U \cap U_1)$. Damit sind alle Kartenwechsel biholomorph. Diese Karten bilden also einen komplexen Atlas von Y. Es ist unmittelbar klar, dass p bezüglich dieses Atlas holomorph ist.

Zur Eindeutigkeit: Hat man einen maximalen komplexen Atlas auf Y, so dass p holomorph ist, so sind auch die Abbildungen $\varphi' \circ p|_U$ holomorph, also Karten dieses Atlas. □

Satz 1.16 *Es seien X, Y, Z Riemann'sche Flächen, $p : Y \to X$ ein holomorpher lokaler Homöomorphismus und $f : Z \to X$ holomorph. Dann ist auch jede Liftung $\tilde{f} : Z \to Y$ von f holomorph.*

Beweis. Es sei $z_0 \in Z$, $y_0 := \tilde{f}(z_0)$, $x_0 := p(y_0) = f(z_0)$. Dann gibt es eine offene Umgebung V von y_0 und eine offene Umgebung U von x_0, so dass $p|_V : V \to U$ biholomorph ist. Es sei W eine offene Umgebung von z_0 mit $f(W) \subset U$. Dann gilt

$$\tilde{f}|_W = (p|_V)^{-1} \circ (f|_W).$$

Da $(p|_V)^{-1}$ und $f|_W$ holomorph sind, ist damit auch $\tilde{f}|_W$ holomorph. □

Korollar 1.7 *Es seien X, Y, Z Riemann'sche Flächen und $p : Y \to X$ und $q : Z \to X$ holomorphe Überlagerungen. Dann ist jede fasertreue stetige Abbildung $\Phi : Y \to Z$ holomorph.*

Beweis. Dies folgt aus Satz 1.16, da Φ eine Liftung von p bezüglich q ist. □

Korollar 1.8 *Es seien Y, X Riemann'sche Flächen und $p : Y \to X$ eine holomorphe Überlagerung. Dann sind die Decktransformationen biholomorphe Abbildungen.*

Beweis. Dies folgt unmittelbar aus dem vorhergehenden Korollar. □

Beispiel 1.10 Wir können nun alle Überlagerungen von $\mathbb{C}^*$ klassifizieren. Es sei $p : Y \to \mathbb{C}^*$ eine solche Überlagerung. Nach Satz 1.15 können wir auf Y eine komplexe Struktur so einführen, dass p holomorph wird. Die Überlagerung $\exp : \mathbb{C} \to \mathbb{C}^*$ ist eine holomorphe Überlagerung Riemann'scher Flächen. Nach Satz 1.12 gibt es eine Abbildung $f : \mathbb{C} \to Y$, so dass das folgende Diagramm kommutiert:

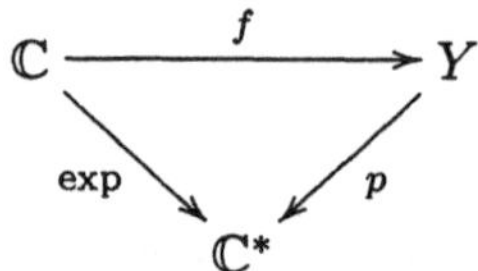

Nach Korollar 1.7 ist f holomorph. Da $\exp : \mathbb{C} \to \mathbb{C}^*$ die universelle Überlagerung ist, ist $f : \mathbb{C} \to Y$ auch eine Überlagerung und die universelle Überlagerung von Y. Es sei G die Decktransformationsgruppe von $\exp : \mathbb{C} \to \mathbb{C}^*$ und H diejenige von $f : \mathbb{C} \to Y$. Da jede Faser von f in einer Faser von exp liegt, ist H eine Untergruppe von G. Wegen $G = 2\pi i\mathbb{Z}$ gilt $H = 0$ oder $H = 2\pi i k\mathbb{Z}$ für eine natürliche Zahl $k \geq 1$. Im ersten Fall ist nach Satz 1.13 Y einfach zusammenhängend und f daher biholomorph. Sei also $H = 2\pi i k\mathbb{Z}$. Nach Satz 1.14 ist dann Y homöomorph und sogar biholomorph äquivalent zu $\mathbb{C}/2\pi i k\mathbb{Z}$ und damit zu $\mathbb{C}^*$. Bis auf biholomorphe Äquivalenz können wir daher f schreiben als $f(w) = \exp(w/k)$ und p als $p(z) = z^k$. Bis auf biholomorphe Äquivalenz sind also

$$\exp : \mathbb{C} \to \mathbb{C}^* \quad \text{und} \quad p_k : \mathbb{C}^* \to \mathbb{C}^*, z \mapsto z^k$$

die einzigen Überlagerungen von $\mathbb{C}^*$. Ein entsprechendes Ergebnis erhält man für die Überlagerungen einer punktierten Kreisscheibe.

1.4 Analytische Fortsetzung

Wir wollen nun die analytische Fortsetzung von holomorphen Funktionen längs Wegen betrachten. Die analytische Fortsetzung lässt sich bequem formulieren, wenn man den Begriff der Garbe der Keime holomorpher Funktionen einführt. Zunächst soll erklärt werden, was Keime holomorpher Funktionen sind.

Es sei X eine Riemann'sche Fläche, $a \in X$ ein fester Punkt, U, V offene Umgebungen von a.

Definition Zwei Funktionen $f : U \to \mathbb{C}$, $g : V \to \mathbb{C}$ heißen *äquivalent im Punkt a* (in Zeichen : $f \sim_a g$), wenn es eine offene Umgebung W von a gibt, so dass $W \subset U \cap V$ und $f|_W = g|_W$. Eine Äquivalenzklasse von solchen Funktionen bezeichnet man als einen *Funktionskeim in a*.

Ist U eine offene Umgebung von a und $f : U \to \mathbb{C}$ eine Funktion, so gehört f zu einer Äquivalenzklasse. Diese Klasse nennt man den *Keim der Funktion* f und bezeichnet ihn mit $\bar{f}$.

Zwei in a äquivalente Funktionen f, g haben insbesondere den gleichen Wert $f(a) = g(a)$ in a; diesen Wert bezeichnet man als den *Wert* des Funktionskeims $\bar{f}$ in a. Aber der Keim einer Funktion in a hängt nicht nur von dem Wert im Punkte a, sondern von dem Verhalten in einer ganzen offenen Umgebung von a ab:

Beispiel 1.11 Es sei $X = \mathbb{C}$, $a = 0$. Die Funktionen $f(z) = z$ und $g(z) = z^2$ sind nicht in 0 äquivalent, obwohl $f(0) = g(0) = 0$.

Wir betrachten nun insbesondere holomorphe Funktionen. Für ein Gebiet $U \subset X$ setzen wir

$$\mathcal{O}(U) = \{f : U \to \mathbb{C} \text{ holomorph}\}.$$

Nach Bemerkung 1.2 ist $\mathcal{O}(U)$ eine $\mathbb{C}$-Algebra, also insbesondere ein kommutativer Ring mit Einselement. Ist $a \in U$, so bezeichnen wir mit

$$\mathcal{O}_a$$

die Menge aller Keime holomorpher Funktionen in a. Definiert man Summe und Produkt von Keimen repräsentantenweise, so erbt $\mathcal{O}_a$ die Struktur eines kommutativen Rings mit Einselement. Der Ring $\mathcal{O}_a$ wird als der *Ring der holomorphen Funktionskeime in* a bezeichnet.

Es sei U eine offene Umgebung von a. Wir haben eine Abbildung

$$\rho_a : \mathcal{O}(U) \to \mathcal{O}_a,$$

die einer holomorphen Funktion $f : U \to \mathbb{C}$ ihren Funktionskeim $\rho_a(f) := \bar{f}$ in a zuordnet. Diese Abbildung ist ein Ringhomomorphismus.

Mit $\mathbb{C}\{z - w\}$ bezeichnen wir den Ring aller Potenzreihen

$$\sum_{\nu=0}^{\infty} a_\nu (z-w)^\nu, \quad a_\nu \in \mathbb{C},$$

die auf einer offenen Kreisscheibe $\Delta_r(w) = \{z \in \mathbb{C} \mid |z - w| < r\}$ vom Radius $r > 0$ um $w \in \mathbb{C}$ konvergieren, wobei der Radius r von der Potenzreihe abhängen kann.

Satz 1.17 *Es sei $X \subset \mathbb{C}$ ein Gebiet, $a \in X$. Der Ring $\mathcal{O}_a$ der holomorphen Funktionskeime in a ist isomorph zum Ring $\mathbb{C}\{z - a\}$ der konvergenten Potenzreihen in a.*

Beweis. Wir definieren eine Abbildung

$$\Phi : \mathcal{O}_a \to \mathbb{C}\{z - a\}$$

indem wir einem holomorphen Funktionskeim, der durch eine holomorphe Funktion $f : U \to \mathbb{C}$, U offene Umgebung von a, repräsentiert wird, seine Potenzreihenentwicklung in a zuordnen.

Diese Abbildung ist wohl definiert: Zwei Repräsentanten desselben Keims stimmen in einer offenen Umgebung von a überein und haben deshalb nach dem Identitätssatz die gleiche Potenzreihenentwicklung in a. Es ist klar, dass Φ bijektiv und ein Ringhomomorphismus ist. □

Es sei nun X wieder eine Riemann'sche Fläche und $\mathcal{O}_X$ die disjunkte Vereinigung der $\mathcal{O}_x$ für $x \in X$,

$$\mathcal{O}_X := \bigcup_{x \in X} \mathcal{O}_x.$$

Es sei

$$p : \mathcal{O}_X \to X, \quad p(\bar{f}) = x \text{ für } \bar{f} \in \mathcal{O}_x,$$

die kanonische Projektion. Wir wollen nun die Menge $\mathcal{O}_X$ mit einer Topologie versehen. Für $U \subset X$ offen und $f : U \to \mathbb{C}$ holomorph sei

$$\sigma(U, f) := \{\rho_x(f) \mid x \in U\} \subset \mathcal{O}_X.$$

Auf $\mathcal{O}_X$ betrachten wir die von allen Mengen $\sigma(U, f)$ erzeugte Topologie, d.h. wir nennen eine Teilmenge $V \subset \mathcal{O}_X$ genau dann offen, wenn sie Vereinigung von Mengen der Form $\sigma(U, f)$ ist. Dies definiert eine Topologie auf $\mathcal{O}_X$: Dazu reicht es zu zeigen, dass jeder Durchschnitt $\sigma(U_1, f_1) \cap \sigma(U_2, f_2)$ wieder Vereinigung geeigneter Mengen $\sigma(W, h)$ ist. Es sei $\varphi \in \sigma(U_1, f_1) \cap \sigma(U_2, f_2)$, $p(\varphi) = x$. Dann ist $x \in U_1 \cap U_2$ und

$$\varphi = \rho_x(f_1) = \rho_x(f_2).$$

Deshalb existiert eine offene Umgebung $W \subset U_1 \cap U_2$ von x mit $f_1|_W = f_2|_W =: h$. Daraus folgt $\varphi \in \sigma(W, h) \subset \sigma(U_1, f_1) \cap \sigma(U_2, f_2)$.

Satz 1.18 *Die Abbildung $p : \mathcal{O}_X \to X$ ist ein lokaler Homöomorphismus.*

Beweis. Ist $\varphi \in \mathcal{O}_X$ und $f : U \to \mathbb{C}$ ein Repräsentant von φ, so ist $\sigma(U, f)$ eine offene Umgebung von φ. Die Abbildung $p|_{\sigma(U,f)} : \sigma(U, f) \to U$ ist bijektiv und nach Definition der Topologie auf $\mathcal{O}_X$ stetig und offen, also ein Homöomorphismus. □

Definition Man nennt $\mathcal{O}_X$ mit der Projektion $p : \mathcal{O}_X \to X$ die *Garbe der Keime holomorpher Funktionen* auf X.

Satz 1.19 *$\mathcal{O}_X$ ist ein Hausdorff-Raum.*

Beweis. Es seien $\bar{f}, \bar{g} \in \mathcal{O}_X$, $\bar{f} \neq \bar{g}$, mit Repräsentanten $f : U \to \mathbb{C}$ und $g : V \to \mathbb{C}$.

Ist $p(\bar{f}) \neq p(\bar{g})$, so kann man $U \cap V = \emptyset$ annehmen. Dann sind $\sigma(U, f)$ bzw. $\sigma(V, g)$ disjunkte Umgebungen von $\bar{f}$ bzw. $\bar{g}$.

Im anderen Fall ist $p(\bar{f}) = p(\bar{g})$. Dann können wir ohne Einschränkung annehmen, dass $U = V$ gilt und U ein Gebiet ist. Wir behaupten, dass dann $\sigma(U, f)$ bzw. $\sigma(U, g)$ disjunkte Umgebungen von $\bar{f}$ bzw. $\bar{g}$ sind. Denn wäre $\sigma(U, f) \cap \sigma(U, g) \neq \emptyset$, so müsste $\rho_x(f) = \rho_x(g)$ für ein $x \in U$ gelten. Aus dem Identitätssatz folgt dann aber $f \equiv g$, also $\bar{f} = \bar{g}$. □

Wir betrachten nun die analytische Fortsetzung von Funktionskeimen.

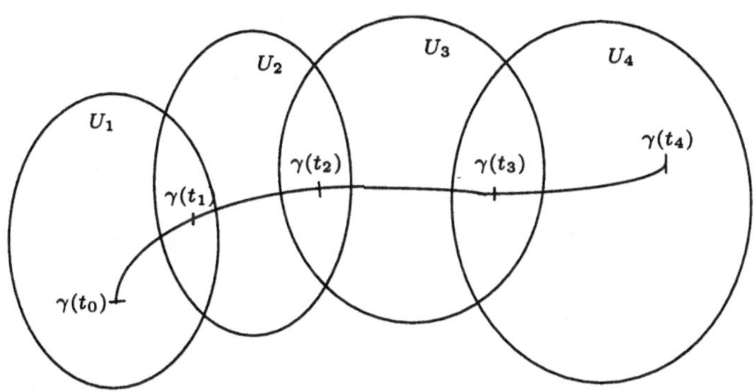

Bild 1.7: Analytische Fortsetzung längs eines Weges

Definition Es sei X eine Riemann'sche Fläche, $\gamma : [0,1] \to X$ ein Weg mit $\gamma(0) = x_0$ und $\gamma(1) = x_1$, $\bar{f} \in \mathcal{O}_{x_0}$, $\bar{g} \in \mathcal{O}_{x_1}$. Man sagt, $\bar{g}$ *entsteht durch analytische Fortsetzung längs* γ *aus* $\bar{f}$ genau dann, wenn es eine Unterteilung

$$0 = t_0 < t_1 < \ldots < t_{n-1} < t_n = 1$$

des Intervalls $[0,1]$, Gebiete $U_j \subset X$ mit $\gamma([t_{j-1}, t_j]) \subset U_j$ und holomorphe Funktionen $f_j : U_j \to \mathbb{C}$ $(j = 1, \ldots, n)$ gibt, so dass gilt:

(i) $\rho_{x_0}(f_1) = \bar{f}$, $\rho_{x_1}(f_n) = \bar{g}$,

(ii) $f_j = f_{j+1}$ auf der Zusammenhangskomponente V_j von $\gamma(t_j)$ in $U_j \cap U_{j+1}$.

Beispiel 1.12 a) Es sei $X = \mathbb{C}$ und $\bar{f}$ der durch die Potenzreihe

$$f(z) = \sum_{n=1}^{\infty} \frac{(-1)^{n-1}}{n}(z-1)^n$$

in $x_0 = 1$ gegebene Funktionskeim. Jeder Zweig des Logarithmus entsteht daraus durch analytische Fortsetzung längs eines geeigneten Weges. So erhält man z.B. den Zweig, der in $x_1 = -1$ den Wert $5\pi i$ hat, durch analytische Fortsetzung längs des Weges, der in $x_0 = 1$ beginnt und den Nullpunkt zweieinhalbmal gegen den Uhrzeigersinn umläuft.

b) Lokale Stammfunktionen sind längs jedes Weges fortsetzbar: Es sei $G \subset \mathbb{C}$ ein Gebiet, $f : G \to \mathbb{C}$ holomorph, $\varphi \in \mathcal{O}_a$ Keim einer lokalen Stammfunktion von f in $a \in G$ und $\gamma : [0,1] \to G$ ein Weg in G mit $\gamma(0) = a$. Dann kann man eine Unterteilung

$$0 = t_0 < t_1 < \ldots < t_n = 1$$

des Intervalls $[0,1]$ finden, so dass für jedes $j = 1, \ldots, n$ die Menge $\gamma([t_{j-1}, t_j])$ in einer offenen Teilmenge $U_j \subset G$ enthalten ist, auf der eine lokale Stammfunktion F_j von f existiert. Wir wählen die Funktionen F_j so, dass $\rho_a(F_1) = \varphi$ und $F_{j+1}(\gamma(t_j)) = F_j(\gamma(t_j))$ für $j = 1, \ldots, n-1$ gilt. Dann gilt

$$F_j|_{U_j \cap U_{j+1}} = F_{j+1}|_{U_j \cap U_{j+1}},$$

also entsteht $\rho_{\gamma(1)}(F_n)$ aus φ durch analytische Fortsetzung längs γ.

Damit kann auch das Integral einer holomorphen Funktion über einen stetigen (nicht notwendig stückweise stetig differenzierbaren) Weg γ erklärt werden:

$$\int_\gamma f(z)dz := F_n(\gamma(1)) - F_1(\gamma(0)).$$

Insbesondere ist hierdurch die Umlaufszahl eines beliebigen (stetigen) geschlossenen Weges in $\mathbb{C} \setminus \{z_0\}$ um $z_0 \in \mathbb{C}$ erklärt: man nehme $f(z) = 1/(z - z_0)$.

Mittels der Abbildung $p : \mathcal{O}_X \to X$ lässt sich die analytische Fortsetzung längs eines Weges wie folgt interpretieren: Eine solche Fortsetzung kann als Weg in der Garbe $\mathcal{O}_X$ aufgefasst werden. Genauer gilt:

Satz 1.20 *Es sei X eine Riemann'sche Fläche, $\gamma : [0,1] \to X$ ein Weg mit $\gamma(0) = x_0$ und $\gamma(1) = x_1$. Dann entsteht der Funktionskeim $\bar{g} \in \mathcal{O}_{x_1}$ durch analytische Fortsetzung längs γ aus $\bar{f} \in \mathcal{O}_{x_0}$ genau dann, wenn es eine Liftung $\tilde{\gamma} : [0,1] \to \mathcal{O}_X$ von γ mit $\tilde{\gamma}(0) = \bar{f}$ und $\tilde{\gamma}(1) = \bar{g}$ gibt.*

Beweis. a) Es sei zunächst $\bar{g}$ aus $\bar{f}$ durch analytische Fortsetzung längs des Weges γ entstanden. Es sei $0 = t_0 < t_1 < \ldots < t_n = 1$ eine Unterteilung von $[0,1]$, $U_j \subset X$ Gebiete mit $\gamma([t_{j-1}, t_j]) \subset U_j$ und $f_j : U_j \to \mathbb{C}$ $(j = 1, \ldots, n)$ holomorphe Funktionen, so dass die Eigenschaften (i) und (ii) der Definition der analytischen Fortsetzung gelten. Dann wird durch die Vorschrift $\tilde{\gamma}(t) = \rho_{\gamma(t)}(f_j)$ für $t_{j-1} \le t \le t_j$ ein Weg $\tilde{\gamma} : [0,1] \to \mathcal{O}_X$ definiert: $\tilde{\gamma}$ ist stetig nach Definition der Topologie auf $\mathcal{O}_X$. Es gilt $\tilde{\gamma}(0) = \bar{f}$ und $\tilde{\gamma}(1) = \bar{g}$. Also ist $\tilde{\gamma}$ Liftung von γ mit den gewünschten Eigenschaften.

b) Es sei nun $\tilde{\gamma} : [0,1] \to \mathcal{O}_X$ Liftung von γ mit $\tilde{\gamma}(0) = \bar{f}$ und $\tilde{\gamma}(1) = \bar{g}$. Es gibt eine Unterteilung $0 = t_0 < t_1 < \ldots < t_n = 1$ des kompakten Intervalls $[0,1]$, so dass jeder Teilweg $\tilde{\gamma}|_{[t_{j-1}, t_j]}$ in einer offenen Menge der Form $\sigma(U_j, f_j)$ verläuft $(j = 1, \ldots, n)$. Die t_j, U_j, f_j haben dann die in der Definition der analytischen Fortsetzung verlangten Eigenschaften. □

Satz 1.20 ermöglicht es uns nun, Tatsachen aus §1.3 anzuwenden. Aus der Eindeutigkeit der Liftung bei lokalen Homöomorphismen (Satz 1.9) folgt, dass die analytische Fortsetzung eines Funktionskeims längs eines Weges eindeutig ist, falls sie existiert. Es gilt noch mehr:

Satz 1.21 (Monodromiesatz) *Es sei X eine Riemann'sche Fläche, $\gamma_0, \gamma_1 : [0,1] \to X$ zwei homotope Wege von x_0 nach x_1, $H : [0,1] \times [0,1] \to X$ eine Homotopie zwischen γ_0 und γ_1 und $\bar{f} \in \mathcal{O}_{x_0}$ ein Funktionskeim, der sich längs jedes Weges $H_t : [0,1] \to X, H_t(s) = H(s,t)$, analytisch fortsetzen lässt. Dann ergeben die analytischen Fortsetzungen von $\bar{f}$ längs γ_0 und γ_1 denselben Funktionskeim $\bar{g} \in \mathcal{O}_{x_1}$.*

Beweis. Nach Satz 1.18 ist $p : \mathcal{O}_X \to X$ ein lokaler Homöomorphismus. Satz 1.19 besagt, dass $\mathcal{O}_X$ ein Hausdorff-Raum ist. Damit folgt die Behauptung aus Satz 1.11. □

1.5 Verzweigte meromorphe Fortsetzung

Im Gegensatz zum Reellen besitzen einige wichtige komplexe Funktionen keine eindeutigen Umkehrfunktionen mehr. So lässt sich z.B. $\sqrt{z}$ für eine komplexe Variable z nicht mehr als Funktion im eigentlichen Sinne erklären. Einem $z \neq 0$ lässt sich nämlich nicht in eindeutiger Weise ein Funktionswert $w = f(z) = \sqrt{z}$ zuordnen, so dass f eine holomorphe Funktion auf $\mathbb{C}$ wird. Der Ausdruck $\sqrt{z}$ steht nur für eine so genannte *mehrdeutige* Funktion: Einem $z \in \mathbb{C}$ werden die Lösungen der Gleichung $w^2 - z = 0$ zugeordnet. Für $z \neq 0$ erhält man also jeweils zwei verschiedene Werte. Als eine solche mehrdeutige Funktion ist $\sqrt{z}$ auch auf $\hat{\mathbb{C}}$ definiert, wenn wir $\sqrt{\infty} = \infty$ setzen. In diesem Abschnitt soll nun das folgende Problem untersucht werden: Gibt es eine Riemann'sche Fläche X und eine holomorphe Abbildung $p : X \to \hat{\mathbb{C}}$, so dass $\sqrt{z}$ als eindeutige meromorphe Funktion auf X interpretiert werden kann?

Dieses Problem führen wir auf analytische Fortsetzung zurück. Wir folgen der Darstellung in [FL88].

Definition Es sei $G \subset \mathbb{C}$ ein Gebiet und $f : G \to \mathbb{C}$ holomorph. Eine *verzweigte meromorphe Fortsetzung* von f ist eine Riemann'sche Fläche X zusammen mit

a) einer holomorphen Abbildung $p : X \to \hat{\mathbb{C}}$,

b) einer holomorphen Abbildung $j : G \to X$ mit $p \circ j = \mathrm{id}_G$,

c) einer holomorphen Abbildung $\hat{f} : X \to \hat{\mathbb{C}}$ mit $\hat{f} \circ j = f$.

Beispiel 1.13 Es sei $G = \{z \in \mathbb{C} \,|\, \mathrm{Re}\, z > 0\}$ und $f : G \to \mathbb{C}$ definiert durch $f(z) = \sqrt{z} = \sqrt{|z|}e^{i \arg z/2}$, $-\pi < \arg z < \pi$, d.h. f ist ein Zweig der Quadratwurzel. Es sei $p_2 : \hat{\mathbb{C}} \to \hat{\mathbb{C}}$ definiert durch $p_2(z) = z^2$ für $z \in \mathbb{C}$ und $p_2(\infty) = \infty$, $j : G \to \hat{\mathbb{C}}$ durch $j(z) = \sqrt{|z|}e^{i \arg z/2}$ für $z \in G$ und $\hat{f} = \mathrm{id}_{\hat{\mathbb{C}}} : \hat{\mathbb{C}} \to \hat{\mathbb{C}}$. Dann ist $(\hat{\mathbb{C}}, p_2, j, \hat{f})$ eine verzweigte meromorphe Fortsetzung von f.

Definition Eine verzweigte meromorphe Fortsetzung $(X, p, j, \hat{f})$ von f heißt *vollständig*, wenn zu jeder verzweigten meromorphen Fortsetzung $(X_1, p_1, j_1, \hat{f}_1)$ von f eine holomorphe Abbildung $\varphi : X_1 \to X$ mit $\varphi \circ j_1 = j$ und $p \circ \varphi = p_1$ existiert.

Satz 1.22 *Die vollständige verzweigte meromorphe Fortsetzung einer holomorphen Funktion ist bis auf Isomorphie eindeutig bestimmt.*

Beweis. Es seien $(X_1, p_1, j_1, \hat{f}_1)$ und $(X_2, p_2, j_2, \hat{f}_2)$ zwei vollständige verzweigte meromorphe Fortsetzungen von $f : G \to \mathbb{C}$. Dann gibt es fasertreue holomorphe Abbildungen $\varphi : X_1 \to X_2$ und $\psi : X_2 \to X_1$ mit $\varphi \circ j_1 = j_2$ und $\psi \circ j_2 = j_1$. Das bedeutet aber gerade, dass $\psi \circ \varphi$ auf $j_1(G)$ und $\varphi \circ \psi$ auf $j_2(G)$ die Identität ist. Wegen der Gebietstreue ist $j_1(G)$ offen in X_1 und $j_2(G)$ offen in X_2. Aus dem Identitätssatz folgt daher $\psi \circ \varphi = \mathrm{id}_{X_1}$ und $\varphi \circ \psi = \mathrm{id}_{X_2}$. Also ist $\varphi : X_1 \to X_2$ biholomorph. □

Theorem 1.2 *Es sei $G \subset \mathbb{C}$ ein Gebiet und $f : G \to \mathbb{C}$ holomorph. Dann gibt es eine vollständige verzweigte meromorphe Fortsetzung von f.*

Definition Die zugehörige Riemann'sche Fläche X zusammen mit der holomorphen Abbildung $p : X \to \hat{\mathbb{C}}$ nennt man auch die *Riemann'sche Fläche von* f.

Beweis.

a) Es sei $a \in G$ und $\bar{f}$ der Funktionskeim von f in a. Es sei $\tilde{X}$ die Wegzusammenhangskomponente von $\bar{f}$ in $\mathcal{O}_{\hat{\mathbb{C}}}$, $\tilde{p} : \tilde{X} \to \hat{\mathbb{C}}$ die Einschränkung der Projektion $p : \mathcal{O}_{\hat{\mathbb{C}}} \to \hat{\mathbb{C}}$ auf $\tilde{X}$. Nach Satz 1.18 ist $p : \mathcal{O}_{\hat{\mathbb{C}}} \to \hat{\mathbb{C}}$ ein lokaler Homöomorphismus. Nach Satz 1.15 gibt es eine komplexe Struktur auf $\tilde{X}$, so dass $\mathcal{O}_{\hat{\mathbb{C}}}$ eine Riemann'sche Fläche ist und die Abbildung $\tilde{p} : \tilde{X} \to \hat{\mathbb{C}}$ holomorph ist.

Es sei $j : G \to \tilde{X}$ definiert durch $j(z) = \rho_z(f)$. Dann ist j eine Liftung der Inklusion $\iota : G \hookrightarrow \hat{\mathbb{C}}$ bezüglich der Abbildung $\tilde{p} : \tilde{X} \to \hat{\mathbb{C}}$. Nach Satz 1.16 ist j daher holomorph. Die Abbildung j bildet G auf $\sigma(G, f)$ ab, und es gilt $\tilde{p} \circ j = \mathrm{id}_G$. Schließlich erklären wir $\tilde{f} : \tilde{X} \to \hat{\mathbb{C}}$ durch

$$\tilde{f}(\varphi) = \varphi(\tilde{p}(\varphi)) \qquad \text{für } \varphi \in \tilde{X}.$$

Für jede Menge $\sigma(V, g) \subset \tilde{X}$ gilt dann $\tilde{f} = g \circ \tilde{p}$ auf $\sigma(V, g)$. Deswegen ist $\tilde{f}$ holomorph und es gilt $\tilde{f} \circ j = f$ auf G. (Das Quadrupel $(\tilde{X}, \tilde{p}, j, \tilde{f})$ bezeichnet man auch als *vollständige analytische Fortsetzung* von f.)

b) Wir setzen nun die holomorphe Abbildung $\tilde{p} : \tilde{X} \to \hat{\mathbb{C}}$ zu einer holomorphen Abbildung $p : X \to \hat{\mathbb{C}}$ mit Verzweigungspunkten fort. Dazu müssen wir Verzweigungspunkte und Polstellen in $\tilde{X}$ "einsetzen".

Es sei V eine offene Menge in $\tilde{X}$, für die $\tilde{p}|_V : V \to \tilde{p}(V)$ eine k-blättrige Überlagerung einer punktierten Kreisscheibe $\tilde{p}(V) = \Delta_r^*(a_V)$ mit Mittelpunkt $a_V \in \hat{\mathbb{C}}$ ist, d.h. $\Delta_r^*(a_V) = \{z \in \mathbb{C} \,|\, 0 < |z - a_V| < r\}$ für $a_V \in \mathbb{C}$ und $\Delta_r^*(\infty) = \{z \in \mathbb{C} \,|\, |z| > 1/r\}$.

Behauptung V ist eine Wegzusammenhangskomponente von $\tilde{p}^{-1}(\Delta_r^*(a_V))$.

Es sei $x_0 \in V$ und x_1 ein Punkt aus $\tilde{p}^{-1}(\Delta_r^*(a_V))$, der mit x_0 durch einen Weg $\tilde{\gamma}$ in $\tilde{p}^{-1}(\Delta_r^*(a_V))$ verbunden ist. Dann ist $\tilde{\gamma}$ die Liftung eines Weges γ in $\Delta_r^*(a_V)$, der die Punkte $\tilde{p}(x_0)$ und $\tilde{p}(x_1)$ verbindet. Nach Satz 1.10 gibt es genau eine Liftung $\tilde{\gamma}_1$ des Weges γ bezüglich der Überlagerung $\tilde{p}|_V : V \to \Delta_r^*(a_V)$ mit $\tilde{\gamma}_1(0) = x_0$. Wir setzen $J := \{t \in [0,1] \,|\, \tilde{\gamma}_1(t) = \tilde{\gamma}(t)\}$. Dann ist J abgeschlossen, da $\tilde{X}$ ein Hausdorff-Raum ist. Also ist J von der Form $[0, t_0]$ für ein $t_0 \in [0,1]$. Angenommen, es gilt $t_0 < 1$. Es sei U eine Umgebung von $\tilde{\gamma}(t_0)$ in $\tilde{X}$, für die $\tilde{p}|_U : U \to \tilde{p}(U)$ ein Homöomorphismus ist. Dann gibt es ein $\varepsilon > 0$, so dass für das offene Intervall $J' = (t_0 - \varepsilon, t_0 + \varepsilon)$ gilt: $\tilde{\gamma}(J'), \tilde{\gamma}_1(J') \subset U$. Dann folgt

$$\tilde{\gamma}(t_0 + \frac{\varepsilon}{2}) = (\tilde{p}|_U)^{-1}(\gamma(t_0 + \frac{\varepsilon}{2})) = \tilde{\gamma}_1(t_0 + \frac{\varepsilon}{2}),$$

ein Widerspruch. Also gilt $t = 1$ und damit $x_1 = \tilde{\gamma}(1) = \tilde{\gamma}_1(1) \in V$. Damit ist die Behauptung bewiesen.

Nach Beispiel 1.10 gibt es eine biholomorphe Abbildung $\psi = \psi_V : V \to \Delta^*_\rho(0)$, $\rho = r^{1/k}$, so dass das folgende Diagramm kommutiert:

$$\begin{array}{ccc} V & \xrightarrow{\psi} & \Delta^*_\rho(0) \\ \downarrow{\scriptstyle \tilde{p}|V} & & \downarrow{\scriptstyle p_k} \\ \Delta^*_r(a_V) & \xrightarrow{\varphi} & \Delta^*_r(0) \end{array}$$

Dabei ist $p_k : \Delta^*_\rho(0) \to \Delta^*_r(0)$ die Abbildung $z \mapsto z^k$ und $\varphi : \Delta^*_r(a_V) \to \Delta^*_r(0)$ die Abbildung $z \mapsto z - a_V$ für $a_V \in \mathbb{C}$ und $z \mapsto 1/z$ für $a_V = \infty$. Nun lässt sich die Abbildung $p_k : \Delta^*_\rho(0) \to \Delta^*_r(0)$ zu einer Abbildung $p_k : \Delta_\rho(0) \to \Delta_r(0)$ mit $p_k(0) = 0^k = 0$ fortsetzen. Diese Abbildung ist über 0 verzweigt.

Wir unterscheiden nun zwei Fälle: Es kann über a_V ein Punkt $\tilde{a}_V \in \tilde{X}$ liegen oder nicht. Gibt es einen solchen Punkt, so muss $k = 1$ gelten und für $a_V \in \mathbb{C}$ muss $\tilde{f} \circ \psi^{-1}$ in 0 eine hebbare Singularität haben. Liegt über a_V kein solcher Punkt, so setzen wir einen der 0 in $\Delta^*_\rho(0)$ entsprechenden Punkt $\hat{a}_V$ in V ein, sofern sich $\tilde{f}$ in diesen Punkt meromorph fortsetzen lässt.

Wir nennen V *zulässig*, wenn $\tilde{f} \circ \psi^{-1}$ in 0 eine hebbare Singularität oder einen Pol hat, es sei denn $k = 1$, $a_V \in \mathbb{C}$ und $\tilde{f} \circ \psi^{-1}$ hat in 0 eine hebbare Singularität. Wir nennen zwei zulässige Mengen V_1, V_2 äquivalent, in Zeichen $V_1 \sim V_2$, wenn $a_{V_1} = a_{V_2}$ und $V_1 \subset V_2$ oder $V_2 \subset V_1$ gilt. Die Äquivalenzklasse von V wird mit $\hat{a}_V$ bezeichnet.

Wir setzen nun

$$X := \tilde{X} \cup \{\hat{a}_V \mid V \text{ zulässig}\}.$$

Die Abbildungen $\tilde{p} : \tilde{X} \to \hat{\mathbb{C}}$ und $\tilde{f} : \tilde{X} \to \hat{\mathbb{C}}$ werden fortgesetzt zu Abbildungen $p : X \to \hat{\mathbb{C}}$ und $f : X \to \hat{\mathbb{C}}$ durch die Festsetzung

$$\begin{aligned} p(\hat{a}_V) &:= a_V \\ \hat{f}(\hat{a}_V) &:= \lim_{z \to 0} \tilde{f} \circ \psi_V^{-1}(z) \end{aligned}$$

Es ist klar, dass diese Definitionen unabhängig von der Wahl des Repräsentanten V von $\hat{a}_V$ und der Abbildung ψ_V sind.

c) Wir zeigen nun, dass die komplexe Struktur von $\tilde{X}$ so auf X fortgesetzt werden kann, dass X eine Riemann'sche Fläche wird und $p : X \to \hat{\mathbb{C}}$ und $\hat{f} : X \to \hat{\mathbb{C}}$ holomorphe Abbildungen werden.

Dazu definieren wir eine Topologie auf X wie folgt: Es sei V eine zulässige Menge mit zugehörigem Punkt $\hat{a}_V$. Wir setzen $\psi_V : V \to \Delta^*_\rho(0)$ fort zu $\hat{\psi}_V : V \cup \{\hat{a}_V\} \to \Delta_\rho(0)$ durch $\hat{\psi}_V(\hat{a}_V) = 0$. Wir nennen eine Teilmenge $U \subset X$ offen, wenn $U \cap \tilde{X}$ offen ist und wenn U mit jedem Punkt $\hat{a}_V$ auch eine Teilmenge $\hat{\psi}_V^{-1}(\Delta_{\rho'}(0))$ mit $0 < \rho' \leq \rho$ enthält. Dadurch wird eine Topologie auf X erklärt, bezüglich der $p : X \to \hat{\mathbb{C}}$ stetig ist. Da $\tilde{X}$ wegzusammenhängend ist, ist auch X wegzusammenhängend.

Wir zeigen nun, dass X ein Hausdorff-Raum ist: Es seien $x_1, x_2 \in X$, $x_1 \neq x_2$. Gilt $p(x_1) \neq p(x_2)$ oder $x_1, x_2 \in \tilde{X}$, so besitzen x_1 und x_2 disjunkte Umgebungen. Es sei nun $x_1 = \hat{a}_{V_1}$, $x_2 = \hat{a}_{V_2}$, $p(x_1) = p(x_2) = a$. Dann können wir annehmen, dass die Repräsentanten V_1 und V_2 so gewählt sind, dass $\tilde{p}|_{V_1} : V_1 \to \Delta^*_r(a)$ und $\tilde{p}|_{V_2} : V_2 \to \Delta^*_r(a)$ Überlagerungen über der gleichen punktierten Kreisscheibe $\Delta^*_r(a)$ sind.

Nach der Behauptung in b) sind dann V_1 und V_2 Wegzusammenhangskomponenten von $\tilde{p}^{-1}(\Delta_r^*(a))$. Also sind V_1 und V_2 entweder disjunkt oder gleich. Sie können aber nur gleich sein, wenn $x_1 = x_2$ gilt. Es sei schließlich $x_1 = \hat{a}_V$ und $x_2 \in \tilde{X}$ mit $p(x_1) = p(x_2) = a$. Dann gibt es eine Umgebung W von x_2, eine Kreisscheibe $\Delta_r(a)$ um a und einen Repräsentanten V von x_1, so dass $\tilde{p}|_W : W \to \Delta_r(a)$ ein Homöomorphismus und $\tilde{p}|_V : V \to \Delta_r^*(a)$ eine k-blättrige Überlagerung ist. Aus der Behauptung in b) folgt wieder, dass V und $W \setminus \{x_2\}$ Wegzusammenhangskomponenten von $\tilde{p}^{-1}(\Delta_r^*(a))$ sind. Sie können aber nicht gleich sein, denn sonst wäre $k = 1$ und $\tilde{f} \circ \psi_V^{-1}$ hätte in 0 eine hebbare Singularität, V wäre also nicht zulässig. Also sind $V \cup \{\hat{a}_V\}$ und W disjunkte Umgebungen von x_1 und x_2.

Wir definieren nun eine komplexe Struktur auf X. Die Abbildung $\hat{\psi}_V : V \cup \{\hat{a}_V\} \to \Delta_\rho(0)$ für ein zulässiges V ist eine Karte um $\hat{a}_V$. Man erhält einen komplexen Atlas von X, indem man zu einem komplexen Atlas von $\tilde{X}$ die Karten $\hat{\psi}_V : V \cup \{\hat{a}_V\} \to \Delta_\rho(0)$ für alle zulässigen V hinzunimmt. Da nach Definition die Abbildungen $\hat{f} \circ \hat{\psi}_V^{-1} : \Delta_\rho(0) \to \hat{\mathbb{C}}$ und $p \circ \hat{\psi}_V^{-1} : \Delta_\rho(0) \to \Delta_r(a_V)$ holomorph sind, sind $\hat{f} : X \to \hat{\mathbb{C}}$ und $p : X \to \hat{\mathbb{C}}$ holomorph.

d) Wir müssen nun noch zeigen, dass die verzweigte meromorphe Fortsetzung $(X, p, j, \hat{f})$ von f vollständig ist. Es sei dazu $(X_1, p_1, j_1, \hat{f}_1)$ eine beliebige verzweigte meromorphe Fortsetzung von f. Wir wählen einen Punkt $z_0 \in G$ fest. Es sei $\tilde{X}_1$ die Riemann'sche Fläche, die man aus X_1 durch Entfernen der Verzweigungspunkte von p_1 und der Polstellen von $\hat{f}_1$ erhält. Es sei nun zunächst $x_1 \in \tilde{X}_1$. Es sei $\gamma_1 : [0,1] \to X_1$ ein Weg von $j_1(z_0)$ nach x_1. Dann gibt es eine Unterteilung

$$0 = t_0 < t_1 < \ldots < t_{n-1} < t_n = 1$$

des Intervalls $[0,1]$ und Gebiete $V_j \subset X_1$ mit $\gamma_1([t_{j-1}, t_j]) \subset V_j$, so dass $p_1|_{V_j} : V_j \to p_1(V_j)$ injektiv ist. Es sei $U_j = p_1(V_j)$, $\gamma = p_1 \circ \gamma_1$, $g = \hat{f}_1 \circ (p_1|_{V_n})^{-1}$ und $y_1 = p_1(x_1)$. Dann entsteht der Keim $\bar{g}$ von g in y_1 durch analytische Fortsetzung längs γ aus dem Keim $\bar{f}$ von f in z_0. Nach Satz 1.20 gibt es einen Weg $\tilde{\gamma} : [0,1] \to \mathcal{O}_{\hat{\mathbb{C}}}$ mit $\tilde{\gamma}(0) = \bar{f}$, $\tilde{\gamma}(1) = \bar{g}$ und $\tilde{p} \circ \tilde{\gamma} = \gamma$. Da $\tilde{X}$ die Wegzusammenhangskomponente von $\bar{f}$ in $\mathcal{O}_{\hat{\mathbb{C}}}$ ist, ist $\bar{g} \in \tilde{X}$ und $\tilde{\gamma}$ ein Weg in $\tilde{X}$. Wir setzen nun

$$\varphi(x_1) := \bar{g}.$$

Nun betrachten wir den Fall, dass x_1 ein Verzweigungspunkt von p_1 ist. Es sei V_1 eine Umgebung von x_1, so dass für $V_1^* = V_1 \setminus \{x_1\}$ gilt: $p_1|_{V_1^*} : V_1^* \to p_1(V_1^*) = \Delta_r^*(a)$ ist eine k-blättrige Überlagerung. Es sei V die Wegzusammenhangskomponente von $\varphi(V_1^* \cap \tilde{X}_1)$ in $\tilde{p}^{-1}(\Delta_r^*(a))$. Nach eventueller Verkleinerung von r können wir annehmen, dass auch $\tilde{p}|_V : V \to \Delta_r^*(a)$ eine Überlagerung ist. Ist nun V zulässig, so setzen wir

$$\varphi(x_1) := \hat{a}_V.$$

Andernfalls gibt es einen Punkt $x \in \tilde{X} \cap \bar{V}$ über a. Dann setzen wir

$$\varphi(x_1) := x.$$

Entsprechend definiert man φ, wenn x_1 eine Polstelle von $\hat{f}_1$ ist. Man kann leicht zeigen, dass die so definierte Abbildung $\varphi : X_1 \to X$ holomorph ist und die in der Definition der Vollständigkeit geforderten Eigenschaften $\varphi \circ j_1 = j$ und $p \circ \varphi = p_1$ besitzt.

Damit ist Theorem 1.2 vollständig bewiesen. □

1.6 Die Riemann'sche Fläche einer algebraischen Funktion

Wir hatten in Abschnitt 1.5 die mehrdeutige Funktion $t = t(z) = \sqrt{z}$ betrachtet. Sie ist ein Spezialfall der so genannten algebraischen Funktionen, die wir nun betrachten wollen.

Definition Eine *algebraische Funktion* ist eine mehrdeutige Funktion $t = t(z)$, die einer algebraischen Gleichung

$$t^n + c_1(z)t^{n-1} + \ldots + c_n(z) = 0$$

genügt, wobei die Koeffizienten $c_j(z)$ konvergente Potenzreihen in z sind.

Wir wollen in diesem Abschnitt die Riemann'schen Flächen der algebraischen Funktionen untersuchen.

Zunächst betrachten wir Polynome

$$P(z,t) = t^n + c_1(z)t^{n-1} + \ldots + c_n(z)$$

in der komplexen Veränderlichen t mit Koeffizienten $c_j = c_j(z)$ im Ring $\mathbb{C}\{z\}$ der konvergenten Potenzreihen in der Variablen z. Ein solches Polynom ist also ein Element von $\mathbb{C}\{z\}[t]$. Der Quotientenkörper von $\mathbb{C}\{z\}$ ist der Körper $K = \mathbb{C}\{\{z\}\}$ aller Laurentreihen mit endlichen Hauptteilen

$$\varphi(z) = \sum_{\nu=k}^{\infty} a_\nu z^\nu, \quad k \in \mathbb{Z},\ a_\nu \in \mathbb{C},$$

die in einer punktierten Kreisscheibe $\Delta_r^*(0) = \{z \in \mathbb{C} \mid 0 < |z| < r\}$ vom Radius $r > 0$ um 0 konvergieren. Dabei kann der Radius r von der Reihe $\varphi(z)$ abhängen. Man hat eine natürliche Inklusion $\mathbb{C}\{z\} \subset K = \mathbb{C}\{\{z\}\}$. Also können wir das Polynom $P(z,t)$ auch als Element von $K[t]$ auffassen.

Es sei nun allgemeiner K ein beliebiger Körper und

$$\begin{aligned} f(x) &= a_0x^n + a_1x^{n-1} + \ldots + a_n, \\ g(x) &= b_0x^m + b_1x^{m-1} + \ldots + b_m \end{aligned}$$

zwei allgemeine Polynome aus $K[x]$.

Definition Die *Resultante* $R(f,g)$ von f und g ist die Determinante

$$\left|\begin{matrix} a_0 & a_1 & \cdots & a_n & & & \\ & a_0 & a_1 & \cdots & a_n & & \\ & & \cdots & \cdots & \cdots & & \\ & & & a_0 & a_1 & \cdots & a_n \\ b_0 & b_1 & \cdots & b_m & & & \\ & b_0 & b_1 & \cdots & b_m & & \\ & & \cdots & \cdots & \cdots & & \\ & & & b_0 & b_1 & \cdots & b_m \end{matrix}\right| \begin{matrix} \left.\begin{matrix} \\ \\ \\ \\ \end{matrix}\right\} m \text{ Zeilen} \\ \left.\begin{matrix} \\ \\ \\ \\ \end{matrix}\right\} n \text{ Zeilen} \end{matrix}$$

Satz 1.23 *Es seien*

$$\begin{aligned} f(x) &= a_0x^n + a_1x^{n-1} + \ldots + a_n, \\ g(x) &= b_0x^m + b_1x^{m-1} + \ldots + b_m \end{aligned}$$

Polynome aus $K[x]$ *mit* $a_0b_0 \neq 0$. *Dann haben* $f(x)$ *und* $g(x)$ *genau dann einen gemeinsamen Faktor vom Grad* ≥ 1, *wenn* $R(f,g) = 0$ *gilt.*

Beweis. Angenommen, $f(x)$ und $g(x)$ haben einen gemeinsamen Faktor $p(x)$ vom Grad ≥ 1. Dann gilt

$$\begin{aligned} f(x) &= h(x) \cdot p(x), \\ g(x) &= k(x) \cdot p(x), \end{aligned}$$

wobei $h(x) \neq 0$ und $k(x) \neq 0$ Polynome mit Grad $h(x) < n$ und Grad $k(x) < m$ sind. Dann gilt

$$k(x)f(x) - h(x)g(x) = 0. \tag{1.1}$$

Gibt es umgekehrt Polynome $k(x), h(x) \neq 0$ mit Grad $h(x) <$ Grad $f(x)$ und Grad $k(x) <$ Grad $g(x)$, die diese Gleichung erfüllen, so muss es auch einen gemeinsamen Faktor vom Grad ≥ 1 von $f(x)$ und $g(x)$ geben. Denn da der Ring $K[x]$ ein ZPE-Ring ist, besitzen $k(x)f(x)$ und $h(x)g(x)$ die gleiche Zerlegung in irreduzible Faktoren in $K[x]$. Also müssen alle irreduziblen Faktoren von $f(x)$ auch das Produkt $h(x)g(x)$ teilen. Wegen Grad $h(x) <$ Grad $f(x)$ können sie aber nicht alle das Polynom $h(x)$ teilen. Es muss also mindestens ein irreduzibler Faktor von $f(x)$ das Polynom $g(x)$ teilen. Also ist die Existenz von Lösungen $h(x), k(x) \neq 0$ mit Grad $h(x) <$ Grad $f(x)$ und Grad $k(x) <$ Grad $g(x)$ der Gleichung (1.1) äquivalent zu der Existenz eines gemeinsamen Faktors vom Grad ≥ 1 von $f(x)$ und $g(x)$. Es sei nun

$$\begin{aligned} h(x) &= c_0x^{n-1} + c_1x^{n-2} + \ldots + c_{n-1}, \\ k(x) &= d_0x^{m-1} + d_1x^{m-2} + \ldots + d_{m-1}. \end{aligned}$$

Dann ist die Gleichung (1.1) äquivalent zu dem folgenden linearen Gleichungssystem für die Koeffizienten c_j und d_l:

$$\begin{aligned} a_0d_0 - b_0c_0 &= 0 \\ a_1d_0 + a_0d_1 - b_1c_0 - b_0c_1 &= 0 \\ \vdots \quad &\vdots \quad \vdots \\ a_{n-1}d_0 + a_{n-2}d_1 + \cdots + a_0d_{n-1} - b_{n-1}c_0 - b_{n-2}c_1 - \cdots - b_0c_{n-1} &= 0 \\ a_nd_0 + a_{n-1}d_1 + \cdots + a_0d_n - b_nc_0 - b_{n-1}c_1 - \cdots - b_1c_{n-1} &= 0 \\ a_nd_1 + a_{n-1}d_2 + \cdots + a_0d_{n+1} - b_{n+1}c_0 - b_nc_1 - \cdots - b_2c_{n-1} &= 0 \\ \vdots \quad &\vdots \quad \vdots \\ a_nd_{m-2} + a_{n-1}d_{m-1} - b_mc_{n-2} - b_{m-1}c_{n-1} &= 0 \\ a_nd_{m-1} - b_mc_{n-1} &= 0 \end{aligned}$$

Die Existenz einer nicht trivialen Lösung für dieses Gleichungssystem ist aber äquivalent zu dem Verschwinden der Determinante der Koeffizientenmatrix. Multipliziert man die letzten n Spalten mit dem Faktor -1 und transponiert die Matrix, so ist die Determinante dieser Matrix gerade die Resultante $R(f, g)$. □

Definition Es sei $f(z)$ ein Polynom in $\mathbb{C}[z]$. Dann ist die *Diskriminante* von $f(z)$ definiert als

$$\Delta(f) = R(f, f').$$

Korollar 1.9 *Die Diskriminante eines nicht konstanten Polynoms $f(z) \in \mathbb{C}[z]$ verschwindet genau dann, wenn $f(z)$ eine mehrfache Nullstelle besitzt.*

Beweis. Eine mehrfache Nullstelle von $f(z)$ ist auch eine Nullstelle der Ableitung $f'(z)$. Also hat $f(z)$ genau dann eine mehrfache Nullstelle, wenn $f(z)$ und $f'(z)$ einen gemeinsamen Faktor vom Grad ≥ 1 haben. Nach Satz 1.23 ist diese Bedingung aber äquivalent zu $\Delta(f) = R(f, f') = 0$. □

Wir wenden nun Satz 1.23 auf Polynome aus $\mathbb{C}\{z\}[t]$ an.

Satz 1.24 *Es seien $P(z,t)$ und $Q(z,t)$ Polynome aus $\mathbb{C}\{z\}[t]$ ohne gemeinsamen Faktor vom Grad ≥ 1. Es sei $R > 0$ das Minimum der Konvergenzradien der Koeffizienten dieser Polynome. Dann ist die Menge aller $z \in \Delta_R(0)$, für die die Gleichungen*

$$P(z,t) = 0, \quad Q(z,t) = 0$$

eine gemeinsame Lösung $t \in \mathbb{C}$ haben, eine diskrete Teilmenge von $\Delta_R(0)$.

Beweis. Wie oben bemerkt, können wir $P(z,t)$ und $Q(z,t)$ als Elemente von $K[t]$ auffassen, wobei $K = \mathbb{C}\{\{z\}\}$. Aus dem Lemma von Gauß (vgl. z.B. [Kun91, §5.III]) folgt, dass $P(z,t)$ und $Q(z,t)$ auch in $K[t]$ keinen gemeinsamen Faktor vom Grad ≥ 1 besitzen. Nach Satz 1.23 ist also ihre Resultante $R = R(P,Q)$ in dem Körper K von Null verschieden. Nach der Definition der Resultante ist R ein Polynom in den Koeffizienten von $P(z,t)$ und $Q(z,t)$, die Elemente von $\mathbb{C}\{z\}$ sind. Daher ist $R = R(z)$ eine nicht triviale konvergente Potenzreihe in z.

Es sei nun $z \in \Delta_R(0)$ so gewählt, dass die Gleichungen $P(z,t) = 0$, $Q(z,t) = 0$ eine gemeinsame Lösung $t \in \mathbb{C}$ haben. Dann haben die zugehörigen Polynome $f(t) = P(z,t)$, $g(t) = Q(z,t)$ aus $\mathbb{C}[t]$ eine gemeinsame Nullstelle, also einen gemeinsamen Linearfaktor. Nach Satz 1.23 muss daher $R(z) = 0$ gelten. Die Nullstellen einer nicht trivialen konvergenten Potenzreihe bilden aber eine diskrete Teilmenge von $\mathbb{C}$. Damit ist Satz 1.24 bewiesen. □

Wir betrachten nun ein Polynom

$$P(z,t) = t^n + c_1(z)t^{n-1} + \ldots + c_n(z) \in \mathbb{C}\{z\}[t],$$

das in dem Ring $\mathbb{C}\{z\}[t]$ irreduzibel ist. Es sei $R > 0$ das Minimum der Konvergenzradien der Potenzreihen $c_1(z), \ldots, c_n(z)$. Wir nennen einen Punkt $z \in \Delta_R(0)$ *kritisch*, wenn $P(z,t)$ eine mehrfache Nullstelle hat. Es sei $C \subset \Delta_R(0)$ die Menge der kritischen Punkte. Da $P(z,t)$ irreduzibel ist und die Ableitung $(\partial P/\partial t)(z,t)$ den Grad $n-1$ hat, haben

$P(z,t)$ und $(\partial P/\partial t)(z,t)$ keinen gemeinsamen Faktor vom Grad ≥ 1. Nach Satz 1.24 ist die Menge aller $z \in \Delta_R(0)$, für die $P(z,t)$ und $(\partial P/\partial t)(z,t)$ eine gemeinsame Nullstelle t haben, eine diskrete Teilmenge von $\Delta_R(0)$. Also ist C diskret.

Es sei nun $a \in \Delta_R(0) \setminus C$. Dann hat die Gleichung $P(a,t) = 0$ genau n verschiedene Lösungen. Der folgende Satz zeigt, dass diese Lösungen für z nahe bei a holomorph in z variieren.

Satz 1.25 *Es sei $R > 0$, $\Delta_R(a) := \{z \in \mathbb{C} \mid |z-a| < R\}$ und $c_1, \ldots, c_n$ holomorphe Funktionen in $\Delta_R(a)$. Es sei $t_0 \in \mathbb{C}$ eine einfache Nullstelle des Polynoms*

$$t^n + c_1(a)t^{n-1} + \ldots + c_n(a).$$

Dann gibt es ein r mit $0 < r \leq R$ und eine holomorphe Funktion $f : \Delta_r(a) \to \mathbb{C}$ mit $f(a) = t_0$ und

$$f^n + c_1 f^{n-1} + \ldots + c_n = 0 \quad \text{auf } \Delta_r(a).$$

Beweis. Für $z \in \Delta_R(a)$ und $t \in \mathbb{C}$ setze

$$P(z,t) = t^n + c_1(z)t^{n-1} + \ldots + c_n(z).$$

Nach Voraussetzung gibt es ein $\varepsilon > 0$, so dass die Funktion $t \mapsto P(a,t)$ auf $\overline{\Delta_\varepsilon(t_0)} = \{t \in \mathbb{C} \mid |t - t_0| \leq \varepsilon\}$ die einzige Nullstelle t_0 hat. Wegen der Stetigkeit von P gibt es ein r mit $0 < r \leq R$, so dass P auf

$$\{(z,t) \in \mathbb{C}^2 \mid |z-a| < r, |t-t_0| = \varepsilon\}$$

keine Nullstelle hat. Es sei $\gamma : I \to \mathbb{C}$ eine Parametrisierung von $\partial\overline{\Delta_\varepsilon(t_0)}$. Für festes $z \in \Delta_r(a)$ gibt

$$\nu(z) = \frac{1}{2\pi i} \int_\gamma \frac{\frac{\partial P}{\partial t}(z,t)}{P(z,t)} dt$$

nach dem Argumentprinzip die Anzahl der Nullstellen der Funktion $t \mapsto P(z,t)$ in $\overline{\Delta_\varepsilon(t_0)}$ an. Da $\nu(a) = 1$ und $\nu(z)$ eine stetige Funktion von z ist, gilt $\nu(z) = 1$ für alle $z \in \Delta_r(a)$. Für $z \in \Delta_r(a)$ sei $f(z)$ die einzige Nullstelle von $t \mapsto P(z,t)$ in $\overline{\Delta_\varepsilon(t_0)}$. Nach dem Residuensatz gilt

$$f(z) = \frac{1}{2\pi i} \int_\gamma \frac{t\frac{\partial P}{\partial t}(z,t)}{P(z,t)} dt.$$

Da der Integrand holomorph von z abhängt, ist $f : \Delta_r(a) \to \mathbb{C}$ holomorph. Nach Konstruktion gilt $P(z, f(z)) = 0$ für alle $z \in \Delta_r(a)$. □

Theorem 1.3 *Es sei*

$$P(z,t) = t^n + c_1(z)t^{n-1} + \ldots + c_n(z) \in \mathbb{C}\{z\}[t]$$

ein irreduzibles Polynom. Weiter sei $R > 0$ das Minimum der Konvergenzradien der Potenzreihen $c_1(z), \ldots, c_n(z)$, $a_0 \in \Delta_R(0) \setminus C$, $0 < r \leq R$, $f : \Delta_r(a_0) \to \mathbb{C}$ eine holomorphe Funktion mit $P(z, f(z)) = 0$ für alle $z \in \Delta_r(a_0)$. Es sei $(\hat{X}, \hat{p}, \jmath, \hat{f})$ die Riemann'sche Fläche von f. Wir setzen $X := \hat{p}^{-1}(\Delta_R(0))$, $p := \hat{p}|_X$, $\tilde{X} := X \setminus p^{-1}(C)$.

Dann ist $p|_{\tilde{X}} : \tilde{X} \to \Delta_R(0) \setminus C$ eine n-blättrige Überlagerung und für jeden Punkt $a \in \Delta_R(0) \setminus C$ gilt: Ist $p^{-1}(a) = \{x_1, \ldots, x_n\}$, so sind $\hat{f}(x_1), \ldots, \hat{f}(x_n)$ die verschiedenen Lösungen von $P(a,t) = 0$.

Beweis. Es sei $A = \Delta_R(0) \setminus C$ und $\tilde{Y} \subset \mathcal{O}_A$ die Menge aller Keime $\bar{g} \in \mathcal{O}_a$, $a \in A$, von Funktionen $g : U \to \mathbb{C}$, $U \subset A$ offene Umgebung von a, mit $P(z, g(z)) = 0$ für alle $z \in U$. Es sei $\tilde{p} : \tilde{Y} \to A$ die kanonische Projektion.

Nach Satz 1.25 gibt es zu jedem $a \in A$ eine offene Umgebung $U \subset A$ und holomorphe Funktionen $g_1, \dots, g_n \in \mathcal{O}(U)$ mit

$$P(z,t) = (t - g_1(z)) \cdots (t - g_n(z)) \quad \text{für alle } z \in U.$$

Dann gilt

$$\tilde{p}^{-1}(U) = \bigcup_{j=1}^{n} \sigma(U, g_j).$$

Die Mengen $\sigma(U, g_j)$ sind disjunkt und werden durch $\tilde{p}$ homöomorph auf U abgebildet. Also ist $\tilde{p} : \tilde{Y} \to A$ eine Überlagerung.

Es reicht nun zu zeigen, dass $\tilde{Y}$ wegzusammenhängend ist. Denn ist $\bar{f}$ der Keim von f in a, so gilt $\bar{f} \in \tilde{Y}$ und nach Konstruktion von $\hat{X}$ im Beweis von Theorem 1.2 ist die Wegzusammenhangskomponente von $\bar{f}$ in $\mathcal{O}_{\hat{\mathbb{C}}}$ in $\hat{X}$ enthalten. Damit gilt auch $\tilde{Y} \subset X$ und daraus folgt die Behauptung.

Wir zeigen nun, dass $\tilde{Y}$ wegzusammenhängend ist. Dazu reicht es zu zeigen, dass für ein $a \in A$ die Keime $\bar{g}_1, \dots, \bar{g}_n \in \mathcal{O}_a$ in der gleichen Wegzusammenhangskomponente von $\tilde{Y}$ liegen. Denn ein beliebiges $y \in \tilde{Y}$ ist ein Funktionskeim in einem Punkt $b \in A$, der mit a durch einen Weg γ in A verbunden werden kann, und durch analytische Fortsetzung längs γ entsteht aus y einer der Keime $\bar{g}_1, \dots, \bar{g}_n \in \mathcal{O}_a$, etwa $\bar{g}_j$. Nach Satz 1.20 bedeutet dies, dass y und $\bar{g}_j$ durch einen Weg verbunden sind.

Es sei nun $a \in A$ und $\bar{g}_1, \dots, \bar{g}_n$ die Punkte von $\tilde{p}^{-1}(a)$. Wir nehmen nun an, dass $\bar{g}_1, \dots, \bar{g}_n$ nicht in der gleichen Wegzusammenhangskomponente von $\tilde{Y}$ liegen. Nach eventueller Umnummerierung können wir annehmen, dass die Wegzusammenhangskomponente von $\bar{g}_1$ die Keime $\bar{g}_1, \dots, \bar{g}_k$, aber nicht $\bar{g}_{k+1}, \dots, \bar{g}_n$ enthält, wobei $k < n$. Es gilt nun die Gleichung

$$\prod_{j=1}^{k} (t - g_j(z)) = t^k - \sigma_1(z) t^{k-1} + \ldots + (-1)^k \sigma_k(z),$$

wobei $\sigma_1, \dots, \sigma_k$ die elementarsymmetrischen Funktionen in $g_1, \dots, g_k$ sind, d.h.

$$\begin{aligned}
\sigma_1(g_1, \dots, g_k) &= g_1 + g_2 + \ldots + g_k, \\
\sigma_2(g_1, \dots, g_k) &= g_1 g_2 + \ldots + g_1 g_k + g_2 g_3 + \ldots + g_{k-1} g_k = \sum_{j<l} g_j g_l, \\
\vdots \quad & \vdots \quad \vdots \\
\sigma_k(g_1, \dots, g_k) &= g_1 g_2 \cdots g_k.
\end{aligned}$$

Dies sind Polynome in $g_1, \dots, g_k$. Daher können sie analytisch längs allen Wegen in A fortgesetzt werden. Da die analytische Fortsetzung der Keime $\bar{g}_1, \dots, \bar{g}_n$ längs geschlossenen Wegen zu einer Permutation dieser Keime führt, sind $\sigma_1, \dots, \sigma_k$ eindeutige holomorphe Funktionen auf A.

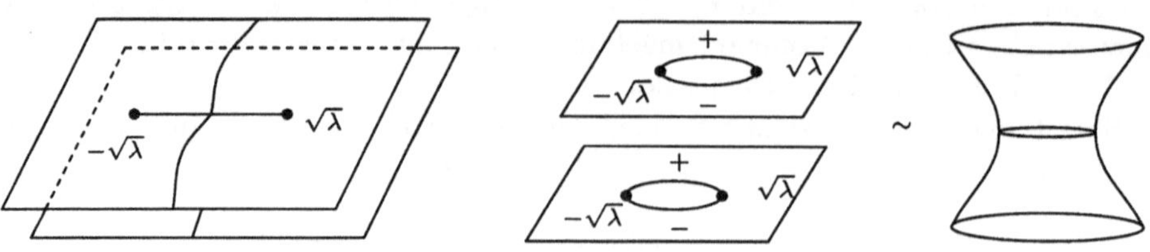

Bild 1.8: Die Riemann'sche Fläche der Funktion $\sqrt{\lambda - z^2}$

Nun sei $b \in C \subset \Delta_R(0)$. Wir betrachten das Verhalten für $z \to b$. Die Lösungen t von $P(z,t) = 0$ sind für $z \to b$ beschränkt, denn die in $\Delta_R(0)$ konvergenten Potenzreihen $c_j(z)$ $(1 \leq j \leq n)$ sind für $z \to b$ beschränkt und für $|t| \geq 1$ folgt aus $P(z,t) = 0$

$$\begin{aligned} |t| &= \left| c_1(z) + \frac{c_2(z)}{t} + \ldots + \frac{c_n(z)}{t^{n-1}} \right| \\ &\leq |c_1(z)| + |c_2(z)| + \ldots + |c_n(z)|. \end{aligned}$$

Daraus folgt, dass die Lösungen $g_1, \ldots, g_k$ und damit auch die elementarsymmetrischen Funktionen $\sigma_1, \ldots, \sigma_k$ in $g_1, \ldots, g_k$ in einer Umgebung von 0 holomorph sind. Also ist

$$Q(z,t) = \prod_{j=1}^{k} (t - g_j(z))$$

ein Element aus $\mathbb{C}\{z\}[t]$. Als Polynom in $\mathbb{C}\{z\}[t]$ hat es den Grad k. Da $P(z,t)$ nach Voraussetzung irreduzibel und vom Grad $n > k$ ist, können $P(z,t)$ und $Q(z,t)$ keinen gemeinsamen Faktor vom Grad ≥ 1 haben. Nach Satz 1.24 ist die Menge aller $z \in \Delta_R(0)$, für die $P(z,t) = 0$, $Q(z,t) = 0$ eine gemeinsame Lösung t haben, diskret. Nun gilt

$$P(z, g_1(z)) = Q(z, g_1(z)) = 0$$

für alle z, die hinreichend nahe bei a sind. Dies ist ein Widerspruch. Damit ist Theorem 1.3 bewiesen. □

Beispiel 1.14 Es sei $\lambda > 0$, $G = \{z \in \mathbb{C} \,|\, |z| < \sqrt{\lambda}\}$ und $f : G \to \mathbb{C}$ definiert durch $f(z) = \sqrt{\lambda - z^2}$ mit $f(0) = \sqrt{\lambda}$. Die Riemann'sche Fläche (X, p) von f nach Theorem 1.2 lässt sich dann wie folgt beschreiben: Es gilt $X = \hat{\mathbb{C}}$ und $p : \hat{\mathbb{C}} \to \hat{\mathbb{C}}$. Es sei $Y = \hat{\mathbb{C}} \setminus \{-\sqrt{\lambda}, \sqrt{\lambda}\}$. Dann ist $\tilde{X} = p^{-1}(Y)$ und $p|_{\tilde{X}} : \tilde{X} \to Y$ eine 2-blättrige Überlagerung. Über den Punkten $-\sqrt{\lambda}$ und $\sqrt{\lambda}$ liegt jeweils genau ein Punkt. Wegen $wf(1/w) = \sqrt{(\sqrt{\lambda}w - 1)(\sqrt{\lambda}w + 1)}$ liegen über ∞ zwei Punkte. Es sei $X_1 = p^{-1}(\mathbb{C})$. Wir wollen nun die Abbildung $p|_{X_1} : X_1 \to \mathbb{C}$ topologisch beschreiben. Wir nehmen dazu zwei Kopien der komplexen Ebene und schneiden sie längs der Verbindungsstrecke von $-\sqrt{\lambda}$ und $\sqrt{\lambda}$ auf. Die beiden "Ufer" der "Schlitze" verkleben wir kreuzweise (jeweils + mit −, vgl. Bild 1.8). Die hierbei verwendeten Begriffe "Schneiden" und "Kleben" können mathematisch streng definiert werden. Das "Zusammenkleben" zweier Räume entspricht z.B. dem Übergang zu einem geeigneten Quotientenraum ihrer disjunkten Vereinigung mit der Quotiententopologie. Die sehr anschauliche Terminologie des Schneidens und Klebens wurde bereits von B. Riemann eingeführt, lange vor der Entwicklung der mengentheoretischen Topologie, mit deren Hilfe man nun diese Begriffe mathematisch definieren kann. Die resultierende Fläche ist homöomorph zu einem Zylinder. Nehmen wir jetzt noch die beiden über ∞ liegenden Punkte hinzu, so müssen wir jeweils einen Punkt mit dem oberen und dem unteren Rand des Zylinders verkleben und wir erhalten die Riemann'sche Zahlensphäre $\hat{\mathbb{C}}$.

1.7 Puiseuxentwicklung

Als Anwendung von Theorem 1.3 zeigen wir nun den folgenden Satz.

Theorem 1.4 (Puiseux) *Es sei*

$$P(z,t) = t^n + c_1(z)t^{n-1} + \ldots + c_n(z) \in \mathbb{C}\{z\}[t]$$

ein irreduzibles Polynom mit $c_j(0) = 0$ *für* $j = 1, \ldots, n$. *Dann gibt es eine konvergente Potenzreihe*

$$\varphi(\zeta) = \sum_{\nu=0}^{\infty} a_\nu \zeta^\nu \in \mathbb{C}\{\zeta\},$$

so dass im Ring der konvergenten Potenzreihen $\mathbb{C}\{\zeta\}$ *gilt:*

$$P(\zeta^n, \varphi(\zeta)) = 0.$$

Definition Setzt man $z = \zeta^n$ und schreibt die Reihe $\varphi(\zeta)$ in eine Reihe in der Variablen z um, so erhält man eine Reihe

$$\varphi(\zeta) = \varphi(\sqrt[n]{z}) = \sum_{\nu=0}^{\infty} a_\nu z^{\frac{\nu}{n}}$$

mit gebrochenen Exponenten. Diese Reihe heißt die *Puiseuxreihe* zu dem Polynom $P(z,t)$. Die Reihe

$$t = \varphi(\sqrt[n]{z}) = \sum_{\nu=0}^{\infty} a_\nu z^{\frac{\nu}{n}}$$

löst damit die Gleichung

$$P(z,t) = 0.$$

Beweis. Es sei $R > 0$ das Minimum der Konvergenzradien der Potenzreihen $c_1(z), \ldots, c_n(z)$. Es sei $r < 0$ so klein gewählt, dass in der Kreisscheibe $\Delta_r(0)$ der Nullpunkt der einzige kritische Punkt von $P(z,t)$ ist. Weiter sei $a \in \Delta_r(0) \setminus \{0\}$ und $r' > 0$, so dass $\Delta_{r'}(a) \subset \Delta_R(0)$ und $f : \Delta_{r'}(a) \to \mathbb{C}$ eine holomorphe Funktion mit $P(z, f(z)) = 0$ für alle $z \in \Delta_{r'}(a)$ ist. Es sei $(\hat{X}, \hat{p}, j, \hat{f})$ die Riemann'sche Fläche von f, die nach Theorem 1.2 existiert, und $Y = \hat{p}^{-1}(\Delta_r^*(0))$. Nach Theorem 1.3 ist dann $\hat{p}|_Y : Y \to \Delta_r^*(0)$ eine n-blättrige Überlagerung. Nach der Klassifikation der Überlagerungen der punktierten Kreisscheibe $\Delta_r^*(0)$ (Beispiel 1.10) gibt es eine biholomorphe Abbildung $\psi : \Delta_\rho^*(0) \to Y$, $\rho = \sqrt[n]{r}$, so dass

$$\hat{p}(\psi(\zeta)) = \zeta^n \qquad \text{für alle } \zeta \in \Delta_\rho^*(0).$$

Die Abbildung ψ lässt sich durch die Festsetzung $\psi(0) = \hat{p}^{-1}(0) \in \hat{X}$ zu einer holomorphen Abbildung $\psi : \Delta_\rho(0) \to \hat{X}$ mit $\hat{p}(\psi(\zeta)) = \zeta^n$ für alle $\zeta \in \Delta_\rho(0)$ fortsetzen. Wir setzen

$$g(\zeta) = \hat{f}(\psi(\zeta)) \qquad \text{für alle } \zeta \in \Delta_\rho(0).$$

Dann ist g eine holomorphe Funktion auf $\Delta_\rho(0)$. Es sei $\varphi(\zeta)$ die Potenzreihenentwicklung von g im Nullpunkt. Nach Konstruktion und Theorem 1.3 gilt

$$P(\zeta^n, g(\zeta)) = 0 \qquad \text{für alle } \zeta \in \Delta_\rho(0).$$

Also gilt in $\mathbb{C}\{z\}$

$$P(\zeta^n, \varphi(\zeta)) = 0,$$

was zu zeigen war. □

1.8 Die Riemann'sche Zahlensphäre

In §3.9 brauchen wir einige Tatsachen über die Riemann'sche Zahlensphäre $\hat{\mathbb{C}}$, die wir nun zusammenstellen.

Definition Für vier Punkte $\tau_0, \tau_1, \tau_2, \tau_3 \in \hat{\mathbb{C}}$, von denen die letzten drei paarweise verschieden sind, ist das *Doppelverhältnis*

$$\mathrm{DV}(\tau_0, \tau_1, \tau_2, \tau_3) := \frac{\tau_0 - \tau_1}{\tau_0 - \tau_3} : \frac{\tau_2 - \tau_1}{\tau_2 - \tau_3}$$

definiert.

Die biholomorphen Abbildungen von $\hat{\mathbb{C}}$ auf sich sind gerade die *gebrochen linearen Transformationen*

$$T(z) = \frac{az + b}{cz + d}, \quad a, b, c, d \in \mathbb{C}, \quad ad - bc \neq 0$$

(vgl. z.B. [FL92, Kapitel IX, § 3]).

Wir wollen nun zeigen, dass das Doppelverhältnis eine Invariante bei gebrochen linearen Transformationen ist. Dazu bemerken wir, dass eine gebrochen lineare Transformation $T \neq \mathrm{id}$ höchstens zwei Fixpunkte, d.h. Punkte $z_0 \in \hat{\mathbb{C}}$ mit $T(z_0) = z_0$, haben kann: Ist $T(z) = az + b$, $T \neq \mathrm{id}$, so sind ∞ und, falls $a \neq 1$, der Punkt $b/(1 - a)$ die einzigen Fixpunkte. Für allgemeines T mit

$$T(z) = \frac{az + b}{cz + d}$$

mit $c \neq 0$ sind die Fixpunkte gerade die Lösungen der quadratischen Gleichung

$$cz^2 + (d - a)z = b.$$

Daraus folgt, dass eine gebrochen lineare Transformation durch Angabe der Bilder dreier verschiedener Punkte $\tau_1, \tau_2, \tau_3 \in \hat{\mathbb{C}}$ eindeutig festgelegt ist. Denn gilt $T_1(z_0) = T_2(z_0)$, so ist z_0 ein Fixpunkt der Abbildung $T_2^{-1} \circ T_1$.

Wir betrachten nun die Abbildung

$$\begin{array}{rccl} T: & \hat{\mathbb{C}} & \longrightarrow & \hat{\mathbb{C}} \\ & z & \longmapsto & \mathrm{DV}(z,\tau_1,\tau_2,\tau_3) \end{array}$$

für paarweise verschiedene $\tau_1,\tau_2,\tau_3 \in \hat{\mathbb{C}}$. Dies ist eine gebrochen lineare Transformation: Dies ist klar für $\tau_1,\tau_2,\tau_3 \in \mathbb{C}$, und es gilt

$$\begin{aligned} \mathrm{DV}(z,\infty,\tau_2,\tau_3) &= \frac{\tau_2-\tau_3}{z-\tau_3}, \\ \mathrm{DV}(z,\tau_1,\infty,\tau_3) &= \frac{z-\tau_1}{z-\tau_3}, \\ \mathrm{DV}(z,\tau_1,\tau_2,\infty) &= \frac{z-\tau_1}{\tau_2-\tau_1}. \end{aligned}$$

Die gebrochen lineare Transformation $z \mapsto \mathrm{DV}(z,\tau_1,\tau_2,\tau_3)$ bildet $\tau_1,\tau_2,\tau_3 \in \hat{\mathbb{C}}$ auf $0,1,\infty$ ab und ist damit die eindeutig bestimmte gebrochen lineare Transformation, die diese drei Punkte auf $0,1,\infty$ abbildet.

Satz 1.26 *Es seien $\tau_0,\tau_1,\tau_2,\tau_3$ Punkte in $\hat{\mathbb{C}}$, von denen die letzten drei paarweise verschieden sind. Dann gilt für jede gebrochen lineare Transformation T*

$$\mathrm{DV}(\tau_0,\tau_1,\tau_2,\tau_3) = \mathrm{DV}(T(\tau_0),T(\tau_1),T(\tau_2),T(\tau_3)).$$

Beweis. Wir betrachten die Abbildung

$$\begin{array}{rccl} S: & \hat{\mathbb{C}} & \longrightarrow & \hat{\mathbb{C}} \\ & z & \longmapsto & \mathrm{DV}(T(z),T(\tau_1),T(\tau_2),T(\tau_3)). \end{array}$$

Wegen $S = R \circ T$ mit $R(w) = \mathrm{DV}(w,T(\tau_1),T(\tau_2),T(\tau_3))$ ist S eine gebrochen lineare Transformation. Es gilt

$$S(\tau_1) = \mathrm{DV}(T(\tau_1),T(\tau_1),T(\tau_2),T(\tau_3)) = 0, \quad S(\tau_2) = 1, \quad S(\tau_3) = \infty.$$

Daher ist S die gebrochen lineare Transformation mit

$$S(z) = \mathrm{DV}(z,\tau_1,\tau_2,\tau_3).$$

Damit ist Satz 1.26 bewiesen. □

Kapitel 2

Holomorphe Funktionen mehrerer Veränderlicher

2.1 Holomorphe Funktionen mehrerer Veränderlicher

Wir beginnen zunächst damit, Begriffe und Sätze aus der Theorie der komplexen Funktionen einer komplexen Veränderlichen auf den mehrdimensionalen Fall zu übertragen.

Wir betrachten im Folgenden den n-dimensionalen komplexen Zahlenraum:

$$\mathbb{C}^n := \{z = (z_1, \dots, z_n) \mid z_j \in \mathbb{C},\ j \in \{1, \dots, n\}\}.$$

Wir schreiben

$$z_j = x_j + iy_j$$

für die Zerlegung der Koordinate z_j in Real- und Imaginärteil. Auf diese Weise erhalten wir eine Bijektion

$$\begin{array}{ccc} \mathbb{C}^n & \longrightarrow & \mathbb{R}^{2n} \\ (z_1, \dots, z_n) & \longmapsto & (x_1, y_1, \dots, x_n, y_n). \end{array}$$

Dies ist sogar ein Isomorphismus von Vektorräumen. Wir benutzen diesen Isomorphismus, um auf $\mathbb{C}^n$ eine Norm und damit eine Topologie einzuführen. Da auf dem $\mathbb{R}^{2n}$ alle Normen äquivalent sind, definieren alle Normen auf $\mathbb{C}^n$ dieselbe Topologie. Häufig werden wir die folgenden Normen betrachten:

$$\begin{array}{lll} \text{euklidische Norm:} & |z| := & \sqrt{\sum\limits_{j=1}^{n} z_j \bar{z}_j} = \sqrt{\sum\limits_{j=1}^{n} (x_j^2 + y_j^2)} \\ \text{Maximumsnorm:} & \|z\|_{\max} := & \max_{j=1,\dots,n} |z_j|. \end{array}$$

Es sei $U \subset \mathbb{C}^n$ eine offene Teilmenge. Man nennt U auch einen *Bereich* von $\mathbb{C}^n$. Eine offene und zusammenhängende Teilmenge $G \subset \mathbb{C}^n$ nennt man ein *Gebiet* des $\mathbb{C}^n$.

Wir erinnern zunächst an den Fall $n = 1$, $U \subset \mathbb{C}$. Dann gibt es verschiedene äquivalente Charakterisierungen einer holomorphen Funktion $f : U \to \mathbb{C}$. Zwei dieser Charakterisierungen sind: Eine stetige Funktion $f : U \to \mathbb{C}$ heißt holomorph, wenn sie einer der folgenden äquivalenten Bedingungen genügt

(i) f ist komplex differenzierbar für jedes $a \in U$,

(ii) f ist analytisch, d.h. f ist in jedem $a \in U$ in eine konvergente Potenzreihe entwickelbar.

Diese beiden Charakterisierungen wollen wir nun auf den n-dimensionalen Fall verallgemeinern.

Definition Eine Funktion $f : U \to \mathbb{C}$ heißt in $a \in U$ *komplex differenzierbar*, wenn es eine komplex-lineare Abbildung $T : \mathbb{C}^n \to \mathbb{C}$ und eine in a stetige Funktion $r : U \to \mathbb{C}$ gibt, so dass für alle $z \in U$ gilt

$$f(z) = f(a) + T(z-a) + r(z)\|z-a\|$$

und $r(a) = 0$ ($\| \ \|$ bezeichnet irgendeine Norm auf $\mathbb{C}^n$).

Ist f in $a \in U$ differenzierbar, so heißt die lineare Abbildung T die *Ableitung* von f an der Stelle a. Bezüglich der kanonischen Basis des $\mathbb{C}^n$ wird sie durch eine Matrix mit Werten in $\mathbb{C}$, durch einen Zeilenvektor $\operatorname{grad} f(a)$, beschrieben. Die j-te Komponente von $\operatorname{grad} f(a)$ bezeichnet man als die *partielle Ableitung von f nach z_j in a* und schreibt dafür

$$\frac{\partial f}{\partial z_j}(a) \text{ oder } f_{z_j}(a).$$

Es gilt dann für alle $z \in U$

$$f(z) = f(a) + \sum_{j=1}^{n} \frac{\partial f}{\partial z_j}(a)(z_j - a_j) + r(z)\|z-a\|.$$

Satz 2.1 *Eine Funktion $f : U \to \mathbb{C}$ ist genau dann in $a \in U$ komplex differenzierbar, wenn es in a stetige Funktionen $R_j : U \to \mathbb{C}$, $j = 1, \dots, n$, gibt, so dass für alle $z \in U$ gilt:*

$$f(z) = f(a) + \sum_{j=1}^{n} R_j(z)(z_j - a_j).$$

Bemerkung 2.1 Ist $f : U \to \mathbb{C}$ in $a \in U$ komplex differenzierbar, so gilt

$$R_j(a) = \frac{\partial f}{\partial z_j}(a).$$

Beweis von Satz 2.1.

"$\Rightarrow$": Es sei $f : U \to \mathbb{C}$ in $a \in U$ komplex differenzierbar, d.h. es existiert $(\partial f/\partial z_j)(a)$ für jedes $j = 1, \dots, n$ und es gilt für alle $z \in U$

$$f(z) = f(a) + \sum_{j=1}^{n} \frac{\partial f}{\partial z_j}(a)(z_j - a_j) + r(z)\|z-a\|$$

für eine in a stetige Funktion $r : U \to \mathbb{C}$ mit $r(a) = 0$. Setze

$$R_j(z) = \begin{cases} \frac{\partial f}{\partial z_j}(a) - \frac{r(z)}{\|z-a\|}(z_j - a_j) & \text{für } z \neq a \\ \frac{\partial f}{\partial z_j}(a) & \text{für } z = a. \end{cases}$$

Dann ist R_j stetig in a für $j = 1, \dots, n$ und es gilt für alle $z \in U$

$$f(z) = f(a) + \sum_{j=1}^{n} R_j(z)(z_j - a_j).$$

„ $\Leftarrow$ ": Gilt umgekehrt für alle $z \in U$

$$f(z) = f(a) + \sum_{j=1}^{n} R_j(z)(z_j - a_j)$$

für in a stetige Funktionen $R_j : U \to \mathbb{C}$, so setzen wir für $z \neq a$

$$r(z) := \sum_{j=1}^{n} \frac{(R_j(z) - R_j(a))(z_j - a_j)}{\|z - a\|}.$$

Dann gilt

$$\lim_{z \to a} r(z) = 0$$

und mit $r(a) := 0$ gilt

$$f(z) = f(a) + \sum_{j=1}^{n} R_j(a)(z_j - a_j) + r(z)\|z - a\|$$

für alle $z \in U$. Also ist f in a komplex differenzierbar. □

Satz 2.2 *Es sei $U \subset \mathbb{C}^n$ eine offene Teilmenge und $f : U \to \mathbb{C}$ sei in $a \in U$ komplex differenzierbar. Dann ist f in a stetig.*

Beweis. Nach Satz 2.1 gilt für alle $z \in U$

$$f(z) = f(a) + \sum_{j=1}^{n} R_j(z)(z_j - a_j)$$

für in a stetige Funktionen $R_j : U \to \mathbb{C}$. Auf der rechten Seite dieser Gleichung steht aber eine in a stetige Funktion von z. □

Definition Es sei $U \subset \mathbb{C}^n$ offen. Eine Funktion $f : U \to \mathbb{C}$ heißt *holomorph*, genau dann, wenn f in jedem $a \in U$ komplex differenzierbar ist.

Wir wollen nun die Cauchy'sche Integralformel für eine Kreisscheibe in $\mathbb{C}$ verallgemeinern. Statt einer Kreisscheibe betrachten wir einen Polyzylinder.

Definition Es sei

$$\mathbb{R}^n_{>0} := \{x = (x_1 \dots, x_n) \in \mathbb{R}^n \mid x_j > 0 \text{ für alle } j\},$$

$r = (r_1, \dots, r_n) \in \mathbb{R}^n_{>0}$, $a \in \mathbb{C}^n$. Dann heißt

$$\Delta_r(a) := \{z \in \mathbb{C}^n \mid |z_j - a_j| < r_j, 1 \leq j \leq n\}$$

der *Polyzylinder um a mit dem (Poly-)Radius r.*

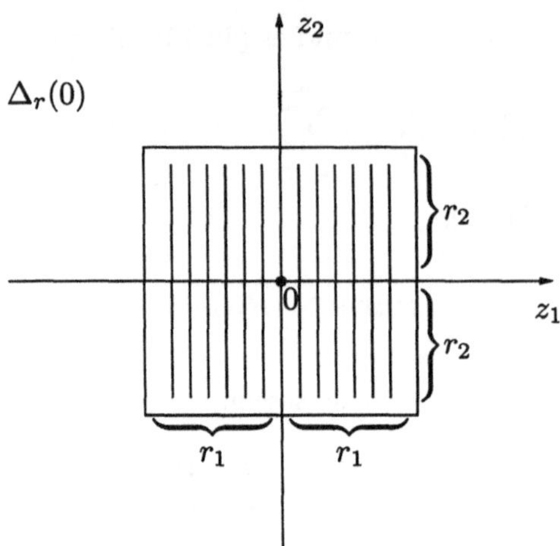

Bild 2.1: Polyzylinder um $0 \in \mathbb{C}^2$

Das reelle Bild eines Polyzylinders im $\mathbb{C}^2$ ist in Bild 2.1 dargestellt.

Der Rand der abgeschlossenen Hülle von $\Delta_r(a)$ enthält einen n-dimensionalen Torus

$$T_r(a) = \{z \in \mathbb{C}^n \mid |z_j - a_j| = r_j,\ 1 \leq j \leq n\}.$$

Es sei nun $r \in \mathbb{R}^n_{>0}$ gegeben, $T := T_r(0)$. Es sei $h : T \to \mathbb{C}$ eine stetige Funktion. Wir definieren

$$\int_T h(\zeta)d\zeta := \int_{|\zeta_n|=r_n} \cdots \int_{|\zeta_1|=r_1} h(\zeta_1, \dots, \zeta_n)d\zeta_1 \cdots d\zeta_n,$$

wobei die letzteren Integrale komplexe Wegintegrale sind.

Satz 2.3 (Cauchy'sche Integralformel) *Es sei $U \subset \mathbb{C}^n$ offen, $r \in \mathbb{R}^n_{>0}$, $\Delta := \Delta_r(0)$ ein Polyzylinder um 0 mit $\bar{\Delta} \subset U$ und $T = T_r(0)$. Ist $f : U \to \mathbb{C}$ holomorph, so gilt für alle $z \in \Delta$*

$$f(z) = \left(\frac{1}{2\pi i}\right)^n \int_T \frac{f(\zeta)}{(\zeta_1 - z_1) \cdots (\zeta_n - z_n)} d\zeta.$$

Beweis. Wir beweisen den Satz durch Induktion nach n.

Für $n = 1$ ist es die Cauchy'sche Integralformel für die Kreisscheibe für eine holomorphe Funktion einer komplexen Veränderlichen.

Induktionsschritt: $n-1 \to n$: Für festes $(z_1, \dots, z_{n-1}) \in \mathbb{C}^{n-1}$ mit $|z_j| < r_j$ betrachten wir die Funktion $F : U_n \to \mathbb{C}$ mit

$$F(\zeta_n) = f(z_1, \dots, z_{n-1}, \zeta_n),$$

wobei $U_n := \{\zeta_n \in \mathbb{C} \mid (z_1, \dots, z_{n-1}, \zeta_n) \in U\}$ ist. Da f holomorph in U ist, ist F holomorph in U_n. Der Kreis $\{\zeta_n \in \mathbb{C} \mid |\zeta_n| = r_n\}$ ist in U_n enthalten. Nach der Cauchy'schen

Integralformel für eine holomorphe Funktion einer komplexen Veränderlichen gilt:

$$F(z_n) = \frac{1}{2\pi i} \int\limits_{|\zeta_n|=r_n} \frac{F(\zeta_n)}{\zeta_n - z_n} d\zeta_n. \tag{2.1}$$

Nach Induktionsannahme gilt (nun ist ζ_n fest und $z_1, \ldots, z_{n-1}$ sind variabel):

$$\begin{aligned} & f(z_1, \ldots, z_{n-1}, \zeta_n) = \\ = & \left(\frac{1}{2\pi i}\right)^{n-1} \int\limits_{|\zeta_{n-1}|=r_{n-1}} \cdots \int\limits_{|\zeta_1|=r_1} \frac{f(\zeta_1, \ldots, \zeta_{n-1}, \zeta_n)}{(\zeta_1 - z_1)\cdots(\zeta_{n-1} - z_{n-1})} d\zeta_1 \cdots d\zeta_{n-1}. \end{aligned} \tag{2.2}$$

Setzen wir die Formel (2.2) in die Formel (2.1) ein, so erhalten wir

$$f(z_1, \ldots, z_n) = \left(\frac{1}{2\pi i}\right)^{n} \int\limits_{|\zeta_n|=r_n} \cdots \int\limits_{|\zeta_1|=r_1} \frac{f(\zeta_1, \ldots, \zeta_n)}{(\zeta_1 - z_1)\cdots(\zeta_n - z_n)} d\zeta_1 \cdots d\zeta_n,$$

was zu zeigen war. □

Wir betrachten nun Potenzreihen in mehreren Veränderlichen. Eine formale Potenzreihe um 0 ist ein Ausdruck

$$\sum_{\nu_1, \ldots, \nu_n = 0}^{\infty} a_{\nu_1, \ldots, \nu_n} z_1^{\nu_1} \cdot \ldots \cdot z^{\nu_n}$$

wobei $a_{\nu_1, \ldots, \nu_n} \in \mathbb{C}$. Um die Schreibweise zu vereinfachen, führen wir Multiindizes ein. Es seien $\nu_j, 1 \leq j \leq n$, nicht-negative ganze Zahlen, $z = (z_1, \ldots, z_n) \in \mathbb{C}^n$. Dann setzen wir

$$\begin{aligned} \nu &:= (\nu_1, \ldots, \nu_n), \\ |\nu| &:= \nu_1 + \ldots + \nu_n, \\ \nu! &:= \nu_1! \cdots \nu_n!, \\ z^\nu &:= z_1^{\nu_1} \cdots z_n^{\nu_n}. \end{aligned}$$

Definition Es sei $w \in \mathbb{C}^n$, $a_\nu \in \mathbb{C}$, $|\nu| \geq 0$. Eine *formale Potenzreihe um* w ist ein Ausdruck

$$\sum_{\nu=0}^{\infty} a_\nu (z - w)^\nu.$$

Wir wollen nun einen Konvergenzbegriff einführen. Dazu müssen wir beachten, dass die Multiindizes auf viele verschiedene Arten angeordnet werden können.

Definition Es sei $z' \in \mathbb{C}^n$. Die Potenzreihe

$$\sum_{\nu=0}^{\infty} a_\nu (z - w)^\nu$$

heißt *konvergent im Punkt* z', wenn die Reihe

$$\sum_{\nu=0}^{\infty} a_\nu (z' - w)^\nu$$

bezüglich jeder beliebigen Summationsreihenfolge konvergiert.

Nach einem Satz aus der Analysis (siehe z.B. [For83, §7]) ist dies gleichbedeutend damit, dass die letztere Reihe absolut konvergiert.

Es sei nun U eine offene Teilmenge des $\mathbb{C}^n$ und $f_m : U \to \mathbb{C}, m = 0, 1, 2, \dots$, eine Folge von stetigen Funktionen. Die Reihe

$$\sum_{m=0}^{\infty} f_m$$

heißt *normal konvergent*, falls die Reihe

$$\sum_{m=0}^{\infty} \sup_{z \in K} |f_m(z)|$$

für jede kompakte Teilmenge $K \subset U$ konvergiert. Konvergiert $\sum_{m=0}^{\infty} f_m$ normal, so konvergiert die Reihe absolut und auf jeder kompakten Teilmenge $K \subset U$ gleichmäßig.

Definition Eine Potenzreihe

$$\sum_{\nu=0}^{\infty} a_\nu (z - w)^\nu$$

heißt *normal konvergent in* U, wenn sie bezüglich einer und damit bezüglich jeder Summationsreihenfolge normal konvergent ist. Dabei werden die einzelnen Glieder $a_\nu(z-w)^\nu$ als komplexwertige Funktionen auf U aufgefasst.

Satz 2.4 *Es sei $w \in \mathbb{C}^n$ mit $w_j \neq 0$ für $j = 1, \dots, n$. Ist die Potenzreihe $\sum_{\nu=0}^{\infty} a_\nu z^\nu$ in w konvergent, so konvergiert sie im Polyzylinder*

$$\Delta := \{z \in \mathbb{C}^n \mid |z_j| < |w_j|, 1 \leq j \leq n\}$$

normal.

Dieser Satz folgt aus dem folgendem Satz:

Satz 2.5 (Lemma von Abel) *Es sei $w \in \mathbb{C}^n$ mit $w_j \neq 0$ für $j = 1, \dots, n$. Ist die Menge $\{a_\nu w^\nu \mid |\nu| \geq 0\}$ beschränkt, so konvergiert die Potenzreihe $\sum_{\nu=0}^{\infty} a_\nu z^\nu$ im Polyzylinder*

$$\Delta := \{z \in \mathbb{C}^n \mid |z_j| < |w_j|, 1 \leq j \leq n\}$$

normal.

Beweis. a) Da die Menge $\{a_\nu w^\nu \mid |\nu| \geq 0\}$ beschränkt ist, gibt es ein $M \in \mathbb{R}$ mit $|a_\nu w^\nu| < M$ für alle ν.

Es sei nun $q \in \mathbb{R}$ mit $0 < q < 1$. Es sei

$$\Delta_{(q)} := \{z \in \mathbb{C}^n \mid |z_j| < q|w_j|, 1 \leq j \leq n\}.$$

Für $z \in \Delta_{(q)}$ gilt:

$$\begin{aligned} |a_\nu z^\nu| &= |a_\nu||z_1|^{\nu_1} \cdots |z_n|^{\nu_n} \\ &< |a_\nu||q \cdot w_1|^{\nu_1} \cdots |q \cdot w_n|^{\nu_n} \\ &= |a_\nu w^\nu| q^{|\nu|} \\ &< M \cdot q^{|\nu|} \end{aligned}$$

und

$$\begin{aligned}\sum_{\nu=0}^{\infty} M\cdot q^{|\nu|} &= M\cdot\sum_{\nu=0}^{\infty} q^{\nu_1+\ldots+\nu_n}\\ &= M\cdot\left(\sum_{\nu_1=0}^{\infty} q^{\nu_1}\right)\cdots\left(\sum_{\nu_n=0}^{\infty} q^{\nu_n}\right)\\ &= M\cdot\left(\frac{1}{1-q}\right)^n.\end{aligned}$$

Also konvergiert die Potenzreihe auf dem Polyzylinder $\Delta_{(q)}$ normal.

b) Es sei nun $K\subset\Delta$ kompakt. Die Mengen $\Delta_{(q)}$, $0<q<1$, bilden eine offene Überdeckung von Δ, also auch von K. Da K kompakt ist, gilt

$$K\subset\Delta_{(q_1)}\cup\cdots\cup\Delta_{(q_l)}.$$

Für $q=\max_{j=1,\ldots,l} q_j$ gilt aber $K\subset\Delta_{(q)}$. Nach a) konvergiert $\sum_{\nu=0}^{\infty} a_\nu z^\nu$ gleichmäßig absolut auf K. Also ist diese Potenzreihe normal konvergent auf Δ. □

Satz 2.6 *Es sei $r\in\mathbb{R}^n_{>0}$, $\Delta:=\Delta_r(0)\subset\mathbb{C}^n$ ein Polyzylinder um 0, $T:=T_r(0)$ und $h:T\to\mathbb{C}$ stetig. Dann lässt sich die Funktion $f:\Delta\to\mathbb{C}$ mit*

$$f(z):=\frac{1}{(2\pi i)^n}\int_T\frac{h(\zeta)}{(\zeta_1-z_1)\cdots(\zeta_n-z_n)}d\zeta$$

um 0 in eine in ganz Δ konvergente Potenzreihe entwickeln.

Beweis. Es sei $r=(r_1,\ldots,r_n)$. Es sei $z\in\Delta$ fest gewählt. Dann ist

$$q_j:=\frac{|z_j|}{r_j}<1 \text{ für } j=1,\ldots,n.$$

Es sei nun $\zeta\in T$. Dann gilt

$$\begin{aligned}\frac{h(\zeta)}{(\zeta_1-z_1)\cdots(\zeta_n-z_n)} &= \frac{h(\zeta)}{\zeta_1\cdots\zeta_n}\frac{1}{\left(1-\frac{z_1}{\zeta_1}\right)\cdots\left(1-\frac{z_n}{\zeta_n}\right)}\\ &= \frac{h(\zeta)}{\zeta_1\cdots\zeta_n}\left(\sum_{\nu_1=0}^{\infty}\left(\frac{z_1}{\zeta_1}\right)^{\nu_1}\right)\cdots\left(\sum_{\nu_n=0}^{\infty}\left(\frac{z_n}{\zeta_n}\right)^{\nu_n}\right)\\ &= \sum_{\nu=0}^{\infty}\frac{h(\zeta)}{\zeta_1\cdots\zeta_n}\cdot\frac{1}{\zeta^\nu}\cdot z^\nu.\end{aligned}$$

Da h stetig und T kompakt ist, ist die Funktion

$$\zeta\mapsto\frac{h(\zeta)}{\zeta_1\cdots\zeta_n}$$

auf T beschränkt; es gibt daher ein $M \in \mathbb{R}$ mit

$$\left|\frac{h(\zeta)}{\zeta_1 \cdots \zeta_n}\right| < M$$

für alle $\zeta \in T$. Für festes $z \in \Delta$ ist daher $\sum_{\nu=0}^{\infty} Mq^\nu$ eine Majorante für die Reihe

$$\sum_{\nu=0}^{\infty} \frac{h(\zeta)}{\zeta_1 \cdots \zeta_n} \cdot \frac{1}{\zeta^\nu} \cdot z^\nu$$

auf T. Diese Reihe konvergiert daher absolut und gleichmäßig auf T und man darf Summation und Integration vertauschen:

$$\begin{aligned} f(z) &= \left(\frac{1}{2\pi i}\right)^n \int_T \frac{h(\zeta)}{(\zeta_1 - z_1) \cdots (\zeta_n - z_n)}\, d\zeta \\ &= \left(\frac{1}{2\pi i}\right)^n \int_T \left(\sum_{\nu=0}^{\infty} \frac{h(\zeta) z^\nu}{\zeta_1^{\nu_1+1} \cdots \zeta_n^{\nu_n+1}}\right) d\zeta \\ &= \sum_{\nu=0}^{\infty} z^\nu \cdot \left(\frac{1}{2\pi i}\right)^n \int_T \frac{h(\zeta)}{\zeta_1^{\nu_1+1} \cdots \zeta_n^{\nu_n+1}}\, d\zeta \\ &= \sum_{\nu=0}^{\infty} a_\nu z^\nu \end{aligned}$$

mit

$$a_\nu := \left(\frac{1}{2\pi i}\right)^n \int_T \frac{h(\zeta)}{\zeta_1^{\nu_1+1} \cdots \zeta_n^{\nu_n+1}} d\zeta.$$

Die letztere Reihe konvergiert für jedes $z \in \Delta$. □

Definition Es sei $U \subset \mathbb{C}^n$ offen. Eine Funktion $f : U \to \mathbb{C}$ heißt *analytisch in* U, wenn es zu jedem $w \in U$ eine Umgebung V von w in U und eine Potenzreihe $\sum_{\nu=0}^{\infty} a_\nu (z-w)^\nu$ gibt, die auf V gegen f konvergiert.

Satz 2.7 *Es sei $U \subset \mathbb{C}^n$ offen. Eine Funktion $f : U \to \mathbb{C}$ ist genau dann holomorph in U, wenn sie analytisch in U ist.*

Beweis.

"⇒": Es sei f holomorph in U. Es sei $w \in U$. Wir nehmen an: $w = 0$. Dann gibt es einen Polyzylinder $\Delta := \Delta_r(w)$ um w, so dass $\bar{\Delta} \subset U$. Es sei $T := T_r(w)$. Nach Satz 2.3 gilt für alle $z \in \Delta$

$$f(z) = \left(\frac{1}{2\pi i}\right)^n \int_T \frac{f(\zeta)}{(\zeta_1 - z_1) \cdots (\zeta_n - z_n)} d\zeta.$$

Nach Satz 2.2 ist f stetig auf T. Aus Satz 2.6 folgt daher, dass f in w analytisch ist.

"$\Leftarrow$": Es sei nun f analytisch in U. Es sei $w \in U$. Dann gibt es eine Umgebung V von w und eine Potenzreihe $\sum_{\nu=0}^{\infty} a_\nu (z-w)^\nu$, die in V gegen f konvergiert. Wir nehmen wieder an, dass $w = 0$. Es sei

$$\begin{aligned} \Delta &:= \{z \in \mathbb{C}^n \mid |z_j| < \varepsilon, 1 \le j \le n\}, \\ T &:= \{z \in \mathbb{C}^n \mid |z_j| = \varepsilon, 1 \le j \le n\}, \end{aligned}$$

wobei $\varepsilon > 0$ so gewählt ist, dass $\bar{\Delta} \subset V$. Wähle $v \in T$. Dann konvergiert $\sum_{\nu=0}^{\infty} a_\nu v^\nu$. Nach Satz 2.4 konvergiert daher $\sum_{\nu=0}^{\infty} a_\nu z^\nu$ normal in Δ. Wir können schreiben:

$$\begin{aligned} \sum_{\nu=0}^{\infty} a_\nu z^\nu &= a_{0,\dots,0} + z_1 \cdot \sum_{\substack{\nu = 0 \\ \nu_1 \ge 1}}^{\infty} a_\nu z_1^{\nu_1 - 1} z_2^{\nu_2} \cdots z_n^{\nu_n} \\ &\quad + z_2 \cdot \sum_{\nu_2 \ge 1} a_{0,\nu_2,\dots,\nu_n} z_2^{\nu_2 - 1} z_3^{\nu_3} \cdots z_n^{\nu_n} \\ &\quad + \dots \\ &\quad + z_n \cdot \sum_{\nu_n \ge 1} a_{0,\dots,0,\nu_n} z_n^{\nu_n - 1}. \end{aligned}$$

Da $|v_j| \neq 0$ für alle j, konvergieren auch alle Teilreihen in der obigen Formel in v absolut und daher normal in Δ. Die Grenzfunktionen sind daher stetig. Bezeichnen wir sie mit $R_1, \dots, R_n$, so gilt

$$f(z) = f(w) + z_1 R_1(z) + \dots + z_n R_n(z).$$

Nach Satz 2.1 ist f in w komplex differenzierbar. □

Satz 2.7 besagt, dass die Begriffe "holomorph" und "analytisch" äquivalent sind. Wir benutzen sie daher auch im Folgenden als synonym.

Korollar 2.1 *Es sei $U \subset \mathbb{C}^n$ offen, $f : U \to \mathbb{C}$ holomorph. Ferner sei $w \in U$, $\Delta := \Delta_r(w)$ ein Polyzylinder um w mit $\bar{\Delta} \subset U$, $T := T_r(w)$. Dann lässt sich f in einer Umgebung von w in eine Potenzreihe*

$$f(z) = \sum_{\nu=0}^{\infty} a_\nu (z-w)^\nu$$

entwickeln, für deren Koeffizienten gilt:

$$a_\nu = \left(\frac{1}{2\pi i}\right)^n \int_T \frac{f(\zeta)}{(\zeta_1 - w_1)^{\nu_1+1} \cdots (\zeta_n - w_n)^{\nu_n+1}} d\zeta.$$

Beweis. Dies folgt aus Satz 2.7, der Cauchy'schen Integralformel (Satz 2.3) und dem Beweis von Satz 2.6. □

Satz 2.8 (Satz von Weierstraß) *Es sei $U \subset \mathbb{C}^n$ offen, $f_m : U \to \mathbb{C}$, $m = 0, 1, 2, \dots$, holomorphe Funktionen. Konvergiert die Funktionenfolge (f_m) gleichmäßig gegen eine Funktion $f : U \to \mathbb{C}$, so ist auch f holomorph.*

Beweis. Es sei $w \in U$. Wir nehmen wieder an: $w = 0$. Wir zeigen, dass f analytisch in w ist.

Dazu sei $\Delta := \Delta_r(w)$ ein Polyzylinder um w mit $\bar{\Delta} \subset U$, $T := T_r(w)$ und $z \in \Delta$. Dann gilt

$$\begin{aligned} f(z) &= \lim_{m\to\infty} f_m(z) \\ &= \lim_{m\to\infty} \left(\frac{1}{2\pi i}\right)^n \int\limits_T \frac{f_m(\zeta)}{(\zeta_1 - z_1)\cdots(\zeta_n - z_n)} d\zeta \qquad \text{(Satz 2.3)} \\ &= (*) \end{aligned}$$

Wir wollen nun gerne Integration und Grenzwertbildung vertauschen. Dazu müssen wir zeigen, dass die Funktionenfolge $f_m(\zeta)/((\zeta_1 - z_1)\cdots(\zeta_n - z_n))$ gleichmäßig gegen die Funktion $f(\zeta)/((\zeta_1 - z_1)\cdots(\zeta_n - z_n))$ konvergiert. Wir setzen

$$g(\zeta) := (\zeta_1 - z_1)\cdots(\zeta_n - z_n).$$

Dann ist g stetig und verschwindet nicht auf T. Daher ist auch $1/g$ stetig auf T und es gibt ein $M \in \mathbb{R}$, so dass

$$\left|\frac{1}{g(\zeta)}\right| < M \text{ für alle } \zeta \in T.$$

Dann gilt auf T:

$$\left\|\frac{f_m}{g} - \frac{f}{g}\right\| = \left\|\frac{1}{g}\right\| \|f_m - f\| < M \|f_m - f\|.$$

Also konvergiert f_m/g auf T gleichmäßig gegen f/g. Damit gilt

$$\begin{aligned} (*) &= \left(\frac{1}{2\pi i}\right)^n \int\limits_T \lim_{m\to\infty} \frac{f_m(\zeta)}{(\zeta_1 - z_1)\cdots(\zeta_n - z_n)} d\zeta \\ &= \left(\frac{1}{2\pi i}\right)^n \int\limits_T \frac{f(\zeta)}{(\zeta_1 - z_1)\cdots(\zeta_n - z_n)} d\zeta. \end{aligned}$$

Da alle f_m stetig auf T sind, ist auch f stetig auf T. Aus Satz 2.6 folgt daher, dass sich f um 0 in eine in ganz Δ konvergente Potenzreihe entwickeln lässt. □

Satz 2.9 *Es sei $f(z) := \sum_{\nu=0}^{\infty} a_\nu z^\nu$ eine formale Potenzreihe, die in einem Polyzylinder Δ um 0 konvergiert. Dann ist f in Δ holomorph.*

Beweis. Nach Satz 2.4 ist die Reihe $\sum_{\nu=0}^{\infty} a_\nu z^\nu$ in Δ normal konvergent. Wir wählen irgendeine Anordnung der Multiindizes. Es sei f_m die m-te Partialsumme. Dann ist f_m holomorph in Δ (sogar in ganz $\mathbb{C}^n$) und die Funktionenfolge (f_m) konvergiert in Δ gleichmäßig gegen die Funktion f. Nach dem Satz von Weierstraß (Satz 2.8) ist f holomorph in Δ. □

Satz 2.10 *Es sei $U \subset \mathbb{C}^n$ offen, $f : U \to \mathbb{C}$ holomorph. Dann sind auch alle partiellen Ableitungen f_{z_j}, $1 \leq j \leq n$, in U holomorph. Ist $\Delta \subset U$ ein Polyzylinder um 0 und*

$$f(z) = \sum_{\nu=0}^{\infty} a_\nu z^\nu$$

in Δ, *so gilt*

$$f_{z_j}(z) = \sum_{\nu=0}^{\infty} a_\nu \nu_j z_1^{\nu_1} \cdots z_j^{\nu_j - 1} \cdots z_n^{\nu_n}$$

in Δ.

Beweis. a) Wir zeigen zunächst die Konvergenz der Reihe

$$\sum a_\nu \nu_j z_1^{\nu_1} \cdots z_j^{\nu_j - 1} \cdots z_n^{\nu_n}.$$

Es sei $w \in \Delta$ mit $w_j \neq 0$ für $j = 1, \ldots n$, $0 < q < 1$ und $v := q \cdot w$. Dann können wir folgendermaßen abschätzen:

$$|a_\nu \nu_j v_1^{\nu_1} \cdots v_j^{\nu_j - 1} \cdots v_n^{\nu_n}| = \frac{\nu_j}{|v_j|} \cdot |a_\nu v^\nu| = \frac{\nu_j}{|v_j|} |a_\nu w^\nu| \cdot q^{|\nu|}.$$

Da $\sum a_\nu w^\nu$ konvergiert, ist $\{|a_\nu w^\nu| \mid |\nu| \geq 0\}$ beschränkt. Weiter gilt

$$\sum_{\nu=0}^{\infty} \nu_j \cdot q^{|\nu|} = \left(\sum_{\nu_1=0}^{\infty} q^{\nu_1} \right) \cdots \left(\sum_{\nu_j=0}^{\infty} \nu_j q^{\nu_j} \right) \cdots \left(\sum_{\nu_n=0}^{\infty} q^{\nu_n} \right).$$

Für $k \neq j$ ist $\sum_{\nu_k=0}^{\infty} q^{\nu_k}$ die geometrische Reihe. Die Reihe $\sum_{\nu_j=0}^{\infty} \nu_j q^{\nu_j}$ konvergiert aber auch: Es gilt

$$\lim_{\nu_j \to \infty} \frac{(\nu_j + 1) q^{\nu_j + 1}}{\nu_j q^{\nu_j}} = q \lim_{\nu_j \to \infty} \frac{\nu_j + 1}{\nu_j} = q < 1.$$

Aus dem Quotientenkriterium folgt daher die Konvergenz auch für diese Reihe. Daher konvergiert $\sum_{\nu=0}^{\infty} \nu_j q^{|\nu|}$, insbesondere ist auch die Menge $\{\nu_j q^{|\nu|} \mid |\nu| \geq 0\}$ beschränkt. Aus dem Lemma von Abel folgt, dass die Reihe

$$\sum_{\nu=0}^{\infty} a_\nu \nu_j z_1^{\nu_1} \cdots z_j^{\nu_j - 1} \cdots z_n^{\nu_n}$$

in $\Delta_v = \{z \in \mathbb{C}^n \mid |z_k| < |v_k|, 1 \leq k \leq n\}$ normal konvergiert. Da Δ durch Polyzylinder Δ_v überdeckt werden kann, konvergiert die obige Reihe in Δ gegen eine holomorphe Funktion g_j.

b) Wir zeigen nun, dass $g_j = f_{z_j}$ gilt. Wir setzen $h_\nu(z) := a_\nu z^\nu$. Dann gilt

$$f(z) = \sum_{\nu=0}^{\infty} h_\nu(z), \quad g_j(z) = \sum_{\nu=0}^{\infty} (h_\nu)_{z_j}(z).$$

Wir betrachten nun

$$\begin{aligned} & \int_0^{z_j} g_j(z_1, \ldots, z_{j-1}, \zeta, z_{j+1}, \ldots, z_n) d\zeta + f(z_1, \ldots, 0, \ldots, z_n) \\ = & \int_0^{z_j} \left(\sum_{\nu=0}^{\infty} (h_\nu)_{z_j}(z_1, \ldots, z_{j-1}, \zeta, z_{j+1}, \ldots, z_n) \right) d\zeta + f(z_1, \ldots, 0, \ldots, z_n) \\ = & \ (*) \end{aligned}$$

Dabei handelt es sich um ein gewöhnliches Kurvenintegral; der Weg soll die Verbindungsstrecke von 0 und z_j in der z_j-Ebene sein und ganz in Δ liegen. Da dieser Weg eine kompakte Teilmenge von Δ ist, konvergiert die Reihe unter dem Integralzeichen dort gleichmäßig. Wir können also Summation und Integration vertauschen und erhalten:

$$\begin{aligned}(*) &= \sum_{\nu=0}^{\infty}\left(\int_0^{z_j}(h_\nu)_{z_j}(z_1,\ldots,z_{j-1},\zeta,z_{j+1},\ldots,z_n)d\zeta + h_\nu(z_1,\ldots,0,\ldots,z_n)\right)\\ &= \sum_{\nu=0}^{\infty} h_\nu(z)\\ &= f(z).\end{aligned}$$

Also folgt

$$f_{z_j}(z) = g_j(z)$$

für alle $z \in \Delta$. □

Es sei $U \subset \mathbb{C}^n$ offen, $f : U \to \mathbb{C}$ eine holomorphe Funktion. Nach Satz 2.10 ist f beliebig oft (partiell) komplex differenzierbar. Für $w \in U$ und einen Multiindex ν setzen wir

$$\partial^\nu f(w) = \frac{\partial^{\nu_1+\ldots+\nu_n} f}{\partial z_1^{\nu_1}\cdots\partial z_n^{\nu_n}}(w).$$

Dann gilt:

Satz 2.11 *Es sei $U \subset \mathbb{C}^n$ offen, $f : U \to \mathbb{C}$ holomorph. Dann gibt es zu jedem $w \in U$ eine Potenzreihenentwicklung*

$$f(z) = \sum_{\nu=0}^{\infty} a_\nu (z-w)^\nu$$

um w in einer Umgebung von w, für deren Koeffizienten gilt:

$$a_\nu = \frac{\partial^\nu f(w)}{\nu!}.$$

Beweis. Es sei $\Delta = \{z \in \mathbb{C}^n \mid |z_j - w_j| < r_j, 1 \leq j \leq n\}$ ein Polyzylinder um w mit $\bar{\Delta} \subset U$. Ferner sei $T := T_r(w)$. Nach Korollar 2.1 gibt es eine Potenzreihenentwicklung

$$f(z) = \sum_{\nu=0}^{\infty} a_\nu (z-w)^\nu$$

um w mit:

$$\begin{aligned}a_\nu &= \left(\frac{1}{2\pi i}\right)^n \int_T \frac{f(\zeta)}{(\zeta_1-w_1)^{\nu_1+1}\cdots(\zeta_n-w_n)^{\nu_n+1}}d\zeta\\ &= \frac{1}{2\pi i}\int_{|\zeta_n|=r_n}\frac{1}{(\zeta_n-w_n)^{\nu_n+1}}\cdots\left[\frac{1}{2\pi i}\int_{|\zeta_1|=r_1}\frac{f(\zeta)}{(\zeta_1-w_r)^{\nu_1+1}}d\zeta_1\right]\cdots d\zeta_n.\end{aligned}$$

Nach der Cauchy'schen Integralformel für eine Veränderliche gilt nun:

$$\begin{aligned} a_\nu &= \frac{1}{\nu_1!}\frac{1}{2\pi i}\int\limits_{|\zeta_n|=r_n}\frac{1}{(\zeta_n-w_n)^{\nu_n+1}}\cdots\left[\frac{1}{2\pi i}\int\limits_{|\zeta_2|=r_2}\frac{\frac{\partial^{\nu_1}f}{\partial z_1^{\nu_1}}(\zeta')}{(\zeta_2-w_2)^{\nu_2+1}}d\zeta_2\right]\cdots d\zeta_n \\ &= \ldots = \frac{\partial^\nu f(w)}{\nu!}, \end{aligned}$$

wobei $\zeta' = (w_1, \zeta_2, \ldots, \zeta_n)$. □

Viele vertraute Resultate aus der Funktionentheorie einer Veränderlichen lassen sich leicht auf Funktionen mehrerer komplexer Veränderlicher verallgemeinern. Ein Beispiel ist der Identitätssatz. Es gilt aber nicht der Satz, dass zwei holomorphe Funktionen $f, g : G \to \mathbb{C}$, $G \subset \mathbb{C}^n$ ein Gebiet, übereinstimmen, falls die Menge $\{z \in G | f(z) = g(z)\}$ einen Häufungspunkt in G hat. Schon für $n = 2$ ist dies im Allgemeinen falsch: Betrachte $G = \mathbb{C}^2$, $f(z) := z_1$, $g(z) := z_1 z_2$. Dann ist

$$\{z \in G \mid f(z) = g(z)\} = \{z \in \mathbb{C}^2 \mid z_1 = 0 \text{ oder } z_2 = 1\},$$

aber $f \neq g$ auf $\mathbb{C}^2$. Es gelten aber folgende Sätze.

Satz 2.12 (Identitätssatz für Potenzreihen) *Es sei $G \subset \mathbb{C}^n$ ein Gebiet mit $0 \in G$, $\sum_{\nu=0}^\infty a_\nu z^\nu$, $\sum_{\nu=0}^\infty b_\nu z^\nu$ seien zwei in G konvergente Potenzreihen. Die Menge*

$$\{z \in G \mid \sum_{\nu=0}^\infty a_\nu z^\nu = \sum_{\nu=0}^\infty b_\nu z^\nu\}$$

enthalte eine offene Umgebung V von 0. Dann ist $a_\nu = b_\nu$ für alle ν.

Beweis. Es sei $f(z) := \sum_{\nu=0}^\infty a_\nu z^\nu$, $g(z) := \sum_{\nu=0}^\infty b_\nu z^\nu$ für $z \in G$. Die Funktionen f und g sind nach Satz 2.9 holomorph in G und stimmen nach Voraussetzung auf der offenen Umgebung V von 0 überein. Damit stimmen auch ihre höheren Ableitungen, die nach Satz 2.11 existieren, überein. Durch wiederholte Anwendung von Satz 2.10 folgt aber

$$a_\nu = \frac{\partial^\nu f(0)}{\nu!} = \frac{\partial^\nu g(0)}{\nu!} = b_\nu$$

für alle ν. □

Satz 2.13 (Identitätssatz für holomorphe Funktionen) *Es sei $G \subset \mathbb{C}^n$ ein Gebiet, $f, g : G \to \mathbb{C}$ holomorph. Es sei $U \subset G$ offen und nicht leer, und es gelte $f|_U = g|_U$. Dann gilt $f = g$ auf G.*

Beweis. Es sei M der offene Kern der Menge $\{z \in G \mid f(z) = g(z)\}$. Dann ist M eine offene Teilmenge von G, und $M \neq \emptyset$, da $U \subset M$. Es genügt zu zeigen, dass M relativ abgeschlossen in G ist. Denn dann folgt $M = G$, da G zusammenhängend ist.

Es sei also $w \in G \cap \bar{M}$. Es sei $r \in \mathbb{R}$, $r > 0$, so klein, dass für den Polyzylinder $\Delta_\rho(w)$ um w mit $\rho = (r, \ldots, r)$ gilt: $\bar{\Delta}_\rho(w) \subset G$. Da $w \in \bar{M}$, existiert ein $w' \in M$ mit

$|w'_j - w_j| < r/2$ für $j = 1, \ldots, n$. Setzen wir $\rho/2 = (r/2, \ldots, r/2)$, so gilt $w \in \Delta_{\rho/2}(w')$ und $\Delta_{\rho/2}(w') \subset \Delta_\rho(w) \subset G$. Dann sind f und g holomorph in $\Delta_{\rho/2}(w')$. Es seien

$$f(z) = \sum_{\nu=\infty}^{\infty} a_\nu (z - w')^\nu \text{ und } g(z) = \sum_{\nu=0}^{\infty} b_\nu (z - w')^\nu$$

die Potenzreihenentwicklungen von f bzw. g in $\Delta_{\rho/2}(w')$. Diese Potenzreihen konvergieren in $\Delta_{\rho/2}(w')$ und ihre Werte stimmen in einer Umgebung von w' überein. Nach Satz 2.12 gilt $a_\nu = b_\nu$ für alle ν. Also folgt $f(w) = g(w)$, also $w \in M$. Damit haben wir gezeigt, dass M relativ abgeschlossen in G ist, was zu zeigen war. □

2.2 Holomorphe Abbildungen und der Satz über implizite Funktionen

Wir betrachten nun holomorphe Abbildungen.

Definition Es sei $U \subset \mathbb{C}^n$ offen. Eine Abbildung $f = (f_1, \ldots, f_m) : U \to \mathbb{C}^m$ heißt *holomorph*, wenn alle Komponentenfunktionen f_μ in U holomorph sind.

Es sei $U \subset \mathbb{C}^n$ offen, $f = (f_1, \ldots, f_m) : U \to \mathbb{C}^m$ eine holomorphe Abbildung. Die Matrix

$$J_f(w) := \left(\frac{\partial f_\mu}{\partial z_j}(w) \right)_{j=1,\ldots,n}^{\mu=1,\ldots,m}$$

bezeichnet man als die *holomorphe Funktionalmatrix* oder die *Jacobimatrix* von f an der Stelle $w \in U$.

Wir setzen nun

$$\begin{aligned} u_\mu &:= \operatorname{Re} f_\mu, \\ v_\mu &:= \operatorname{Im} f_\mu, \\ x_j &:= \operatorname{Re} z_j, \\ y_j &:= \operatorname{Im} z_j. \end{aligned}$$

Dann gelten die Cauchy-Riemann'schen Differentialgleichungen

$$\frac{\partial u_\mu}{\partial x_j} = \frac{\partial v_\mu}{\partial y_j}, \quad \frac{\partial u_\mu}{\partial y_j} = -\frac{\partial v_\mu}{\partial x_j} \quad (\mu = 1, \ldots, m;\ j = 1, \ldots, n).$$

Wir führen zur Abkürzung folgende Bezeichnungen ein:

$$\begin{aligned}
\frac{\partial u}{\partial x} &:= \left(\frac{\partial u_\mu}{\partial x_j}\right)_{j=1,\dots,n}^{\mu=1,\dots,m}, \\
\frac{\partial u}{\partial y} &:= \left(\frac{\partial u_\mu}{\partial y_j}\right)_{j=1,\dots,n}^{\mu=1,\dots,m}, \\
\frac{\partial v}{\partial x} &:= \left(\frac{\partial v_\mu}{\partial x_j}\right)_{j=1,\dots,n}^{\mu=1,\dots,m}, \\
\frac{\partial v}{\partial y} &:= \left(\frac{\partial v_\mu}{\partial y_j}\right)_{j=1,\dots,n}^{\mu=1,\dots,m}, \\
\frac{\partial(u,\nu)}{\partial(x,y)} &:= \begin{pmatrix} \frac{\partial u}{\partial x} & \frac{\partial u}{\partial y} \\ \frac{\partial v}{\partial x} & \frac{\partial v}{\partial y} \end{pmatrix}.
\end{aligned}$$

Die Matrix $\partial(u,v)/\partial(x,y)$ ist die (reelle) Funktionalmatrix der durch f definierten reell differenzierbaren Abbildung $f: U \to \mathbb{R}^{2m}$ unter der Identifizierung

$$\begin{aligned}
\mathbb{C}^n &\to \mathbb{R}^{2n} \\
(z_1, \dots, z_n) &\mapsto (x_1, \dots, x_n, y_1, \dots, y_n), \quad z_j = x_j + iy_j,
\end{aligned}$$

und entsprechender Identifizierung von $\mathbb{C}^m$ mit $\mathbb{R}^{2m}$. Wegen der Cauchy-Riemann'schen Differentialgleichungen gilt

$$\frac{\partial(u,v)}{\partial(x,y)} = \begin{pmatrix} \frac{\partial u}{\partial x} & -\frac{\partial v}{\partial x} \\ \frac{\partial v}{\partial x} & \frac{\partial u}{\partial x} \end{pmatrix}.$$

Es sei nun $m = n$. Dann gilt für die Determinante dieser Matrix:

$$\begin{aligned}
\det \frac{\partial(u,v)}{\partial(x,y)} &= \det \begin{pmatrix} \frac{\partial u}{\partial x} + i\frac{\partial v}{\partial x} & i(\frac{\partial u}{\partial x} + i\frac{\partial v}{\partial x}) \\ \frac{\partial v}{\partial x} & \frac{\partial u}{\partial x} \end{pmatrix} \\
&= \det \begin{pmatrix} \frac{\partial u}{\partial x} + i\frac{\partial v}{\partial x} & 0 \\ \frac{\partial v}{\partial x} & \frac{\partial u}{\partial x} - i\frac{\partial v}{\partial x} \end{pmatrix} \\
&= |\det J_f|^2
\end{aligned}$$

Wir wollen nun zeigen, dass der Satz über implizite Funktionen auf holomorphe Abbildungen verallgemeinert werden kann.

Dazu betrachten wir

$$\mathbb{C}^n \times \mathbb{C}^m = \{(z,w) \mid z = (z_1, \dots, z_n) \in \mathbb{C}^n,\ w = (w_1, \dots, w_m) \in \mathbb{C}^m\},$$

$U \subset \mathbb{C}^n \times \mathbb{C}^m$ offen, $f: U \to \mathbb{C}^m$ holomorph. Dann ist für einen Punkt $c = (a,b) \in U$ auch die Abbildung

$$w \mapsto f(a,w)$$

in b holomorph. Wir setzen

$$\frac{\partial f}{\partial w}(a,b) = \begin{pmatrix} \frac{\partial f_1}{\partial w_1}(a,b) & \cdots & \frac{\partial f_1}{\partial w_m}(a,b) \\ \vdots & \ddots & \vdots \\ \frac{\partial f_m}{\partial w_1}(a,b) & \cdots & \frac{\partial f_m}{\partial w_m}(a,b) \end{pmatrix}$$

Satz 2.14 (Satz über implizite Funktionen) *Es sei* $U \subset \mathbb{C}^n \times \mathbb{C}^m$ *offen und* $f : U \to \mathbb{C}^m$ *holomorph. Weiter gelte* $f(a,b) = 0$ *und* $\det(\partial f/\partial w)(a,b) \neq 0$. *Dann gibt es eine offene Umgebung* $V \subset \mathbb{C}^n$ *von* a *und eine eindeutig bestimmte holomorphe Abbildung* $\varphi : V \to \mathbb{C}^m$, *so dass für alle* $z \in V$ *gilt*

$$f(z, \varphi(z)) = 0.$$

Beweis. Wir leiten diesen Satz aus dem Satz über implizite Funktionen für reelle Abbildungen $f : U \to \mathbb{R}^{2m}$, $U \subset \mathbb{R}^{2n} \times \mathbb{R}^{2m}$, ab .

Wir fassen f auf als Abbildung $f : U \to \mathbb{R}^{2m}$. Für $(z,w) \in U$ setzen wir

$$\begin{aligned} U_w &:= \{z \in \mathbb{C}^n \mid (z,w) \in U\}, \\ U_z &:= \{w \in \mathbb{C}^m \mid (z,w) \in U\}. \end{aligned}$$

Dann sind auch die partiellen Abbildungen

$$\begin{aligned} f(z,\cdot) \quad &: \quad U_z \to \mathbb{R}^{2m} \qquad \text{für festes } z \\ & \qquad w \mapsto f(z,w) \\ f(\cdot,w) \quad &: \quad U_w \mapsto \mathbb{R}^{2m} \qquad \text{für festes } w \\ & \qquad z \mapsto f(z,w) \end{aligned}$$

komplex differenzierbar. Setzen wir

$$\begin{aligned} f &= u + iv, \\ w &= x + iy, \end{aligned}$$

so gilt nach dem, was wir oben gesehen haben:

$$\det \frac{\partial(u,v)}{\partial(x,y)}(a,b) = \left|\det \frac{\partial f}{\partial w}(a,b)\right|^2 \neq 0.$$

Aus dem Satz über implizite Funktionen aus der Analysis (siehe z.B. [For84, §8]) folgt also, dass es eine Umgebung V von a in $\mathbb{C}^n$ und eine stetig reell differenzierbare Abbildung $\varphi : V \to \mathbb{R}^{2m}$ gibt, so dass für alle $z \in V$ gilt

$$f(z, \varphi(z)) = 0.$$

Setzen wir

$$z = \xi + i\eta,$$

so gilt für die Ableitung $\varphi'(z)$ für alle $z \in V$:

$$\varphi'(z) = -\left(\frac{\partial(u,v)}{\partial(x,y)}(z,\varphi(z))\right)^{-1} \circ \left(\frac{\partial(u,v)}{\partial(\xi,\eta)}(z,\varphi(z))\right).$$

Da die partiellen Abbildungen $f(z,\cdot)$ und $f(\cdot,w)$ komplex differenzierbar sind, sind die Cauchy-Riemann'schen Differentialgleichungen für diese Abbildungen erfüllt. Aus der obigen Formel folgt dann, dass die Cauchy-Riemann'schen Differentialgleichungen auch für die Abbildung $\varphi : V \to \mathbb{R}^{2m}$ erfüllt sind. Also ist φ holomorph. □

2.3 Lokale Ringe holomorpher Funktionen

Wir betrachten die Lösungsmenge eines Gleichungssystems

$$f_1(z) = \ldots = f_m(z) = 0,$$

wobei $f_1, \ldots, f_m : U \to \mathbb{C}$, $U \subset \mathbb{C}^n$ offen, holomorphe Funktionen sind. Wir wollen solche Lösungsmengen lokal untersuchen, d.h. wir interessieren uns für die Lösungsmengen in der Umgebung einer Lösung $z \in U$.

Deshalb interessiert uns das Verhalten holomorpher Funktionen in beliebig kleinen Umgebungen eines festen Punktes des Definitionsbereiches. In §1.4 wurde bereits der Begriff des Keims einer holomorphen Funktion $f : U \to \mathbb{C}$ in einem Punkt $a \in U$ eingeführt, wobei U eine offene Teilmenge einer Riemann'schen Fläche war. Ist $w \in \mathbb{C}^n$ ein fester Punkt und sind U, V offene Umgebungen von w, so definieren wir völlig analog:

Definition Zwei Funktionen $f : U \to \mathbb{C}$, $g : V \to \mathbb{C}$ heißen *äquivalent im Punkt* w (in Zeichen : $f \sim_w g$) $:\Leftrightarrow$ es gibt eine offene Umgebung W von w, so dass $W \subset U \cap V$ und $f|_W = g|_W$. Eine Äquivalenzklasse von solchen Funktionen bezeichnet man als einen *Funktionskeim in* w.

Ist U eine offene Umgebung von w und $f : U \to \mathbb{C}$ eine Funktion, so gehört f zu einer Äquivalenzklasse. Diese Klasse nennt man den *Keim der Funktion* f und bezeichnet ihn mit $\bar{f}$. Wir werden aber demnächst nicht mehr in der Notation zwischen Keimen und ihren Repräsentanten unterscheiden, d.h. den Querstrich weglassen.

Zwei in w äquivalente Funktionen f, g haben insbesondere den gleichen Wert $f(w) = g(w)$ in w; diesen Wert bezeichnet man als den *Wert* des Funktionskeims $\bar{f}$ in w.

Wir betrachten nun insbesondere holomorphe Funktionen. Für eine offene Teilmenge $U \subset \mathbb{C}^n$ setzen wir

$$\mathcal{O}(U) = \{f : U \to \mathbb{C} \text{ holomorph}\}.$$

Summe und Produkt holomorpher Funktionen sind wieder holomorph. Mit diesen Verknüpfungen bildet $\mathcal{O}(U)$ einen kommutativen Ring mit Einselement. Ist $w \in U$, so bezeichnen wir mit

$$\mathcal{O}_w$$

die Menge aller Keime holomorpher Funktionen in w. Definiert man Summe und Produkt von Keimen repräsentantenweise, so erbt $\mathcal{O}_w$ die Struktur eines kommutativen Rings mit Einselement. Der Ring $\mathcal{O}_w$ ist der *Ring der holomorphen Funktionskeime in* w.

Notation Für $\mathcal{O}_0$ schreiben wir häufig auch $\mathcal{O}$. Wenn es auf die komplexe Dimension des zugrunde liegenden Raums $\mathbb{C}^n$ ankommt, schreiben wir auch $\mathcal{O}_{n,w}$.

Wir wollen nun zeigen, dass der Ring $\mathcal{O}_w$ der holomorphen Funktionskeime isomorph zum Ring $\mathbb{C}\{z - w\}$ der konvergenten Potenzreihen um w ist.

Mit $\mathbb{C}[[z_1, \ldots, z_n]] = \mathbb{C}[[z]]$ bezeichnen wir den Ring der formalen Potenzreihen

$$\sum_{\nu=0}^{\infty} a_\nu z^\nu$$

in den Unbestimmten $z_1, \ldots, z_n$ mit komplexen Koeffizienten.

Definition Es sei $w \in \mathbb{C}^n$. Eine formale Potenzreihe

$$\sum_{\nu=0}^{\infty} a_\nu (z-w)^\nu \in \mathbb{C}[[z-w]]$$

um w heißt *konvergent*, wenn sie in einem Polyzylinder um w konvergiert (im Sinne der Definition aus §2.1).

Mit $\mathbb{C}\{z-w\} = \mathbb{C}\{z_1 - w_1, \dots, z_n - w_n\}$ bezeichnen wir den Ring aller konvergenten Potenzreihen

$$\sum_{\nu=0}^{\infty} a_\nu (z-w)^\nu$$

um w mit komplexen Koeffizienten.

Satz 2.15 *Der Ring $\mathcal{O}_w$ der holomorphen Funktionskeime in $w \in \mathbb{C}^n$ ist isomorph zum Ring $\mathbb{C}\{z-w\}$ der konvergenten Potenzreihen in w.*

Beweis. Wir definieren eine Abbildung

$$\Phi : \mathcal{O}_w \to \mathbb{C}\{z-w\}$$

indem wir einem holomorphen Funktionskeim, der durch eine holomorphe Funktion $f : U \to \mathbb{C}$ repräsentiert wird, seine Potenzreihenentwicklung in w zuordnen.

Diese Abbildung ist wohl definiert: Zwei Repräsentanten desselben Keims stimmen in einer offenen Umgebung von w überein und haben deshalb nach Satz 2.2 die gleiche Potenzreihenentwicklung in w (die Koeffizienten a_ν lassen sich nach der verallgemeinerten Cauchy'schen Integralformel bestimmen).

Φ ist surjektiv: Eine Potenzreihe $\sum_{\nu=0}^{\infty} a_\nu (z-w)^\nu$, die in einem Polyzylinder um w konvergiert, definiert dort nach Satz 2.9 eine holomorphe Funktion, also auch einen holomorphen Funktionskeim.

Φ ist auch injektiv, da dieser holomorphe Funktionskeim eindeutig bestimmt ist.

Es ist klar, dass Φ die Ringverknüpfungen respektiert, also ein Ringisomorphismus ist. □

Für festes $w \in \mathbb{C}^n$ induziert die lineare Koordinatentransformation

$$\zeta_j = z_j - w_j, \quad j = 1, \dots, n$$

einen Isomorphismus zwischen den Ringen $\mathcal{O}_w$ und $\mathcal{O}_0$ und ebenso zwischen den Ringen $\mathbb{C}\{z-w\}$ und $\mathbb{C}\{z\}$. Es genügt daher den Ring

$$\mathcal{O}_0 \cong \mathbb{C}\{z\} = \mathbb{C}\{z_1, \dots, z_n\}$$

zu studieren.

Satz 2.16 *Der Ring $\mathcal{O}_0$ ist ein Integritätsbereich, d.h. für alle $f, g \in \mathcal{O}_0$ gilt: Aus $f \cdot g = 0$ folgt $f = 0$ oder $g = 0$.*

Beweis. Es seien $f, g \in \mathcal{O}_0$ mit $f \cdot g = 0$. Die Keime f, g werden durch holomorphe Funktionen $f, g : U \to \mathbb{C}$ repräsentiert, wobei U eine offene Umgebung von 0 ist. Aus $f \cdot g = 0$ folgt, dass $f(z)g(z) = 0$ für alle $z \in V \subset U$, wobei V eine zusammenhängende offene Umgebung der 0 mit $V \subset U$ ist.

Gilt $f(w) \neq 0$ für ein $w \in V$, so gilt $f(z) \neq 0$ für alle $z \in W$, W offene Umgebung von w. Dann folgt $g(z) = 0$ für alle $z \in W$. Nach dem Identitätssatz (Satz 2.13) für holomorphe Funktionen folgt $g(z) = 0$ für alle $z \in V$, also $g = 0$. □

Es sei R ein Ring. (Ein Ring ist bei uns immer ein kommutativer Ring mit Einselement.) Ein Element $f \in R$ heißt *Einheit* genau dann, wenn es ein Element $g \in R$ gibt mit $f \cdot g = 1$.

Satz 2.17 *Die Einheiten des Rings $\mathcal{O}_0$ sind genau die Funktionskeime f mit $f(0) \neq 0$.*

Beweis. a) Ist $f \in \mathcal{O}_0$ eine Einheit, so gibt es ein $g \in \mathcal{O}_0$ mit $f \cdot g = 1$, also insbesondere $f(0) \cdot g(0) = 1$, also $f(0) \neq 0$.

b) Es sei nun umgekehrt f der Repräsentant eines holomorphen Funktionskeims aus $\mathcal{O}_0$ mit $f(0) \neq 0$. Aus Stetigkeitsgründen gilt dann $f(z) \neq 0$ für alle z aus einer offenen Umgebung U von 0. Dann ist $1/f$ definiert und stetig in U. Nun ist $1/f$ in jeder Variablen holomorph. Daher ist $1/f$ holomorph in U, also $1/f \in \mathcal{O}_0$. □

Es sei wieder R ein Ring. Ein *Ideal* I in R ist eine Teilmenge $I \subset R$ für die gilt

(i) I ist eine Untergruppe der additiven Gruppe, die R zugrunde liegt.

(ii) Für alle $f \in R$ und $g \in I$ gilt $f \cdot g \in I$.

Ein Ideal $\mathfrak{m}$ heißt *maximal*, falls $\mathfrak{m} \neq R$ und falls es kein Ideal I mit $\mathfrak{m} \subsetneqq I \subsetneqq R$ gibt. Ein Ring R heißt *lokal*, wenn er genau ein maximales Ideal $\mathfrak{m}$ besitzt.

Bemerkung 2.2 Ein Ring ist genau dann lokal, wenn seine Elemente, die keine Einheiten sind, ein Ideal I bilden. Ist R lokal, so ist I sein maximales Ideal. (Beweis: Übungsaufgabe).

Satz 2.18 *Der Ring $\mathcal{O}_0$ ist ein lokaler Ring.*

Beweis. Nach der Bemerkung genügt es zu zeigen, dass die Elemente von $\mathcal{O}_0$, die keine Einheiten sind, ein Ideal in $\mathcal{O}_0$ bilden. Nach Satz 2.17 sind dies aber gerade die holomorphen Funktionskeime f mit $f(0) = 0$. Ist f ein solcher Keim und $g \in \mathcal{O}_0$ ein beliebiger Funktionskeim, so gilt $f \cdot g(0) = f(0) \cdot g(0) = 0$. Deshalb ist

$$\mathfrak{m} := \{f \in \mathcal{O}_0 \mid f(0) = 0\}$$

ein Ideal in $\mathcal{O}_0$. Daher ist $\mathcal{O}_0$ ein lokaler Ring mit maximalem Ideal $\mathfrak{m}$. □

2.4 Der Weierstraß'sche Vorbereitungssatz

Wir wollen nun einen grundlegenden Satz für das weitere Studium von lokalen Ringen holomorpher Funktionskeime herleiten. Dies ist der so genannte Weierstraß'sche Vorbereitungssatz, der eine zentrale Rolle in der Funktionentheorie mehrerer komplexer Veränderlicher spielt.

In der Funktionentheorie einer Veränderlichen wird gezeigt, dass eine nicht verschwindende konvergente Potenzreihe $f(t) = \sum_{m=0}^{\infty} a_m t^m$ in einer komplexen Variablen t eine eindeutige Darstellung der Form

$$f(t) = t^k u(t)$$

besitzt, wobei $u(t)$ eine konvergente Potenzreihe mit $u(0) \neq 0$, also eine Einheit in $\mathcal{O}_{1,0}$ ist. Die Zahl k nennt man dabei die Ordnung der Nullstelle $0 \in \mathbb{C}$. Der Weierstraß'sche Vorbereitungssatz besagt nun, dass sich eine konvergente Potenzreihe

$$g(z,t) = g(z_1, \dots, z_n, t) \in \mathbb{C}\{z_1, \dots, z_n, t\}$$

nach einem eventuellen linearen Koordinatenwechsel eindeutig in der Form

$$g(z,t) = (t^k + c_1(z)t^{k-1} + \ldots + c_k(z)) \cdot u(z,t)$$

mit $c_j(z) \in \mathbb{C}\{z\}$, $c_j(0) = 0$, und einer Einheit $u(z,t) \in \mathbb{C}\{z,t\}$ darstellen lässt. Bevor wir diesen Satz formulieren können, müssen wir noch einige Begriffe einführen.

Es sei $\mathbb{C}\{z\} = \mathbb{C}\{z_1, \dots, z_{n+1}\}$ der Ring der konvergenten Potenzreihen in $n+1$ Variablen. Es sei

$$g(z) = \sum_{\nu=0}^{\infty} a_\nu z^\nu \in \mathbb{C}\{z_1, \dots, z_{n+1}\}.$$

Dann besitzt $g(z)$ eine eindeutige Darstellung

$$g(z) = \sum_{m=0}^{\infty} p_m(z)$$

durch homogene Polynome

$$p_m(z) := \sum_{|\nu|=m} a_\nu z^\nu$$

vom Grad m.

Definition Die Zahl

$$\min\{|\nu| \mid a_\nu \neq 0\}$$

bezeichnet man als die *Ordnung* $o(g)$ der Potenzreihe.

Sie ist auch die kleinste Zahl m, für die gilt: $p_m \not\equiv 0$.

Definition Eine Potenzreihe $g(z) \in \mathbb{C}\{z\}$ heißt *regulär (allgemein) von der Ordnung k in z_{n+1}* genau dann, wenn $g(0, \dots, 0, z_{n+1})$ eine Potenzreihe in z_{n+1} von der Ordnung k ist.

Lemma 2.1 *Ist $g(z) \in \mathbb{C}\{z\}$ eine konvergente Potenzreihe von der Ordnung $k < \infty$, so ist $g(z')$ in geeigneten Koordinaten $z'_1, \ldots, z'_{n+1}$ des $\mathbb{C}^{n+1}$, die durch einen linearen Koordinatenwechsel aus $z_1, \ldots, z_{n+1}$ hervorgehen, regulär von der Ordnung k in z'_{n+1}.*

Beweis. Es sei

$$g(z) = \sum_{m=k}^{\infty} p_m(z), \; p_k \not\equiv 0,$$

die Entwicklung von $g(z)$ in homogene Polynome. Dabei sei

$$p_k(z) = \sum_{|\nu|=k} a_\nu z^\nu.$$

Wir setzen nun

$$\begin{aligned} z'_j &= z_j - w_j \, z_{n+1}, \; j = 1, \ldots, n, \\ z'_{n+1} &= z_{n+1}, \end{aligned}$$

mit $w_j \in \mathbb{C}$, $j = 1, \ldots, n$. Dann ist der Koeffizient von z'^k_{n+1} in $p_k(z')$ gleich

$$c = \sum_{\nu_1+\ldots+\nu_{n+1}=k} a_{\nu_1,\ldots,\nu_{n+1}} w_1^{\nu_1} \cdots w_n^{\nu_n}.$$

Da $p_k \not\equiv 0$, gibt es $w_1, \ldots, w_n \in \mathbb{C}$, so dass $c \neq 0$. Für diese Wahl von $w_1, \ldots, w_n$ gilt dann

$$g(0, \ldots, 0, z'_{n+1}) = c z'^k_{n+1} + \text{ höhere Terme }.$$

Also ist $g(z')$ regulär von der Ordnung k in z'_{n+1}. □

Wir setzen nun zur Unterscheidung $t = z_{n+1}$ und

$$\begin{aligned} \mathbb{C}\{z\} &= \mathbb{C}\{z_1, \ldots, z_n\}, \\ \mathbb{C}\{z, t\} &= \mathbb{C}\{z_1, \ldots, z_n, t\}. \end{aligned}$$

Definition Ein *Weierstraß-Polynom* vom Grad $k > 0$ ist ein Polynom

$$t^k + c_1(z)t^{k-1} + \ldots + c_k(z),$$

wobei $c_j \in \mathbb{C}\{z\}, \; c_j(0) = 0, \; j = 1, \ldots, k$.

Ein Weierstraß-Polynom ist also ein Element $h(z,t) \in \mathbb{C}\{z\}[t]$, dessen Leitkoeffizient 1 ist und dessen andere Koeffizienten Nichteinheiten in $\mathbb{C}\{z\}$ sind. Insbesondere ist $h(z,t)$ regulär von der Ordnung k in t. Der Weierstraß'sche Vorbereitungssatz besagt nun, dass dies die allgemeine Form einer konvergenten Potenzreihe aus $\mathbb{C}\{z,t\}$, die regulär von der Ordnung k in t ist, ist. Genauer gilt:

Theorem 2.1 (Weierstraß'scher Vorbereitungssatz) *Es sei $g(z,t)$ eine konvergente Potenzreihe aus $\mathbb{C}\{z,t\}$, die regulär von der Ordnung k in t ist. Dann gibt es ein eindeutig bestimmtes Weierstraß-Polynom $h(z,t) \in \mathbb{C}\{z\}[t]$ und eine eindeutig bestimmte Einheit $u(z,t) \in \mathbb{C}\{z,t\}$, so dass*

$$g(z,t) = h(z,t)u(z,t).$$

Bemerkung 2.3 Dieser Satz heißt "Vorbereitungssatz", weil die Potenzreihe $g(z,t)$ für die Untersuchung ihrer Nullstellen "vorbereitet" wird. Da u in einer Umgebung von $0 \in \mathbb{C}^{n+1}$ nicht verschwindet, stimmt nach dem Weierstraß'schen Vorbereitungssatz die Nullstellenmenge von g in dieser Umgebung mit der Nullstellenmenge des Polynoms

$$t^k + c_1(z)t^{k-1} + \ldots + c_k(z)$$

überein. Für den Fall $n = 1$, also $z \in \mathbb{C}$, haben wir solche Nullstellenmengen schon in Kap. 1 untersucht: Es handelt sich um die Riemann'sche Fläche einer algebraischen Funktion, die eine verzweigte Überlagerung über der z-Ebene ist.

Für den Weierstraß'schen Vorbereitungssatz gibt es verschiedene Beweise, funktionentheoretische und mehr algebraische. Ein weitgehend algebraischer Beweis wurde schon 1887 von L. Stickelberger gegeben, eine rein algebraische Variante dieses Beweises stammt von C.L. Siegel (1968). (Historisches zum Weierstraß'schen Vorbereitungssatz und dessen Beweis findet man in [GR71, p.35 f. und p.29 ff.].) In vielen der angegebenen Lehrbücher stehen Beweise, die auf den Ideen von Siegel und Stickelberger basieren. Wir geben einen Beweis nach dem Buch [GG74].

Dieser Beweis ist, mit Modifikationen, auch in [BK86] zu finden. Er benutzt elegante Methoden, die für den Malgrange'schen Vorbereitungssatz, einer Version von Theorem 2.1 für differenzierbare Funktionen, entwickelt wurden. Wir werden tatsächlich einen etwas allgemeineren Satz zeigen.

Theorem 2.2 (Weierstraß'scher Divisionssatz) *Es seien $f, g \in \mathbb{C}\{z,t\}$ und g sei regulär von der Ordnung k in t. Dann gibt es eine eindeutig bestimmte Potenzreihe $q \in \mathbb{C}\{z,t\}$ und ein eindeutig bestimmtes Polynom r aus $\mathbb{C}\{z\}[t]$ vom Grad $\leq k-1$ mit*

$$f = q \cdot g + r.$$

Diesen Satz nach Weierstraß zu benennen (man nennt ihn auch Weierstraß-Formel) ist historisch nicht ganz gerechtfertigt, da er zuerst von Stickelberger 1887 und unabhängig davon von Späth 1929 bewiesen wurde.

Ableitung von Theorem 2.1 aus Theorem 2.2. Wir wenden Theorem 2.2 auf $f(z,t) := t^k$ und g wie in Theorem 2.1 an. Nach Theorem 2.2 existiert dann $q \in \mathbb{C}\{z,t\}$ und

$$r(z,t) = \sum_{j=1}^{k} a_j(z)t^{k-j} \in \mathbb{C}\{z\}[t]$$

mit

$$t^k = q \cdot g + r$$

oder

$$q(z,t) \cdot g(z,t) = t^k - a_1(z)t^{k-1} - \ldots - a_k(z).$$

Wir setzen nun in dieser Gleichung $z = 0$ und vergleichen die Koeffizienten von t^k: Da g regulär von der Ordnung k in t ist, gilt

$$g(0,t) = ct^k + \text{ höhere Terme}$$

mit $c \neq 0$. Daraus folgt

$$q(0,0) \neq 0.$$

Also ist q eine Einheit in $\mathbb{C}\{z,t\}$, es existiert also ein $u \in \mathbb{C}\{z,t\}$ mit $qu = 1$. Die Potenzreihe u ist damit auch eine Einheit. Das Polynom

$$h(z,t) := t^k - a_1(z)t^{k-1} - \ldots - a_k(z)$$

ist aber ein Weierstraß-Polynom. Damit folgt

$$g = h \cdot u.$$

Aus der Eindeutigkeit von q und r folgt auch die Eindeutigkeit von h und u. □

Tatsächlich sind Theorem 2.1 und Theorem 2.2 äquivalent: man kann Theorem 2.2 auch aus Theorem 2.1 ableiten (Übungsaufgabe).

Beweis der Eindeutigkeit in Theorem 2.2. Angenommen

$$f = qg + r = \tilde{q}g + \tilde{r},$$

wobei $q, \tilde{q} \in \mathbb{C}\{z,t\}$ und $r, \tilde{r} \in \mathbb{C}\{z\}[t]$ Polynome vom Grad $\leq k-1$. Wir können annehmen, dass $k > 0$ gilt, denn sonst folgt $r = \tilde{r} \equiv 0$ und $q = \tilde{q}$ und wir sind fertig. Es gilt

$$r - \tilde{r} = (\tilde{q} - q)g.$$

Für festes $z \in \mathbb{C}^n$ ist $(r - \tilde{r})(z,t)$ ein Polynom vom Grad $\leq k-1$ in t und hat (mit Vielfachheit gezählt) höchstens $k-1$ Nullstellen. Wir werden zeigen, dass es eine Umgebung V von 0 in $\mathbb{C}^n$ gibt, so dass für alle $z \in V$ die Potenzreihe $g(z,t)$ als Funktion von t mindestens k Nullstellen hat. Also hat dann auch $(r - \tilde{r})(z,t)$ mindestens k Nullstellen, muss also das Nullpolynom sein. Es folgt $r = \tilde{r}$ und somit auch $q = \tilde{q}$, da g in einer Umgebung von 0 nicht identisch verschwindet.

Nach Voraussetzung ist die Potenzreihe $g(z,t)$ regulär von der Ordnung k in t, d.h. $g(0,t)$ hat in $t = 0 \in \mathbb{C}$ eine Nullstelle k-ter Ordnung. Die Potenzreihe $g(0,t)$ definiert in einer Umgebung von $0 \in \mathbb{C}$ eine holomorphe Funktion, deren Nullstellen isoliert sind. Also gibt es ein $\delta > 0$ mit $g(0,t) \neq 0$ für alle t mit $0 < |t| \leq \delta$. Setze

$$\varepsilon := \inf_{|t|=\delta} |g(0,t)|$$

Da g stetig ist, gibt es eine Umgebung V von $0 \in \mathbb{C}^n$, so dass für alle $z \in V$ und $t \in \mathbb{C}$ mit $|t| = \delta$ gilt:

$$|g(z,t) - g(0,t)| < \varepsilon \leq |g(0,t)|.$$

Es sei $z \in V$ fest. Aus dem Satz von Rouché folgt dann, dass $g(z,\cdot)$ und $g(0,\cdot)$ die gleiche Anzahl von Nullstellen in der Kreisscheibe $|t| < \delta$ haben (mit Vielfachheit gezählt). Also hat auch $g(z,\cdot)$ für $z \in V$ mindestens k Nullstellen (mit Vielfachheit gezählt). □

Durch den so genannten "Trick von Malgrange" kann man den Divisionssatz auf den folgenden Satz zurückführen, der ein Spezialfall von Theorem 2.2 ist.

Theorem 2.3 (Spezieller Divisionssatz) *Es sei* $p_k(y,t) \in \mathbb{C}\{y_1, \cdots, y_k\}[t]$ *das "allgemeine Polynom vom Grad k", d.h.*

$$p_k(y,t) = t^k + y_1 t^{k-1} + \ldots + y_k.$$

Dann gilt: Für jedes $f(z,y,t) \in \mathbb{C}\{z,y,t\}$ *existieren* $q(z,y,t) \in \mathbb{C}\{z,y,t\}$ *und ein Polynom* $r(z,y,t) \in \mathbb{C}\{z,y\}[t]$ *vom Grad* $\leq k-1$*, so dass*

$$f = q \cdot p_k + r.$$

Bemerkung 2.4 Dies ist ein Spezialfall von Theorem 2.2: Statt durch eine beliebige in t reguläre Potenzreihe aus $\mathbb{C}\{z,y,t\}$ wird bei Theorem 2.3 nur die Division durch das "allgemeine Polynom" behandelt.

Ableitung von Theorem 2.2 aus Theorem 2.3. Es sei $g(z,t) \in \mathbb{C}\{z,t\}$ regulär von der Ordnung k in t und $f \in \mathbb{C}\{z,t\}$. Nach Theorem 2.3 existieren $\tilde{q}, \tilde{\tilde{q}}, \tilde{r}, \tilde{\tilde{r}}$, so dass gilt

$$\begin{aligned} g(z,t) &= \tilde{q}(z,y,t)p_k(y,t) + \tilde{r}(z,y,t) && (2.3) \\ f(z,t) &= \tilde{\tilde{q}}(z,y,t)p_k(y,t) + \tilde{\tilde{r}}(z,y,t) && (2.4) \end{aligned}$$

wobei $\tilde{r}, \tilde{\tilde{r}} \in \mathbb{C}\{z,y\}[t]$ Polynome vom Grad $\leq k-1$ sind. Es sei

$$\tilde{r}(z,y,t) = A_1(z,y)t^{k-1} + \ldots + A_k(z,y).$$

Nach Voraussetzung ist $g(0,t)$ eine Potenzreihe der Form

$$g(0,t) = c \cdot t^k + \text{ höhere Terme}$$

mit $c \neq 0$. Setzen wir in (2.3) $z = y = 0$ und vergleichen die Koeffizienten von $1, t, \ldots, t^k$ so finden wir

$$A_j(0,0) = 0 \text{ für } j = 1, \ldots, k, \quad \tilde{q}(0,0,0) = c.$$

Die Idee des Beweises ist nun die, für die "allgemeinen Koeffizienten" y_j des Polynoms p_k geeignete holomorphe Funktionen $\varphi_j(z)$ so einzusetzen, dass das Restglied $\tilde{r}$ in (2.3) verschwindet. Dazu wollen wir den Satz über implizite Funktionen anwenden.

Dazu zeigen wir zunächst:

$$\frac{\partial A_j}{\partial y_l}(0,0) = \begin{cases} 0 & \text{für } j > l, \\ -c & \text{für } j = l. \end{cases}$$

Denn differenziert man beide Seiten der Gleichung (2.3) nach der Variablen y_l und setzt $y = z = 0$, so ergibt sich

$$0 = \frac{\partial \tilde{q}}{\partial y_l}(0,0,t)t^k + \tilde{q}(0,0,t) \cdot t^{k-l} + \frac{\partial A_1}{\partial y_l}(0,0) \cdot t^{k-1} + \ldots + \frac{\partial A_k}{\partial y_l}(0,0).$$

Vergleicht man die Koeffizienten von t^{k-j} für $k \geq j \geq l$, so erhält man

$$\frac{\partial A_k}{\partial y_l}(0,0) = 0, \frac{\partial A_{k-1}}{\partial y_l}(0,0) = 0, \ldots, \frac{\partial A_{l+1}}{\partial y_l}(0,0) = 0$$

und
$$\frac{\partial A_l}{\partial y_l}(0,0) = -\tilde{q}(0,0,0) = -c.$$
Also ist die Matrix
$$\frac{\partial A}{\partial y}(0,0) = \left(\frac{\partial A_j}{\partial y_l}(0,0)\right)_{l=1,\dots,k}^{j=1,\dots,k}$$
eine obere Dreiecksmatrix mit den Einträgen $-c$ auf der Hauptdiagonalen. Es gilt also
$$\det \frac{\partial A}{\partial y}(0,0) = (-c)^k \neq 0.$$

Die konvergenten Potenzreihen $A_1, \dots, A_k \in \mathbb{C}\{z,y\}$ definieren eine auf einer offenen Umgebung $U \subset \mathbb{C}^n \times \mathbb{C}^k$ des Punktes $(0,0)$ holomorphe Abbildung $A : U \to \mathbb{C}^k$ mit $A(0,0) = 0$ und $\det(\partial A/\partial y)(0,0) \neq 0$. Nach dem Satz über implizite Funktionen (Satz 2.14) gibt es daher eine offene Umgebung $V \subset \mathbb{C}^n$ von $0 \in \mathbb{C}^n$ und eine holomorphe Abbildung $\varphi : V \to \mathbb{C}^k$, so dass für alle $z \in V$ gilt
$$A(z,\varphi(z)) = 0$$

Für alle $z \in V$ und $t \in \mathbb{C}$ gilt nun
$$\tilde{r}(z,\varphi(z),t) = 0$$

und damit
$$g(z,t) = \tilde{q}(z,\varphi(z),t)p_k(\varphi(z),t).$$
Da $\tilde{q}(0,0,0) = c \neq 0$ gilt, ist $\tilde{q}$ eine Einheit, also invertierbar, und wir erhalten aus Gleichung (2.4)
$$f(z,t) = \tilde{\tilde{q}}(z,\varphi(z),t)p_k(\varphi(z),t) + \tilde{\tilde{r}}(z,\varphi(z),t),$$
also
$$f = \tilde{\tilde{q}} \cdot \tilde{q}^{-1} \cdot g + \tilde{\tilde{r}}.$$

Setzen wir
$$\begin{aligned} q(z,t) &:= \tilde{\tilde{q}}(z,\varphi(z),t) \cdot \tilde{q}^{-1}(z,\varphi(z),t), \\ r(z,t) &:= \tilde{\tilde{r}}(z,\varphi(z),t), \end{aligned}$$

so erhalten wir die gewünschte Darstellung
$$f = q \cdot g + r.$$

Die Eindeutigkeit dieser Darstellung wurde bereits gezeigt. □

Beweis von Theorem 2.3. Es sei $f(z,y,t) \in \mathbb{C}\{z,y,t\}$ gegeben. Wir müssen zeigen: Es existieren $q(z,y,t) \in \mathbb{C}\{z,y,t\}$ und ein Polynom $r(z,y,t) \subset \mathbb{C}\{z,y\}[t]$ vom Grad $\leq k-1$, so dass
$$f(z,y,t) = q(z,y,t)p_k(y,t) + r(z,y,t).$$

Wir können $p_k(y,t)$ auch als Element von $\mathbb{C}\{z,y,t\}$ auffassen. Es existiert ein Polyzylinder $\Delta_1 \subset \mathbb{C}^n \times \mathbb{C}^k \times \mathbb{C}$ um $(0,0,0)$, auf dem $f(z,y,t)$ und $p_k(y,t)$ holomorphe Funktionen definieren. Das Polynom $p_k(0,t)$ hat eine Nullstelle der Ordnung k in $0 \in \mathbb{C}$. Da die Nullstellen eines Polynoms isoliert sind, gibt es ein $\delta > 0$, so dass $p_k(0,t) \neq 0$ für $|t| = \delta$. Da p_k stetig ist, gibt es $r_1, \ldots, r_n; \rho_1, \ldots, \rho_k > 0$, so dass für den Polyzylinder

$$\Delta = \left\{ (z,y,t) \in \mathbb{C}^n \times \mathbb{C}^k \times \mathbb{C} \;\middle|\; \begin{array}{l} |z_j| < r_j,\ j = 1, \ldots, n, \\ |y_l| < \rho_l,\ l = 1, \ldots, k, \\ |t| < \delta \end{array} \right\}$$

gilt $\bar{\Delta} \subset \Delta_1$ und für $(z,y,t) \in \bar{\Delta}$ mit $|t| = \delta$ gilt

$$p_k(y,t) \neq 0.$$

Nach der Cauchy'schen Integralformel in einer Variablen ist die Funktion

$$q(z,y,t) := \frac{1}{2\pi i} \int\limits_{|\tau|=\delta} \frac{f(z,y,\tau)}{p_k(y,\tau)(\tau - t)} d\tau$$

holomorph in Δ. Die Funktion

$$r(z,y,t) := f(z,y,t) - q(z,y,t) p_k(y,t)$$

ist ebenfalls in Δ holomorph und hat die folgende Integraldarstellung in Δ:

$$\begin{aligned} r(z,y,t) &= \frac{1}{2\pi i} \int\limits_{|\tau|=\delta} \frac{f(z,y,\tau)}{\tau - t} d\tau - \frac{1}{2\pi i} \int\limits_{|\tau|=\delta} \frac{f(z,y,\tau) p_k(y,t)}{p_k(y,\tau)(\tau - t)} d\tau \\ &= \frac{1}{2\pi i} \int\limits_{|\tau|=\delta} \frac{f(z,y,\tau)}{p_k(y,\tau)} \left(\frac{p_k(y,\tau) - p_k(y,t)}{\tau - t} \right) d\tau. \end{aligned}$$

Nun gilt aber:

$$\begin{aligned} \frac{p_k(y,\tau) - p_k(y,t)}{\tau - t} &= \frac{(\tau^k - t^k) + y_1(\tau^{k-1} - t^{k-1}) + \ldots + y_{k-1}(\tau - t)}{\tau - t} \\ &= s_1(y,\tau) t^{k-1} + \ldots + s_k(y,\tau), \end{aligned}$$

wobei $s_1, \ldots, s_k \in \mathbb{C}\{y\}[\tau]$. Damit gilt

$$r(z,y,t) = \sum_{j=1}^{k} \left(\frac{1}{2\pi i} \int\limits_{|\tau|=\delta} \frac{f(z,y,\tau)}{p_k(y,\tau)} s_j(y,\tau) d\tau \right) t^{k-j}.$$

Setzen wir

$$A_j(z,y) := \frac{1}{2\pi i} \int\limits_{|\tau|=\delta} \frac{f(z,y,\tau)}{p_k(y,\tau)} s_j(y,\tau) d\tau$$

so ist $A_j(z,y) \in \mathbb{C}\{z,y\}$ für $j = 1, \ldots, k$. Das Polynom $r(z,y,t)$ ist also ein Polynom aus $\mathbb{C}\{z,y\}[t]$ vom Grad $\leq k-1$. Damit haben wir die gewünschte Divisionsformel gezeigt. $\square$

Bemerkung 2.5 Wir haben einen funktionentheoretischen Beweis von Theorem 2.3 gegeben. Einen algebraischen Beweis findet man bei [BK86]. Dieser Beweis benutzt aber den Hauptsatz über symmetrische Funktionen für konvergente Potenzreihen, den man auch beweisen müsste. Der dortige Beweis macht aber deutlich, dass Vorbereitungs- und Divisionssatz auch für formale Potenzreihen gelten. Ein Analogon des Vorbereitungssatzes für Keime differenzierbarer reeller Funktionen ist ein tief liegendes Resultat, das von Malgrange 1964 bewiesen wurde: der *Malgrange'sche Vorbereitungssatz.*

Als Anwendungen der Theoreme 2.1 und 2.2 beweisen wir nun einige algebraische Eigenschaften des lokalen Rings $\mathcal{O}_{n,0}$.

Wir erinnern daran, dass ein Ring R *noethersch* heißt, wenn jedes Ideal in R endlich erzeugt ist.

Satz 2.19 (Rückert'scher Basissatz) *Der Ring* $\mathcal{O}_{n,0} \cong \mathbb{C}\{z_1, \ldots, z_n\}$ *ist noethersch.*

Beweis. Wir beweisen den Satz durch Induktion über n.

Für $n = 0$ ist $\mathcal{O}_{0,0} = \mathbb{C}$ ein Körper, also trivialerweise ein noetherscher Ring.

Es sei $I \subset \mathcal{O}_{n,0}$ ein Ideal und $g \in I$, $g \neq 0$. Nach Lemma 2.1 können wir nach einem eventuellen Koordinatenwechsel annehmen, dass g regulär von der Ordnung k in z_n ist. Nach Induktionsannahme ist $\mathcal{O}_{n-1,0}$ noethersch. Der *Hilbert'sche Basissatz* (siehe z.B. [Kun91, Satz 6.6]) besagt, dass der Polynomring über einem noetherschen Ring wieder noethersch ist. Also ist der Ring $\mathcal{O}_{n-1,0}[z_n]$ noethersch. Daraus folgt, dass das Ideal $I \cap \mathcal{O}_{n-1,0}[z_n]$ von endlich vielen Elementen $g_1, \ldots, g_l \in I \cap \mathcal{O}_{n-1,0}[z_n]$ erzeugt wird.

Es sei nun $f \in I$. Nach dem Weierstraß'schen Divisionssatz lässt sich f schreiben als

$$f = q \cdot g + r \qquad \text{mit } r \in \mathcal{O}_{n-1,0}[z_n]$$

Da $f \in I$ und $g \in I$, gilt auch

$$r = f - q \cdot g \in I,$$

also $r \in I \cap \mathcal{O}_{n-1,0}[z_n]$. Deshalb gibt es $a_1, \ldots, a_l \in \mathcal{O}_{n-1,0}[z_n]$ mit

$$r = a_1 g_1 + \ldots + a_l g_l.$$

Damit folgt

$$f = q \cdot g + a_1 \cdot g_1 + \ldots + a_l g_l.$$

Wir haben damit gezeigt, dass $g, g_1, \ldots, g_l$ das Ideal I erzeugen. □

Bemerkung 2.6 Der Satz bedeutet geometrisch, dass sich die gemeinsamen Nullstellenmengen beliebig vieler holomorpher Funktionen lokal stets durch endlich viele Gleichungen beschreiben lassen.

Es sei R ein Integritätsbereich. Ein Element $f \in R$, $f \neq 0$, heißt *irreduzibel über* R, wenn aus $f = g_1 g_2$ mit $g_1, g_2 \in R$ folgt: g_1 ist Einheit oder g_2 ist Einheit; andernfalls heißt f *reduzibel über* R.

Lemma 2.2 *Ein Weierstraß-Polynom* $h \in \mathbb{C}\{z_1, \ldots, z_{n-1}\}[z_n]$ *ist genau dann reduzibel über* $\mathbb{C}\{z_1, \ldots, z_{n-1}\}[z_n]$*, wenn es reduzibel über* $\mathbb{C}\{z_1, \ldots, z_n\}$ *ist. Wenn* h *reduzibel ist, dann sind bis auf Einheiten in* $\mathbb{C}\{z_1, \ldots, z_{n-1}\}[z_n]$ *alle seine Faktoren Weierstraß-Polynome.*

Beweis. a) Es sei zunächst h reduzibel über $\mathbb{C}\{z_1, \dots, z_n\}$, d.h. $h = g_1 g_2$, wobei $g_1, g_2 \in \mathbb{C}\{z_1, \dots, z_n\}$ Nichteinheiten. Da h ein Weierstraß-Polynom ist, ist es regulär in z_n. Wie man sich leicht überlegen kann, sind g_1 und g_2 dann auch regulär in z_n. Nach dem Weierstraß'schen Vorbereitungssatz gilt $g_i = u_i h_i$, wobei u_i Einheit in $\mathbb{C}\{z_1, \dots, z_n\}$ ist und h_i ein Weierstraß-Polynom in $\mathbb{C}\{z_1, \dots, z_{n-1}\}[z_n]$ ist $(i = 1, 2)$. Also folgt

$$h = (u_1 u_2) \cdot (h_1 h_2).$$

Man kann nun zeigen (Übungsaufgabe), dass $h_1 h_2$ auch ein Weierstraß-Polynom ist. Wir haben also zwei Darstellungen von h als Produkt einer Einheit und eines Weierstraß-Polynoms, nämlich

$$h = 1 \cdot h \text{ und } h = (u_1 u_2) \cdot (h_1 h_2).$$

Die Eindeutigkeitsaussage des Weierstraß'schen Vorbereitungssatzes liefert also

$$h = h_1 \cdot h_2.$$

Die Weierstraß-Polynome h_1, h_2 können keine Einheiten in $\mathbb{C}\{z_1, \dots, z_{n-1}\}[z_n]$ sein, denn sonst wären auch g_1 und g_2 Einheiten.

b) Es sei nun h reduzibel über $\mathbb{C}\{z_1, \dots, z_{n-1}\}[z_n]$, d.h. $h = g_1 g_2$ wobei $g_1, g_2 \in \mathbb{C}\{z_1, \dots, z_{n-1}\}[z_n]$ Nichteinheiten.

Es ist zu zeigen: g_1, g_2 sind Nichteinheiten in $\mathbb{C}\{z_1, \dots, z_n\}$.

Es sei $z = (z_1, \dots, z_{n-1})$,

$$\begin{aligned} g_1(z, z_n) &= a_0(z) z_n^r + a_1(z) z_n^{r-1} + \ldots + a_r(z), \\ g_2(z, z_n) &= b_0(z) z_n^s + b_1(z) z_n^{s-1} + \ldots + b_s(z), \end{aligned}$$

mit $a_0(z), \dots, a_r(z), b_0(z), \dots, b_s(z) \in \mathbb{C}\{z\}$. Koeffizientenvergleich in $h = g_1 g_2$ liefert dann

$$a_0 b_0 = 1.$$

Deswegen können wir o.B.d.A. $a_0 = b_0 = 1$ annehmen. Dann folgt, dass g_1 und g_2 Weierstraßpolynome sind.

Wäre nun g_1 eine Einheit in $\mathbb{C}\{z_1, \dots, z_n\}$, dann wäre

$$g_2 = g_1^{-1} h$$

eine Zerlegung des Weierstraß-Polynoms g_2 in das Produkt einer Einheit und eines Weierstraß-Polynoms. Die Eindeutigkeitsaussage von Theorem 2.1 ergibt dann wieder

$$g_1 = 1, h = g_2.$$

Die Aussage $g_1 = 1$ steht aber im Widerspruch dazu, dass g_1 eine Nichteinheit in $\mathbb{C}\{z\}[z_n]$ ist. □

Es sei nun R wieder ein beliebiger Integritätsbereich, $f \in R \setminus \{0\}$, $g \in R$. Man sagt, f *teilt* g (in Zeichen $f|g$), wenn es ein $h \in R$ gibt, so dass $g = f \cdot h$. Es sei $f \in R \setminus \{0\}$ keine Einheit. Das Element f heißt *prim*, wenn aus $f|g_1 \cdot g_2$, $g_1, g_2 \in R$, folgt: $f|g_1$ oder $f|g_2$.

Bemerkung 2.7 Wenn f prim ist, so ist f auch irreduzibel. Die Umkehrung gilt im Allgemeinen nicht.

Ein Integritätsbereich R heißt *faktoriell* (oder ein *ZPE-Ring*), wenn sich jede Nichteinheit $f \in R\backslash\{0\}$ als Produkt endlich vieler Primelemente schreiben lässt. Diese Zerlegung ist dann eindeutig bestimmt bis auf Reihenfolge der Faktoren und Multiplikation mit Einheiten.

Bemerkung 2.8 In der Algebra wird gezeigt, dass ein Integritätsbereich R genau dann faktoriell ist, wenn sich jede Nichteinheit $f \in R\backslash\{0\}$ als Produkt endlich vieler irreduzibler Elemente schreiben lässt und diese Zerlegung bis auf Reihenfolge und Multiplikation mit Einheiten eindeutig ist.

Satz 2.20 *Der Ring* $\mathcal{O}_{n,0} \cong \mathbb{C}\{z_1, \ldots, z_n\}$ *ist faktoriell.*

Beweis (durch Induktion über n).

Induktionsanfang $n = 0$: $\mathcal{O}_{0,0} \cong \mathbb{C}$ ist ein Körper und damit trivialerweise faktoriell.

Induktionsschritt $n-1 \to n$: Es sei $f \in \mathbb{C}\{z_1, \ldots, z_n\}$, $f \neq 0$ eine Nichteinheit. Nach Lemma 2.1 können wir wieder o.B.d.A. annehmen, dass f regulär in z_n ist. Nach dem Weierstraß'schen Vorbereitungssatz existieren eine Einheit $u \in \mathbb{C}\{z_1, \ldots, z_n\}$ und ein Weierstraß-Polynom $h \in \mathbb{C}\{z_1, \ldots, z_{n-1}\}[z_n]$, so dass

$$f = u \cdot h.$$

Nach Induktionsannahme ist $\mathbb{C}\{z_1, \ldots, z_{n-1}\}$ faktoriell. Nach dem Lemma von Gauß (siehe z.B. [Kun91, Theorem 4.31]) ist auch $\mathbb{C}\{z_1, \ldots, z_{n-1}\}[z_n]$ faktoriell. Deshalb existiert eine eindeutige Zerlegung von h

$$h = h_1 \cdots h_k$$

in irreduzible Elemente $h_j \in \mathbb{C}\{z_1, \ldots, z_{n-1}\}[z_n]$. Nach Lemma 2.2 sind dann $h_1, \ldots, h_k$ Weierstraß-Polynome und

$$f = u \cdot h_1 \cdots h_k$$

ist eine Zerlegung von f in Faktoren $h_1, \ldots, h_k$, die irreduzibel in $\mathbb{C}\{z_1, \ldots, z_n\}$ sind. Diese Zerlegung ist eindeutig bis auf Multiplikation mit Einheiten und bis auf die Reihenfolge der Faktoren. □

Eine weitere nützliche Folgerung aus dem Weierstraß'schen Vorbereitungssatz ist auch der folgende Satz, der unter dem Namen Hensel'sches Lemma bekannt ist. Es sei wieder $z = (z_1, \ldots, z_n)$ und $\mathbb{C}\{z\} := \mathbb{C}\{z_1, \ldots, z_n\}$. Ein Polynom $p(z,t) \in \mathbb{C}\{z\}[t]$ mit Leitkoeffizient 1 nennen wir auch ein *normiertes* Polynom.

Satz 2.21 (Hensel'sches Lemma) *Es sei*

$$p(z,t) = t^k + a_1(z)t^{k-1} + \ldots + a_k(z) \in \mathbb{C}\{z\}[t]$$

ein normiertes Polynom mit $k \geq 1$ *und es gelte*

$$p(0,t) = (t-c_1)^{k_1} \cdots (t-c_r)^{k_r}$$

mit paarweise verschiedenen $c_j \in \mathbb{C}$, $j = 1, \ldots, r$. *Dann gibt es normierte Polynome* $p_1(z,t), \ldots, p_r(z,t) \in \mathbb{C}\{z\}[t]$ *mit*

$$p(z,t) = p_1(z,t) \cdots p_r(z,t),$$

wobei $p_j(z,t)$ *vom Grad* k_j *und* $p_j(0,t) = (t-c_j)^{k_j}$ *für* $j = 1, \ldots, r$ *ist.*

Beweis. Wir leiten diesen Satz aus dem Weierstraß'schen Vorbereitungssatz durch Induktion nach r ab. Für $r = 1$ setze man $p_1(z,t) = p(z,t)$.

Für $r > 1$ betrachten wir

$$g(z,t) := p(z, t + c_r) \in \mathbb{C}\{z\}[t].$$

Dann ist $g(z,t)$ regulär von der Ordnung k_r in t. Nach dem Weierstraß'schen Vorbereitungssatz (Theorem 2.1) gibt es ein Weierstraß-Polynom $h(z,t) \in \mathbb{C}\{z\}[t]$ vom Grad k_r und eine Einheit $u(z,t) \in \mathbb{C}\{z,t\}$, so dass

$$g(z,t) = h(z,t)u(z,t). \tag{2.5}$$

Tatsächlich ist $u(z,t)$ ein Element von $\mathbb{C}\{z\}[t]$: Die Division mit Rest in $\mathbb{C}\{z\}[t]$ ergibt

$$g(z,t) = h(z,t)q(z,t) + r(z,t), \tag{2.6}$$

wobei $q(z,t), r(z,t) \in \mathbb{C}\{z\}[t]$ und $r(z,t)$ ein Polynom vom Grad $\leq k_r - 1$ in t ist. Die Zerlegungen (2.5) und (2.6) können wir als Zerlegungen nach dem Weierstraß'schen Divisionssatz (Theorem 2.2) auffassen. Aus der Eindeutigkeitsaussage dieses Satzes folgt $r(z,t) = 0$ und $u(z,t) = q(z,t) \in \mathbb{C}\{z\}[t]$.

Wir setzen nun

$$\tilde{p}(z,t) := u(z, t - c_r), \quad p_r(z,t) := h(z, t - c_r).$$

Dann ist $p_r(z,t)$ normiert, $p(z,t) = \tilde{p}(z,t)p_r(z,t)$ und

$$\tilde{p}(0,t) = (t - c_1)^{k_1} \cdots (t - c_{r-1})^{k_{r-1}}.$$

Durch Anwendung der Induktionsvoraussetzung auf $\tilde{p}(z,t)$ folgt die Existenz von $p_1(z,t), \ldots, p_{r-1}(z,t)$. □

2.5 Analytische Mengen

Wir kommen nun zu unserem eigentlichen Thema, der Untersuchung von Nullstellenmengen holomorpher Funktionen. Für holomorphe Funktionen in einer Variablen ist die Situation besonders einfach: Die Nullstellen einer solchen Funktion bilden eine diskrete Menge. In mehreren Veränderlichen ist die Situation weitaus komplizierter. Wir geben nun die grundlegende Definition der analytischen Menge.

Definition Es sei $U \subset \mathbb{C}^n$ offen, $X \subset U$ eine Menge.

(i) Ist $x \in U$, so heißt X *analytisch in* x, falls es eine offene Umgebung $V \subset U$ von x und endlich viele auf V holomorphe Funktionen $f_1, \ldots, f_r$ gibt, so dass

$$X \cap V = \{z \in V \mid f_1(z) = \ldots = f_r(z) = 0\}.$$

(ii) Die Teilmenge X heißt *lokal analytische Teilmenge* von U, falls X in allen $x \in X$ analytisch ist.

(iii) Die Teilmenge X heißt *analytische Teilmenge* von U, falls X in allen $x \in U$ analytisch ist.

Beispiele für analytische Teilmengen von $U = \mathbb{C}^n$ sind U, $\emptyset$ und algebraische Teilmengen, d.h. Nullstellenmengen von endlich vielen Polynomen.

Satz 2.22 *Eine analytische Teilmenge X von U ist abgeschlossen in U.*

Beweis. Es sei $x \in U \setminus X$, V wie in der Definition. Dann ist $X \cap V$ abgeschlossen in V. Es existiert also eine offene Umgebung $W \subset V$ von x mit $W \cap X = \emptyset$. Also ist $U \setminus X$ offen. □

Übungsaufgabe 2.1 Zeige, dass eine Teilmenge $X \subset U$ genau dann analytisch ist, wenn sie lokal analytisch und abgeschlossen in U ist. Man gebe ein Beispiel einer offenen Teilmenge $U \subset \mathbb{C}^n$ und einer lokal analytischen, aber nicht analytischen Teilmenge $X \subset U$ an.

Eine Teilmenge M eines topologischen Raumes T heißt *nirgends dicht* in T, wenn $\overline{M}$ keine inneren Punkte enthält. Eine Teilmenge M eines zusammenhängenden topologischen Raums T heißt *nirgends trennend* in T, falls für alle offenen und zusammenhängenden Teilmengen V von T gilt: $V \setminus M$ ist ebenfalls zusammenhängend.

Satz 2.23 *Es sei G ein Gebiet des $\mathbb{C}^n$. Eine analytische Teilmenge X von G, $X \neq G$, ist nirgends dicht in G und nirgends trennend in G.*

Beweis. Es sei $x \in G$, $V \subset G$ eine offene zusammenhängende Umgebung von x mit

$$X \cap V = \{z \in V \mid f_1(z) = \ldots = f_r(z) = 0\}$$

für holomorphe Funktionen $f_1, \ldots, f_r$ auf V. Es reicht zu zeigen: $Y = X \cap V$ ist nirgends dicht und nirgends trennend in V.

Aus dem Identitätssatz für holomorphe Funktionen folgt, dass Y keine inneren Punkte enthält.

Es sei

$$B := B_r(x) := \{z \in \mathbb{C}^n \mid \|x - z\| < r\}$$

eine Kugel um x mit Radius r, so dass $B \subset V$. Dann ist $B \setminus (Y \cap B)$ zusammenhängend: Es seien $a, b \in B \setminus (Y \cap B)$, Γ eine komplexe Gerade, die a und b verbindet. Dann ist $\Gamma \cap B$ eindimensional, $\Gamma \cap B \cap Y$ eine echte analytische Teilmenge von $\Gamma \cap B$, also diskret. Deshalb können a und b durch einen Weg in $\Gamma \cap (B \setminus (Y \cap B))$ verbunden werden.

Es sei nun $W \subset V$ offen und zusammenhängend, $a, b, \in W \setminus (W \cap Y)$. Da W zusammenhängend ist, können a und b durch einen Weg in W verbunden werden. Es seien $B_1, \ldots, B_t$ Kugeln mit Mittelpunkten auf dem Weg, $B_1 = B_{r_1}(a)$, $B_t = B_{r_t}(b)$, $B_j \cap B_{j+1} \neq \emptyset$ für $j = 1, \ldots, t-1$ (siehe Bild 2.2). Da Y keine inneren Punkte enthält, gilt auch

$$(B_j \setminus (B_j \cap Y)) \cap (B_{j+1} \setminus (B_{j+1} \cap Y)) \neq \emptyset.$$

Also ist

$$\bigcup_{j=1}^{t} (B_j \setminus (B_j \cap Y))$$

eine zusammenhängende Teilmenge von W, die a und b enthält. Also ist $W \setminus (W \cap Y)$ zusammenhängend. □

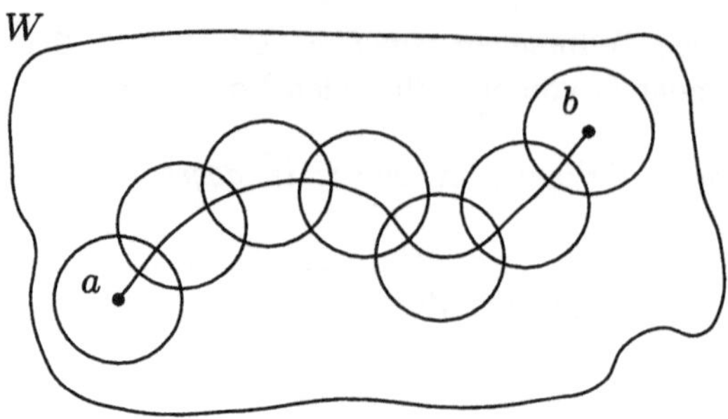

Bild 2.2: Zur Wahl der Kugeln $B_1, \ldots, B_t$

Definition Man sagt, eine analytische Teilmenge X in U hat *Kodimension s in $x \in X$* (in Zeichen $s = \operatorname{codim}_x X$), wenn ein s-dimensionaler, aber kein $(s+1)$-dimensionaler, affiner Teilraum Γ von $\mathbb{C}^n$ existiert, so dass x ein isolierter Punkt von $\Gamma \cap X$ ist. Für $X \neq \emptyset$ definieren wir

$$\operatorname{codim} X := \min_{x \in X} \operatorname{codim}_x X.$$

Satz 2.24 *Ist $G \subset \mathbb{C}^n$ ein Gebiet und X eine echte analytische Teilmenge von G, so gilt* $\operatorname{codim} X \geq 1$.

Beweis. Es sei $x \in X$ und $V \subset G$ eine offene Umgebung von x mit

$$X \cap V = \{z \in V \mid f_1(z) = \ldots = f_r(z) = 0\}$$

für holomorphe Funktionen $f_1, \ldots, f_r$ in V. O.B.d.A. sei $V = B$, eine Kugel um x. Es sei $y \in B \setminus (X \cap B)$, Γ eine komplexe affine Gerade, die x und y verbindet. Dann ist $X \cap \Gamma \cap B$ eine echte analytische Teilmenge von $\Gamma \cap B \subset \Gamma$, also diskret. Deshalb gilt $\operatorname{codim}_x X \geq 1$. □

2.6 Analytische Mengenkeime

Wie wir in §2.3 Funktionskeime zur Untersuchung lokaler Eigenschaften holomorpher Funktionen eingeführt haben, so definieren wir jetzt Keime analytischer Mengen.

Definition Es seien U und U' offen in $\mathbb{C}^n$, $X \subset U$, $X' \subset U'$ analytische Teilmengen. Die analytischen Teilmengen X und X' definieren den gleichen *analytischen Mengenkeim* in $x \in U \cap U'$, wenn es eine offene Umgebung $V \subset U \cap U'$ von x gibt, so dass

$$X \cap V = X' \cap V.$$

Wir schreiben (X, x) für den Mengenkeim von X in x. (Genauer ist (X, x) die durch das Paar (X, U) gegebene Äquivalenzklasse aller Paare (X', U) ($U' \subset \mathbb{C}^n$ offen, $X' \subset U'$ analytische Teilmenge, $x \in U'$) unter der obigen Äquivalenzrelation.) Die analytische Teilmenge X nennt man auch einen *Repräsentanten* des Mengenkeims (X, x).

Analytische Mengenkeime stehen in Beziehung zu Idealen von $\mathcal{O}_{n,w}$, $w \in \mathbb{C}^n$. Es sei $I \subset \mathcal{O}_w$ ein Ideal. Da $\mathcal{O}_w$ noethersch ist (Satz 2.19), wird I von endlich vielen holomorphen Funktionskeimen $f_1, \ldots, f_r$ erzeugt. Es seien $\tilde{f}_1, \ldots \tilde{f}_r : U \to \mathbb{C}$, U offene Umgebung von w, holomorphe Funktionen, die diese Keime repräsentieren. Wir definieren

$$V(\tilde{f}_1, \ldots, \tilde{f}_r) := \{z \in U \mid \tilde{f}_1(z) = \ldots = \tilde{f}_r(z) = 0\}.$$

Satz 2.25 *Der analytische Mengenkeim*

$$(V(\tilde{f}_1, \ldots, \tilde{f}_r), w)$$

hängt nicht von der Wahl von $\tilde{f}_1, \ldots, \tilde{f}_r$ ab.

Beweis. Es sei $(g_1, \ldots, g_s)$ ein anderes Erzeugendensystem von I, $\tilde{g}_1 \ldots, \tilde{g}_s : V \to \mathbb{C}$ holomorphe Funktionen, die $g_1, \ldots, g_s$ repräsentieren, V eine offene Umgebung von w. Dann gibt es holomorphe Funktionskeime $a_{jk} \in \mathcal{O}_w$, so dass

$$f_j = \sum_{k=1}^{s} a_{jk}\, g_k, \quad j = 1, \ldots, r.$$

Es seien $\tilde{a}_{jk} : W \to \mathbb{C}$ geeignete holomorphe Repräsentanten von a_{jk} auf einer offenen Umgebung $W \subset U \cap V$ von w. Dann gilt auf W

$$\tilde{f}_j = \sum_{k=1}^{s} \tilde{a}_{jk}\tilde{g}_k, \quad j = 1, \ldots, r.$$

Daraus folgt

$$V(\tilde{g}_1, \ldots, \tilde{g}_s) \cap W \subset V(\tilde{f}_1, \ldots, \tilde{f}_r) \cap W.$$

Indem wir die Rollen von $f_1, \ldots, f_r$ und $g_1, \ldots, g_s$ vertauschen, können wir zeigen, dass es eine offene Umgebung W' von w gibt, so dass

$$V(\tilde{f}_1, \ldots, \tilde{f}_r) \cap W' \subset V(\tilde{g}_1, \ldots, \tilde{g}_s) \cap W'.$$

Also gilt

$$V(\tilde{g}_1, \ldots, \tilde{g}_s) \cap W \cap W' = V(\tilde{f}_1, \ldots, \tilde{f}_r) \cap W \cap W'.$$

Also definieren $g_1, \ldots, g_s$ denselben analytischen Mengenkeim wie $f_1 \ldots, f_r$. □

Nach Satz 2.25 können wir definieren:

Definition Der analytische Mengenkeim

$$V(I) := (V(\tilde{f}_1, \ldots, \tilde{f}_r), w)$$

heißt der durch das Ideal I definierte analytische Mengenkeim.

Definition Es sei (X, x) ein analytischer Mengenkeim. Die Menge $I(X)$ aller Keime $f \in \mathcal{O}_x$, die durch holomorphe Funktionen $\tilde{f} : U \to \mathbb{C}$, U offene Umgebung von x, die auf einem Repräsentanten $\tilde{X} \subset U$ von X verschwinden, repräsentiert werden, heißt das *Ideal* des Mengenkeims X.

Satz 2.26 *Die folgenden Beziehungen gelten für einen Mengenkeim und sein Ideal und für ein Ideal und den zugehörigen Mengenkeim:*
(i) $I_1 \subset I_2 \Rightarrow V(I_1) \supset V(I_2)$.
(ii) $X_1 \subset X_2 \Rightarrow I(X_1) \supset I(X_2)$.
(iii) $V(I(X)) = X$.
(iv) $I(V(I)) \supset I$.

Beweis. (i) Jeder Repräsentant eines Elements $f \in I_1$ verschwindet auf einem Repräsentanten $\widetilde{V(I_1)}$ von $V(I_1)$. Wegen $I_1 \subset I_2$ verschwindet er auch auf einem Repräsentanten $\widetilde{V(I_2)}$ von $V(I_2)$. Also gilt $V(I_2) \subset V(I_1)$.

(ii) Es sei $f \in I(X_2)$, $\tilde{f}$ Repräsentant von f. Dann verschwindet $\tilde{f}$ auf einem Repräsentanten $\tilde{X}_2$ von X_2. Wegen $X_1 \subset X_2$ verschwindet $\tilde{f}$ dann auch auf einem Repräsentanten $\tilde{X}_1$ von X_1. Also gilt $f \in I(X_1)$.

(iii) Es gilt $X \subset V(I(X))$, da jeder Repräsentant eines $f \in I(X)$ auf einem Repräsentanten von X verschwindet.

Wir zeigen: $V(I(X)) \subset X$. Da X ein analytischer Mengenkeim ist, gibt es holomorphe Funktionen $\tilde{f}_1, \ldots, \tilde{f}_r : U \to \mathbb{C}$, U offene Umgebung von X, so dass

$$X = (V(\tilde{f}_1, \ldots, \tilde{f}_r), x).$$

Da $\tilde{f}_j$ auf $V(\tilde{f}_1, \ldots, \tilde{f}_r)$ verschwindet, gilt für den Keim f_j von $\tilde{f}_j$: $f_j \in I(X)$. Also verschwindet $\tilde{f}_j$ auf einem Repräsentanten $\tilde{Y}_j$ von $V(I(X))$. Also gilt

$$\tilde{Y}_j \subset V(\tilde{f}_j), \quad j = 1, \ldots, r.$$

Daraus folgt

$$\tilde{Y}_1 \cap \ldots \cap \tilde{Y}_r \subset V(\tilde{f}_1, \ldots, \tilde{f}_r),$$

also gilt für die entsprechenden Keime

$$V(I(X)) \subset X.$$

(iv) Diese Inklusion ist klar und bleibt dem Leser überlassen. □

Bemerkung 2.9 Es gilt im Allgemeinen nicht $I = I(V(I))$. Beispiel: $I = (z^2) \subset \mathbb{C}\{z\} = \mathcal{O}_0$, $V(I) = \{0\}$, $I(V(I)) = (z) \neq (z^2)$.

Definition Es sei R ein Ring und $I \subset R$ ein Ideal. Dann heißt

$$\operatorname{rad}(I) := \{f \in R \mid f^k \in I \text{ für ein } k \in \mathbb{N}\}$$

das *Radikal* von I.

Analog zum Hilbert'schen Nullstellensatz (siehe z.B. [Kun91, Theorem 7.26]) gilt

Satz 2.27 (Rückert'scher Nullstellensatz) *Für das Ideal eines analytischen Mengenkeims $V(I)$ gilt*

$$I(V(I)) = \operatorname{rad} I.$$

Beweis (für den Fall, dass I ein Hauptideal $I = (f)$ in $\mathcal{O}_{n,0}$ ist).

a) $\operatorname{rad}(f) \subset I(V(f))$ folgt aus Satz 2.26(iv).

b) $I(f) \subset \operatorname{rad}(f)$: Wir müssen zeigen: Wenn ein Repräsentant $\tilde{g}$ von $g \in \mathcal{O}_0$ auf einem Repräsentanten $\widetilde{V(f)}$ verschwindet (kurz: $g|_{V(f)} = 0$), dann existiert ein k mit $f|g^k$.

O.B.d.A. können wir dabei annehmen, dass f irreduzibel ist. Denn, angenommen

$$f = f_1 \cdots f_r$$

ist die Zerlegung von f in irreduzible Faktoren. Dann folgt aus $g|_{V(f)} = 0$, dass $g|_{V(f_j)} = 0$ für $j = 1, \ldots, r$ ist. Das bedeutet aber, dass $f_j|g^{k_j}$ für ein k_j und alle $j = 1, \ldots, r$ gilt, falls wir die Behauptung für irreduzible Funktionskeime gezeigt haben. Daraus folgt schließlich $f|g^{k_1+\ldots+k_r}$.

Also nehmen wir nun an, dass f irreduzibel ist.

Wir führen einen Widerspruchsbeweis. Angenommen die Behauptung ist falsch. Dann gibt es ein $g \in \mathcal{O}_0$ mit $g|_{V(f)} = 0$, aber f teilt nicht g^k für jedes $k \in \mathbb{N}$. Dann sind f und g teilerfremd. Nach Lemma 2.1 können wir annehmen, dass die Koordinaten $z_1, \ldots, z_n$ in $\mathbb{C}^n$ so gewählt sind, dass Repräsentanten $\tilde{f}$ von f und $\tilde{g}$ von g regulär in z_n sind. (Der Beweis von Lemma 2.1 zeigt, dass man diese Koordinaten auch für zwei verschiedene Funktionen $\tilde{f}$ und $\tilde{g}$ finden kann.) Nach dem Weierstraß'schen Vorbereitungssatz gilt

$$f = u \cdot p, \quad g = v \cdot q,$$

wobei u, v Einheiten und p, q Weierstraß-Polynome sind. Da wir aber nur an den Nullstellenmengen von f und g und an Teilbarkeitseigenschaften interessiert sind, können wir o.B.d.A. annehmen, dass f und g bereits Weierstraß-Polynome in $\mathcal{O}_{n-1,0}[z_n]$ sind.

Da f und g teilerfremd in $\mathcal{O}_{n,0}$ sind, sind sie nach Lemma 2.2 auch teilerfremd in $\mathcal{O}_{n-1,0}[z_n]$. Es sei K der Quotientenkörper von $\mathcal{O}_{n-1,0}$. Nach dem Lemma von Gauß folgt dann, dass f und g auch teilerfremd in $K[z_n]$ sind. Es gibt also $\alpha, \beta \in K[z_n]$ so dass

$$\alpha f + \beta g = 1.$$

Die Polynome α, β sind von der Form

$$\alpha = \frac{a}{c}, \quad \beta = \frac{b}{c'}$$

mit $a, b \in \mathcal{O}_{n-1,0}[z_n]$, $c, c' \in \mathcal{O}_{n-1,0}$, $c \neq 0$, $c' \neq 0$. Indem wir die Brüche geeignet erweitern, können wir annehmen, dass $c' = c$. Dann gilt

$$a \cdot f + b \cdot g = c \in \mathcal{O}_{n-1,0}.$$

Nach unserer Annahme ist f ein Weierstraß-Polynom, also von der Form

$$f(z_1, \ldots, z_n) = z_n^k + c_1(z_1, \ldots, z_{n-1})z_n^{k-1} + \ldots + c_k(z_1, \ldots, z_{n-1})$$

für ein $k > 0$ und $c_j(0, \ldots, 0) = 0$, $j = 1, \ldots, k$. Wie man sich leicht überlegen kann, gibt es zu jedem $\varepsilon > 0$ ein $\delta > 0$, so dass für alle

$$(z_1, \ldots, z_{n-1}) \in U := \{(z_1, \ldots, z_{n-1}) \,|\, |z_j| < \delta, \ j = 1, \ldots, n-1\}$$

das Polynom $f(z_1, \ldots, z_{n-1}, z_n)$ in der Variablen z_n genau k Wurzeln (mit Vielfachheit gezählt) in der Kreisscheibe $\{z_n \,||z_n| < \varepsilon\}$ hat. Insbesondere gibt es für jedes $(z_1, \ldots, z_{n-1}) \in U$ ein z_n mit $|z_n| < \varepsilon$, so dass

$$f(z_1, \ldots, z_n) = 0.$$

Da g nach Voraussetzung einen Repräsentanten $\tilde{g}$ besitzt, der auf einem Repräsentanten $\widetilde{V(f)}$ verschwindet, gibt es zu jedem $(z_1, \ldots, z_{n-1}) \in U$ ein $|z_n| < \varepsilon$ (wobei eventuell δ und ε noch kleiner gewählt werden müssen), so dass

$$\begin{aligned} c(z_1, \ldots, z_{n-1}) &= a(z_1, \ldots, z_n) \cdot f(z_1, \ldots, z_n) + b(z_1, \ldots, z_n) \cdot g(z_1, \cdots, z_n) \\ &= 0 \end{aligned}$$

Also verschwindet c auf U, also ist $c = 0$. Dies ist ein Widerspruch zu der Annahme $c \neq 0$. Deshalb war unsere ursprüngliche Annahme falsch. □

Ein Ideal I mit rad $I = I$ heißt ein *radikales Ideal.* Aus Satz 2.26 und Satz 2.27 folgt, dass eine Abbildung

$$\begin{aligned} \left\{ \begin{array}{c} \text{analytische Mengenkeime} \\ \text{in } x \end{array} \right\} &\rightarrow \left\{ \begin{array}{c} \text{radikale Ideale} \\ \text{in } \mathcal{O}_x \end{array} \right\} \\ (X, x) &\mapsto I(X) \end{aligned}$$

existiert, die surjektiv ist. Aus dem folgenden Satz folgt, dass diese Abbildung tatsächlich eine Bijektion ist.

Satz 2.28 *Für analytische Mengenkeime* (X_1, x), (X_2, x) *gilt: Aus* $(X_1, x) \neq (X_2, x)$ *folgt* $I(X_1) \neq I(X_2)$.

Beweis. Aus $(X_1, x) \neq (X_2, x)$ folgt, dass für jeden Repräsentanten X_1 von (X_1, x) und X_2 von (X_2, x) gilt: $X_1 \neq X_2$. Es seien

$$X_1 = V(f_1, \ldots, f_r) \text{ bzw. } X_2 = V(g_1, \ldots, g_s)$$

Repräsentanten von (X_1, x) bzw. (X_2, x) in einer Umgebung U von x. Dann gilt für jede Umgebung $W \subset U$ von x

$$V(f_1, \ldots, f_r) \cap W \neq V(g_1, \ldots, g_s) \cap W.$$

Es gibt also ein

$$z_w \in ((X_1 \cap W) - (X_2 \cap W)) \cup ((X_2 \cap W) - (X_1 \cap W)).$$

Gilt $z_w \in X_2 \cap W$, dann gibt es ein $f_{j(w)}$, so dass $f_{j(w)}(z_w) \neq 0$. Gilt $z_w \in X_1 \cap W$, so gibt es ein $g_{k(w)}$ mit $g_{k(w)}(z_w) \neq 0$. Dies gilt für alle Umgebungen W von x. Da es nur endlich viele f_j, g_k gibt, muss es ein f_j mit $f_j|_{X_2 \cap W} \not\equiv 0$ für alle W, oder ein g_k mit $g_k|_{X_1 \cap W} \not\equiv 0$ für alle W geben. Also gilt $f_j \notin I(X_2)$ für ein $j \in \{1, \ldots, r\}$ oder $g_k \notin I(X_1)$ für ein $k \in \{1, \ldots, s\}$. Also folgt $I(X_1) \neq I(X_2)$. □

Wir betrachten nun holomorphe Funktionskeime auf einem analytischen Mengenkeim.

Es sei $X \subset \mathbb{C}^n$ eine analytische Teilmenge, $x \in \mathbb{C}^n$ und (X, x) der zugehörige analytische Mengenkeim. Ein holomorpher Funktionskeim $f \in \mathcal{O}_{n,x}$ definiert durch Einschränkung einen Funktionskeim auf (X, x). Zwei holomorphe Funktionskeime $f, g \in \mathcal{O}_{n,x}$ definieren den gleichen Funktionskeim auf (X, x), wenn $f - g$ auf X verschwindet, d.h. wenn $f - g \in I(X)$. Also gilt: Der Ring der holomorphen Funktionskeime auf (X, x) ist der Ring

$$\mathcal{O}_{n,x}/I(X).$$

Diesen Ring bezeichnen wir mit $\mathcal{O}_{X,x}$.

Definition Eine *analytische Algebra* ist eine Algebra über $\mathbb{C}$ der Form

$$\mathbb{C}\{z_1, \ldots, z_n\}/I,$$

wobei I ein Ideal in $\mathbb{C}\{z_1, \ldots, z_n\}$ ist.

Eine $\mathbb{C}$-Algebra R heißt eine *lokale Algebra*, wenn R lokal als Ring ist und die Komposition der kanonischen Abbildungen

$$\mathbb{C} \cdot 1 \hookrightarrow R \twoheadrightarrow R/\mathfrak{m}$$

ein Körperisomorphismus ist. Identifiziert man in einer lokalen Algebra R den Körper $\mathbb{C}$ mit seinem Bild $\mathbb{C} \cdot 1 \subset R$, so ist R als $\mathbb{C}$-Vektorraum isomorph zu $\mathbb{C} \oplus \mathfrak{m}$.

Satz 2.29 *Eine analytische Algebra A ist eine noethersche lokale Algebra.*

Beweis. a) A ist eine lokale Algebra: Es sei

$$\pi : \mathbb{C}\{z_1, \ldots, z_n\} \to A \cong \mathbb{C}\{z_1, \ldots, z_n\}/I$$

die kanonische Projektion. Ist $\mathfrak{m}$ das maximale Ideal von $\mathbb{C}\{z_1, \ldots, z_n\}$, so ist $\pi(\mathfrak{m})$ das maximale Ideal von A. Aus der Vektorraumzerlegung

$$\mathbb{C}\{z_1, \ldots, z_n\} = \mathbb{C} \cdot 1 \oplus \mathfrak{m}$$

folgt

$$\mathbb{C}\{z_1, \ldots, z_n\}/I \cong (\mathbb{C} \cdot 1 \oplus \mathfrak{m})/(0 \oplus I) \cong \mathbb{C} \oplus (\mathfrak{m}/I)$$

b) A ist noethersch: Dies folgt aus $\mathbb{C}\{z_1, \ldots, z_n\}$ noethersch (Übungsaufgabe). □

Es sei A eine analytische Algebra. Ein Element $f \in A$ heißt *nilpotent*, wenn $f^k = 0$ für ein genügend großes k. Die Menge $\mathfrak{n}_A$ aller nilpotenten Elemente von A ist das Radikal $\operatorname{rad}(0)$ des Nullideals, man nennt $\mathfrak{n}_A$ deswegen das *Nilradikal* von A. Die Algebra A heißt *reduziert* genau dann, wenn A keine nilpotenten Elemente $\neq 0$ enthält. Die Algebra A ist also genau dann reduziert, wenn $\mathfrak{n}_A = 0$ gilt.

Bemerkung 2.10 (i) $\mathbb{C}\{z_1, \ldots, z_n\}/I$ reduziert $\Leftrightarrow$ I radikales Ideal.

(ii) Ist (X, x) ein analytischer Mengenkeim, so ist die Algebra $\mathcal{O}_{X,x}$ eine reduzierte analytische Algebra.

Aus der obigen Bijektion folgt, dass eine Bijektion

$$\left\{\begin{array}{c}\text{analytische Mengenkeime}\\ \text{in } x\end{array}\right\} \to \left\{\begin{array}{c}\text{reduzierte analytische}\\ \text{Algebren}\end{array}\right\}$$
$$(X,x) \mapsto \mathcal{O}_{X,x}$$

existiert.

Wir betrachten nun die lokale Zerlegung analytischer Mengenkeime in irreduzible Komponenten.

Satz 2.30 *Sind (X,w) und (Y,w) analytische Mengenkeime in $w \in \mathbb{C}^n$, so sind auch $(X \cap Y, w)$ und $(X \cup Y, w)$ analytische Mengenkeime in w.*

Beweis. Es sei

$$X = V(f_1, \dots, f_r), \quad Y = V(g_1, \dots, g_s).$$

Dann gilt

$$\begin{aligned} X \cap Y &= V(f_1, \dots, f_r, g_1, \dots, g_s), \\ X \cup Y &= V(f_j g_k; 1 \le j \le r, 1 \le k \le s). \end{aligned}$$

Also sind $(X \cap Y, w)$ und $(X \cup Y, w)$ analytische Mengenkeime in w. □

Definition Ein analytischer Mengenkeim (X,x) heißt *irreduzibel*, falls aus $X = X_1 \cup X_2$ für analytische Mengenkeime (X_1,x), (X_2,x) folgt: $(X,x) = (X_1,x)$ oder $(X,x) = (X_2,x)$. Andernfalls heißt X *reduzibel*.

Satz 2.31 *Ein analytischer Mengenkeim (X,x) ist genau dann irreduzibel, wenn sein Ideal $I(X)$ ein Primideal ist.*

Beweis. "$\Leftarrow$": Angenommen, $X = X_1 \cup X_2$ mit $X \neq X_1$, $X \neq X_2$. Dann folgt aus Satz 2.28, dass $I(X) \neq I(X_1)$, $I(X) \neq I(X_2)$. Aus $X \supset X_j$ folgt $I(X) \subset I(X_j)$. Also gibt es Elemente $f_j \in I(X_j)$ mit $f_j \notin I(X)$, $j = 1,2$. Dann gilt

$$f_1 f_2 \in I(X_1) \cap I(X_2) = I(X), f_1 \notin I(X), f_2 \notin I(X).$$

Daher ist $I(X)$ kein Primideal.

"$\Rightarrow$": Es sei $I(X)$ kein Primideal. Dann gibt es $f,g \in \mathcal{O}_{n,x}$, $f,g \notin I(X)$, so dass $fg \in I(X)$. Wegen $f,g \notin I(X)$ gilt

$$f|_X \not\equiv 0, \quad g|_X \not\equiv 0,$$

also $X_1 := X \cap V(f) \subsetneq X, X_2 := X \cap V(g) \subsetneq X$. Nun gilt aber

$$\begin{aligned} X_1 \cup X_2 &= (X \cap V(f)) \cup (X \cap V(g)) \\ &= X \cap (V(f) \cup V(g)) \\ &= X \cap (V(fg)) \\ &= X, \end{aligned}$$

da $fg \in I(X)$. Also ist X reduzibel. □

Satz 2.32 *Jeder analytische Mengenkeim* (X,x) *in* $x \in \mathbb{C}^n$ *besitzt eine eindeutig bestimmte Zerlegung*

$$X = X_1 \cup \cdots \cup X_r$$

in irreduzible Keime (X_i,x) *mit* $X_i \not\subset X_j$ *für* $i \neq j$. *Die analytischen Mengenkeime* $(X_1,x),\dots,(X_r,x)$ *heißen die* irreduziblen Komponenten *von* (X,x).

Beweis. a) Die Existenz der Zerlegung folgt aus der Tatsache, dass $\mathcal{O}_{n,x}$ noethersch ist: Wenn X nicht irreduzibel ist, so gilt

$$X = X_1 \cup X_2, \quad X_1 \subsetneqq X, \quad X_2 \subsetneqq X.$$

Sind X_1 und X_2 irreduzibel, so sind wir fertig. Andernfalls gilt

$$X_1 = X_{11} \cup X_{12}, \quad X_{11} \subsetneqq X_1, \quad X_{12} \subsetneqq X_1$$

usw. Ist dieser Prozess nicht nach endlich vielen Schritten beendet, so gäbe es eine unendliche absteigende Folge von analytischen Mengenkeimen

$$Y_1 \supsetneqq Y_2 \supsetneqq \dots .$$

Dieser Folge entspräche eine unendliche Folge von echt aufsteigenden Idealen (nach Satz 2.26)

$$I(Y_1) \subsetneqq I(Y_2) \subsetneqq \dots$$

in $\mathcal{O}_{n,x}$. Das kann aber nicht vorkommen, da $\mathcal{O}_{n,x}$ noethersch ist.

b) Zur Eindeutigkeit: Es sei

$$X = X_1' \cup \cdots \cup X_s'$$

eine andere Zerlegung von X in irreduzible Komponenten mit $X_j' \not\subset X_k'$ für $j \neq k$. Dann gilt

$$X_j' \subset X_1 \cup \cdots \cup X_r,$$

also

$$X_j' = (X_1 \cap X_j') \cup \cdots \cup (X_r \cap X_j').$$

Nun ist aber X_j' nach Voraussetzung irreduzibel. Also folgt $X_j' = X_{k(j)} \cap X_j'$ für ein $k(j)$, also $X_j' \subset X_{k(j)}$. Da $X_{k(j)}$ irreduzibel ist, folgt $X_j' = X_{k(j)}$. Die Abbildung $j \mapsto k(j)$ muss injektiv sein, da $X_j' \not\subset X_l'$ für $j \neq l$. Also ist die Abbildung $j \mapsto k(j)$ bijektiv und die Eindeutigkeit der Zerlegung ist bewiesen. □

Wir interessieren uns besonders für die Nullstellenmenge einer einzigen Gleichung.

Definition Ein analytischer Mengenkeim $V(I)$ in $x \in \mathbb{C}^n$ heißt *Hyperfläche*, wenn $I = (f)$ ein Hauptideal in $\mathcal{O}_{n,x}$ ist.

Bemerkung 2.11 Ist $f = f_1^{k_1} \cdots f_r^{k_r}$ die Zerlegung von f in verschiedene irreduzible Faktoren, so ist

$$\operatorname{rad}(f) = (f_1 \cdots f_r).$$

Die Gleichung $f_1(z) \cdots f_r(z) = 0$ heißt die *Gleichung* der Hyperfläche, sie ist bis auf Einheiten eindeutig bestimmt.

Satz 2.33 *Ist $X = V(f)$ eine Hyperfläche und $f = f_1^{k_1} \cdots f_r^{k_r}$ die Zerlegung von f in paarweise verschiedene irreduzible Faktoren, so ist*

$$V(f) = V(f_1) \cup \cdots \cup V(f_r)$$

die Zerlegung von $V(f)$ in irreduzible Komponenten.

Beweis. Da die f_j irreduzibel sind und der Ring $\mathcal{O}_{n,x}$ faktoriell ist, sind die f_j auch Primelemente. Daher sind die Hauptideale (f_j) Primideale. Nach Satz 2.31 sind die analytischen Mengenkeime $V(f_j)$ irreduzibel. Also ist

$$V(f) = V(f_1) \cup \cdots \cup V(f_r)$$

eine Zerlegung von $V(f)$ in irreduzible Komponenten. Angenommen, $V(f_j) \subset V(f_k)$. Dann gilt $I(V(f_k)) \subset I(V(f_j))$. Nach Satz 2.27 folgt rad $(f_k) \subset$ rad (f_j) also $(f_k) \subset (f_j)$. Daher gilt $f_j | f_k$, also $j = k$. Also gilt für $j \neq k$: $V(f_j) \not\subset V(f_k)$. □

Bemerkung 2.12 Man kann analog auch für analytische Teilmengen $X \subset G$ in einem Gebiet $G \subset \mathbb{C}^n$ die Begriffe "irreduzibel" und "reduzibel" definieren. Im Allgemeinen hat man dann eine Zerlegung in unendlich viele irreduzible Komponenten. Jedoch ist das System der irreduziblen Komponenten *lokal-endlich.*

2.7 Reguläre und singuläre Punkte von analytischen Mengen

Wir wollen nun reguläre und singuläre Punkte von analytischen Mengen definieren. Dazu betrachten wir zunächst den Begriff der komplexen Untermannigfaltigkeit.

Definition Es sei $U \subset \mathbb{C}^n$ offen. Eine Teilmenge M von U heißt eine *komplexe Untermannigfaltigkeit* von U, wenn es zu jedem Punkt $a \in M$ eine offene Umgebung V von a in U und eine biholomorphe Abbildung $\Phi : V \to \Delta$ auf einen Polyzylinder Δ um $\Phi(a) = 0$ in $\mathbb{C}^n$ gibt, so dass

$$M \cap V = \Phi^{-1}(\Delta^s \times \{0\})$$

bezüglich der Zerlegung $\Delta = \Delta^s \times \Delta^{n-s}$ (vgl. Bild 2.3). Die Zahl s heißt die Dimension von M in a, in Zeichen $\dim_a M = s$.

Definition Es sei $G \subset \mathbb{C}^n$ ein Gebiet und $X \subset G$ eine analytische Teilmenge. Ein Punkt $x \in X$ heißt ein *regulärer Punkt* von X, wenn es eine Umgebung U von x in $\mathbb{C}^n$ gibt, so dass $X \cap U$ eine komplexe Untermannigfaltigkeit von U ist. Andernfalls heißt x *singulärer Punkt* von X. Es sei $S(X)$ die Menge der singulären Punkte von X.

Um ein Kriterium für einen regulären Punkt abzuleiten, benötigen wir den folgenden Satz.

Satz 2.34 (Rangsatz) *Es sei $U \subset \mathbb{C}^n$ offen, $f : U \to \mathbb{C}^m$ eine holomorphe Abbildung, für die J_f konstanten Rang r in einer Umgebung von $a \in U$ hat.*

Dann gibt es offene Umgebungen V von a und W von $b = f(a)$, Polyzylinder $\Delta^n \subset$

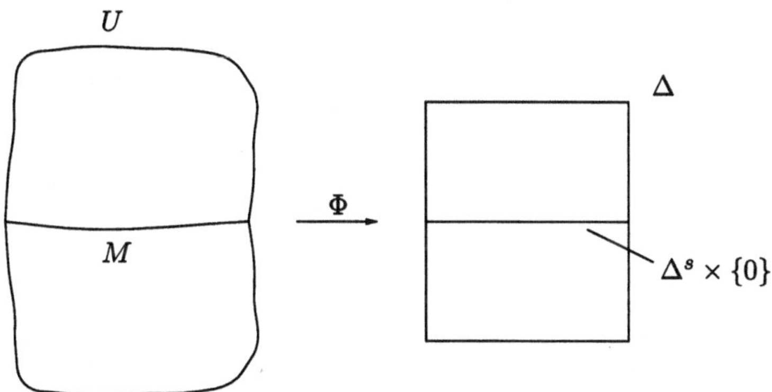

Bild 2.3: Die Karte Φ

$\mathbb{C}^n$, $\Delta^m \subset \mathbb{C}^m$ um 0 und biholomorphe Abbildungen $\varphi : \Delta^n \to V$, $\psi : W \to \Delta^m$ mit $\varphi(0) = a$ und $\psi(b) = 0$, so dass für die Abbildung $\tilde{f} = \psi \circ f \circ \varphi : \Delta^n \to \Delta^m$ gilt:

$$\tilde{f}(z_1, \dots, z_n) = (z_1, \dots, z_r, 0, \dots, 0).$$

Beweis. O.B.d.A. können wir $a = b = 0$ annehmen. Nach Voraussetzung gibt es eine $(r \times r)$-Untermatrix von $J_f(0)$, die invertierbar ist. Nach eventuellem Vertauschen der Koordinaten von $\mathbb{C}^n$ und $\mathbb{C}^m$ können wir annehmen, dass die Matrix

$$\left(\frac{\partial f_j}{\partial z_k}(0)\right)_{k=1,\dots r}^{j=1,\dots r}$$

invertierbar ist.

Wir betrachten nun die Abbildung

$$\begin{aligned} g : U &\to \mathbb{C}^n \\ z &\mapsto (f_1(z), \dots, f_r(z), z_{r+1}, \dots, z_n). \end{aligned}$$

Dann gilt

$$J_g = \left(\begin{array}{c|c} \dfrac{\partial f_j}{\partial z_k} & \dfrac{\partial f_j}{\partial z_l} \\ \hline 0 & \begin{matrix} 1 & & \\ & \ddots & \\ & & 1 \end{matrix} \end{array}\right) \begin{matrix} \}\, r \\ \\ \end{matrix}$$

(die linke Spaltengruppe umfasst r Spalten)

also $\det J_g(0) \neq 0$. Nach dem Satz über die lokale Umkehrbarkeit (vgl. §2.2) gibt es eine offene Umgebung V von 0 in $\mathbb{C}^n$, die durch g biholomorph auf einen Polyzylinder $\Delta^n \subset \mathbb{C}^n$ um 0 abgebildet wird. Setze

$$\varphi := (g|_V)^{-1}.$$

Dann zeigt das Diagramm

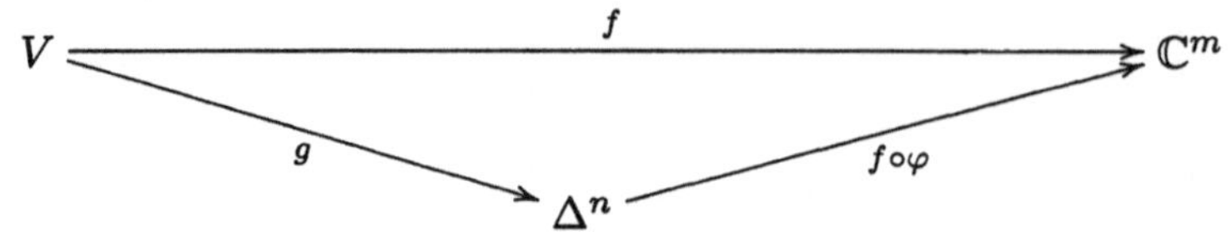

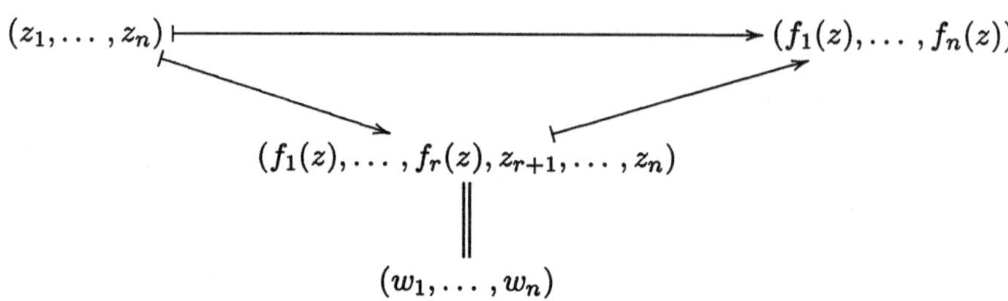

dass für $w \in \Delta^n$ gilt

$$f \circ \varphi(w_1, \ldots, w_n) = (w_1, \ldots, w_r, h_{r+1}(w), \ldots, h_n(w)),$$

wobei jedes h_j holomorph ist. Die Jacobimatrix von $f \circ \varphi$ hat daher die Gestalt

$$J_{(f\circ\varphi)} = \left(\begin{array}{ccc|c} 1 & & & \\ & \ddots & & 0 \\ & & 1 & \\ \hline & * & & \dfrac{\partial h_j}{\partial w_k} \end{array}\right) \begin{array}{l} \Big\} r \\ \\ \Big\} m-r \end{array}$$

(über dem rechten oberen Block: $\overbrace{\qquad}^{n-r}$)

Da nun aber rang $J_f(z) = r$ für z aus einer Umgebung von 0, o.B.d.A. für $z \in \Delta^n$, ist, muss in dieser Umgebung

$$\frac{\partial h_j}{\partial w_k}(z) = 0 \quad \text{für } r+1 \leq j \leq m, \quad r+1 \leq k \leq n,$$

gelten. Also hängen die h_j nicht von den Variablen $w_{r+1}, \ldots, w_n$ ab. Wir betrachten nun die Abbildung

$$\begin{aligned} \gamma : \Delta^r \times \mathbb{C}^{m-r} &\to \Delta^r \times \mathbb{C}^{m-r} \\ (u_1, \ldots, u_m) &\mapsto (u_1, \ldots, u_r, u_{r+1} - h_{r+1}(u_1, \ldots, u_r, 0, \ldots, 0), \ldots, \\ &\qquad u_m - h_m(u_1, \ldots, u_r, 0, \ldots, 0)) \end{aligned}$$

für einen geeigneten Polyzylinder Δ^r. Die Jacobimatrix von γ hat die Gestalt

$$J_\gamma = \left(\begin{array}{ccc|ccc} 1 & & & & & \\ & \ddots & & & 0 & \\ & & 1 & & & \\ \hline & & & 1 & & \\ & * & & & \ddots & \\ & & & & & 1 \end{array}\right) \begin{array}{l} \left.\vphantom{\begin{array}{c}1\\ \ddots\\ 1\end{array}}\right\}r \\ \left.\vphantom{\begin{array}{c}1\\ \ddots\\ 1\end{array}}\right\}m-r \end{array},$$

also ist γ biholomorph. Es sei nun $\Delta^{m-r} \subset \mathbb{C}^{m-r}$ ein genügend großer Polyzylinder um 0, so dass $\gamma \circ f \circ \varphi(\Delta^n) \subset \Delta^r \times \Delta^{m-r} =: \Delta^m$, $W := \gamma^{-1}(\Delta^m)$, $\psi := \gamma|_W$. Dann gilt

$$\begin{aligned} \psi \circ f \circ \varphi(w) &= \gamma(w_1, \ldots, w_r, h_{r+1}(w), \ldots, h_m(w)) \\ &= (w_1, \ldots, w_r, 0, \ldots, 0). \end{aligned}$$

Damit ist Satz 2.34 bewiesen. □

Satz 2.35 *Es sei $U \subset \mathbb{C}^n$ offen, $M \subset U$. Dann ist M genau dann eine komplexe Untermannigfaltigkeit von U, wenn für jedes $a \in M$ eine in U offene Umgebung V von a und eine holomorphe Abbildung $f : V \to \mathbb{C}^m$ existiert, so dass*

(i) $V \cap M = \{z \in V \mid f_1(z) = \ldots = f_m(z) = 0\}$

(ii) *J_f hat konstanten Rang auf V.*

Falls M eine komplexe Untermannigfaltigkeit von U ist, so gilt

$$\dim_a M = n - \mathit{rang}\, J_f(a).$$

Beweis. "⇒": Nach Definition existiert zu $a \in M$ eine offene Umgebung V von a in U und eine biholomorphe Abbildung $\Phi : V \to \Delta^n$, so dass

$$M \cap V = \Phi^{-1}(\Delta^s \times \{0\}).$$

Setze $f := \pi \circ \Phi$, $\pi : \Delta^n = \Delta^s \times \Delta^{n-s} \to \Delta^{n-s}$ die kanonische Projektion. Dann gilt

(i) $V \cap M = \{z \in V \mid f_1(z) = \ldots = f_{n-s}(z) = 0\}$

(ii) rang $J_f =$ rang $J_{(\pi \circ \Phi)} =$ rang $J_\pi = n - s$ auf V.

"⇐": Es sei r der Rang von J_f auf der Umgebung V von a. Nach dem Rangsatz existiert ein kommutatives Diagramm

$$\begin{array}{ccc} V & \xrightarrow{\ f\ } & W \\ \varphi \big\uparrow \cong & & \cong \big\downarrow \psi \\ \Delta^n & \longrightarrow & \Delta^m \end{array}$$

$$(z_1, \ldots, z_n) \mapsto (z_1, \ldots, z_r, 0, \ldots, 0),$$

wobei φ und ψ biholomorph sind. Mit $\Phi := \varphi^{-1}$ gilt

$$\begin{aligned} M \cap V &= \{z \in V \,|\, f(z) = 0\} \\ &= \{z \in V \,|\, \psi \circ f(z) = 0\} \\ &= \{z \in V \,|\, \Phi_1(z) = \ldots = \Phi_r(z) = 0\} \\ &= \Phi^{-1}(\{0\} \times \Delta^{n-r}). \end{aligned}$$

Damit ist der Beweis von Satz 2.35 vollständig. □

Es sei X eine analytische Teilmenge eines Gebiet $G \subset \mathbb{C}^n$ und $x \in X$. Es sei $I_x \subset \mathcal{O}_{n,x}$ das Ideal des analytischen Mengenkeims (X, x) und $f_1, \ldots, f_r$ seien Erzeugende von I_x. Dann setzen wir

$$\rho_{X,x} := \text{ rang } \left(\frac{\partial f_j}{\partial z_k}(x)\right).$$

Bemerkung 2.13 Die Zahl $\rho_{X,x}$ hängt nicht von der Auswahl der Erzeugenden $f_1, \ldots, f_r$ von I_x ab (Übungsaufgabe).

Aus Satz 2.35 folgt, dass x genau dann ein regulärer Punkt von X ist, wenn $\rho_{X,y}$ für alle y aus einer Umgebung von x konstant ist.

Korollar 2.2 *Es sei X eine analytische Teilmenge eines Gebietes $G \subset \mathbb{C}^n$ und $x \in X$. Dann ist x genau dann ein regulärer Punkt von X, wenn $\rho_{X,y} = \rho$ für alle y aus einer Umgebung von x.*

Beweis. Dies folgt aus Satz 2.35. □

Satz 2.36 *Es sei $G \subset \mathbb{C}^n$ ein Gebiet, $f : G \to \mathbb{C}$ holomorph, $f \not\equiv 0$, $X := \{z \in G \,|\, f(z) = 0\}$. Die Funktionskeime von f in den Punkten von X mögen keine mehrfachen Faktoren haben. Dann gilt für die Menge der singulären Punkte der Hyperfläche X*

$$S(X) = \{z \in X \,|\, \frac{\partial f}{\partial z_1}(z) = \ldots = \frac{\partial f}{\partial z_n}(z) = 0\}.$$

Beweis. Es sei $z \in X$. Ist eine partielle Ableitung $(\partial f / \partial z_j)(z) \neq 0$, so folgt aus dem Satz über implizite Funktionen, dass z ein regulärer Punkt von X ist.

Es seien nun alle partiellen Ableitungen $(\partial f / \partial z_j)(z) = 0$ für $j = 1, \ldots, n$. Nach Korollar 2.2 müssen wir zeigen, dass es keine Umgebung V von z gibt, so dass $(\partial f / \partial z_j)(y) = 0$ für alle $y \in V \cap X$, $j = 1, \ldots, n$. Angenommen, es gäbe so ein V. Es sei $I(X)$ das Ideal des Mengenkeims (X, z). Dann gilt für die Funktionskeime der partiellen Ableitungen in z

$$\frac{\partial f}{\partial z_j} \in I(X), \quad j = 1, \ldots, n.$$

Da der Funktionskeim $\bar{f}$ von f in z nach Voraussetzung keine mehrfachen Faktoren besitzt, gilt $(\bar{f}) = \text{rad}\,(\bar{f})$, also $I(X) = I(V(\bar{f})) = (\bar{f})$. Also gibt es Elemente $a_j \in \mathcal{O}_{n,z}$ mit

$$\frac{\partial f}{\partial z_j} = a_j \bar{f} \quad \text{für } j = 1, \ldots, n.$$

Daraus folgt durch Differenzieren:

$$\frac{\partial^2 f}{\partial z_j \partial z_k} = \frac{\partial a_j}{\partial z_k} \cdot \bar{f} + a_j \cdot \frac{\partial f}{\partial z_k} \in I(X), \quad j,k = 1, \dots, n.$$

Daraus folgt durch Induktion, dass auch alle höheren partiellen Ableitungen von f in $I(X)$ liegen, also in einer Umgebung von z in X verschwinden. Daraus folgt aber $f \equiv 0$, im Widerspruch zur Annahme. □

2.8 Abbildungskeime und Homomorphismen von analytischen Algebren

Wir wollen nun Abbildungen zwischen analytischen Mengenkeimem definieren.

Definition Es seien $G \subset \mathbb{C}^n$, $G' \subset \mathbb{C}^m$ Gebiete, $X \subset G$, $Y \subset G'$ analytische Teilmengen, $x \in X$. Eine Abbildung $f : X \to Y$ heißt *holomorph in* $x \in X$, falls es eine offene Umgebung U von x in G und eine holomorphe Abbildung $F : U \to \mathbb{C}^m$ mit $F|_{U \cap X} = f|_{U \cap X}$ gibt.

Definition Es seien $X \subset \mathbb{C}^n$, $Y \subset \mathbb{C}^m$ analytische Teilmengen, $x \in X$, $y \in Y$ und $f : X \to Y$, $g : X \to Y$ holomorphe Abbildungen mit $f(x) = g(x) = y$. Dann definieren f und g denselben *Abbildungskeim* $\varphi : (X,x) \to (Y,y)$, wenn es eine offene Umgebung $U \subset \mathbb{C}^n$ von x gibt, so dass

$$f|_{X \cap U} = g|_{X \cap U}$$

gilt.

Wir hatten in §2.6 gesehen, dass zu den analytischen Mengenkeimen (X,x) und (Y,y) reduzierte analytische Algebren $\mathcal{O}_{X,x}$ und $\mathcal{O}_{Y,y}$ gehören. Ein Abbildungskeim $\varphi : (X,x) \to (Y,y)$ induziert einen Homomorphismus

$$\varphi^* : \mathcal{O}_{Y,y} \to \mathcal{O}_{X,x}$$

der entsprechenden analytischen Algebren: φ^* ist definiert durch $\varphi^*(f) = f \circ \varphi$ für alle $f \in \mathcal{O}_{Y,y}$.

Wir wollen nun zeigen, dass jeder Homomorphismus $\Phi : \mathcal{O}_{Y,y} \to \mathcal{O}_{X,x}$ von reduzierten analytischen Algebren von einem Abbildungskeim $\varphi : (X,x) \to (Y,y)$ herkommt. Daher wollen wir zunächst beliebige analytische Algebren und Algebrahomomorphismen zwischen analytischen Algebren betrachten.

Es seien A, B analytische Algebren und $\varphi : A \to B$ ein Algebrahomomorphismus. Wir bemerken, dass nach Definition $\varphi(1) = 1$ gilt. Man sieht leicht, dass φ *lokal* ist, d.h. sind $\mathfrak{m}_A$ bzw. $\mathfrak{m}_B$ die maximalen Ideale von A bzw. B, so gilt

$$\varphi(\mathfrak{m}_A) \subset \mathfrak{m}_B$$

(Beweis: Übungsaufgabe).

Es sei nun $A = \mathcal{O}_{m,0}/I$ und $B = \mathcal{O}_{n,0}/J$. Unser Ziel ist es zu zeigen, dass $\varphi : A \to B$ zu einem Algebrahomomorphismus $\Phi : \mathcal{O}_{m,0} \to \mathcal{O}_{n,0}$ geliftet werden kann. Dazu sind einige Vorbereitungen nötig.

Lemma 2.3 *Es sei* $\mathfrak{m}$ *das maximale Ideal von* $\mathcal{O}_{n,0} = \mathbb{C}\{z_1, \ldots, z_n\}$. *Dann gilt*

(i) $\mathfrak{m}^k = \{f \mid o(f) \geq k\}$.

(ii) $\bigcap_{k=1}^{\infty} \mathfrak{m}^k = \{0\}$.

Beweis. (i) $\mathfrak{m}^k \subset \{f \mid o(f) \geq k\}$: Nach Satz 2.17 gilt $\mathfrak{m} = \{f | o(f) \geq 1\}$. Aus $o(fg) = o(f) + o(g)$ folgt damit die Behauptung.

$\mathfrak{m}^k \supset \{f \mid o(f) \geq k\}$: Es sei $f \in \mathcal{O}_{n,0}$ mit $o(f) \geq k$. Dann lässt sich f schreiben als

$$f(z) = \sum_{|\nu|=k} P_\nu \cdot z^\nu$$

mit $P_\nu \in \mathcal{O}_{n,0}$. Da $z^\nu \in \mathfrak{m}^{|\nu|} = \mathfrak{m}^k$, folgt $f \in \mathfrak{m}^k$.

(ii) folgt sofort aus (i). □

Es sei $f(z) = \sum_{\nu \geq 0} a_\nu z^\nu$ eine formale Potenzreihe in $z = (z_1, \ldots, z_n)$. Für $r \in \mathbb{R}^n_{>0}$ definieren wir

$$\|f\|_r := \sum_{\nu \geq 0} |a_\nu| r^\nu \in \mathbb{R} \cup \{\infty\}.$$

Eine Folge $(f_j)_{j \in \mathbb{N}}$ von formalen Potenzreihen heißt *summierbar*, falls es für alle $q \in \mathbb{N}$ höchstens endlich viele Indizes $j \in \mathbb{N}$ gibt mit $o(f_j) \leq q$.

Lemma 2.4 (i) $f(z) = \sum_{\nu \geq 0} a_\nu z^\nu$ *ist genau dann konvergent, wenn es ein* $r \in \mathbb{R}^n_{>0}$ *gibt, so dass* $\|f\|_r < \infty$.

(ii) *Für eine summierbare Folge* $(f_j)_{j \in \mathbb{N}}$ *von formalen Potenzreihen gilt*

$$\|\sum_{j=0}^{\infty} f_j\|_r \leq \sum_{j=0}^{\infty} \|f_j\|_r.$$

(iii) *Für formale Potenzreihen* f *und* g *gilt*

$$\|f \cdot g\|_r \leq \|f\|_r \|g\|_r.$$

(iv) *Ist* $f(z) = \sum_{\nu \geq 0} a_\nu z^\nu$ *konvergent, so gilt*

$$\lim_{r \to 0} \|f\|_r = |a_0| = |f(0)|.$$

Beweis. (i) folgt aus Satz 2.4 und der Definition der Konvergenz.

(ii) Es sei $f_j(z) = \sum_{\nu \geq 0} a_{j\nu} z^\nu$. Da sich der Wert einer Reihe mit lauter positiven Gliedern bei einer Umordnung der Glieder nicht ändert, gilt dann

$$\begin{aligned} \|\sum_{j=0}^{\infty} f_j\|_r &= \sum_{\nu \geq 0} |\sum_{j=0}^{\infty} a_{j\nu}| r^\nu \\ &\leq \sum_{\nu \geq 0} \sum_{j=0}^{\infty} |a_{j\nu}| r^\nu = \sum_{j=0}^{\infty} \sum_{\nu \geq 0} |a_{j\nu}| r^\nu = \sum_{j=0}^{\infty} \|f_j\|_r. \end{aligned}$$

(iii) folgt durch eine ähnliche Rechnung.

(iv) O.B.d.A. sei $a_0 = f(0) = 0$. Setze

$$f_j(z) := \sum_{\nu_j > 0} a_{0\ldots 0\nu_j\nu_{j+1}\ldots\nu_n}\, z_j^{\nu_j - 1}\, z_{j+1}^{\nu_{j+1}} \cdots z_n^{\nu_n}.$$

Dann gilt

$$f(z) = z_1 f_1(z) + \ldots + z_n f_n(z).$$

Nach (ii) und (iii) gilt

$$\|f\|_r \leq \sum_{j=1}^{n} \|f_j z_j\|_r \leq \sum_{j=1}^{n} \|f_j\|_r r_j.$$

Ist f konvergent, so gibt es nach (i) ein $s \in \mathbb{R}^n_{>0}$ mit $\|f\|_s < \infty$, und für $r \leq s$ gilt:

$$\|f\|_r \leq \sum_{j=1}^{n} \|f_j\|_r r_j \leq \sum_{j=1}^{n} \|f_j\|_s r_j \leq \max(r_1, \ldots, r_n) \cdot \sum_{j=1}^{n} \|f_j\|_s.$$

Daraus folgt $\lim_{r \to 0} \|f\|_r = 0$. □

Satz 2.37 *Es sei $\mathfrak{m}_n$ das maximale Ideal von $\mathbb{C}\{w_1, \ldots, w_n\}$, $g_1, \ldots, g_m \in \mathfrak{m}_n$. Dann gibt es genau einen Algebrahomomorphismus*

$$\Phi : \mathbb{C}\{z_1, \ldots, z_m\} \to \mathbb{C}\{w_1, \ldots, w_n\}$$

mit $\Phi(z_j) = g_j$ für $j = 1, \ldots, m$. Es gilt

$$\Phi\left(\sum_{\nu \geq 0} a_\nu z^\nu\right) = \sum_{\nu \geq 0} a_\nu g^\nu.$$

Beweis. a) Existenz: Es sei $f(z) = \sum_{\nu \geq 0} a_\nu z^\nu \in \mathbb{C}\{z_1, \ldots, z_m\}$. Wir definieren Φ durch die Vorschrift $\Phi(f) = \sum_{\nu \geq 0} a_\nu g^\nu$. Wir haben zu zeigen: $\Phi(f) \in \mathbb{C}\{w_1, \ldots, w_n\}$.

Dazu sei $r \in \mathbb{R}^m_{>0}$ mit $\|f\|_r < \infty$. Da $g_j(0) = 0$ für $j = 1, \ldots, m$ gibt es nach Lemma 2.4(iv) ein $s \in \mathbb{R}^n_{>0}$ mit $\|g_j\|_s < r_j$ für $j = 1, \ldots, m$. Es sei

$$f = \sum_{k=0}^{\infty} p_k$$

die Zerlegung von f in homogene Polynome. Dann gilt nach Lemma 2.4(ii),(iii):

$$\begin{aligned}
\|\Phi(f)\|_s &= \|\sum_{k=0}^{\infty} \Phi(p_k)\|_s \\
&\leq \sum_{k=0}^{\infty} \|\Phi(p_k)\|_s \quad \text{(Lemma 2.4(ii))} \\
&= \sum_{k=0}^{\infty} \|\sum_{|\nu|=k} a_{\nu_1\ldots\nu_m} \Phi(z_1)^{\nu_1} \cdots \Phi(z_m)^{\nu_m}\|_s \\
&\leq \sum_{\nu \geq 0} |a_{\nu_1\ldots\nu_m}|\, \|\Phi(z_1)\|_s^{\nu_1} \cdots \|\Phi(z_m)\|_s^{\nu_m} \\
&\leq \sum_{\nu \geq 0} |a_\nu| r^\nu = \|f\|_r < \infty.
\end{aligned}$$

Nach Lemma 2.4(i) ist $\Phi(f)$ konvergent, also in $\mathbb{C}\{w_1, \dots, w_n\}$. Es ist klar, dass Φ ein Algebrahomomorphismus ist.

b) Eindeutigkeit: Angenommen Ψ ist ein anderer Algebrahomomorphismus mit $\Psi(z_j) = g_j$, $j = 1, \dots, m$. Dann stimmen Φ und Ψ auf dem Polynomring $\mathbb{C}[z_1, \dots, z_m]$ überein. Für jedes $f \in \mathbb{C}\{z_1, \dots, z_m\}$ gilt daher $(\Phi - \Psi)f \in \mathfrak{m}_n^k$ für jedes $k \geq 1$, also $(\Phi - \Psi)(f) \in \bigcap_{k=1}^{\infty} \mathfrak{m}_n^k = \{0\}$, nach Lemma 2.3. □

Wir benötigen nun einige Resultate aus der kommutativen Algebra.

Im Folgenden sei R ein lokaler Ring mit maximalem Ideal $\mathfrak{m}$.

Satz 2.38 (Lemma von Nakayama) *Ist M ein endlich erzeugter R-Modul mit $M \subset \mathfrak{m}M$, so gilt $M = 0$.*

Beweis. Angenommen, $M \neq 0$. Da M endlich erzeugt ist, gibt es eine natürliche Zahl r, so dass M von r Elementen erzeugt wird. Es sei r die kleinste solche Zahl und $e_1, \dots, e_r$ ein Erzeugendensystem von M. Nach Annahme gilt $r \geq 1$. Aus $M \subset \mathfrak{m}M$ folgt, dass sich e_r in der Form

$$e_r = \sum_{j=1}^{r} a_j e_j$$

mit $a_j \in \mathfrak{m}$ darstellen lässt. Aus dieser Gleichung ergibt sich

$$(1 - a_r)e_r = \sum_{j=1}^{r-1} a_j e_j.$$

Nun gilt aber $1 - a_r \notin \mathfrak{m}$, da $a_r \in \mathfrak{m}$ aber $1 \notin \mathfrak{m}$. Also ist $1 - a_r$ eine Einheit in R. Daraus folgt, dass M bereits von $e_1, \dots, e_{r-1}$ erzeugt wird, ein Widerspruch. □

Oft wird auch das folgende Korollar von Satz 2.38 als Lemma von Nakayama bezeichnet.

Korollar 2.3 *Es sei M ein endlich erzeugter R-Modul und N ein Untermodul von M. Gilt $M = N + \mathfrak{m}M$, so folgt $M = N$.*

Beweis. Man wende Satz 2.38 auf den Modul M/N an. □

Satz 2.39 (Krull'scher Durchschnittsatz) *Es sei R ein noetherscher lokaler Ring mit maximalem Ideal $\mathfrak{m}$, M ein endlich erzeugter Modul über R. Dann gilt für jeden Untermodul N von M*

$$\bigcap_{k=1}^{\infty} (N + \mathfrak{m}^k M) = N.$$

Beweis (für den Fall $N = 0$, den wir nur brauchen; für den Fall eines beliebigen Untermoduls N siehe z.B. [GR71, p. 212]).

Es sei $N = 0$. Setze

$$D := \bigcap_{k=1}^{\infty} \mathfrak{m}^k M.$$

Zu zeigen: $D = 0$.

Wir betrachten die Menge aller R-Untermoduln L von M mit $L \cap D = \mathfrak{m}D$. Diese Menge ist nicht leer (sie enthält $\mathfrak{m}D$) und hat daher ein maximales Element T, da M noethersch ist.

Es genügt zu zeigen, dass es zu jedem $g \in \mathfrak{m}$ ein l mit $g^l M \subset T$ gibt: Denn da $\mathfrak{m}$ endlich erzeugt ist, gibt es dann auch ein k mit $\mathfrak{m}^k M \subset T$. Wegen $D \subset \mathfrak{m}^k M$ folgt $D \subset T$, also

$$D = D \cap T = \mathfrak{m}D.$$

Da D endlich erzeugt ist, folgt hieraus mit dem Lemma von Nakayama (Satz 2.38), dass $D = 0$ ist. Wegen der Maximalität von T genügt es zu zeigen, dass es zu jedem $g \in \mathfrak{m}$ ein l mit

$$(g^l M + T) \cap D \subset \mathfrak{m}D$$

gibt. Dazu betrachten wir die aufsteigende Folge (für festes $g \in \mathfrak{m}$)

$$M_j := \{x \in M \,|\, g^j x \in T\}, \quad j = 1, 2, \dots,$$

von Untermoduln von M. Da M noethersch ist, wird diese Folge stationär, d.h. es existiert ein Index l mit $M_l = M_{l+1}$. Wir zeigen $(g^l M + T) \cap D \subset \mathfrak{m}D$. Es sei $x \in (g^l M + T) \cap D$, $x = g^l y + t$, $y \in M$, $t \in T$. Dann gilt

$$g^{l+1} y = gx - gt \in gD + T \subset \mathfrak{m}D + T,$$

also $g^{l+1} y \in T$ wegen $\mathfrak{m}D \subset T$, also $y \in M_{l+1} = M_l$ und daher $g^l y \in T$ und $x \in T + T = T$. Es folgt $(g^l M + T) \cap D \subset T$, also $(g^l M + T) \cap D \subset T \cap D = \mathfrak{m}D$, was zu zeigen war. □

Korollar 2.4 *Es sei $\mathfrak{m}_A$ das maximale Ideal einer analytischen Algebra A. Dann gilt*

$$\bigcap_{k=1}^{\infty} \mathfrak{m}_A^k = \{0\}.$$

Satz 2.40 (Liftungssatz) *Es seien $A = \mathcal{O}_{m,0}/I$, $B = \mathcal{O}_{n,0}/J$ analytische Algebren, $\varphi : A \to B$ ein Algebrahomomorphismus. Dann gibt es einen Algebrahomomorphismus $\Phi : \mathcal{O}_{m,0} \to \mathcal{O}_{n,0}$, so dass das folgende Diagramm kommutiert:*

$$\begin{array}{ccc} \mathcal{O}_{m,0} & \xrightarrow{\Phi} & \mathcal{O}_{n,0} \\ \downarrow{\scriptstyle \pi_A} & & \downarrow{\scriptstyle \pi_B} \\ A & \xrightarrow{\varphi} & B \end{array}$$

wobei $\pi_A : \mathcal{O}_{m,0} \to A$, $\pi_B : \mathcal{O}_{n,0} \to B$ die kanonischen Projektionen sind.

Beweis. Es sei $\mathcal{O}_{m,0} = \mathbb{C}\{z_1, \dots, z_m\}$. Mit $\mathfrak{m}_A$ bzw. $\mathfrak{m}_B$ bezeichnen wir die maximalen Ideale von A bzw. B, mit $\mathfrak{m}_m$ bzw. $\mathfrak{m}_n$ die maximalen Ideale von $\mathcal{O}_{m,0}$ bzw. $\mathcal{O}_{n,0}$. Da π_A und φ lokal sind, gilt

$$(\varphi \circ \pi_A)(z_j) \in \mathfrak{m}_B \text{ für } j = 1, \dots, m.$$

Wegen $\pi_B(\mathfrak{m}_n) = \mathfrak{m}_B$ gibt es $g_j \in \mathfrak{m}_n$ mit $\pi_B(g_j) = (\varphi \circ \pi_A)(z_j)$, $j = 1, \ldots, m$. Nach Satz 2.37 gibt es genau einen Algebrahomomorphismus $\Phi : \mathcal{O}_{m,0} \to \mathcal{O}_{n,0}$ mit $\Phi(z_j) = g_j$, $j = 1, \ldots, m$. Aus $\varphi \circ \pi_A(z_j) = \pi_B \circ \Phi(z_j)$ können wir mit Hilfe von Korollar 2.4 wie bei Teil b) vom Beweis von Satz 2.37 schließen, dass $\varphi \circ \pi_A = \pi_B \circ \Phi$ ist. □

Satz 2.41 (i) *Zu jeder reduzierten analytischen Algebra A gibt es einen analytischen Mengenkeim $(X, 0)$ mit $\mathcal{O}_{X,0} = A$.*

(ii) *Sind A, B reduzierte analytische Algebren, $(Y, 0)$, $(X, 0)$ zugehörige analytische Mengenkeime und ist $\gamma : A \to B$ ein Algebrahomomorphismus, so gibt es genau einen Abbildungskeim $\varphi : (X, 0) \to (Y, 0)$ mit $\varphi^* = \gamma$.*

Beweis. (i) Ist $A = \mathcal{O}_{n,0}/I$, so setze man $(X, 0) := V(I)$.

(ii) Existenz: Es sei $\gamma : A \to B$ gegeben, $A = \mathcal{O}_{m,0}/J$, $B = \mathcal{O}_{n,0}/I$, $(Y, 0) = V(J)$, $(X, 0) = V(I)$. Nach Satz 2.40 kann γ zu einem Algebrahomomorphismus $\Gamma : \mathcal{O}_{m,0} \to \mathcal{O}_{n,0}$ geliftet werden. Ist $\mathcal{O}_{m,0} = \mathbb{C}\{z_1, \ldots, z_m\}$ so liegt nach Satz 2.37 $g_j := \Gamma(z_j)$ im maximalen Ideal $\mathfrak{m}_n$ von $\mathcal{O}_{n,0}$ für $j = 1, \ldots, m$. Es gibt eine offene Umgebung U von 0 in $\mathbb{C}^n$, so dass für jedes $j = 1, \ldots, m$ der Funktionskeim g_j durch eine holomorphe Funktion $\tilde{g}_j : U \to \mathbb{C}$ repräsentiert wird. Dann ist

$$\tilde{g} = (\tilde{g}_1, \ldots, \tilde{g}_m) : U \to \mathbb{C}^m$$

eine holomorphe Abbildung mit $\tilde{g}(0) = 0$. Ist $g : (\mathbb{C}^n, 0) \to (\mathbb{C}^m, 0)$ der durch $\tilde{g} : U \to \mathbb{C}^m$ repräsentierte Abbildungskeim, so gilt $g^* = \Gamma$. Aus dem kommutativen Diagramm

$$\begin{array}{ccc} \mathcal{O}_{m,0} & \xrightarrow{\Gamma} & \mathcal{O}_{n,0} \\ {\scriptstyle \pi_A}\downarrow & & \downarrow{\scriptstyle \pi_B} \\ A = \mathcal{O}_{m,0}/J & \xrightarrow{\gamma} & B = \mathcal{O}_{n,0}/I \end{array}$$

folgt $\Gamma(J) \subset I$. Deshalb induziert $\tilde{g}$ einen Abbildungskeim

$$\varphi : (X, 0) \to (Y, 0).$$

Es gilt $\gamma = \varphi^*$.

Eindeutigkeit: Es seien $\varphi, \psi : (X, 0) \to (Y, 0)$ zwei Abbildungskeime mit $\varphi^* = \psi^* = \gamma$, U eine offene Umgebung von 0 in $\mathbb{C}^n$, $\tilde{g} : U \to \mathbb{C}^m$ bzw. $\tilde{h} : U \to \mathbb{C}^m$ holomorphe Repräsentanten von φ bzw. ψ. Die holomorphen Abbildungen $\tilde{g}$ und $\tilde{h}$ repräsentieren ebenfalls Abbildungskeime $g : (\mathbb{C}^n, 0) \to (\mathbb{C}^m, 0)$ bzw. $h : (\mathbb{C}^n, 0) \to (\mathbb{C}^m, 0)$. Aus $\gamma \circ \pi_A = \pi_B \circ g^*$, $\gamma \circ \pi_A = \pi_B \circ h^*$ folgt

$$\pi_B \circ g^* = \pi_B \circ h^*.$$

Sind $(z_1, \ldots, z_m)$ die Koordinaten von $\mathbb{C}^m$, so folgt

$$\pi_B \circ g^*(z_j) = \pi_B \circ h^*(z_j),$$

d.h.

$$g^*(z_j) - h^*(z_j) \in I.$$

Daraus folgt, dass

$$z_j \circ \tilde{g} - z_j \circ \tilde{h} = \tilde{g}_j - \tilde{h}_j$$

auf einem Repräsentanten $\tilde{X}$ von $V(I)$ verschwindet. Also induzieren $\tilde{g}$ und $\tilde{h}$ denselben Abbildungskeim $\varphi = \psi : (X, 0) \to (Y, 0)$, was zu zeigen war. □

Satz 2.41 kann auch so ausgedrückt werden: Die Korrespondenz $(X, x) \mapsto \mathcal{O}_{X,x}$ definiert eine Antiäquivalenz zwischen der Kategorie der analytischen Mengenkeime und der Kategorie der reduzierten analytischen Algebren.

Schließlich führen wir noch den Begriff des Isomorphismus von analytischen Mengenkeimen ein.

Definition Ein Abbildungskeim $\varphi : (X, x) \to (Y, y)$ heißt ein *Isomorphismus*, wenn es einen Abbildungskeim $\psi : (Y, y) \to (X, x)$ mit $\psi \circ \varphi = \mathrm{id}$ und $\varphi \circ \psi = \mathrm{id}$ gibt.

Nach Satz 2.41 ist $\varphi : (X, x) \to (Y, y)$ genau dann ein Isomorphismus, wenn $\varphi^* : \mathcal{O}_{Y,y} \to \mathcal{O}_{X,x}$ ein Isomorphismus analytischer Algebren ist.

2.9 Der verallgemeinerte Weierstraß'sche Vorbereitungssatz

Unser Ziel in diesem Abschnitt ist es, den Weierstraß'schen Vorbereitungssatz zu einer Aussage über endlich erzeugte Moduln zu verallgemeinern. Zur Formulierung dieser Aussage führen wir noch einen neuen Begriff ein.

Es sei A eine analytische Algebra und M ein A-Modul.

Definition Der A-Modul M heißt *endlich über* A, wenn M ein endlich erzeugter A-Modul ist.

Es sei nun B eine weitere analytische Algebra und $\varphi : A \to B$ ein Algebrahomomorphismus. Ist M ein B-Modul, so wird M durch die Abbildung

$$\begin{array}{rcl} A \times M & \to & M \\ (a, x) & \mapsto & \varphi(a)x \end{array}$$

zu einem A-Modul. Insbesondere ist B in kanonischer Weise ein A-Modul.

Definition Der Algebrahomomorphismus φ heißt *endlich*, wenn B endlich über A ist.

Bemerkung 2.14 (i) Mit $\varphi : A \to B$ und $\psi : B \to C$ ist auch $\psi \circ \varphi : A \to C$ endlich.

(ii) Ist $\varphi : A \to B$ surjektiv, so ist φ endlich. Denn 1 ist ein Erzeugendes von B als A-Modul: Es sei $b \in B$. Da φ surjektiv ist, gibt es ein $a \in A$ mit $b = \varphi(a) = \varphi(a) \cdot 1$.

Der Weierstraß'sche Vorbereitungssatz in seiner allgemeinen Form lautet dann wie folgt:

Theorem 2.4 (Weierstraß'scher Vorbereitungssatz für Moduln) *Es seien A, B analytische Algebren, $\mathfrak{m}_A$, $\mathfrak{m}_B$ ihre maximalen Ideale, $\varphi : A \to B$ ein Algebrahomomorphismus und M ein endlich erzeugter B-Modul. Dann ist M genau dann endlich über A, wenn $M/M\varphi(\mathfrak{m}_A)$ endlich über $A/\mathfrak{m}_A \cong \mathbb{C}$ ist.*

Dieser Satz kann wie folgt präzisiert werden:

Korollar 2.5 *Es seien A, B, φ, M wie in Theorem 2.4 und $e_1, \dots, e_p$ Elemente in M. Erzeugen die Bilder von $e_1, \dots, e_p$ in $M/M\varphi(\mathfrak{m}_A)$ diesen Modul über $\mathbb{C}$, so erzeugen $e_1, \dots, e_p$ auch M über A.*

Beweis. Zum Beweis von Korollar 2.5 betrachten wir den A-Untermodul N von M, der von den Elementen $e_1, \dots, e_p$ erzeugt wird. Da nach Voraussetzung $M/M\varphi(\mathfrak{m}_A)$ von den Bildern von $e_1, \dots, e_p$ als $\mathbb{C}$-Vektorraum erzeugt wird, gilt

$$M = N + M\varphi(\mathfrak{m}_A)$$

als A-Modul. Nach Theorem 2.4 ist M endlich über A. Aus dem Lemma von Nakayama (Korollar 2.3) folgt daher $M = N$ und damit die Behauptung. □

Beweis von Theorem 2.4 (nach einer Idee von J. Mather, vgl. [Mal68]).

"$\Rightarrow$": Es sei M endlich über A. Dann ist auch $M/M\varphi(\mathfrak{m}_A)$ endlich über $A/\mathfrak{m}_A$.

"$\Leftarrow$": Es sei nun $M/M\varphi(\mathfrak{m}_A)$ endlich über $\mathbb{C}$. Wir zeigen: M ist endlich über A.

Wir führen den Beweis in drei Schritten:

1) Wir beweisen die Behauptung zunächst in dem Spezialfall

$$A = \mathbb{C}\{z_1, \dots, z_{m-1}\}, \quad B = \mathbb{C}\{z_1, \dots, z_m\}, \quad \varphi = \pi^*,$$

wobei

$$\begin{aligned} \pi \ : \ & \mathbb{C}^m \to \mathbb{C}^{m-1} \\ & (z_1, \dots, z_m) \mapsto (z_1, \dots, z_{m-1}) \end{aligned}$$

die natürliche Projektion ist (φ ist dann die natürliche Inklusion $A \hookrightarrow B$). Wir zeigen zunächst

Behauptung Es gibt endlich viele Elemente $e_1, \dots, e_p$ in M, so dass jedes $x \in M$ wie folgt geschrieben werden kann:

$$x = \sum_{j=1}^{p} b_j e_j \text{ mit } b_j \in \varphi(A) + B\varphi(\mathfrak{m}_A).$$

Beweis. Da M endlich über B ist, gibt es Elemente $\varepsilon_1, \dots, \varepsilon_q \in M$, die M über B erzeugen. Da $M/M\varphi(\mathfrak{m}_A)$ nach Voraussetzung endlich über $\mathbb{C}$ ist, gibt es $\eta_1, \dots, \eta_r \in M$, so dass die Restklassen $\bar{\eta}_1, \dots, \bar{\eta}_r$ modulo $M\varphi(\mathfrak{m}_A)$ den $\mathbb{C}$-Vektorraum $M/M\varphi(\mathfrak{m}_A)$ erzeugen. Also gibt es für jedes $x \in M$ komplexe Zahlen $\gamma_j \in \mathbb{C}$ mit

$$x - \sum_{j=1}^{r} \gamma_j \eta_j \in M\varphi(\mathfrak{m}_A)$$

und Elemente $b_k \in B\varphi(\mathfrak{m}_A)$ mit

$$x - \sum_{j=1}^{r} \gamma_j \eta_j = \sum_{k=1}^{q} b_k \varepsilon_k.$$

Setze nun $p = q + r$, $(e_1, \ldots, e_p) = (\eta_1, \ldots, \eta_r, \varepsilon_1, \ldots, \varepsilon_q)$. □

Wir zeigen nun, dass M endlich über A ist. Es seien $e_1, \ldots, e_p \in M$ wie in der Behauptung. Dann gilt für $1 \leq j \leq p$

$$z_m e_j = \sum_{k=1}^{p} \nu_{jk} e_k, \quad \nu_{jk} \in \varphi(A) + B\varphi(\mathfrak{m}_A).$$

Wir setzen

$$\begin{aligned} N: &= (z_m \delta_{jk} - \nu_{jk})_{k=1,\ldots,p}^{j=1,\ldots,p}, \\ \Delta: &= \det N. \end{aligned}$$

Die Matrix N_j entstehe aus N durch Nullsetzen aller Elemente in der j-ten Spalte, $j = 1, \ldots, p$. Nach der Cramer'schen Regel gilt dann

$$\Delta e_j = \det N_j = 0, \quad j = 1, \ldots, p,$$

also $\Delta M = 0$. Es folgt, dass M ein $B/(\Delta)$-Modul ist, der endlich erzeugt ist (z.B. von $e_1, \ldots, e_p$). Nun bedeutet $\nu_{jk} \in \varphi(A) + B\varphi(\mathfrak{m}_A)$, dass

$$\nu_{jk} = f_{jk} + b_{jk} g_{jk}, \; f_{jk}, g_{jk} \in \mathbb{C}\{z_1, \ldots, z_{m-1}\}, \; b_{jk} \in B$$

mit $g_{jk}(0) = 0$, also

$$\nu_{jk}(0, \ldots, 0, z_m) = f_{jk}(0) = \text{ const.}$$

Daraus folgt, dass $\Delta(0, \ldots, 0, z_m)$ ein normiertes Polynom in z_m vom Grad p ist. Daher ist Δ regulär in z_m vom Grad $l \leq p$. Es sei nun $f \in B$. Nach dem Weierstraß'schen Divisionssatz (Theorem 2.2) gibt es dann ein $q \in B$ und Elemente $a_1, \ldots, a_l \in A$ mit

$$f = q \cdot \Delta + \sum_{j=1}^{l} a_j z_m^{l-j}.$$

Das bedeutet, dass $B/(\Delta)$ von den Restklassen von $1, z_m, \ldots, z_m^{l-1}$ modulo (Δ) erzeugt wird. Also ist $B/(\Delta)$ endlich über A. Nach Bemerkung 2.14(i) ist damit auch M endlich über A.

2) Es sei nun $A = \mathbb{C}\{z_1, \ldots, z_m\}$, $B = \mathbb{C}\{w_1, \ldots, w_n\}$ und $\varphi : A \to B$ irgendein Algebrahomomorphismus. Wir können dann φ in der folgenden Weise faktorisieren:

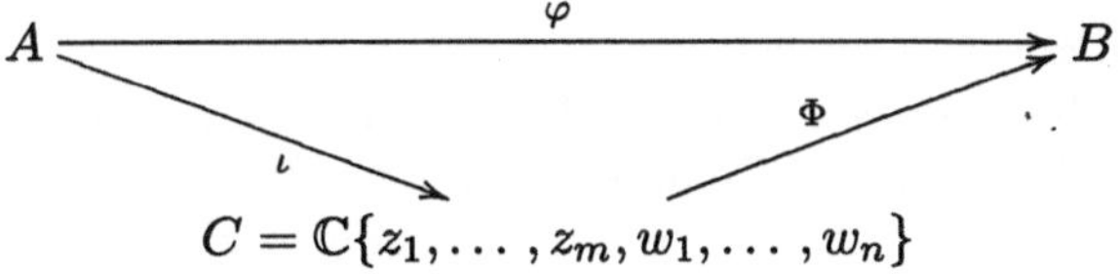

wobei ι die natürliche Injektion ist und Φ definiert ist durch

$$\Phi(z_i) = \varphi(z_i), \; \Phi(w_j) = w_j.$$

Nach Voraussetzung ist M endlich über B. Da Φ surjektiv ist, ist Φ nach Bemerkung 2.14(ii) endlich. Aus Bemerkung 2.14(i) folgt dann, dass M auch endlich über

C ist. Damit reicht es zu zeigen, dass der Satz für eine Inklusion $\iota : A \hookrightarrow C$ gilt. Dies folgt aber durch Induktion aus Schritt 1.

3) Nun betrachten wir den allgemeinen Fall: $A = \mathcal{O}_{m,0}/I$, $B = \mathcal{O}_{n,0}/J$, $\varphi : A \to B$ Algebrahomomorphismus. Nach Satz 2.40 können wir $\varphi : A \to B$ zu einem Algebrahomomorphismus $\Phi : \mathcal{O}_{m,0} \to \mathcal{O}_{n,0}$ liften, so dass das folgende Diagramm kommutiert:

$$\begin{array}{ccc} \mathcal{O}_{m,0} & \xrightarrow{\Phi} & \mathcal{O}_{n,0} \\ {\scriptstyle \pi_A}\downarrow & & \downarrow{\scriptstyle \pi_B} \\ A & \xrightarrow{\varphi} & B \end{array}$$

Nach Voraussetzung ist M endlich über B und $M/M\varphi(\mathfrak{m}_A)$ endlich über $\mathbb{C}$. Es sei $\mathfrak{m}_m$ das maximale Ideal von $\mathcal{O}_{m,0}$. Wegen $\mathfrak{m}_A = \pi_A(\mathfrak{m}_m)$ ist $M/M\varphi(\mathfrak{m}_A)$ isomorph zu

$$M/M(\varphi \circ \pi_A)(\mathfrak{m}_m) = M/M(\pi_B \circ \Phi)(\mathfrak{m}_m).$$

Da π_B surjektiv ist, ist M auch endlich über $\mathcal{O}_{n,0}$ und $M/M\Phi(\mathfrak{m}_m)$ endlich über $\mathbb{C}$. Da π_A surjektiv ist, reicht es nach Bemerkung 2.14(ii) zu zeigen, dass M endlich über $\mathcal{O}_{m,0}$ ist. Dies folgt aus 2). □

Unter Ausnutzung der in §2.8 hergeleiteten Korrespondenz zwischen Homomorphismen von reduzierten analytischen Algebren und Abbildungskeimen geben wir nun eine geometrische Deutung des Endlichkeitsbegriffs.

Definition Ein Abbildungskeim $\varphi : (X, x) \to (Y, y)$ heißt *endlich*, falls $\varphi^* : \mathcal{O}_{Y,y} \to \mathcal{O}_{X,x}$ endlich ist.

Für den folgenden Satz erinnern wir noch an einen Begriff aus der Algebra. Es sei S ein Ring und $R \subset S$ ein Unterring. Ein Element $s \in S$ heißt *ganz über* R, falls es einer Gleichung

$$s^p + a_1 s^{p-1} + \ldots + a_p = 0 \text{ mit } a_j \in R$$

genügt. Wir benötigen das folgende Resultat aus der Algebra (siehe z.B. [Kun91, Korollar 7.6]): Ist S ein endlich erzeugter R-Modul, so ist jedes $s \in S$ ganz über R.

Satz 2.42 *Es seien $G \subset \mathbb{C}^n$, $G' \subset \mathbb{C}^m$ Gebiete, $X \subset G$, $Y \subset G'$ analytische Teilmengen, $f : X \to Y$ eine holomorphe Abbildung, $x \in X$. Dann ist $f^* : \mathcal{O}_{Y,f(x)} \to \mathcal{O}_{X,x}$ genau dann endlich, wenn x ein isolierter Punkt von $f^{-1}f(x)$ ist.*

Beweis. O.B.d.A. sei $x = 0$, $f(x) = 0$.

"$\Rightarrow$": Es sei $f^* : \mathcal{O}_{Y,0} \to \mathcal{O}_{X,0}$ endlich. Das bedeutet, dass $\mathcal{O}_{X,0}$ ein endlich erzeugter Modul über $f^*(\mathcal{O}_{Y,0})$ ist. Aus den Bemerkungen vor Satz 2.42 folgt, dass jedes Element von $\mathcal{O}_{X,0}$ ganz über $f^*(\mathcal{O}_{Y,0})$ ist. Ist $g \in \mathcal{O}_{X,0}$, so gibt es also $a_1, \ldots, a_r \in \mathcal{O}_{Y,0}$ mit

$$g^r + f^*(a_1)g^{r-1} + \ldots + f^*(a_r) = 0.$$

Sind $(z_1, \ldots, z_n)$ die Koordinaten von $\mathbb{C}^n$, so gibt es insbesondere für jedes k mit $1 \leq k \leq n$ Elemente $a_{k1}, \ldots, a_{kr} \in \mathcal{O}_{Y,0}$ mit

$$z_k^r + f^*(a_{k1})z_k^{r-1} + \ldots + f^*(a_{kr}) = 0$$

für $k = 1, \dots, n$ und für ein geeignetes r. Es sei nun U eine offene Umgebung von 0 in G und $F : U \to \mathbb{C}^m$ eine holomorphe Abbildung mit $F|_{U\cap X} = f|_{U\cap X}$. Weiter sei V eine geeignete offene Umgebung von 0 in G' mit $F(U) \subset V$ und $\tilde{a}_{kj} : V \to \mathbb{C}$ Repräsentanten von a_{kj}, $k = 1, \dots, n$, $j = 1, \dots, r$. Nach eventueller Verkleinerung von U gilt dann für alle $z \in U$

$$z_k^r + \tilde{a}_{k1}(F(z))z_k^{r-1} + \dots + \tilde{a}_{kr}(F(z)) = 0, \ k = 1, \dots, n.$$

Ist also $z \in X \cap U$ und $F(z) = f(z) = 0$, so ist z_k Wurzel eines Polynoms für $k = 1, \dots, n$. Es kann also höchstens endlich viele $z \in U$ mit $f(z) = 0$ geben. Also ist 0 ein isolierter Punkt von $f^{-1}f(0)$.

"$\Leftarrow$": Es sei 0 ein isolierter Punkt von $f^{-1}f(0)$. Es sei I das Ideal von $\mathcal{O}_{n,0}$, das von $I(X, 0)$ und $\bar{f}_1, \dots, \bar{f}_m$ erzeugt wird, wobei $\bar{f}_j$ der Keim der Komponentenfunktion f_j ist, $j = 1, \dots, m$. Dann gilt $V(I) = \{0\}$. Da $z_k \in I(\{0\})$, gibt es nach dem Rückert'schen Nullstellensatz ein r_k mit $z_k^{r_k} \in I$, für $k = 1, \dots, n$. Also gibt es für jedes k ein r_k und Elemente $a_{k1}, \dots, a_{km} \in \mathcal{O}_{n,0}$, so dass

$$z_k^{r_k} \equiv \sum_{j=1}^{m} a_{kj}\bar{f}_j \pmod{I(X, 0)}.$$

Daraus folgt, dass es eine natürliche Zahl $q > 0$ gibt, so dass

$$\mathfrak{m}_{X,0}^q \subset \mathcal{O}_{X,0}f^*(\mathfrak{m}_{Y,0}),$$

wobei $\mathfrak{m}_{X,0}$ bzw. $\mathfrak{m}_{Y,0}$ die maximalen Ideale von $\mathcal{O}_{X,0}$ bzw. $\mathcal{O}_{Y,0}$ sind. Diese Inklusion induziert einen surjektiven Homomorphismus

$$\mathcal{O}_{X,0}/\mathfrak{m}_{X,0}^q \to \mathcal{O}_{X,0}/\mathcal{O}_{X,0}f^*(\mathfrak{m}_{Y,0}).$$

Aber $\mathcal{O}_{X,0}/\mathfrak{m}_{X,0}^q$ ist ein endlich-dimensionaler $\mathbb{C}$-Vektorraum: Denn sind die Elemente $x_1, \dots, x_n$ Erzeugende von $\mathfrak{m}_{X,0}$, so gibt es für jedes $g \in \mathcal{O}_{X,0}$ ein Polynom $p \in \mathbb{C}[x_1, \dots, x_n]$ vom Grad $\leq q - 1$ mit

$$g - p \in \mathfrak{m}_{X,0}^q.$$

Also wird $\mathcal{O}_{X,0}/\mathfrak{m}_{X,0}^q$ von den Restklassen der Monome in $x_1, \dots, x_n$ vom Grad $\leq q-1$ erzeugt. Also ist auch $\mathcal{O}_{X,0}/\mathcal{O}_{X,0}f^*(\mathfrak{m}_{Y,0})$ ein endlich dimensionaler $\mathbb{C}$-Vektorraum. Aus Theorem 2.4 folgt, dass f^* endlich ist. □

Wir halten noch einen Satz fest, den wir in Kapitel 3 benötigen werden. Es sei $z = (z_1, \dots, z_n)$ und $\mathbb{C}\{z\} := \mathbb{C}\{z_1, \dots, z_n\}$.

Satz 2.43 *Es sei A eine analytische Algebra mit maximalem Ideal $\mathfrak{m}_A$ und es gelte $\mathbb{C}\{z\} \subset A$. Es sei $g \in \mathfrak{m}_A$ ganz über $\mathbb{C}\{z\}$ und*

$$p(z, t) = t^k + a_1(z)t^{k-1} + \dots + a_k(z) \in \mathbb{C}\{z\}[t]$$

ein Polynom kleinsten Grades mit $p(z, g) = 0$. Dann gilt $a_j(0) = 0$ für $j = 1, \dots, k$.

Beweis. Da $g \in \mathfrak{m}_A$, gilt

$$a_k(z) = -g(g^{k-1} + a_1(z)g^{k-2} + \ldots + a_{k-1}(z)) \in \mathfrak{m}_A \cap \mathbb{C}\{z\} \subset \mathfrak{m}_n,$$

wobei $\mathfrak{m}_n$ das maximale Ideal von $\mathbb{C}\{z\}$ ist. Angenommen, es gäbe ein j, $1 \leq j < k$, mit $a_j(0) \neq 0$. Es sei l der größte Index mit $a_l(0) \neq 0$. Dann gilt

$$p(0,t) = t^{k-l}(t^l + a_1(0)t^{l-1} + \ldots + a_l(0)).$$

Nach dem Hensel'schen Lemma (Satz 2.21) gibt es zwei normierte Polynome $p_1(z,t), p_2(z,t) \in \mathbb{C}\{z\}[t]$ mit

$$p_1(0,t) = t^{k-l}, \quad p_2(0,t) = t^l + a_1(0)t^{l-1} + \ldots + a_l(0).$$

Wäre $p_2(z,g) \in \mathfrak{m}_A$, so müsste wegen $g \in \mathfrak{m}_A$ auch der konstante Term $p_2(z,0)$ von $p_2(z,t)$ in $\mathfrak{m}_A$ liegen, also $p_2(0,0) = 0$ gelten. Das steht aber im Widerspruch zu $a_l(0) \neq 0$. Also ist $p_2(z,g)$ eine Einheit in A und aus $p(z,g) = 0$ folgt $p_1(z,g) = 0$. Da aber $p_1(z,t)$ vom Grad $k - l < k$ in t ist, erhalten wir einen Widerspruch zu der Annahme, dass $p(z,t)$ vom kleinsten Grad ist. Also gilt $a_j(0) = 0$ für $j = 1, \ldots, k$. □

2.10 Die Dimension eines analytischen Mengenkeims

Wir wollen nun einen Dimensionsbegriff für analytische Mengenkeime einführen. Es gibt verschiedene Definitionen der Dimension. Wir beschränken uns hier im Wesentlichen auf die Definition der Dimension nach Weierstraß. Zunächst zeigen wir:

Satz 2.44 (Noether'scher Normalisierungssatz) *Zu jeder analytischen Algebra A existiert eine natürliche Zahl d und ein endlicher injektiver Algebrahomomorphismus $\varphi : \mathcal{O}_{d,0} \hookrightarrow A$.*

Beweis. Nach Definition ist A von der Form $\mathcal{O}_{n,0}/I$. Die Restklassenabbildung $\pi : \mathcal{O}_{n,0} \to A = \mathcal{O}_{n,0}/I$ ist surjektiv, also endlich. Also gibt es endliche Algebrahomomorphismen $\sigma_m : \mathcal{O}_{m,0} \to A$. Es sei d das kleinste m, das vorkommt, und $\varphi : \mathcal{O}_{d,0} \to A$ ein zugehöriger endlicher Algebrahomomorphismus.

Wir zeigen: φ ist injektiv, d.h. $\ker \varphi = \{0\}$. Angenommen, $f \in \ker \varphi, f \neq 0$. Nach Lemma 2.1 gibt es dann Koordinaten $z_1, \ldots, z_d$, so dass f regulär von der Ordnung k in z_d ist. Es sei nun $g \in \mathcal{O}_{d,0}$. Nach dem Weierstraß'schen Divisionssatz (Theorem 2.2) gibt es dann ein $q \in \mathcal{O}_{d,0}$ und Elemente $a_1, \ldots, a_k \in \mathcal{O}_{d-1,0}$ mit

$$g = q \cdot f + \sum_{j=1}^{k} a_j z_d^{k-j}.$$

Das bedeutet, dass $\mathcal{O}_{d,0}/(f)$ von den Restklassen von $1, z_d, \ldots, z_d^{k-1}$ modulo (f) erzeugt wird. Also ist $\mathcal{O}_{d,0}/(f)$ endlich über $\mathcal{O}_{d-1,0}$. Da $f \in \ker \varphi$, ist A endlich über $\mathcal{O}_{d,0}/(f)$, also auch endlich über $\mathcal{O}_{d-1,0}$. Das ist aber ein Widerspruch zur Minimalität von d. □

Bemerkung 2.15 Es sei $\varphi : (X, x) \to (\mathbb{C}^d, 0)$ ein Abbildungskeim. Man kann zeigen, dass $\varphi^* : \mathcal{O}_{d,0} \to \mathcal{O}_{X,x}$ genau dann endlich und injektiv ist, wenn $\varphi : (X, x) \to (\mathbb{C}^d, 0)$ der Keim einer holomorphen verzweigten Überlagerung $f : X \to \mathbb{C}^d$ ist, also einer holomorphen, offenen und diskreten Abbildung $f : X \to \mathbb{C}^d$. Die Existenz einer solchen verzweigten Überlagerung von $\mathbb{C}^d$ zu einem analytischen Mengenkeim (X, x) ist die geometrische Interpretation des Noether'schen Normalisierungssatzes.

Definition Es sei A eine analytische Algebra. Die *(Weierstraß-)Dimension* von A, in Zeichen $\dim A$, ist die kleinste Zahl $d \geq 0$, so dass es einen endlichen Algebrahomomorphismus $\varphi : \mathcal{O}_{d,0} \to A$ gibt.

Es sei $G \subset \mathbb{C}^n$ ein Gebiet, $X \subset G$ eine analytische Teilmenge, $x \in X$. Die *Dimension von X in x*, in Zeichen $\dim_x X$, ist die Dimension von $\mathcal{O}_{X,x}$, wobei $\mathcal{O}_{X,x} = \mathcal{O}_{n,x}/I(X, x)$ die Strukturalgebra des analytischen Mengenkeims (X, x) ist.

Satz 2.45 (Weierstraß-Dimension=Chevalley-Dimension) *Die Dimension von A ist auch die kleinste Zahl $d \geq 0$, so dass es Elemente $f_1, \ldots, f_d \in \mathfrak{m}_A$ gibt, so dass*

$$\dim_{\mathbb{C}} A/A(f_1, \ldots, f_d) < \infty.$$

(Diese Zahl d heißt die Chevalley-Dimension *von A und ein solches System $f_1, \ldots, f_d$ nennt man ein* Parametersystem *von A.)*

Bemerkung 2.16 Nach Satz 2.42 bedeutet $\dim_{\mathbb{C}} A/(f_1, \ldots, f_d)A < \infty$, dass 0 isoliert in dem Durchschnitt von X mit den Hyperflächen $\{f_1 = 0\}, \ldots, \{f_d = 0\}$ liegt. Der Chevalley'sche Dimensionsbegriff präzisiert daher die intuitive Vorstellung, dass in einem d-dimensionalen Raum die Lösungsmenge einer Gleichung ein $(d-1)$-dimensionaler Unterraum ist und dass man daher mindestens d Gleichungen benötigt, um endliche Mengen, d.h. 0-dimensionale Unterräume, zu beschreiben.

Beweis von Satz 2.45. Ist $\varphi : \mathcal{O}_{m,0} \to A$ ein Algebrahomomorphismus und $\mathcal{O}_{m,0} = \mathbb{C}\{z_1, \ldots, z_m\}$, so gilt

$$A\varphi(\mathfrak{m}_m) = A(\varphi(z_1), \ldots, \varphi(z_m)).$$

Nach Korollar 2.5 ist φ genau dann endlich, wenn

$$\dim_{\mathbb{C}} A/A\varphi(\mathfrak{m}_m) = \dim_{\mathbb{C}} A/A(\varphi(z_1), \ldots, \varphi(z_m)) < \infty.$$

Es sei nun d die Zahl aus Satz 2.45. Ist $\varphi : \mathcal{O}_{m,0} = \mathbb{C}\{z_1, \ldots, z_m\} \to A$ endlich, so setze man $f_j = \varphi(z_j)$, $j = 1, \ldots, m$. Dies zeigt $d \leq \dim A$.

Sind umgekehrt $f_1, \ldots, f_d \in \mathfrak{m}_A$ mit $\dim_{\mathbb{C}} A/A(f_1, \ldots, f_d) < \infty$, so gibt es nach Satz 2.37 genau ein $\varphi : \mathbb{C}\{z_1, \ldots, z_d\} \to A$ mit $\varphi(z_j) = f_j$ für $j = 1, \ldots, d$. Daraus folgt $\dim A \leq d$. □

Bemerkung 2.17 Es seien A, B analytische Algebren. Aus der Transitivität der Endlichkeit folgt, dass $\dim A \geq \dim B$, falls ein endlicher Homomorphismus $\varphi : A \to B$ existiert.

Lemma 2.5 *Es sei A eine analytische Algebra mit maximalem Ideal $\mathfrak{m}_A$. Dann gilt für $f \in \mathfrak{m}_A$*

$$\dim(A/(f)) \geq \dim A - 1.$$

Beweis. Es sei $\bar{A} := A/(f)$. Für $f_1, \dots, f_d \in \mathfrak{m}_A$ gilt dann

$$A/A(f, f_1, \dots, f_d) \cong \bar{A}/\bar{A}(\bar{f}_1, \dots, \bar{f}_d).$$

Die Behauptung folgt damit aus Satz 2.45. □

Lemma 2.6 *Es sei $\mathfrak{m}_n$ das maximale Ideal von $\mathcal{O}_{n,0}$. Dann gilt für $f \in \mathfrak{m}_n, f \neq 0$,*

$$\dim(\mathcal{O}_{n,0}/(f)) \leq n - 1.$$

Beweis. Es seien $(z_1, \dots, z_n)$ Koordinaten des $\mathbb{C}^n$, so dass f regulär in z_n ist. Nach dem Weierstraß'schen Divisionssatz ist dann der Homomorphismus ψ, der das folgende Diagramm kommutativ macht, endlich:

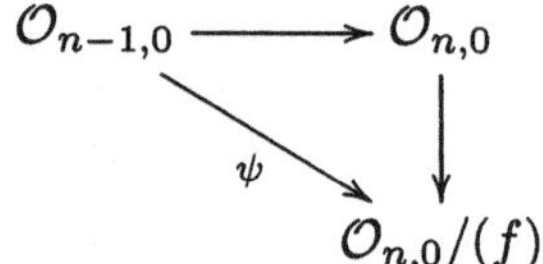

(vgl. den Beweis von Satz 2.44). Also folgt aus obiger Bemerkung

$$\dim(\mathcal{O}_{n,0}/(f)) \leq \dim \mathcal{O}_{n-1,0} \leq n - 1.$$

Damit ist Lemma 2.6 bewiesen. □

Wir wollen nun untersuchen, wann in Lemma 2.5 Gleichheit gilt. Dazu benötigen wir die folgende Definition.

Definition Es sei A eine analytische Algebra mit maximalem Ideal $\mathfrak{m}_A$ und Nilradikal $\mathfrak{n}_A$. Ein Element $f \in \mathfrak{m}_A$ heißt *aktiv*, wenn für alle $g \in A$ gilt: $f \cdot g \in \mathfrak{n}_A \Rightarrow g \in \mathfrak{n}_A$.

Bemerkung 2.18 Ist $f \in \mathfrak{m}_A$ ein Nichtnullteiler, dann ist f aktiv: Aus $f \cdot g \in \mathfrak{n}_A$ folgt, dass ein k existiert mit $(f \cdot g)^k = 0$. Daraus folgt $g^k = 0$ und damit $g \in \mathfrak{n}_A$.

Satz 2.46 (Aktives Lemma) *Ist $f \in \mathfrak{m}_A$ aktiv, so gilt:*

$$\dim A/(f) = \dim A - 1.$$

Beweis. Nach Lemma 2.5 reicht es zu zeigen: $\dim A/(f) \leq \dim A - 1$.

Es sei $n := \dim A$ und $\varphi : \mathcal{O}_{n,0} \to A$ ein endlicher Homomorphismus. Nach dem Beweis von Satz 2.44 ist φ injektiv. Also können wir annehmen, dass $\mathcal{O}_{n,0} \subset A$. Es reicht nun zu zeigen, dass es ein $0 \neq h \in A \cdot f \cap \mathcal{O}_{n,0}$ gibt. Denn dann betrachten wir den induzierten Homomorphismus ψ in dem folgenden Diagramm:

$$\begin{array}{ccc} \mathcal{O}_{n,0} & \xrightarrow{\varphi} & A \\ \downarrow & & \downarrow \\ \mathcal{O}_{n,0}/(h) & \xrightarrow{\psi} & A/(f) \end{array}$$

Da φ endlich ist und die beiden vertikalen Homomorphismen surjektiv sind, ist auch ψ endlich. Damit folgt aus der Bemerkung 2.17 und Lemma 2.6:

$$\dim A/(f) \leq \dim \mathcal{O}_{n,0}/(h) \leq n-1.$$

Es bleibt zu zeigen: Es existiert $0 \neq h \in A \cdot f \cap \mathcal{O}_{n,0}$. Da A endlich über $\mathcal{O}_{n,0}$ ist, ist f ganz über $\mathcal{O}_{n,0}$, d.h. genügt einer Gleichung

$$f^p + a_1 f^{p-1} + \ldots + a_p = 0 \text{ mit } a_j \in \mathcal{O}_{n,0}.$$

Ist $a_p \neq 0$, so setze $h = a_p$. Sonst sei s maximal mit $a_s \neq 0$. Dann gilt

$$f^{p-s}(f^s + a_1 f^{s-1} + \ldots + a_s) = 0.$$

Da f aktiv ist, folgt, dass $f^s + a_1 f^{s-1} + \ldots + a_s$ nilpotent ist. Also gibt es ein $q \geq 1$, so dass

$$(f^s + a_1 f^{s-1} + \ldots + a_s)^q = f^{qs} + \ldots + a_s^q = 0.$$

Daraus folgt $0 \neq a_s^q \in A \cdot f \cap \mathcal{O}_{n,0}$. Also können wir in diesem Fall $h = a_s^q$ setzen. □

Korollar 2.6 $\dim \mathcal{O}_n = n$.

Beweis (durch Induktion nach n).

$n = 0$: Die Identität id : $\mathcal{O}_{0,0} \to \mathcal{O}_{0,0}$ ist ein endlicher Homomorphismus, also $\dim \mathcal{O}_{0,0} = 0$.

$n-1 \to n$: Es sei $n \geq 1$, $\mathcal{O}_{n,0} = \mathbb{C}\{z_1, \ldots, z_n\}$. Da $z_n \in \mathfrak{m}_n$ ein Nichtnullteiler in $\mathcal{O}_{n,0}$ ist, ist z_n aktiv. Wegen $\mathcal{O}_{n,0}/(z_n) \cong \mathcal{O}_{n-1,0}$ folgt aus Satz 2.46 und der Induktionsannahme

$$n-1 = \dim \mathcal{O}_{n-1,0} = \dim \mathcal{O}_{n,0} - 1,$$

also $\dim \mathcal{O}_{n,0} = n$. □

In §2.7 hatten wir reguläre und singuläre Punkte von analytischen Mengen betrachtet. Es sei $G \subset \mathbb{C}^n$ ein Gebiet, $X \subset G$ eine analytische Teilmenge und $x \in X$ ein regulärer Punkt. Dann nennt man den analytischen Mengenkeim (X, x) auch *regulär.* Aus der Definition folgt, dass (X, x) isomorph zu $(\mathbb{C}^s, 0)$ für ein $s \leq n$ ist. Nach §2.8 ist dies äquivalent dazu, dass $\mathcal{O}_{X,x}$ isomorph zu $\mathcal{O}_{s,0}$ für ein $s \leq n$ ist.

Korollar 2.7 *Es sei $(X, x) \subset (\mathbb{C}^n, x)$ ein regulärer analytischer Mengenkeim, der isomorph zu $(\mathbb{C}^s, 0)$ ist. Dann gilt*

$$\dim_x X = s.$$

Wir zeigen nun, dass man Hyperflächen durch ihre Dimension charakterisieren kann.

Satz 2.47 *Es sei $(X, x) \subset (\mathbb{C}^n, x)$ ein irreduzibler analytischer Mengenkeim. Dann ist (X, x) genau dann eine Hyperfläche, wenn $\dim_x X = n-1$ gilt.*

Beweis. "$\Rightarrow$": Ist (X, x) eine Hyperfläche, so ist das Ideal $I(X)$ von (X, x) ein Hauptideal. Es sei $I(X) = (f)$, $f \in \mathcal{O}_{n,x}$. Da $\mathcal{O}_{n,x}$ ein Integritätsbereich ist, ist f kein Nullteiler von $\mathcal{O}_{n,x}$. Dann ist f aktiv und nach dem aktiven Lemma (Satz 2.46) gilt

$$\dim_x X = \dim \mathcal{O}_{n,x}/(f) = \dim \mathcal{O}_{n,x} - 1 = n-1.$$

"$\Leftarrow$": Es gelte umgekehrt $\dim_x X = n-1$. Es sei $f \in I(X)$, $f \neq 0$ und $f = f_1^{k_1} \cdots f_r^{k_r}$ die Zerlegung von f in irreduzible Faktoren. Da (X, x) irreduzibel ist, ist $I(X)$ ein Primideal. Deshalb gilt $f_j \in I(X)$ für ein j.

Wir zeigen nun, dass $I(X) = (f_j)$ gilt. Denn andernfalls gäbe es ein $g \in I(X) \setminus (f_j)$. Da f_j irreduzibel ist, ist die analytische Algebra

$$A = \mathcal{O}_{n,x}/(f_j)$$

ein Integritätsbereich. Daher wäre g ein Nicht-Nullteiler in A und daher aktiv. Nach dem aktiven Lemma würde dann gelten:

$$\dim A/Ag = \dim A - 1 = n - 2.$$

Wegen $f_j, g \in I(X)$ würde daraus aber $\dim_x X \leq n-2$ folgen, ein Widerspruch. □

Eine Verallgemeinerung von Hyperflächen sind die vollständigen Durchschnitte.

Definition Ein analytischer Mengenkeim (X, x) heißt ein *vollständiger Durchschnitt*, wenn $\mathcal{O}_{X,x}$ isomorph zu $\mathcal{O}_{n,0}/\mathcal{O}_{n,0}(f_1, \ldots, f_m)$ mit $n - m = \dim \mathcal{O}_{X,x}$ und $f_1, \ldots, f_m \in \mathfrak{m}_n$ ist.

Nach Satz 2.45 ist ein analytischer Mengenkeim (X, x) genau dann ein vollständiger Durchschnitt, wenn $I(X)$ von m Elementen eines Parametersystems in $\mathcal{O}_n$ erzeugt wird.

Neben dem Begriff des Parametersystems gibt es den Begriff der Primsequenz.

Definition Es sei A eine analytische Algebra. Ein m-Tupel $(f_1, \ldots, f_m)$ von Elementen $f_j \in \mathfrak{m}_A$ heißt eine *Primsequenz* (oder *A-Sequenz*), wenn f_1 ein Nichtnullteiler in A und für alle $j = 2, \ldots, m$ die Restklasse von f_j in $A/A(f_1, \ldots, f_{j-1})$ ein Nichtnullteiler ist. Die Zahl m bezeichnen wir als die *Länge* der Primsequenz.

Satz 2.48 *Ist A eine analytische Algebra und $(f_1, \ldots, f_m)$ eine Primsequenz von A, so gilt*

$$\dim A/A(f_1, \ldots, f_\mu) = \dim A - \mu$$

für $\mu = 1, 2, \ldots, m$.

Beweis. Es genügt, den Fall $\mu = 1$ zu behandeln. Nach Definition der Primsequenz ist f_1 ein Nichtnullteiler in A. Daher ist f_1 aktiv und nach Satz 2.46 gilt

$$\dim A/(f) = \dim A - 1,$$

was zu zeigen war. □

Aus Satz 2.48 folgt insbesondere, dass eine Primsequenz $(f_1, \ldots, f_m)$ in $\mathcal{O}_{n,0}$ einen vollständigen Durchschnitt $V(\mathcal{O}_{n,0}(f_1, \ldots, f_m))$ in $(\mathbb{C}^n, 0)$ definiert. Wir wollen nun zeigen, dass auch die Umkehrung gilt. Dazu benötigen wir einige Vorbereitungen.

Satz 2.49 *Ist $(f_1, \ldots, f_m)$ eine Primsequenz in A und π eine Permutation der Menge $\{1, \ldots, m\}$, so ist auch $(f_{\pi(1)}, \ldots, f_{\pi(m)})$ eine Primsequenz in A.*

Dieser Satz folgt aus dem folgenden Lemma.

Lemma 2.7 *Ist* (f_1, f_2) *eine Primsequenz in* A, *so auch* (f_2, f_1).

Beweis. Nach Voraussetzung ist f_2 kein Nullteiler in $A/(f_1)$. Wir zeigen, dass f_2 dann auch kein Nullteiler in A ist. Es sei nämlich $f_2 g = 0$ für ein $g \in A$. Da f_2 kein Nullteiler in $A/(f_1)$ ist, gibt es ein $g_1 \in A$ mit $g = f_1 g_1$. Aus $f_1(f_2 g_1) = f_2 g = 0$ folgt $f_2 g_1 = 0$, da f_1 kein Nullteiler von A ist. Nun lässt sich g_1 wieder schreiben als $g_1 = f_1 g_2$ mit $g_2 \in A$. Auf diese Weise erhält man sukzessiv Elemente $g_1, g_2, \ldots$ aus A mit $g_j = f_1 g_{j+1}$ und $f_2 g_j = 0$ für $j = 1, 2, \ldots$. Es folgt

$$g = f_1^j g_j \in \bigcap_{k=1}^{\infty} \mathfrak{m}_A^k = 0.$$

Wir zeigen nun, dass f_1 kein Nullteiler in $A/(f_2)$ ist. Es sei $g_1 \in A$ mit $f_1 g_1 \in (f_2)$. Dann gibt es also ein $g_2 \in A$ mit $f_1 g_1 = f_2 g_2$. Dann gilt auch $f_2 g_2 \in (f_1)$. Da nach Voraussetzung f_2 kein Nullteiler in $A/(f_1)$ ist, folgt $g_2 \in (f_1)$. Also gibt es ein $h \in A$ mit $g_2 = f_1 h$. Dann gilt $f_1(g_1 - f_2 h) = 0$. Da f_1 kein Nullteiler von A ist, folgt $g_1 = f_2 h$, also $g_1 \in (f_2)$. □

Wir führen nun noch einige algebraische Begriffe ein. Es sei R ein noetherscher lokaler Ring und $M \neq 0$ ein R-Modul. Für jede Teilmenge $N \subset M$ ist die Menge

$$\mathrm{Ann}(N) := \{r \in R \,|\, rx = 0 \text{ für alle } x \in N\}$$

ein Ideal in R. Man nennt $\mathrm{Ann}(N)$ das *Annulatorideal* von N. Ein Primideal $\mathfrak{p} \subset R$ heißt *assoziiert zu* M, wenn es ein $x \in M$ mit $\mathfrak{p} = \mathrm{Ann}(x)$ gibt. Da R noethersch ist, ist jedes maximale Element der Menge $\{\mathrm{Ann}(x) \,|\, x \in M\}$ ein Primideal und damit assoziiert zu M. Alle Elemente eines zu M assoziierten Primideals sind Nullteiler von M. Ist umgekehrt $r \in R$ ein Nullteiler von M, so ist r in einem zu M assoziierten Primideal enthalten.

Satz 2.50 *Ist* $(f_1, \ldots, f_m)$ *eine Primsequenz in* A, *so gilt*

$$m \leq \dim A/\mathfrak{p} \leq \dim A$$

für alle zu A *assoziierten Primideale* $\mathfrak{p}$.

Beweis. Wir setzen zur Abkürzung

$$M_\mu := A/A(f_1, \ldots, f_\mu), \quad \mu = 1, \ldots, m.$$

Es sei $\mathfrak{p}$ ein zu A assoziiertes Primideal. Wir konstruieren rekursiv eine Primidealkette

$$\mathfrak{p} = \mathfrak{p}_0 \subsetneqq \mathfrak{p}_1 \subsetneqq \cdots \subsetneqq \mathfrak{p}_m$$

in A, so dass $\mathfrak{p}_\mu$ ein zu M_μ assoziiertes Primideal von A ist. Angenommen, es seien $\mathfrak{p}_0, \ldots, \mathfrak{p}_\mu$, $0 \leq \mu < m$, bereits konstruiert. Wir zeigen, dass dann $\mathfrak{p}_\mu$ in einem zu $M_{\mu+1}$ assoziierten Primideal $\mathfrak{p}_{\mu+1}$ enthalten ist. Angenommen, dies ist nicht der Fall. Dann muss $\mathfrak{p}_\mu$ nach den Vorbemerkungen einen Nicht-Nullteiler f von $M_{\mu+1}$ enthalten. Dann ist $(f_1, \ldots, f_{\mu+1}, f)$ eine Primsequenz in A. Nach Satz 2.48 ist dann auch

$(f_1, \dots, f_\mu, f, f_{\mu+1})$ und damit auch $(f_1, \dots, f_\mu, f)$ eine Primsequenz in A. Das bedeutet, dass f ein Nicht-Nullteiler von M_μ ist. Dann kann aber f nicht in $\mathfrak{p}_\mu$ liegen und wir erhalten einen Widerspruch. Also gibt es ein zu $M_{\mu+1}$ assoziiertes Primideal $\mathfrak{p}_{\mu+1}$ mit $\mathfrak{p}_\mu \subset \mathfrak{p}_{\mu+1}$. Da $f_{\mu+1}$ kein Nullteiler von M_μ ist, gilt $f_{\mu+1} \notin \mathfrak{p}_\mu$. Da aber andererseits $f_{\mu+1}$ im Annulatorideal jedes Elementes von $M_{\mu+1}$ liegt, liegt $f_{\mu+1}$ in $\mathfrak{p}_{\mu+1}$. Also folgt $\mathfrak{p}_\mu \neq \mathfrak{p}_{\mu+1}$. Damit haben wir die Primidealkette konstruiert.

Für die Behauptung des Satzes reicht es nun zu zeigen, dass für je zwei Primideale $\mathfrak{p}', \mathfrak{p}''$ von A mit $\mathfrak{p}' \subsetneqq \mathfrak{p}''$ gilt:

$$\dim A/\mathfrak{p}' > \dim A/\mathfrak{p}''.$$

Dies folgt aber daraus, dass in dem Integritätsbereich $\bar{A} = A/\mathfrak{p}'$ jedes $\bar{f}$ mit $f \notin \mathfrak{p}'$ aktiv ist. Denn aus dem aktiven Lemma folgt dann

$$\dim A/\mathfrak{p}' = \dim \bar{A} > \dim \bar{A}/(\bar{f}) \geq \dim A/\mathfrak{p}''.$$

Damit ist Satz 2.50 bewiesen. □

Aus Satz 2.50 folgt, dass die Länge einer Primsequenz von A immer kleiner oder gleich der Dimension von A ist.

Definition Eine analytische Algebra A heißt ein *Cohen-Macaulay-Ring* (abgekürzt *CM-Ring*), wenn A eine Primsequenz der Länge $\dim A$ besitzt.

Beispiel 2.1 Die Algebra $\mathcal{O}_{n,0} = \mathbb{C}\{z_1, \dots, z_n\}$ der holomorphen Funktionskeime ist ein CM-Ring, da $(z_1, \dots, z_n)$ eine Primsequenz in $\mathcal{O}_{n,0}$ bildet. Es gilt nämlich

$$\mathcal{O}_{n,0}/\mathcal{O}_{n,0}(z_1, \dots, z_\mu) \cong \mathbb{C}\{z_{\mu+1}, \dots, z_n\}$$

für $\mu = 1, \dots, n$.

Aus Satz 2.50 folgt unmittelbar:

Korollar 2.8 *Ist A ein CM-Ring, so gilt* $\dim A = \dim A/\mathfrak{p}$ *für alle zu A assoziierten Primideale.*

Satz 2.51 *Es sei A ein CM-Ring und $f_1, \dots, f_m$ seien Elemente aus $\mathfrak{m}_A$, so dass* $\dim A/A(f_1, \dots, f_m) = \dim A - m$. *Dann ist $(f_1, \dots, f_m)$ eine Primsequenz und $A/A(f_1, \dots, f_m)$ ist ebenfalls ein CM-Ring.*

Beweis. Es genügt, den Fall $m = 1$ zu behandeln. Wir müssen dann zeigen, dass f_1 kein Nullteiler von A ist. Angenommen, f_1 ist ein Nullteiler von A. Dann gibt es ein zu A assoziiertes Primideal $\mathfrak{p}$ mit $f_1 \in \mathfrak{p}$. Aus Korollar 2.8 folgt dann

$$\dim A > \dim A/Af_1 \geq \dim A/\mathfrak{p} = \dim A,$$

ein Widerspruch. □

Korollar 2.9 *Jedes Parametersystem $(f_1, \dots, f_n)$ von $\mathcal{O}_{n,0}$ ist auch eine Primsequenz.*

Beweis. Nach dem obigen Beispiel ist $\mathcal{O}_{n,0}$ ein CM-Ring. Die Behauptung folgt damit aus Satz 2.51. □

Für spätere Anwendungen brauchen wir den folgenden Satz.

Satz 2.52 *Es sei A ein CM-Ring der Dimension n und $(f_1, \dots, f_n)$ eine Primsequenz. Es sei*

$$R = \mathbb{C}\{f_1, \dots, f_n\} \subset A$$

isomorph zu $\mathbb{C}\{y_1, \dots, y_n\}$. Dann ist A ein freier R-Modul.

Beweis. Wir beweisen den Satz durch Induktion nach n. Für $n = 0$ gilt $R = \mathbb{C}$ und A ist als $\mathbb{C}$-Vektorraum frei. Es sei nun $n > 0$.

Wir betrachten die analytische Algebra $\bar{A} = A/(f_n)$. Dann gilt $\dim \bar{A} = n - 1$ und $(\bar{f}_1, \dots, \bar{f}_{n-1})$ ist eine Primsequenz in $\bar{A}$. Also ist auch $\bar{A}$ ein CM-Ring. Es sei $\bar{R} = \mathbb{C}\{f_1, \dots, f_n\}/(f_n)$. Dann ist $\bar{R}$ isomorph zu $\mathbb{C}\{y_1, \dots, y_{n-1}\}$. Nach Induktionsannahme ist $\bar{A}$ ein freier $\bar{R}$-Modul. Es seien $e_1, \dots, e_q \in A$ so gewählt, dass ihre Restklassen $\bar{e}_1, \dots, \bar{e}_q$ in $\bar{A}$ eine $\bar{R}$-Basis von $\bar{A}$ bilden. Aus

$$A \subset \sum R \cdot e_j + A \cdot f_n \subset \sum R \cdot e_j + A\mathfrak{m}_R$$

folgt mit Hilfe des Lemmas von Nakayama

$$A \subset \sum R \cdot e_j.$$

Das bedeutet, dass $e_1, \dots, e_q$ den R-Modul A erzeugen. Wir zeigen, dass $e_1, \dots, e_q$ auch R-linear unabhängig sind. Es sei $\sum a_j e_j = 0$ für Elemente $a_j \in R$. Wir bezeichnen mit $\bar{a}_j$ die Restklasse von a_j in $\bar{R}$. Dann gilt auch $\sum \bar{a}_j \bar{e}_j = 0$. Da $\bar{e}_1, \dots, \bar{e}_q$ in $\bar{A}$ linear unabhängig über $\bar{R}$ sind, folgt $\bar{a}_j = 0$ für $j = 1, \dots, q$. Also gilt $a_j = f_n a_j^{(1)}$ mit $a_j^{(1)} \in R$. Damit folgt

$$f_n(\sum a_j^{(1)} e_j) = \sum a_j e_j = 0.$$

Da f_n nach Voraussetzung und Satz 2.49 kein Nullteiler von A ist, folgt

$$\sum a_j^{(1)} e_j = 0.$$

Auf diese Weise erhält man sukzessiv zu jedem $k = 1, 2, \dots$ ein $a_j^{(k)} \in R$ mit $a_j^{(k)} = f_n a_j^{(k+1)}$. Es folgt

$$a_j = f_n^k a_j^{(k)} \in \bigcap_{k=1}^{\infty} \mathfrak{m}_R^k = 0$$

für $j = 1, \dots, q$. Damit ist die Behauptung von Satz 2.52 gezeigt. □

2.11 Eliminationstheorie für analytische Mengen

Wir wollen nun zeigen, dass unter gewissen Umständen das Bild einer analytischen Menge unter einer eigentlichen holomorphen Abbildung wieder eine analytische Menge ist. Dass dies allgemein gilt, ist die Aussage des Remmert'schen Abbildungssatzes. Dies ist ein tief liegender Satz, der im Allgemeinen mit garbentheoretischen Methoden bewiesen wird. Wir betrachten hier einen Spezialfall, bei dem man Eliminationstheorie anwenden kann. Wir folgen [Mum76, Proposition (4.11)].

Ziel dieses Abschnitts ist der Beweis des folgenden Satzes.

Satz 2.53 *Es sei $p : \mathbb{C}^{n+k} \to \mathbb{C}^n$ eine lineare Projektion, $U \subset \mathbb{C}^{n+k}, V \subset \mathbb{C}^n$ offene Mengen mit $p(U) \subset V$ und $X \subset U$ eine echte analytische Teilmenge. Ist die Einschränkung $p|_X : X \to V$ eigentlich, so ist $p(X)$ eine analytische Teilmenge von V und $p|_X$ ist endlich (d.h. eigentlich mit endlichen Fasern).*

Beweis. a) Wir zeigen zunächst durch Induktion nach k, dass es reicht, die Behauptung für den Fall $k = 1$ zu zeigen.

Dazu faktorisieren wir $p : \mathbb{C}^{n+k} \to \mathbb{C}^n$ durch

$$\mathbb{C}^{n+k} \xrightarrow{p_1} \mathbb{C}^{n+k-1} \xrightarrow{p_2} \mathbb{C}^n$$

und setzen $U_1 = p_1(U) \subset \mathbb{C}^{n+k+1}$. Da $p|_X$ eigentlich ist, ist auch $p_1|_X : X \to U_1$ eigentlich. Aus der Behauptung für den Fall $k = 1$ folgt, dass $X_1 = p_1(X)$ eine analytische Teilmenge von U_1 und $p_1|_X$ endlich ist. Dann folgt aber auch, dass $p_2|_{X_1}$ eigentlich ist. Nach Induktionsannahme ist dann $p_2(X_1) = p(X)$ eine analytische Teilmenge von V und $p_2|_{X_1}$ endlich. Da die Hintereinanderschaltung von endlichen Abbildungen wieder endlich ist, ist auch $p|_X$ endlich.

b) Es sei also $k = 1$. Es sei $y \in V$. Nach geeigneter Wahl der Koordinaten können wir annehmen, dass $p : \mathbb{C}^{n+1} \to \mathbb{C}^n$ die durch $(z_1, \dots, z_{n+1}) \mapsto (z_1, \dots, z_n)$ gegebene Projektion ist. Wir zeigen nun, dass es reicht, die Behauptung für den Fall zu zeigen, dass das Urbild von y unter $p|_X$ aus genau einem Punkt besteht.

Da $p|_X$ eigentlich ist, ist $X \cap p^{-1}(y)$ eine kompakte echte analytische Teilmenge von $U \cap p^{-1}(y)$. Die Menge $U \cap p^{-1}(y)$ ist aber eine offene Teilmenge von $\{y\} \times \mathbb{C}$. Da nach Satz 2.24 die Kodimension von $X \cap p^{-1}(y)$ in $\{y\} \times \mathbb{C}$ größer oder gleich 1 ist, ist $X \cap p^{-1}(y)$ diskret. Da $X \cap p^{-1}(y)$ obendrein kompakt ist, besteht $X \cap p^{-1}(y)$ aus endlich vielen Punkten und $p|_X$ ist endlich. Es sei $X \cap p^{-1}(y) = \{(y, x_1), \dots, (y, x_k)\}$. Wir wählen paarweise disjunkte Umgebungen $U_1, \dots, U_k$ der Punkte $(y, x_1), \dots, (y, x_k)$ in $\mathbb{C}^{n+1}$. Es sei $W \subset V$ eine Umgebung von y, so dass

$$X \cap p^{-1}(W) \subset U_1 \cup \cdots \cup U_k.$$

Setzt man $X_j := X \cap p^{-1}(W) \cap U_j$, so ist $X \cap p^{-1}(W)$ die disjunkte Vereinigung der analytischen Teilmengen X_j von U_j und es gilt

$$p(X) \cap W = p(X_1) \cup \cdots \cup p(X_k).$$

Da die endliche Vereinigung von analytischen Teilmengen wieder analytisch ist (Satz 2.30), reicht es also zu zeigen, dass $p(X_j)$ eine analytische Teilmenge von W ist. Die Teilmenge X_j enthält aber nur einen Punkt von $p^{-1}(y)$.

c) Wir nehmen nun also zusätzlich an, dass $X \cap p^{-1}(y)$ nur aus einem Punkt besteht. Bei geeigneter Wahl der Koordinaten können wir außerdem annehmen, dass $y = 0$, $X \cap p^{-1}(y) = \{0\}$. Es seien $f_1, \dots, f_k \in \mathbb{C}\{z_1, \dots, z_{n+1}\}$ Erzeugende des Ideals $I(X)$ von $(X, 0)$. Nach Lemma 2.1 gibt es Koordinaten $z_1, \dots, z_{n+1}$ um 0, so dass f_1 z_{n+1}-regulär von der Ordnung d ist. Nach dem Weierstraß'schen Vorbereitungssatz können wir daher annehmen, dass f_1 die folgende Gestalt hat:

$$f_1(z) = z_{n+1}^d + a_1 z_{n+1}^{d-1} + \ldots + a_d,$$

wobei $a_j \in \mathbb{C}\{z_1, \ldots, z_n\}$, $a_j(0) = 0$. Nach dem Weierstraß'schen Divisionssatz können wir ferner annehmen, dass für $f_2, \ldots, f_k$ gilt:

$$\begin{array}{rcl} f_2(z) & = & b_{21} z_{n+1}^{d-1} + \ldots + b_{2d} \\ \vdots & \vdots & \vdots \\ f_k(z) & = & b_{k1} z_{n+1}^{d-1} + \ldots + b_{kd} \end{array}$$

mit $b_{jl} \in \mathbb{C}\{z_1, \ldots, z_n\}$. Wir definieren nun Polynome $f_j(z_1, \ldots, z_n)(z_{n+1}) \in \mathbb{C}[z_{n+1}]$ durch $f_j(z_1, \ldots, z_n)(z_{n+1}) = f_j(z_1, \ldots, z_{n+1})$. Wir betrachten die Polynome $f_1(z_1, \ldots, z_n)(z_{n+1})$ und $\sum_{j=2}^k t_j f_j(z_1, \ldots, z_n)(z_{n+1})$ für $(t_2, \ldots, t_k) \in \mathbb{C}^{k-1}$. Für ihre Resultante R gilt

$$R = \sum_{|\nu|=d} t^\nu R_\nu, \quad R_\nu \in \mathbb{C}\{z_1, \ldots, z_n\}.$$

Es sei nun $U_0 \subset U$ eine Umgebung von $0 \in \mathbb{C}^{n+1}$, so dass $f_1, \ldots, f_k$ auf U_0 definiert sind, dort die obige Darstellung haben und

$$X \cap U_0 = \{z \in U_0 \mid f_1(z) = \ldots = f_k(z) = 0\}$$

gilt. Es sei $V' \subset V$ eine Umgebung von $0 \in \mathbb{C}^n$, so dass alle a_j, b_{jl} und damit auch alle R_ν auf V' definiert sind und alle Wurzeln von $f_1(z_1, \ldots, z_n)(z_{n+1}) = 0$ in U_0 liegen, falls $(z_1, \ldots, z_n) \in V'$. Wir setzen $U' := U_0 \cap p^{-1}(V')$. Wir zeigen nun:

$$p(X \cap U') = \{(z_1, \ldots, z_n) \in V' \mid R_\nu(z_1, \ldots, z_n) = 0 \text{ für alle } \nu\}.$$

Es sei zunächst $(z_1, \ldots, z_n) \in p(X \cap U')$. Dann gibt es ein $z_{n+1} \in \mathbb{C}$ mit $(z_1, \ldots, z_{n+1}) \in X \cap U'$ und z_{n+1} ist eine gemeinsame Nullstelle von $f_1(z_1, \ldots, z_n)(z_{n+1})$ und

$$\sum_{j=2}^k t_j f_j(z_1, \ldots, z_n)(z_{n+1})$$

für alle $(t_2, \ldots, t_k) \in \mathbb{C}^{k-1}$. Aus Satz 1.23 folgt

$$\sum_{|\nu|=d} t^\nu R_\nu(z_1, \ldots, z_n) = 0$$

für alle $(t_2, \ldots, t_k) \in \mathbb{C}^{k-1}$ und damit $R_\nu(z_1, \ldots, z_n) = 0$ für alle ν.

Es sei umgekehrt $(z_1, \ldots, z_n) \in V'$ und $R_\nu(z_1, \ldots, z_n) = 0$ für alle ν. Dann müssen nach Satz 1.23 für alle $(t_2, \ldots, t_k) \in \mathbb{C}^{k-1}$ die beiden Polynome $f_1(z_1, \ldots, z_n)(z_{n+1})$ und $\sum_{j=2}^k t_j f_j(z_1, \ldots, z_n)(z_{n+1})$ eine gemeinsame Nullstelle besitzen. Es seien $\lambda_1, \ldots, \lambda_d$ die Nullstellen von $f_1(z_1, \ldots, z_n)(z_{n+1})$. Wir setzen

$$T_l := \left\{ (t_2, \ldots, t_k) \in \mathbb{C}^{k-1} \,\middle|\, \sum_{j=2}^k t_j f_j(z_1, \ldots, z_n)(\lambda_l) = 0 \right\}$$

für $l = 1, \ldots, d$. Dann ist jedes $(k-1)$-Tupel $(t_2, \ldots, t_k)$ in einem T_l enthalten. Es gilt also

$$T_1 \cup \cdots \cup T_d = \mathbb{C}^{k-1}.$$

Dies ist aber eine Vereinigung von Unterräumen des Vektorraums $\mathbb{C}^{k-1}$. Deswegen muss es ein l_0 mit $T_{l_0} = \mathbb{C}^{k-1}$ geben. Das bedeutet aber, dass λ_{l_0} eine Nullstelle von allen Polynomen $f_j(z_1, \ldots, z_n)(z_{n+1})$ ist. Also liegt $(z_1, \ldots, z_n)$ in $p(X \cap U')$.

Damit haben wir gezeigt, dass $p(X \cap U')$ eine analytische Teilmenge von V' ist. Aus a), b) und c) folgt damit die Behauptung von Satz 2.53. □

Wir beweisen nun noch einen Zusatz zu Satz 2.53. Die Definition eines irreduziblen analytischen Mengenkeims lässt sich wörtlich auch auf analytische Mengen übertragen:

Definition Es sei $U \subset \mathbb{C}^n$ eine offene Teilmenge. Eine analytische Teilmenge $X \subset U$ heißt *irreduzibel*, falls aus $X = X_1 \cup X_2$ für analytische Teilmengen $X_1, X_2 \subset U$ folgt: $X_1 = X$ oder $X_2 = X$. Andernfalls heißt X *reduzibel*.

Satz 2.54 *Wenn unter den Voraussetzungen von Satz 2.53 X irreduzibel ist, so ist auch $p(X)$ irreduzibel.*

Beweis. Es sei $p(X) = Y_1 \cup Y_2$, wobei Y_1 und Y_2 analytische Teilmengen von V sind. Wir setzen $X_1 = X \cap p^{-1}(Y_1)$, $X_2 = X \cap p^{-1}(Y_2)$. Dann sind X_1 und X_2 analytische Teilmengen von U und es gilt $X = X_1 \cup X_2$. Da X irreduzibel ist, folgt $X = X_1$ oder $X = X_2$. Also muss X in einer der beiden Teilmengen $p^{-1}(Y_1)$ oder $p^{-1}(Y_2)$ enthalten sein, also $X \subset p^{-1}(Y_1)$ oder $X \subset p^{-1}(Y_2)$. Daraus folgt $p(X) = Y_1$ oder $p(X) = Y_2$, was zu zeigen war. □

Kapitel 3

Isolierte Singularitäten holomorpher Funktionen

3.1 Differenzierbare Mannigfaltigkeiten

Für die Betrachtung von isolierten Singularitäten holomorpher Funktionen benötigen wir einige Grundlagen aus der Differentialtopologie, die in diesem und den nächsten drei Abschnitten behandelt werden. Wir beginnen mit der Definition einer differenzierbaren Mannigfaltigkeit.

Definition Es sei M eine n-dimensionale topologische Mannigfaltigkeit (siehe §1.1).

Ein Atlas einer Mannigfaltigkeit M heißt differenzierbar, wenn alle seine Kartenwechsel *differenzierbar* sind. (Dabei heißt differenzierbar: C^∞-differenzierbar.)

Zwei differenzierbare Atlanten $\mathfrak{A}$ und $\mathfrak{W}$ heißen *äquivalent*, genau dann, wenn $\mathfrak{A} \cup \mathfrak{W}$ auch ein differenzierbarer Atlas ist.

Eine *differenzierbare Struktur* auf M ist eine Äquivalenzklasse von differenzierbaren Atlanten auf M.

Eine *differenzierbare* Mannigfaltigkeit ist eine topologische Mannigfaltigkeit zusammen mit einer differenzierbaren Struktur.

Bemerkung 3.1 Jede differenzierbare Struktur enthält einen eindeutig bestimmten maximalen Atlas $\mathfrak{A}^*$: Ist $\mathfrak{A}$ ein beliebiger Atlas aus der entsprechenden Äquivalenzklasse, so ist

$$\mathfrak{A}^* := \left\{ \varphi : U \longrightarrow V \text{ Karte} \;\middle|\; \begin{array}{l} \text{Kartenwechsel von } \varphi \text{ mit allen Karten von } \mathfrak{A} \\ \text{ist differenzierbar} \end{array} \right\}$$

ein maximaler Atlas.

Vereinbarung Ist M eine differenzierbare Mannigfaltigkeit, so ist eine Karte von M immer eine Karte des maximalen Atlas der differenzierbaren Struktur.

Definition Es seien M, N differenzierbare Mannigfaltigkeiten. Eine stetige Abbildung $f : M \to N$ heißt *differenzierbar in* $a \in M$, genau dann, wenn für jede Karte $\varphi : U \to U'$,

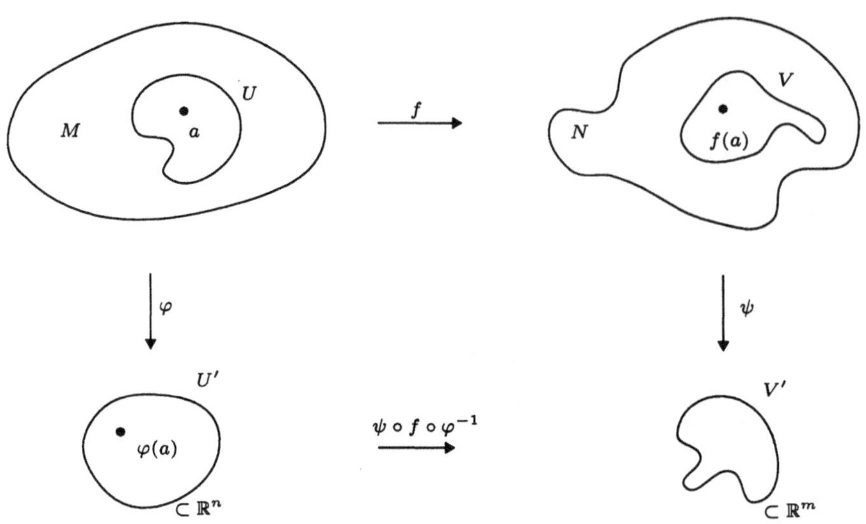

Bild 3.1: Zur Definition einer differenzierbaren Abbildung

$a \in U$, und $\psi : V \to V'$, $f(a) \in V$, von M bzw. N die Zusammensetzung $\psi \circ f \circ \varphi^{-1}$ in $\varphi(a) \in U'$ differenzierbar ist (vgl. Bild 3.1). (Definitionsbereich von $\psi \circ f \circ \varphi^{-1}$: $\varphi(f^{-1}(V) \cap U)$). Die Abbildung f heißt *differenzierbar*, wenn sie in jedem $a \in M$ differenzierbar ist.

Eine differenzierbare Abbildung $f : M \to N$ heißt ein *Diffeomorphismus*, genau dann, wenn sie umkehrbar ist und die Umkehrabbildung differenzierbar ist.

Bemerkung 3.2 Es sei M eine differenzierbare Mannigfaltigkeit, $\varphi : U \to U'$ eine Karte von M. Dann sind auch U und U' differenzierbare Mannigfaltigkeiten als offene Teilmengen von M und $\mathbb{R}^n$ und $\varphi : U \to U'$ ist ein Diffeomorphismus zwischen U und U'. Man bezeichnet eine Karte $\varphi : U \to U'$ um einen Punkt $a \in M$, $a \in U$, oft auch als lokales Koordinatensystem: Es seien $\varphi_1, \dots, \varphi_n$ die Komponentenfunktionen von φ. Dies sind differenzierbare Funktionen. Durch Translation in $\mathbb{R}^n$ kann man erreichen, dass $\varphi(a) = 0$. Nach Wahl von Koordinaten $x_1, \dots, x_n$ von $\mathbb{R}^n$ bezeichnen

$$x_1 = \varphi_1(x), \dots, x_n = \varphi_n(x)$$

die Koordinaten des Punktes $x \in U$. Der Punkt $a \in M$ hat dann die Koordinaten $(0, \dots, 0)$. Damit kann jeder Punkt aus U eindeutig durch Koordinaten beschrieben werden. Eine Funktion auf U ist genau dann differenzierbar, wenn sie als Funktion der Koordinaten im gewöhnlichen Sinne differenzierbar ist.

Wir wollen nun den Begriff des Tangentialraums einführen. Es sei M eine n-dimensionale differenzierbare Mannigfaltigkeit, a ein Punkt aus M.

Ein (*differenzierbarer*) *Weg durch* a ist eine differenzierbare Abbildung $\gamma : (-\varepsilon, \varepsilon) \to M$ mit $\varepsilon > 0$ und $\gamma(0) = a$. Auf der Menge aller Wege durch a erklären wir eine Äquivalenzrelation: $\gamma_1 \sim \gamma_2 :\Leftrightarrow$ es gibt eine Karte $\varphi : U \to U'$, $a \in U$, mit

$$\frac{d}{dt}\varphi \circ \gamma_1(0) = \frac{d}{dt}\varphi \circ \gamma_2(0).$$

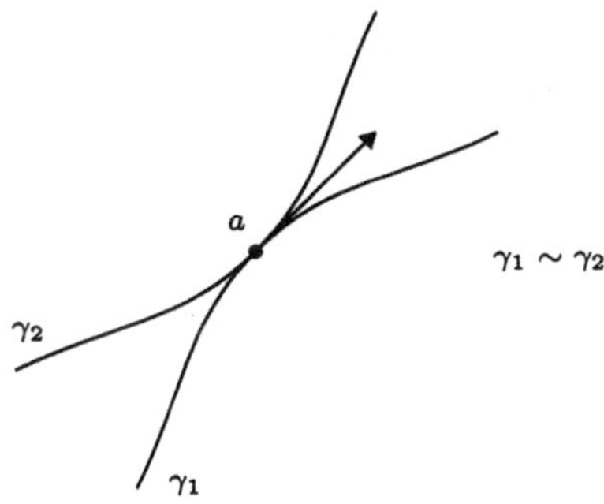

Bild 3.2: Tangentialvektor

(Gilt diese Gleichung für eine Karte, so gilt sie für jede Karte, da die Kartenwechsel differenzierbar sind.) Die Äquivalenzklasse eines Weges $\gamma : (-\varepsilon, \varepsilon) \to M$ mit $\gamma(0) = a$ bezeichnen wir mit $[\gamma]$ (vgl. Bild 3.2).

Definition Eine Äquivalenzklasse $[\gamma]$ heißt *Tangentialvektor an* M *in* a. Die Menge aller Tangentialvektoren heißt *Tangentialraum an* M *in* a, in Zeichen $T_a M$.

Wir leiten nun eine algebraische Beschreibung für den Tangentialraum an eine differenzierbare Mannigfaltigkeit ab.

Definition Es sei M eine differenzierbare Mannigfaltigkeit, $a \in M$. Den Keim einer differenzierbaren Funktion $f : U \to \mathbb{R}$, U offene Umgebung von a, in a bezeichnen wir mit $\bar{f}$. Es sei $\mathcal{E}_{M,a}$ die Menge aller Keime von differenzierbaren Funktionen $f : U \to \mathbb{R}$, U offene Umgebung von a, in a. Insbesondere setzen wir

$$\mathcal{E}_{n,0} := \mathcal{E}_{\mathbb{R}^n,0}.$$

Definition Es sei M eine differenzierbare Mannigfaltigkeit, $a \in M$. Eine *Derivation* von $\mathcal{E}_{M,a}$ ist ein $\mathbb{R}$-lineare Abbildung $\delta : \mathcal{E}_{M,a} \to \mathbb{R}$, die der Produktregel

$$\delta(\bar{f} \cdot \bar{g}) = \bar{f}(a)\delta(\bar{g}) + \bar{g}(a)\delta(\bar{f})$$

für alle $\bar{f}, \bar{g} \in \mathcal{E}_{M,a}$ genügt.

Mit $\operatorname{Der} \mathcal{E}_{M,a}$ bezeichnen wir die Menge aller Derivationen von $\mathcal{E}_{M,a}$. Diese bilden einen Vektorraum. Wir wollen zeigen

$$T_a M \cong \operatorname{Der} \mathcal{E}_{M,a}.$$

Wir betrachten zunächst die Derivationen von $\mathcal{E}_{n,0}$. Es seien $x_1, \ldots, x_n$ die Koordinaten von $\mathbb{R}^n$. Dann definieren wir Derivationen

$$\frac{\partial}{\partial x_j} : \mathcal{E}_{n,0} \longrightarrow \mathbb{R}$$

durch $\bar{f} \mapsto (\partial/\partial x_j) f(0)$ (partielle Ableitung nach der Koordinate x_j).

Lemma 3.1 *Es sei U eine offene Kugel um $0 \in \mathbb{R}^n$, $f : U \to \mathbb{R}$ eine differenzierbare Funktion. Dann lässt sich f in der Form*

$$f(x) = f(0) + \sum_{j=1}^{n} x_j \cdot f_j(x)$$

mit differenzierbaren Funktionen $f_j : U \to \mathbb{R}$, $j = 1, \dots, n$, schreiben.

Beweis. Es gilt

$$\begin{aligned} f(x) - f(0) &= \int_0^1 \frac{d}{dt} f(tx_1, \dots, tx_n) dt \\ &= \sum_{j=1}^{n} x_j \int_0^1 \frac{\partial}{\partial x_j} f(tx_1, \dots, tx_n) dt \end{aligned}$$

Mit $f_j(x) := \int_0^1 (\partial / \partial x_j) f(tx_1, \dots, tx_n) dt$ folgt die gewünschte Darstellung. □

Satz 3.1 *Die Derivationen $\partial / \partial x_j$, $j = 1, \dots, n$, bilden eine Basis des Vektorraums* Der $\mathcal{E}_{n,0}$.

Beweis. Wir setzen $V = \operatorname{Der} \mathcal{E}_{n,0}$.

Wir zeigen zunächst die lineare Unabhängigkeit der $\partial / \partial x_j$: Es sei

$$\sum_{j=1}^{n} a_j \frac{\partial}{\partial x_j} = 0, \quad a_j \in \mathbb{R}.$$

Dann folgt

$$a_k = \sum_{j=1}^{n} a_j \frac{\partial \bar{x}_k}{\partial x_j} = 0 \text{ für alle } k.$$

Es sei nun $\delta \in V$, $a_k := \delta(\bar{x}_k)$. Wir zeigen

$$\delta = \sum_{j=1}^{n} a_j \frac{\partial}{\partial x_j}.$$

Es sei $\bar{f} \in \mathcal{E}_{n,0}$ und $f : U \to \mathbb{R}$ ein Repräsentant von $\bar{f}$. Nach Lemma 3.1 lässt sich f als $f = f(0) + \sum_{j=1}^{n} x_j f_j$ mit $\bar{f}_j \in \mathcal{E}_{n,0}$ schreiben.

Dann gilt

$$\begin{aligned} \delta(\bar{f}) &= \delta(f(0)) + \sum_{j=1}^{n} \delta(\bar{x}_j) \cdot f_j(0) \\ &= \sum_{j=1}^{n} a_j \cdot f_j(0) \\ &= \sum_{j=1}^{n} a_j \frac{\partial \bar{f}}{\partial x_j}, \end{aligned}$$

was zu zeigen war. □

Es sei nun M wieder eine differenzierbare Mannigfaltigkeit, $a \in M$. Einem $[\gamma] \in T_aM$ können wir eine Derivation $\delta_\gamma : \mathcal{E}_{M,a} \to \mathbb{R}$ durch die Vorschrift

$$\delta_\gamma(\bar{f}) = \frac{d}{dt} f \circ \gamma(0)$$

zuordnen.

Satz 3.2 *Die Abbildung*

$$\begin{array}{ccc} T_aM & \longrightarrow & \operatorname{Der} \mathcal{E}_{M,a} \\ [\gamma] & \longmapsto & \delta_\gamma \end{array}$$

ist bijektiv.

Beweis. a) Die Abbildung ist injektiv: Es seien γ, γ' Wege durch $a \in M$ mit $\delta_\gamma = \delta_{\gamma'}$. Es sei $\varphi : U \to U' \subset \mathbb{R}^n$, $a \in U$, eine Karte und $\varphi_j : U \to \mathbb{R}$, $j = 1, \ldots, n$, die Komponentenfunktionen von φ. Wegen $\delta_\gamma = \delta_{\gamma'}$ gilt dann

$$\frac{d}{dt} \varphi_j \circ \gamma(0) = \frac{d}{dt} \varphi_j \circ \gamma'(0)$$

für alle $j = 1, \ldots, n$. Also folgt $\gamma \sim \gamma'$.

b) Die Abbildung ist auch surjektiv: Es sei $\delta \in \operatorname{Der} \mathcal{E}_{M,a}$. Nach Satz 3.1 schreibt sich δ in lokalen Koordinaten $x_1, \ldots, x_n$ um a als

$$\delta = \sum_{j=1}^{n} a_j \frac{\partial}{\partial x_j} \text{ mit } a_j \in \mathbb{R}.$$

Setze

$$\begin{array}{cccc} \gamma : & (-\varepsilon, \varepsilon) & \longrightarrow & M \\ & t & \longmapsto & (a_1 t, \ldots, a_n t) \end{array}$$

für $\varepsilon > 0$ klein genug. Dann rechnet man leicht nach, dass $\delta = \delta_\gamma$ gilt. □

Korollar 3.1 *T_aM ist ein reeller Vektorraum der Dimension n.*

Beweis. Dies folgt aus Satz 3.1 und Satz 3.2. □

Es seien M, N differenzierbare Mannigfaltigkeiten und $f : M \to N$ eine differenzierbare Abbildung. Ist $a \in M$, so induziert f einen Algebrahomomorphismus $f^* : \mathcal{E}_{N,f(a)} \to \mathcal{E}_{M,a}$.

Definition Die Abbildung

$$\begin{array}{cccc} T_af : & T_aM & \longrightarrow & T_{f(a)}N \\ & \delta & \longmapsto & \delta \circ f^* \end{array}$$

heißt die *Tangentialabbildung* (oder das *Differential*) von f in a.

Bemerkung 3.3 T_af ist eine lineare Abbildung.

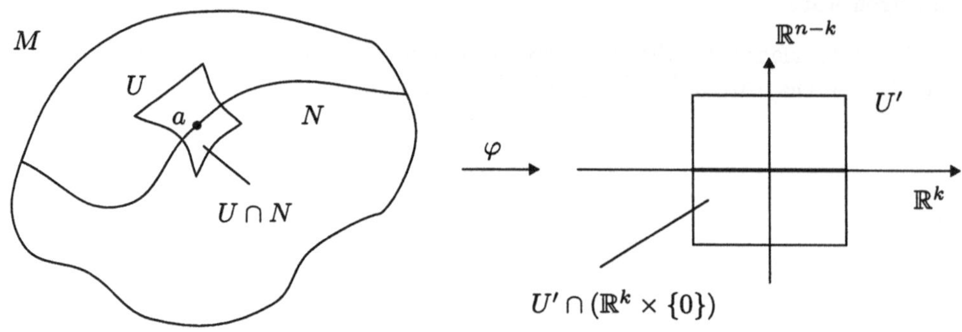

Bild 3.3: Karte einer Untermannigfaltigkeit

Wir definieren nun den Begriff der Untermannigfaltigkeit einer differenzierbaren Mannigfaltigkeit.

Definition Es sei M eine differenzierbare Mannigfaltigkeit der Dimension n. Weiter sei $0 \leq k \leq n$. Eine Teilmenge $N \subset M$ heißt *k-dimensionale differenzierbare Untermannigfaltigkeit* von M, wenn es zu jedem $a \in N$ eine Karte $\varphi : U \to U' \subset \mathbb{R}^n = \mathbb{R}^k \times \mathbb{R}^{n-k}$ mit $a \in U$ gibt, so dass

$$\varphi(U \cap N) = U' \cap (\mathbb{R}^k \times \{0\})$$

(vgl. Bild 3.3).

Die Zahl $n - k$ heißt *Kodimension* der Untermannigfaltigkeit N.

Eine differenzierbare Untermannigfaltigkeit N ist selbst wieder eine differenzierbare Mannigfaltigkeit: Aus einer Karte φ wie in der Definition erhält man eine Karte $\varphi' = \varphi|_{U \cap N} : U \cap N \to U' \cap \mathbb{R}^k$, wobei wir $\mathbb{R}^k$ mit $\mathbb{R}^k \times \{0\} \subset \mathbb{R}^n$ identifizieren, und die Menge aller dieser Karten bildet einen differenzierbaren Atlas. Der Tangentialraum an N in einem Punkt $a \in N$ ist in natürlicher Weise ein Unterraum von T_aM.

3.2 Tangentialbündel und Vektorfelder

Sind M_1 und M_2 differenzierbare Mannigfaltigkeiten der Dimension n_1 bzw. n_2, so kann das kartesische Produkt $M_1 \times M_2$ in natürlicher Weise mit der Struktur einer $(n_1 + n_2)$-dimensionalen differenzierbaren Mannigfaltigkeit versehen werden: Sind $\varphi_\nu : U_\nu \to U'_\nu$ Karten von M_ν, $\nu = 1, 2$, so ist

$$\varphi_1 \times \varphi_2 : U_1 \times U_2 \longrightarrow U'_1 \times U'_2 \subset \mathbb{R}^{n_1} \times \mathbb{R}^{n_2} = \mathbb{R}^{n_1+n_2}$$

eine Karte von $M_1 \times M_2$, und der Atlas mit all diesen Karten definiert die differenzierbare Struktur von $M_1 \times M_2$. Die kanonischen Projektionen

$$\mathrm{pr}_1 : M_1 \times M_2 \longrightarrow M_1, \quad \mathrm{pr}_2 : M_1 \times M_2 \longrightarrow M_2$$

sind dann differenzierbare Abbildungen.

Eine Verallgemeinerung des kartesischen Produktes von zwei differenzierbaren Mannigfaltigkeiten ist der Begriff des (lokal-trivialen) differenzierbaren Faserbündels.

Definition Ein (*lokal-triviales*) *differenzierbares Faserbündel* ist ein Quadrupel (E, π, B, F), wobei E, B, F differenzierbare Mannigfaltigkeiten sind und $\pi : E \to B$ eine surjektive differenzierbare Abbildung ist, so dass gilt:
Axiom der lokalen Trivialität: Jeder Punkt $b \in B$ besitzt eine Umgebung U, für die ein Diffeomorphismus

$$\psi : \pi^{-1}(U) \longrightarrow U \times F$$

existiert, so dass das folgende Diagramm kommutiert:

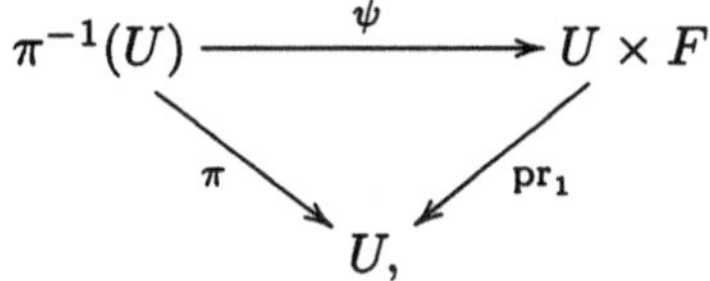

wobei pr_1 die Projektion auf die erste Komponente ist.

Notation (E, π, B, F) heißt differenzierbares Faserbündel *über B mit Faser F*, E heißt *Totalraum*, π *Projektion*, B *Basis* und F *Faser* des Bündels.

Beispiel 3.1 Sind M_1, M_2 differenzierbare Mannigfaltigkeiten, so ist $(M_1 \times M_2, \mathrm{pr}_1, M_1, M_2)$ ein differenzierbares Faserbündel. Ein solches Bündel nennt man *trivial*. Ein differenzierbares Faserbündel (E, π, B, F) ist also trivial, wenn man bei dem Axiom der lokalen Trivialität als Umgebung ganz B nehmen kann.

Definition Man nennt $\psi : \pi^{-1}(U) \to U \times F$ im Axiom der lokalen Trivialität auch *„Bündelkarte"*.

Eine spezielle Klasse von differenzierbaren Faserbündeln sind die Vektorbündel.

Definition Ein (n-dimensionales differenzierbares) *Vektorbündel* ist ein differenzierbares Faserbündel (E, π, B, F), wobei $F = \mathbb{R}^n$, jede Faser $E_b = \pi^{-1}(b)$ mit der Struktur eines n-dimensionalen reellen Vektorraums versehen ist und für jede Bündelkarte $\psi : \pi^{-1}(U) \to U \times \mathbb{R}^n$ gilt: Für alle $b \in U$ ist

$$\psi_b := \psi|_{E_b} : E_b \longrightarrow \{b\} \times \mathbb{R}^n$$

ein Vektorraum-Isomorphismus.

Beispiel 3.2 (Tangentialbündel) Es sei M eine n-dimensionale Mannigfaltigkeit. Wir setzen

$$TM := \bigcup_{a \in M} T_a M$$

$$\text{und } \pi : TM \longrightarrow M$$

sei die kanonische Projektion ($\pi(v) = a$ für $v \in T_aM$). Dann ist $(TM, \pi, M, \mathbb{R}^n)$ ein n-dimensionales Vektorbündel:

Es sei $\{\varphi_\alpha : U_\alpha \to U'_\alpha\}$ ein Atlas von M. Zu einer Karte $\varphi_\alpha : U_\alpha \to U'_\alpha$ erhält man eine Bündelkarte

$$\psi_\alpha : \pi^{-1}(U_\alpha) \longrightarrow U_\alpha \times \mathbb{R}^n$$

wie folgt: Es sei $p \in U_\alpha$ und $v \in T_pM \subset \pi^{-1}(U_\alpha)$. Dann gilt $T_p\varphi_\alpha(v) \in T_{\varphi_\alpha(p)}\mathbb{R}^n$. Sind $x_1, \ldots, x_n$ Koordinaten von $\mathbb{R}^n$, so gilt nach Satz 3.3:

$$T_p\varphi_\alpha(v) = \sum_{j=1}^n a_j \left.\frac{\partial}{\partial x_j}\right|_{\varphi_\alpha(p)}.$$

Wir definieren:

$$\psi_\alpha(v) := (p, a_1, \ldots, a_n) \in U_\alpha \times \mathbb{R}^n.$$

Die Abbildung ψ_α ist bijektiv, das Diagramm

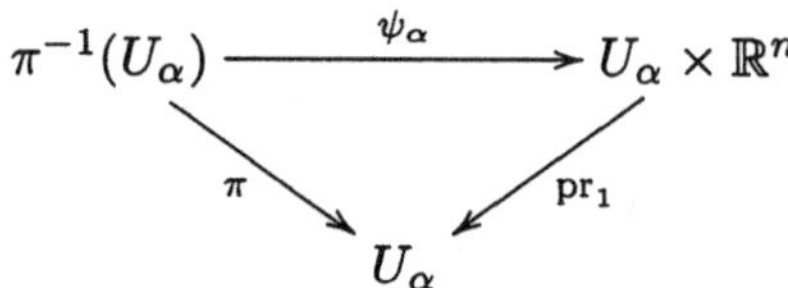

kommutiert und

$$\psi_{\alpha,b} := \psi_\alpha|_{T_bM} : T_bM \longrightarrow \{b\} \times \mathbb{R}^n$$

ist ein $\mathbb{R}$-linearer Isomorphismus.

Der Totalraum TM ist bisher nur als Menge definiert. Wir müssen TM mit der Struktur einer differenzierbaren Mannigfaltigkeit versehen. Dazu definieren wir zunächst eine Topologie auf TM.

Wir nennen eine Teilmenge $U \subset TM$ *offen*, dann und nur dann, wenn $\psi_\alpha(U \cap \pi^{-1}(U_\alpha))$ offen in $U_\alpha \times \mathbb{R}^n$ ist für alle α.

Um zu zeigen, dass dies wohl definiert ist, betrachten wir eine andere Karte $\varphi_\beta : U_\beta \to U'_\beta$ mit $p \in U_\beta$. Es sei $q \in U_\beta$ und $\varphi_\beta(q) = (y_1, \ldots, y_n)$. Die Abbildung $\psi_\beta : \pi^{-1}(U_\beta) \to U_\beta \times \mathbb{R}^n$ ist definiert durch $\psi_\beta(w) := (q, b_1, \ldots, b_n)$ wobei $w \in T_qM$ und

$$T_q\varphi_\beta(w) = \sum_{j=1}^n b_j \left.\frac{\partial}{\partial y_j}\right|_{\varphi_\beta(q)}.$$

Dann gilt für einen Funktionskeim $\bar{g} \in \mathcal{E}_{M,p}$

$$\begin{aligned}
\left.\frac{\partial}{\partial y_k}\right|_{\varphi_\beta(p)} (\overline{g \circ \varphi_\beta^{-1}}) &= \left.\frac{\partial}{\partial y_k}\right|_{\varphi_\beta(p)} (\overline{g \circ \varphi_\alpha^{-1} \circ \varphi_\alpha \circ \varphi_\beta^{-1}}) \\
&= \sum_{j=1}^n \left.\frac{\partial}{\partial x_j}\right|_{\varphi_\alpha(p)} (\overline{g \circ \varphi_\alpha^{-1}}) \frac{\partial(\varphi_\alpha \circ \varphi_\beta^{-1})_j}{\partial y_k}(\varphi_\beta(p)) \\
&= \sum_{j=1}^n \left.\frac{\partial}{\partial x_j}\right|_{\varphi_\alpha(p)} (\overline{g \circ \varphi_\alpha^{-1}}) c_{jk}(p),
\end{aligned}$$

wobei

$$c_{jk}(p) = \frac{\partial(\varphi_\alpha \circ \varphi_\beta^{-1})_j}{\partial y_k}(\varphi_\beta(p)), \quad \varphi_\alpha \circ \varphi_\beta^{-1} = ((\varphi_\alpha \circ \varphi_\beta^{-1})_1, \ldots, (\varphi_\alpha \circ \varphi_\beta^{-1})_n).$$

Also gilt

$$\frac{\partial}{\partial y_k} = \sum_{j=1}^{n} c_{jk} \frac{\partial}{\partial x_j}.$$

Daher wird die Abbildung

$$\psi_\alpha \circ \psi_\beta^{-1} : (U_\alpha \cap U_\beta) \times \mathbb{R}^n \longrightarrow (U_\alpha \cap U_\beta) \times \mathbb{R}^n$$

wie folgt beschrieben:

$$(\psi_\alpha \circ \psi_\beta^{-1})((p, b_1, \ldots, b_n)) = (p, \sum_{k=1}^{n} c_{1k} b_k, \ldots, \sum_{k=1}^{n} c_{nk} b_k)$$

für alle $p \in U_\alpha \cap U_\beta$. Daraus folgt, dass diese Abbildung ein Diffeomorphismus ist.

Insbesondere sind in der obigen Topologie die Mengen $\pi^{-1}(U_\alpha)$ offen und die Abbildungen

$$(\varphi_\alpha \times \mathrm{id}) \circ \psi_\alpha : \pi^{-1}(U_\alpha) \longrightarrow U'_\alpha \times \mathbb{R}^n \subset \mathbb{R}^{2n}$$

sind Karten eines differenzierbaren Atlas. Dadurch wird auf TM eine differenzierbare Struktur so erklärt, dass die Projektion π und die Bündelkarten ψ_α differenzierbar sind. Damit ist $(TM, \pi, M, \mathbb{R}^n)$ ein n-dimensionales differenzierbares Vektorbündel. Dieses Vektorbündel nennt man das *Tangentialbündel* von M.

Definition Es seien M, N differenzierbare Mannigfaltigkeiten und $f : M \to N$ eine differenzierbare Abbildung. Es sei

$$Tf : TM \longrightarrow TN$$

definiert durch die Tangentialabbildungen

$$T_p f : T_p M \longrightarrow T_{f(p)} N$$

für $p \in M$. Dies ist eine differenzierbare Abbildung. Sie wird die *Tangentialabbildung* (oder das *Differential*) von f genannt.

Bemerkung 3.4 Tf ist eine *lineare Abbildung von Vektorbündeln über* f, d.h. eine differenzierbare Abbildung $Tf : TM \to TN$, so dass das Diagramm

$$\begin{array}{ccc} TM & \xrightarrow{Tf} & TN \\ \pi \downarrow & & \downarrow \pi \\ M & \xrightarrow[f]{} & N \end{array}$$

kommutiert und jede Faser $T_p M$ linear in $T_{f(p)} N$ abgebildet wird.

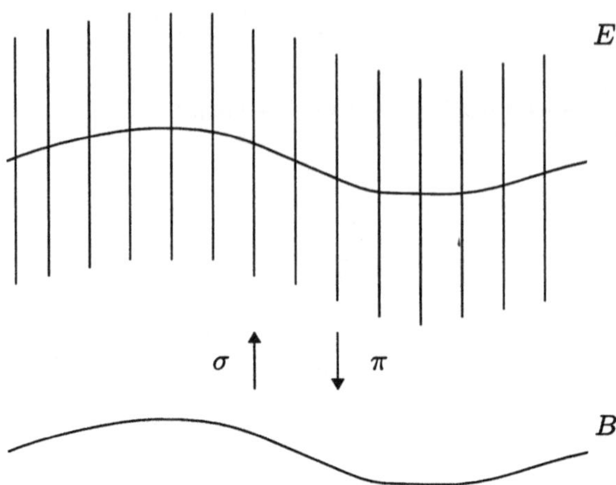

Bild 3.4: Schnitt eines differenzierbaren Faserbündels

Definition Ein *Schnitt* eines differenzierbaren Faserbündels (E, π, B, F) ist eine differenzierbare Abbildung $\sigma : B \to E$ mit $\pi \circ \sigma = \mathrm{id}_B$, d.h. $\sigma(b) \in E_b$ für alle $b \in B$ (vgl. Bild 3.4).

Beispiel 3.3 Jedes Vektorbündel hat zum Beispiel den *Nullschnitt*

$$\begin{aligned} \sigma_0 : \; B &\longrightarrow E \\ b &\longmapsto 0 \in E_b \end{aligned}$$

Definition Es sei M eine differenzierbare Mannigfaltigkeit. Ein (differenzierbares) *Vektorfeld* auf M ist ein Schnitt

$$X : M \longrightarrow TM$$

des Tangentialbündels.

Es sei im Folgenden M eine n-dimensionale differenzierbare Mannigfaltigkeit.

Definition Eine *einparametrige Gruppe von Diffeomorphismen* von M ist eine differenzierbare Abbildung

$$g : \mathbb{R} \times M \longrightarrow M$$

mit den Eigenschaften

(i) für jedes $t \in \mathbb{R}$ ist die Abbildung $g_t : M \to M$, $a \mapsto g(t, a)$, ein Diffeomorphismus von M auf sich selbst,

(ii) für alle $t, s \in \mathbb{R}$ gilt $g_{t+s} = g_t \circ g_s$.

Bemerkung 3.5 Aus (ii) folgt, dass $g_0 = \mathrm{id}$ (wie?).

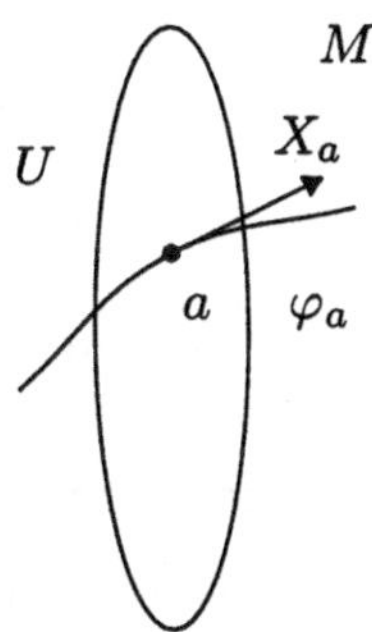

Bild 3.5: Tangentialvektor an eine Phasenkurve

Definition Es sei $U \subset M$ offen, $\varepsilon > 0$, $I = (-\varepsilon, \varepsilon) \subset \mathbb{R}$. Eine *lokale einparametrige Gruppe von Diffeomorphismen* von U nach M ist eine differenzierbare Abbildung

$$g : I \times U \longrightarrow M$$

mit den Eigenschaften

(i) für jedes $t \in I$ ist $g_t : U \to M$, $a \mapsto g(t,a)$, ein Diffeomorphismus von U auf eine offene Teilmenge von M,

(ii) für alle $s, t \in I$ mit $s + t \in I$ und alle $a \in U$ mit $g_t(a) \in U$ gilt $g_{s+t}(a) = g_s \circ g_t(a)$,

(iii) $g_0 = \mathrm{id}$.

Es sei $g : I \times U \to M$ eine lokale einparametrige Gruppe von Diffeomorphismen. Dann definieren wir ein Vektorfeld X auf U wie folgt: Für $a \in U$ und $\bar{f} \in \mathcal{E}_{U,a}$ setzen wir

$$X_a(\bar{f}) = \left.\frac{d}{dt}\right|_{t=0} f \circ g_t(a).$$

Wir sagen: X wird durch die Gruppe g *induziert.*

Für $a \in U$ ist

$$\begin{array}{rccc} \varphi_a : & I & \longrightarrow & M \\ & t & \longmapsto & g_t(a) \end{array}$$

ein differenzierbarer Weg in M. Diesen Weg nennt man die *Phasenkurve* von g durch a (vgl. Bild 3.5). Der Vektor $X_a \in T_aM$ ist dann gerade der Tangentialvektor im Punkt a an die Phasenkurve φ_a von g durch a.

Satz 3.3 *Es sei X ein Vektorfeld auf M und $a \in M$. Dann gibt es eine offene Umgebung U von a, ein Intervall $I = (-\varepsilon, \varepsilon)$, $\varepsilon > 0$, und eine eindeutig bestimmte lokale einparametrige Gruppe von Diffeomorphismen von U nach M, die X auf U induziert.*

Beweis. Da es sich um eine lokale Aussage handelt, können wir annehmen, dass M eine offene Teilmenge des $\mathbb{R}^n$ ist. Es seien $x_1, \ldots, x_n$ die Koordinaten des $\mathbb{R}^n$.

Das Vektorfeld X können wir nach Satz 3.1 schreiben als

$$X_a = \sum_{j=1}^{n} f_j(a) \left.\frac{\partial}{\partial x_j}\right|_a \quad \text{für } a \in M,$$

wobei die $f_j : M \to \mathbb{R}$ differenzierbare Funktionen sind. Wir setzen

$$f = (f_1, \dots, f_n) : M \longrightarrow \mathbb{R}^n.$$

Wird nun X durch eine lokale einparametrige Gruppe $g : I \times U \to M$ von Diffeomorphismen induziert und ist φ die Phasenkurve von g durch a, so gilt

$$\begin{aligned} \varphi'(t) &= f(\varphi(t)) \text{ für alle } t \in I, \\ \varphi(0) &= a. \end{aligned}$$

Also ist $\varphi : I \to M$ eine Lösung der Differentialgleichung

$$y' = f(y)$$

zum Anfangswert $\varphi(0) = a$.

Nach dem Satz von Picard-Lindelöf gibt es zu jedem $x \in M$ ein $\delta > 0$ und eine Lösung $\varphi : (-\delta, \delta) \to M$ der Differentialgleichung $y' = f(y)$ mit $\varphi(0) = x$. Es gibt also eine Umgebung U_0 von a und ein $\delta > 0$, so dass mit $I_0 = (-\delta, \delta)$ eine Abbildung

$$g : I_0 \times U_0 \longrightarrow M$$

existiert, so dass

$$\begin{aligned} \frac{\partial}{\partial t} g(t,x) &= f(g(t,x)), \\ g(0,x) &= x. \end{aligned}$$

Die Abbildung g ist differenzierbar. Das ist die Aussage des Satzes von der differenzierbaren Abhängigkeit der Lösung einer Differentialgleichung vom Anfangswert, der in jedem Lehrbuch über Differentialgleichungen zu finden ist (siehe z.B. [Arn91]).

Wir setzen wieder $g_t(x) := g(t,x)$. Wähle $I = (-\varepsilon, \varepsilon)$, $\varepsilon > 0$, und eine Umgebung U von a, so dass

$$s + t \in I_0, \; g_{s+t}(U) \subset U_0 \text{ für alle } s, t \in I.$$

Wir zeigen, dass $g : I \times U \to M$ eine lokale einparametrige Gruppe von Diffeomorphismen ist. Dazu sei $x \in U$ und $s \in I$ fest. Wir setzen $\varphi : I \to M$, $t \mapsto g_{t+s}(x)$, $\psi : I \to M$, $t \mapsto g_t \circ g_s(x)$. Dann sind φ und ψ beides Lösungen der Differentialgleichung $y' = f(y)$ zum Anfangswert $\varphi(0) = \psi(0) = g_s(x)$. Nach dem Eindeutigkeitssatz von Picard-Lindelöf stimmen φ und ψ überein. Da dies für alle $x \in U$ gilt, folgt

$$g_{t+s} = g_t \circ g_s \text{ für alle } s, t \in I.$$

Insbesondere gilt $g_t \circ g_{-t} = g_0 = \text{id}$ für jedes $t \in I$, so dass jede Abbildung g_t ein Diffeomorphismus ist.

Nach Konstruktion wird X durch die Gruppe g induziert. Aufgrund des Eindeutigkeitssatzes ist $g : I \times U \to M$ eindeutig bestimmt. □

Bemerkung 3.6 Die Konstruktion von Vektorfeldern auf einer differenzierbaren Mannigfaltigkeit M und die Anwendung von Satz 3.3 ist eine wesentliche Methode der Differentialtopologie zur Konstruktion von Diffeomorphismen. In §3.7 werden wir eine Anwendung von Satz 3.3 sehen.

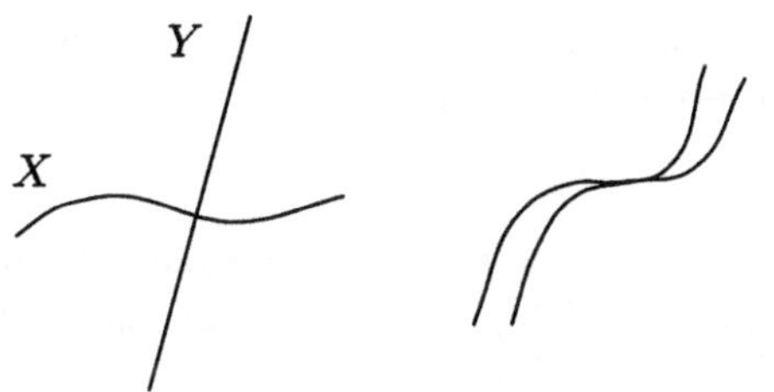

Bild 3.6: transversal – nicht transversal

3.3 Transversalität

In diesem Abschnitt soll der Begriff der Transversalität eingeführt werden.

Es seien M, N differenzierbare Mannigfaltigkeiten und $f : M \to N$ eine differenzierbare Abbildung.

Definition Der *Rang* von $f : M \to N$ in $a \in M$ ist die Zahl

$$\operatorname{rg}_a f := \operatorname{rg} T_a f.$$

Satz 3.4 (Rangsatz) *Es sei $f : M \to N$ eine differenzierbare Abbildung,* $\dim M = m$, $\dim N = n$, *und* $\operatorname{rg}_a f = r$ *für alle* $a \in M$. *Dann gibt es für alle* $a \in M$ *eine Karte* $\varphi : U \to U' \subset \mathbb{R}^m$ *um* a *und eine Karte* $\psi : V \to V' \subset \mathbb{R}^n$ *um* $f(a)$, *so dass die Abbildung* $\psi \circ f \circ \varphi^{-1} : U' \to V'$ *durch*

$$(x_1, \ldots, x_m) \longmapsto (x_1, \ldots, x_r, 0, \ldots, 0)$$

gegeben wird.

Beweis. Wir dürfen annehmen, dass $M \subset \mathbb{R}^m$, $N \subset \mathbb{R}^n$ offen. Der Beweis ist dann identisch mit dem Beweis des Rangsatzes für holomorphe Abbildungen, vgl. Satz 2.34. □

Es seien M, X, Y differenzierbare Mannigfaltigkeiten.

Definition Es seien $f : X \to M$, $g : Y \to M$ differenzierbare Abbildungen, $x \in X$, $y \in Y$ mit $f(x) = g(y) = a \in M$. Dann heißen f und g *transversal in* x und y, falls

$$T_x f(T_x X) + T_y g(T_y Y) = T_a M.$$

(Man beachte, dass die Summe nicht direkt zu sein braucht!) Die Abbildungen f und g heißen *transversal* zueinander, falls f und g transversal in allen $x \in X$, $y \in Y$ mit $f(x) = f(y)$ sind.

Sind X, Y Untermannigfaltigkeiten von M, so sagt man, X und Y *schneiden sich transversal*, wenn die natürlichen Inklusionen $i : X \to M$ und $j : Y \to M$ transversal zueinander sind (vgl. Bild 3.6).

Definition Eine differenzierbare Abbildung $f : X \to M$ heißt *Einbettung*, wenn $f(X) \subset M$ eine differenzierbare Untermannigfaltigkeit und $f : X \to f(X)$ ein Diffeomorphismus ist.

Satz 3.5 *Sind $f : X \to M$ und $g : Y \to M$ transversal zueinander und ist g eine Einbettung, dann ist $f^{-1}(f(X) \cap g(Y))$ eine differenzierbare Untermannigfaltigkeit von X der Dimension* $\dim X + \dim Y - \dim M$.

Beweis. Dies folgt aus dem Rangsatz. Übungsaufgabe (vgl. [BJ73, (5.12)]). □

Definition Es seien M, N differenzierbare Mannigfaltigkeiten. Eine differenzierbare Abbildung $f : M \to N$ heißt *Immersion* (bzw. *Submersion*), wenn

$$\operatorname{rg}_a f = \dim M \quad (\text{bzw. } \operatorname{rg}_a f = \dim N)$$

für alle $a \in M$ gilt.

Satz 3.6 *Es seien M, N differenzierbare Mannigfaltigkeiten und $f : M \to N$ eine Immersion. Dann existiert zu jedem $a \in M$ eine offene Umgebung U von a in M, so dass gilt:*

(i) *$f|_U : U \to f(U)$ ist ein Homöomorphismus, wobei $f(U)$ mit der induzierten Topologie von N versehen ist.*

(ii) *$f(U)$ ist eine Untermannigfaltigkeit von N.*

Beweis. Dies folgt ebenfalls aus dem Rangsatz (Satz 3.4). □

Definition Es seien M, N differenzierbare Mannigfaltigkeiten und $f : M \to N$ eine differenzierbare Abbildung. Ein Punkt $a \in M$ heißt *kritischer Punkt* von f, wenn das Differential $T_a f$ nicht surjektiv ist. Ein Punkt $b \in N$ heißt *kritischer Wert* von f, wenn $f^{-1}(b) = \emptyset$ oder $b = f(a)$ für einen kritischen Punkt $a \in M$ ist.

In §3.8 werden wir den folgenden grundlegenden Satz benötigen.

Satz 3.7 (Satz von Sard) *Es seien M, N differenzierbare Mannigfaltigkeiten und $f : M \to N$ eine differenzierbare Abbildung. Dann ist die Menge der kritischen Werte D von f eine Lebesgue-Nullmenge in N (:$\Leftrightarrow$ für jede Karte $\varphi : U \to U' \subset \mathbb{R}^n$ von N ist $\varphi(D \cap U)$ eine Lebesgue-Nullmenge in $\mathbb{R}^n$).*

Zum Beweis verweisen wir auf Bröcker-Jänich [BJ73, §6].

3.4 Liegruppen

Wir führen nun Liegruppen ein und stellen einige Tatsachen zusammen, die wir in §3.9 brauchen werden.

Definition Eine *Liegruppe* ist eine Menge G mit folgenden Eigenschaften:

(i) G ist eine Gruppe.

(ii) G ist eine differenzierbare Mannigfaltigkeit.

(iii) Die Abbildung $G \times G \to G$, $(a, b) \mapsto ab^{-1}$, ist differenzierbar.

Beispiel 3.4 a) Der $\mathbb{R}^n$ mit der Addition ist eine Liegruppe.

b) Die Gruppe $\mathrm{GL}(n, \mathbb{R})$ der invertierbaren $n \times n$-Matrizen mit reellen Einträgen und der Matrizenmultiplikation ist eine Liegruppe. Da der Vektorraum $M(n \times n, \mathbb{R})$ aller $n \times n$-Matrizen mit reellen Einträgen isomorph zum $\mathbb{R}^{n^2}$ ist, kann

$$\mathrm{GL}(n, \mathbb{R}) = \{A \in M(n \times n, \mathbb{R}) \mid \det A \neq 0\}$$

als offene Teilmenge des $\mathbb{R}^{n^2}$ aufgefasst werden. Damit ist $\mathrm{GL}(n, \mathbb{R})$ eine Untermannigfaltigkeit des $\mathbb{R}^{n^2}$. Es ist klar, dass die Matrizenmultiplikation eine differenzierbare Abbildung ist. Ebenso ist $\mathrm{GL}(n, \mathbb{C})$, die Gruppe der invertierbaren $n \times n$-Matrizen mit komplexen Einträgen, eine Liegruppe. Hierbei fassen wir $\mathrm{GL}(n, \mathbb{C})$ als Untermannigfaltigkeit von $\mathbb{R}^{n^2} \oplus \mathbb{R}^{n^2}$ auf.

Es sei G eine Liegruppe mit neutralem Element $e \in G$. Wir betrachten den Tangentialraum T_eG an G in e. Es sei $v \in T_eG$. Wir definieren mit Hilfe von v und der Gruppenstruktur von G ein Vektorfeld auf G. Zu $a \in G$ betrachten wir die Linkstranslation $l_a : G \to G$, die durch $l_a(g) = ag$ definiert ist. Nach der Definition einer Liegruppe ist l_a ein Diffeomorphismus. Wir definieren

$$X_a^v := T_e l_a(v).$$

Dann ist $X^v : G \to TG$, $a \mapsto X_a^v$, ein Vektorfeld auf G. Es gilt

$$T_b l_a(X_b^v) = T_b l_a T_e l_b(v) = T_e l_{ab}(v) = X_{ab}^v$$

für alle $a, b \in G$. Das bedeutet, dass das Vektorfeld X^v linksinvariant ist.

Definition Ein Vektorfeld X auf G heißt *linksinvariant*, wenn $(Tl_a)(X) = X$ für alle $a \in G$ gilt.

Ist $h : \mathbb{R} \times G \to G$ eine einparametrige Gruppe von Diffeomorphismen von G und $a \in G$, so definieren wir $(d/dt)|_{t=0}\, h_t(a)$ durch

$$\left(\frac{d}{dt}\bigg|_{t=0} h_t(a)\right)(\bar{f}) = \frac{d}{dt}\bigg|_{t=0} f \circ h_t(a)$$

für alle $\bar{f} \in \mathcal{E}_{G,a}$.

Lemma 3.2 *Es sei X ein linksinvariantes Vektorfeld auf G. Dann gibt es eine einparametrige Gruppe $h : \mathbb{R} \times G \to G$ von Diffeomorphismen, die X induziert.*

Beweis. Nach Satz 3.3 gibt es eine offene Umgebung U von e in G, ein Intervall $I = (-\varepsilon, \varepsilon)$, $\varepsilon > 0$, und eine eindeutig bestimmte lokale einparametrige Gruppe $h : I \times U \to G$. Wir zeigen zunächst, dass wir h_t für $t \in I$ auf ganz G erweitern können.

Da X linksinvariant ist, gilt $T_b l_a(X_b) = X_{ab}$ für alle $a, b \in G$. Das bedeutet, dass für alle $a, b \in U$ gilt:

$$\left.\frac{d}{dt}\right|_{t=0} ah_t(b) = \left.\frac{d}{dt}\right|_{t=0} h_t(ab).$$

Daraus folgt

$$ah_t(b) = h_t(ab) \tag{3.1}$$

für alle $a, b \in U$. Insbesondere gilt

$$h_t(a) = ah_t(e)$$

für alle $a \in U$. Wir benutzen diese Formel, um h_t auf ganz G zu definieren.

Schließlich definieren wir $h : \mathbb{R} \times G \to G$ durch $h_t = (h_{(t/n)})^n$ für $t \in \mathbb{R}$, wobei n eine positive ganze Zahl ist, die so groß ist, dass $|t/n| < \varepsilon$ gilt. Dies ist wohl definiert. Denn ist m eine andere solche Zahl, so gilt

$$(h_{t/m})^m = ((h_{t/mn})^n)^m = (h_{t/mn})^{nm} = ((h_{t/mn})^m)^n = (h_{t/n})^n.$$

Aus der Linksinvarianz von X folgt, dass die so definierte Abbildung $h : \mathbb{R} \times G \to G$ eine einparametrige Gruppe von Diffeomorphismen ist, die X induziert. □

Satz 3.8 *Es sei $v \in T_eG$, X^v das zugehörige linksinvariante Vektorfeld und $h^v : \mathbb{R} \times G \to G$ die einparametrige Gruppe von Diffeomorphismen, die X^v nach Lemma 3.2 induziert. Dann ist die Abbildung*

$$\begin{array}{rccc} h: & \mathbb{R} \times G \times T_eG & \longrightarrow & G \\ & (t, g, v) & \longmapsto & h_t^v(g) \end{array}$$

differenzierbar und es gilt

(i) $h_t^v(ab) = ah_t^v(b)$,

(ii) $h_s^{tv} = h_{ts}^v$.

Beweis. Für ein festes v ist h^v eine einparametrige Gruppe von Diffeomorphismen und damit differenzierbar. Variiert man v, so bedeutet das, dass man die Anfangsbedingungen der Differentialgleichung, die nach dem Beweis von Satz 3.3 h^v definiert, ändert. Da die Lösungen einer Differentialgleichung differenzierbar von den Anfangsbedingungen abhängen, ist h differenzierbar.

Die Gleichung (i) ist gerade die Formel 3.1 aus dem Beweis von Lemma 3.2.

Zu (ii): Man beachte, dass sowohl h_s^{tv} als auch h_{st}^v für festes t und v einparametrige Gruppen von Diffeomorphismen von G sind. Dabei induziert h_s^{tv} das Vektorfeld X^{tv}. Es gilt für alle $g \in G$

$$\left.\frac{d}{ds}\right|_{s=0} h_{st}^v(g) = t \left.\frac{d}{dr}\right|_{r=0} h_r^v(g) = tX_g^v = X_g^{tv}.$$

Also induziert auch h_{st}^v das Vektorfeld X^{tv}. Aufgrund der Eindeutigkeit der einparametrigen Gruppen von Diffeomorphismen folgt

$$h_s^{tv} = h_{st}^v.$$

Damit ist Satz 3.8 bewiesen. □

Definition Wir definieren die *Exponentialabbildung*

$$\exp : T_eG \to G$$

durch $\exp(v) := h_1^v(e)$ für alle $v \in T_eG$.

Satz 3.9 *Die Abbildung* $\exp : T_eG \to G$ *ist differenzierbar und ein Diffeomorphismus von einer offenen Umgebung von* $0 \in T_eG$ *auf eine offene Umgebung von* $e \in G$. *Es gilt* $T_0 \exp = \mathrm{id}_{T_eG}$, *wobei wir* $T_0(T_eG)$ *mit* T_eG *identifizieren.*

Beweis. Nach Satz 3.8 ist exp differenzierbar. Nach Satz 3.8(ii) gilt für alle $v \in T_eG$

$$(T_0 \exp)(v) = \frac{d}{dt}\bigg|_{t=0} \exp tv = \frac{d}{dt}\bigg|_{t=0} h_1^{tv}(e) = \frac{d}{dt}\bigg|_{t=0} h_t^v(e) = X_e^v = v.$$

Also gilt $T_0 \exp = \mathrm{id}_{T_eG}$. □

Korollar 3.2 *Es seien* V *und* W *Unterräume von* T_eG, *so dass* $V \oplus W = T_eG$. *Definiere* $\gamma : T_eG \to G$ *durch* $\gamma(v, w) = \exp(v)\exp(w)$ *für* $v \in V$ *und* $w \in W$. *Dann ist* γ *ein Diffeomorphismus von einer offenen Umgebung von* $0 \in T_eG$ *auf eine offene Umgebung von* $e \in G$.

Beweis. Es ist klar, dass γ differenzierbar ist. Es gilt

$$(T_0\gamma)|_V = (T_0 \exp)|_V = \mathrm{id}_V$$

nach Satz 3.9. Ebenso gilt $(T_0\gamma)|_W = \mathrm{id}_W$. Daraus folgt

$$T_0\gamma = \mathrm{id}_{T_eG}\,.$$

Damit ist Korollar 3.2 bewiesen. □

Definition Es sei G eine Liegruppe. Eine Teilmenge $H \subset G$ ist eine *Lie-Untergruppe*, falls gilt

(i) H ist eine Untergruppe von G,

(ii) H ist eine Untermannigfaltigkeit von G,

(iii) H ist eine Liegruppe mit der induzierten Gruppenstruktur und der induzierten differenzierbaren Struktur.

Wir wollen nun zeigen:

Satz 3.10 *Eine abgeschlossene Untergruppe* H *einer Liegruppe* G *ist eine Lie-Untergruppe.*

Dazu benötigen wir zwei Hilfssätze.

Lemma 3.3 *Es sei H eine abgeschlossene Untergruppe von G. Es sei $\| \ \|$ eine Norm auf T_eG. Es sei $v_1, v_2, \ldots$ eine Folge von Vektoren in T_eG mit $v_i \neq 0$, $\exp v_i \in H$ für alle i, so dass*

$$\lim_{i\to\infty} v_i = 0 \text{ sowie } \lim_{i\to\infty} \frac{v_i}{\|v_i\|} = \tilde{v}.$$

Dann gilt $\exp t\tilde{v} \in H$ für alle $t \in \mathbb{R}$.

Beweis. Es sei $t \in \mathbb{R}$. Es sei $k_i(t)$ die größte ganze Zahl, die kleiner oder gleich $t/\|v_i\|$ ist. Dann gilt

$$\frac{t}{\|v_i\|} - 1 < k_i(t) \leq \frac{t}{\|v_i\|},$$

also

$$\lim_{i\to\infty} k_i(t)\|v_i\| = t.$$

Da exp differenzierbar und daher insbesondere stetig ist, gilt

$$\lim_{i\to\infty} \exp(k_i(t)v_i) = \lim_{i\to\infty} \exp\left(k_i(t)\|v_i\| \frac{v}{\|v_i\|}\right) = \exp(t\tilde{v}).$$

Nun gilt aber nach Satz 3.8(ii)

$$\exp(k_i(t)v_i) = h_1^{k_i(t)v_i}(e) = h_{k_i(t)}^{v_i}(e) = (h_1^{v_i}(e))^{k_i(t)}$$

und dieses Element liegt in H. Da H abgeschlossen ist, gilt $\exp(t\tilde{v}) \in H$. □

Lemma 3.4 *Es sei H eine abgeschlossene Untergruppe von G und*

$$V = \{v \in T_eG \mid \exp(tv) \in H \text{ für alle } t \in \mathbb{R}\}.$$

Dann ist V ein Unterraum von T_eG.

Beweis. Es ist klar, dass V unter skalarer Multiplikation abgeschlossen ist. Es ist also nur zu zeigen, dass V abgeschlossen bezüglich der Addition ist. Dazu seien $v, w \in V$ mit $v + w \neq 0$. Dann gilt

$$\exp(tv)\exp(tw) \in H \text{ für alle } t \in \mathbb{R}.$$

Da exp nach Satz 3.9 ein Diffeomorphismus von einer offenen Umgebung von $0 \in T_eG$ auf eine offene Umgebung von $e \in G$ ist, gibt es für alle kleinen t ein eindeutig bestimmtes Element $f(t) \in G$ mit

$$\exp(tv)\exp(tw) = \exp f(t).$$

Das Element $f(t)$ hängt differenzierbar von t ab, definiert also eine differenzierbare Kurve in T_eG. Nach Satz 3.8 gilt

$$\exp(tv)\exp(tw) = h_1^{tv}(e)h_1^{tw}(e) = h_t^v(e)h_t^w(e).$$

Also folgt

$$\left.\frac{d}{dt}\right|_{t=0} \exp(tv)\exp(tw) = \left.\frac{d}{dt}\right|_{t=0} h_t^v(e) + \left.\frac{d}{dt}\right|_{t=0} h_t^w(e) = v + w.$$

Ebenso gilt

$$\left.\frac{d}{dt}\right|_{t=0} \exp t(v+w) = v+w.$$

Es folgt

$$\lim_{t\to 0} \frac{1}{t}(\exp(f(t)) - \exp t(v+w)) = 0.$$

Da exp ein lokaler Diffeomorphismus in der Nähe von 0 ist, gilt

$$\lim_{t\to 0} \frac{f(t)}{t} = v+w.$$

Wir wenden nun Lemma 3.3 mit $v_i = f(1/i)$ an. Dann gilt $\lim_{i\to\infty} v_i = 0$, $\exp v_i \in H$ für alle i und

$$\lim_{i\to\infty} \frac{f\left(\frac{1}{i}\right)}{\left(\left\|f\left(\frac{1}{i}\right)\right\|\right)} = \lim_{i\to\infty} \left\|\frac{\frac{1}{i}}{f\left(\frac{1}{i}\right)}\right\| \frac{f\left(\frac{1}{i}\right)}{\frac{1}{i}} = \frac{v+w}{\|v+w\|}.$$

Nach Lemma 3.3 ist $\exp t(v+w) \in H$ für alle $t \in \mathbb{R}$. Also folgt $v+w \in V$. □

Beweis von Satz 3.10. Es sei V der Unterraum von T_eG nach Lemma 3.4 und W ein dazu komplementärer Unterraum. Wir zeigen zunächst, dass $\exp(V)$ eine Umgebung von e in H ist.

Angenommen, dies ist nicht der Fall. Dann gibt es eine Folge $a_1, a_2, \ldots$ in H mit $\lim_{i\to\infty} a_i = e$, aber $a_i \notin \exp(V)$. Da $\gamma : T_eG \to G$, $(v,w) \mapsto \exp(v)\exp(w)$, nach Korollar 3.2 ein lokaler Diffeomorphismus in der Nähe von 0 ist, gibt es Vektoren $v_i \in V$ und $w_i \in W$ mit $\exp(v_i)\exp(w_i) = a_i$. Daraus folgt $\exp w_i = (\exp v_i)^{-1} a_i \in H$ für alle i. Indem wir eventuell zu einer Teilfolge übergehen, können wir annehmen, dass

$$\lim_{i\to\infty} \frac{w_i}{\|w_i\|} = w \in W, \quad \|w\| = 1.$$

Nach Lemma 3.3 folgt $w \in V$. Daraus folgt aber

$$w \in V \cap W = \{0\},$$

im Widerspruch zu $\|w\| = 1$.

Also ist $\exp(V)$ eine Umgebung von e in H. Deshalb gibt es eine offene Umgebung U' von $0 \in T_eG$ und eine offene Umgebung U von e in G, so dass $\exp|_{U'} : U' \to U$ ein Diffeomorphismus ist und $U' \cap V$ diffeomorph auf $U \cap H$ abbildet. Die Abbildung $\varphi := (\exp|_{U'})^{-1} : U \to U'$ ist also eine Karte von G um e, die $U \cap H$ auf $U' \cap V$ abbildet. Durch Verschieben mit den Linkstranslationen l_g erhalten wir einen differenzierbaren Atlas für G, der H als Untermannigfaltigkeit darstellt. □

Es sei nun H eine abgeschlossene Untergruppe von G. Wir versehen den Restklassenraum G/H mit der Quotiententopologie, vgl. §1.3. Da H auch eine Lie-Untergruppe ist, können wir noch mehr sagen.

Satz 3.11 *Es sei H eine abgeschlossene Untergruppe einer Liegruppe G. Dann ist G/H eine differenzierbare Mannigfaltigkeit der Dimension*

$$\dim G/H = \dim G - \dim H.$$

Ferner ist die Restklassenabbildung $\pi : G \to G/H$ *differenzierbar und für jedes* $q \in G/H$ *existiert eine offene Umgebung* Q *von* q *und eine differenzierbare Abbildung* $\tau : Q \to G$ *mit* $\pi \circ \tau = \mathrm{id}_Q$, *d.h.* τ *ist ein lokaler Schnitt von* π.

Beweis. Es sei W ein Komplement von T_eH in T_eG. Es sei U eine offene Umgebung der 0 in T_eG, so dass $\exp|_U : U \to \exp(U)$ ein Diffeomorphismus ist. Dann ist

$$\pi \circ \exp|_{U\cap W} : U \cap W \to \pi(\exp(U \cap W)) \subset G/H$$

ein Homöomorphismus: Da $\exp(U\cap W)$ offen in G ist, ist auch $Q := \pi(\exp(U\cap W))$ offen in G/H. Man sieht leicht, dass $(\pi\circ\exp|_{U\cap W})^{-1}$ stetig ist. Also ist $\varphi := (\pi\circ\exp|_{U\cap W})^{-1} : Q \to U\cap W$ eine Karte von G/H um die Restklasse von e. Mit Hilfe der Linkstranslation l_g erhalten wir eine Karte um die Restklasse gH. Deshalb ist G/H eine differenzierbare Mannigfaltigkeit und es gilt

$$\dim G/H = \dim W = \dim G - \dim H.$$

Darüber hinaus ist π differenzierbar und die differenzierbare Abbildung $\tau := \exp\circ\varphi : Q \to G$ ist der gewünschte lokale Schnitt um die Restklasse von e. □

In §1.3 haben wir bereits Gruppenoperationen auf topologischen Räumen betrachtet. Nun betrachten wir die Operation einer Liegruppe G auf einer differenzierbaren Mannigfaltigkeit X.

Definition Es sei M eine differenzierbare Mannigfaltigkeit und G eine Liegruppe. Eine *Operation von* G *auf* M ist eine differenzierbare Abbildung $M \times G \to M$, $(p,g) \mapsto pg$ mit den folgenden Eigenschaften:

(i) $(pg_1)g_2 = p(g_1g_2)$ für alle $p \in M$ und $g_1, g_2 \in G$,

(ii) $pe = p$ für alle $p \in M$.

Es sei $p \in M$. Die Menge $pG := \{pg \mid g \in G\}$ heißt die *Bahn* (oder der *Orbit*) (der Operation von G auf M) durch p.

Die Untergruppe $G_p := \{g \in G \mid pg = p\}$ heißt die *Isotropiegruppe* von p.

Bemerkung 3.7 Die Isotropiegruppe G_p eines Punktes $p \in M$ ist eine abgeschlossene Untergruppe von G und daher eine Lie-Untergruppe von G.

Satz 3.12 *Es sei* G *eine Liegruppe, die auf einer differenzierbaren Mannigfaltigkeit* M *operiert, und* $p \in M$. *Dann ist die natürliche Abbildung* $\lambda : G/G_p \to M$, $gG_p \mapsto pg$, *eine Immersion und bildet* G/G_p *bijektiv auf die Bahn* pG *durch* p *ab. Insbesondere gibt es eine offene Umgebung* U *der Restklasse von* e *in* G/G_p, *so dass* $pG \cap \lambda(U)$ *eine differenzierbare Untermannigfaltigkeit von* M *der Dimension* $\dim G/G_p$ *ist.*

Beweis. Es ist klar, dass λ eine differenzierbare Abbildung ist und G/G_p bijektiv auf pG abbildet. Wir zeigen, dass λ eine Immersion ist. Dazu reicht es zu zeigen, dass $T_{\bar{e}}\lambda$ injektiv ist, wobei $\bar{e} = eG_p$ in G/G_p ist. Denn sei $\mathrm{Diff}(M)$ die Gruppe aller Diffeomorphismen von M und $\rho : G \to \mathrm{Diff}(M)$ die durch $\rho(g)(q) = qg$ für $g \in G$ und $q \in M$ gegebene

Abbildung. Die Linkstranslation $l_g : G \to G$ induziert eine differenzierbare Abbildung $\bar{l}_g : G/G_p \to G/G_p$ und es gilt $\lambda(\bar{g}) = (\rho(g) \circ \lambda \circ (\bar{l}_g)^{-1})(\bar{g})$, also

$$T_{\bar{g}}\lambda = T_p(\rho(g)) \circ T_{\bar{e}}\lambda \circ (T_{\bar{g}}\bar{l}_g)^{-1}.$$

Es sei nun $w \in T_{\bar{e}}(G/G_p)$ mit $T_{\bar{e}}\lambda(w) = 0$. Es sei Q eine geeignete Umgebung von $\bar{e}$ in G/G_p, $\sigma : G \to M$ die durch $\sigma(g) = pg$ gegebene Abbildung und $\tau : Q \to G$ der lokale Schnitt von $\pi : G \to G/G_p$, der nach Satz 3.11 existiert. Dann gilt $\lambda|_Q = \sigma \circ \tau$. Ist also $v := T_{\bar{e}}\tau(w) \in T_eG$, so gilt $T_e\sigma(v) = 0$. Es sei $\tilde{h} : \mathbb{R} \times M \to M$ die durch $\tilde{h}(t,q) = qh_t^v(e)$ für $t \in \mathbb{R}$, $q \in M$ gegebene Abbildung. Dies ist eine einparametrige Gruppe von Diffeomorphismen von M, da nach Satz 3.8 $h_{t+s}^v(e) = h_t^v(e)h_s^v(e)$ gilt. Es sei X das von $\tilde{h}$ induzierte Vektorfeld. Da $\tilde{h}_t(p) = \sigma(h_t^v(e))$, folgt

$$X_p = \frac{d}{dt}\bigg|_{t=0} \tilde{h}_t(p) = \frac{d}{dt}\bigg|_{t=0} \sigma(h_t^v(e)) = T_e\sigma(v) = 0.$$

Da nach dem Beweis von Satz 3.3 $\tilde{h}_t(p)$ Lösung einer Differentialgleichung $y' = f(y)$ mit $y'(0) = 0$ (da $X_p = 0$) und Anfangsbedingung $\tilde{h}_0(p) = p$ ist, gilt aufgrund der Eindeutigkeit einer solchen Lösung $\tilde{h}_t(p) = p$ für alle t aus einem kleinen Intervall um 0. Mit den üblichen Argumenten folgert man daraus, dass $\tilde{h}_t(p) = p$ für alle $t \in \mathbb{R}$ gelten muss. Das bedeutet, dass $h_t^v(e)$ in G_p für alle $t \in \mathbb{R}$ liegen muss. Daraus folgt $v = T_{\bar{e}}\tau(w) \in T_eG_p$. Also gilt $w = T_e\pi T_{\bar{e}}\tau(w) = 0$. Damit ist $T_{\bar{e}}\lambda$ injektiv.

Die anderen Aussagen folgen aus Satz 3.6. □

3.5 Komplexe Mannigfaltigkeiten

Nun sollen auch komplexe Mannigfaltigkeiten eingeführt werden. Die Begriffsbildungen sind analog zu den Begriffsbildungen für differenzierbare Mannigfaltigkeiten.

Definition Es sei M eine $2n$-dimensionale topologische Mannigfaltigkeit. Ein Atlas von M heißt *komplex* (oder *holomorph*), wenn alle seine Kartenwechsel holomorph sind. (Dabei identifizieren wir $\mathbb{R}^{2n}$ auf natürliche Weise mit $\mathbb{C}^n$.)

Zwei komplexe Atlanten $\mathfrak{A}$ und $\mathfrak{W}$ heißen *äquivalent*, genau dann, wenn $\mathfrak{A} \cup \mathfrak{W}$ auch ein komplexer Atlas ist.

Eine *komplexe Struktur* auf M ist eine Äquivalenzklasse von komplexen Atlanten auf M.

Eine *komplexe Mannigfaltigkeit* ist eine topologische Mannigfaltigkeit zusammen mit einer komplexen Struktur. Ist M eine komplexe Mannigfaltigkeit, so heißt n die (komplexe) *Dimension* der komplexen Mannigfaltigkeit M.

Bemerkung 3.8 Jede komplexe Struktur enthält einen eindeutig bestimmten maximalen Atlas $\mathfrak{A}^*$: Ist $\mathfrak{A}$ ein beliebiger Atlas aus der entsprechenden Äquivalenzklasse, so ist

$$\mathfrak{A}^* := \left\{ \varphi : U \longrightarrow V \text{ Karte} \;\middle|\; \begin{array}{l} \text{Kartenwechsel von } \varphi \text{ mit allen Karten von } \mathfrak{A} \\ \text{ist holomorph} \end{array} \right\}$$

ein maximaler Atlas.

Vereinbarung Ist M eine komplexe Mannigfaltigkeit, so ist eine Karte von M immer eine Karte des maximalen Atlas der komplexen Struktur.

Beispiel 3.5 Die in §1.1 betrachteten Riemann'schen Flächen sind zusammenhängende komplexe Mannigfaltigkeiten der reellen Dimension 2 und komplexen Dimension 1.

Definition Es seien M, N komplexe Mannigfaltigkeiten. Eine stetige Abbildung $f : M \to N$ heißt *holomorph in* $a \in M$, genau dann, wenn für jede Karte $\varphi : U \to U'$, $a \in U$, und $\psi : V \to V'$, $f(a) \in V$, von M bzw. N die Zusammensetzung $\psi \circ f \circ \varphi^{-1}$ in $\varphi(a) \in U'$ holomorph ist (vgl. Bild 3.1). (Definitionsbereich von $\psi \circ f \circ \varphi^{-1} : \varphi(f^{-1}(V) \cap U)$). Die Abbildung f heißt *holomorph*, wenn sie in jedem $a \in M$ holomorph ist.

Eine holomorphe Abbildung $f : M \to N$ heißt *biholomorph*, genau dann, wenn sie umkehrbar ist und die Umkehrabbildung holomorph ist.

Bemerkung 3.9 Es sei M eine komplexe Mannigfaltigkeit, $\varphi : U \to U'$ eine Karte von M. Dann sind auch U und U' komplexe Mannigfaltigkeiten als offene Teilmengen von M und $\mathbb{C}^n$ und $\varphi : U \to U'$ ist eine biholomorphe Abbildung zwischen U und U'. Man bezeichnet eine Karte $\varphi : U \to U'$ um einen Punkt $a \in M$, $a \in U$, oft auch als lokales Koordinatensystem: Es seien $\varphi_1, \dots, \varphi_n$ die Komponentenfunktionen von φ. Dies sind holomorphe Funktionen. Durch Translation in $\mathbb{C}^n$ kann man erreichen, dass $\varphi(a) = 0$. Nach Wahl von Koordinaten $x_1, \dots, x_n$ von $\mathbb{C}^n$ bezeichnen

$$x_1 = \varphi_1(x), \dots, x_n = \varphi_n(x)$$

die Koordinaten des Punktes $x \in U$. Der Punkt $a \in M$ hat dann die Koordinaten $(0, \dots, 0)$. Damit kann jeder Punkt aus U eindeutig durch Koordinaten beschrieben werden. Eine Funktion auf U ist genau dann holomorph, wenn sie als Funktion der Koordinaten im gewöhnlichen Sinne holomorph ist.

Definition Es sei M eine komplexe Mannigfaltigkeit, $a \in M$. Die Menge aller Keime von holomorphen Funktionen $f : U \to \mathbb{C}$, U offene Umgebung von a, in a bezeichnen wir mit $\mathcal{O}_{M,a}$. Insbesondere setzen wir

$$\mathcal{O}_{n,0} := \mathcal{O}_{\mathbb{C}^n,0}.$$

Definition Es sei M eine komplexe Mannigfaltigkeit und $a \in M$. Eine *Derivation* von $\mathcal{O}_{M,a}$ ist eine $\mathbb{C}$-lineare Abbildung $\delta : \mathcal{O}_{M,a} \to \mathbb{C}$, die der Produktregel

$$\delta(\bar{f} \cdot \bar{g}) = \bar{f}(a)\delta(\bar{g}) + \bar{g}(a)\delta(\bar{f})$$

für alle $\bar{f}, \bar{g} \in \mathcal{O}_{M,a}$ genügt.

Mit $\operatorname{Der} \mathcal{O}_{M,a}$ bezeichnen wir die Menge aller Derivationen von $\mathcal{O}_{M,a}$. Diese bilden einen Vektorraum.

Es seien $x_1, \dots, x_n$ die Koordinaten von $\mathbb{C}^n$. Dann definieren wir wie in §3.1 Derivationen

$$\frac{\partial}{\partial x_j} : \mathcal{O}_{n,0} \longrightarrow \mathbb{C}$$

durch $\bar{f} \mapsto (\partial / \partial x_j) f(0)$ (partielle Ableitung nach der Koordinate x_j).

Satz 3.13 *Die Derivationen $\partial/\partial x_j$, $j = 1, \ldots, n$, bilden eine Basis des Vektorraums* $\operatorname{Der} \mathcal{O}_{n,0}$.

Beweis. Wir setzen $V = \operatorname{Der} \mathcal{O}_{n,0}$.

Wir zeigen zunächst die lineare Unabhängigkeit der $\partial/\partial x_j$: Es sei

$$\sum_{j=1}^{n} a_j \frac{\partial}{\partial x_j} = 0, \quad a_j \in \mathbb{C}.$$

Dann folgt

$$a_k = \sum_{j=1}^{n} a_j \frac{\partial \bar{x}_k}{\partial x_j} = 0 \text{ für alle } k.$$

Es sei nun $\delta \in V$, $a_k := \delta(\bar{x}_k)$. Wir zeigen

$$\delta = \sum_{j=1}^{n} a_j \frac{\partial}{\partial x_j}.$$

Es sei $\bar{f} \in \mathcal{O}_{n,0}$ und $f : U \to \mathbb{C}$ ein Repräsentant von $\bar{f}$. Aus Satz 2.10 folgt die Existenz von holomorphen Funktionen $f_j : U \to \mathbb{C}$, $j = 1, \ldots, n$, mit $f = f(0) + \sum_{j=1}^{n} x_j f_j$.

Dann gilt

$$\begin{aligned} \delta(\bar{f}) &= \delta(f(0)) + \sum_{j=1}^{n} \delta(\bar{x}_j) \cdot f_j(0) \\ &= \sum_{j=1}^{n} a_j \cdot f_j(0) \\ &= \sum_{j=1}^{n} a_j \frac{\partial \bar{f}}{\partial x_j}, \end{aligned}$$

was zu zeigen war. □

Definition Es sei M eine komplexe Mannigfaltigkeit, $a \in M$. Der *Tangentialraum von M in a*, in Zeichen $T_a M$, ist der komplexe Vektorraum $\operatorname{Der} \mathcal{O}_{M,a}$.

Bemerkung 3.10 Hat M die komplexe Dimension n, so hat $T_a M$ die komplexe Dimension n.

Bemerkung 3.11 Es sei (X, x) ein analytischer Mengenkeim mit zugehöriger analytischer Algebra $\mathcal{O}_{X,x}$ und $\mathfrak{m}$ das maximale Ideal von $\mathcal{O}_{X,x}$. Dann heißt der Vektorraum

$$T_x X := \operatorname{Hom}_{\mathbb{C}}(\mathfrak{m}/\mathfrak{m}^2, \mathbb{C}),$$

wobei $\operatorname{Hom}_{\mathbb{C}}(\mathfrak{m}/\mathfrak{m}^2, \mathbb{C})$ die Menge der $\mathbb{C}$-linearen Abbildungen $\varphi : \mathfrak{m}/\mathfrak{m}^2 \to \mathbb{C}$ bezeichnet, der *Zariski-Tangentialraum* von (X, x). Man beachte, dass dieser Tangentialraum immer definiert ist, unabhängig davon, ob x ein regulärer oder singulärer Punkt von X ist. Den Raum

$$\mathfrak{m}/\mathfrak{m}^2$$

bezeichnet man entsprechend auch als *Kotangentialraum* von (X,x). Es gilt

$$T_x X \cong \operatorname{Der} \mathcal{O}_{X,x}$$

(Beweis: Übungsaufgabe).

Es seien M, N komplexe Mannigfaltigkeiten und $f : M \to N$ eine holomorphe Abbildung. Ist $a \in M$, so induziert f einen Algebrahomomorphismus $f^* : \mathcal{O}_{N,f(a)} \to \mathcal{O}_{M,a}$.

Definition Die Abbildung

$$\begin{array}{rccc} T_a f: & T_a M & \longrightarrow & T_{f(a)}N \\ & \delta & \longmapsto & \delta \circ f^* \end{array}$$

heißt die *Tangentialabbildung* (oder das *Differential*) von f in a.

Bemerkung 3.12 $T_a f$ ist eine komplex-lineare Abbildung.

Es sei X eine komplexe Mannigfaltigkeit und $a \in X$. Wir wollen die Beziehung zwischen dem Tangentialraum $T_a X$ an X in a und dem Tangentialraum an die zugrunde liegende differenzierbare Mannigfaltigkeit M in a studieren.

Dazu zunächst etwas lineare Algebra: Es sei V ein Vektorraum über $\mathbb{R}$. Eine *komplexe Struktur* auf V ist ein $\mathbb{R}$-linearer Isomorphismus $J : V \to V$ mit $J^2 = -\operatorname{id}$. Es sei V ein $\mathbb{R}$-Vektorraum mit einer komplexen Struktur J. Dann können wir V auf die folgende Weise zu einem komplexen Vektorraum machen: Wir definieren eine Skalarmultiplikation mit $\alpha + i\beta \in \mathbb{C}$, $\alpha, \beta \in \mathbb{R}$, $i = \sqrt{-1}$, wie folgt:

$$(\alpha + i\beta)v := \alpha v + \beta J v.$$

Man prüft leicht nach, dass damit V ein komplexer Vektorraum wird.

Es sei umgekehrt V ein komplexer Vektorraum. Dann kann V auch als $\mathbb{R}$-Vektorraum $V_\mathbb{R}$ betrachtet werden. Es sei $J : V_\mathbb{R} \to V_\mathbb{R}$ die Multiplikation mit i. Dann ist J eine komplexe Struktur auf $V_\mathbb{R}$. Ist $\{v_1, \ldots, v_n\}$ eine Basis von V über $\mathbb{C}$, so ist $\{v_1, Jv_1, \ldots, v_n, Jv_n\}$ eine Basis von $V_\mathbb{R}$ über $\mathbb{R}$.

Es sei insbesondere

$$V = \mathbb{C}^n = \{(z_1, \ldots, z_n) \mid z_j \in \mathbb{C}\},$$

und $z_j = x_j + iy_j$ die Zerlegung in Real- und Imaginärteil. Dann gilt

$$V_\mathbb{R} = \mathbb{R}^{2n} = \{(x_1, y_1, \ldots, x_n, y_n) \mid x_j, y_j \in \mathbb{R}\}.$$

Die skalare Multiplikation mit i in $\mathbb{C}^n$ liefert eine Abbildung

$$\begin{array}{rccc} J: & \mathbb{R}^{2n} & \longrightarrow & \mathbb{R}^{2n} \\ & (x_1, y_1, \ldots, x_n, y_n) & \longmapsto & (-y_1, x_1, \ldots, -y_n, x_n). \end{array}$$

Dies ist eine $\mathbb{R}$-lineare Abbildung, die durch eine Matrix der Form

$$\begin{pmatrix} 0 & 1 & & & \\ -1 & 0 & & & \\ & & \ddots & & \\ & & & 0 & 1 \\ & & & -1 & 0 \end{pmatrix}$$

gegeben wird, und es gilt: $J^2 = -\operatorname{id}$. Diese komplexe Struktur nennen wir die *komplexe Standardstruktur* auf $\mathbb{R}^{2n}$. Man beachte, dass es auch andere komplexe Strukturen auf $\mathbb{R}^{2n}$ gibt!

Wir betrachten nun den $\mathbb{C}^n$ mit den obigen Koordinaten. Nach Satz 3.13 ist dann $\{\partial/\partial z_1, \dots, \partial/\partial z_n\}$ eine Basis von $T_0\mathbb{C}^n$ und nach Satz 3.1 $\{\partial/\partial x_1, \partial/\partial y_1, \dots, \partial/\partial x_n, \partial/\partial y_n\}$ eine Basis von $T_0\mathbb{R}^{2n}$. Identifizieren wir

$$T_0\mathbb{C}^n \cong \mathbb{C}^n \quad \text{mittels} \quad \left\{\frac{\partial}{\partial z_1}, \dots, \frac{\partial}{\partial z_n}\right\}$$
$$T_0\mathbb{R}^{2n} \cong \mathbb{R}^{2n} \quad \text{mittels} \quad \left\{\frac{\partial}{\partial x_1}, \frac{\partial}{\partial y_1}, \dots, \frac{\partial}{\partial x_n}, \frac{\partial}{\partial y_n}\right\},$$

so folgt aus

$$\frac{\partial}{\partial z_j} = \frac{\partial}{\partial x_j} + i\frac{\partial}{\partial y_j},$$

dass $T_0\mathbb{C}^n$ auf $T_0\mathbb{R}^{2n}$ die komplexe Standardstruktur induziert.

Es sei nun X eine komplexe Mannigfaltigkeit der komplexen Dimension n und M die zugrunde liegende $2n$-dimensionale differenzierbare Mannigfaltigkeit. Für einen Punkt $a \in X$ sei T_aX der (komplexe) Tangentialraum an X in a und T_aM der (reelle) Tangentialraum an M in a.

Satz 3.14 *T_aM ist auf kanonische Weise isomorph zu dem zugrunde liegenden reellen Vektorraum von T_aX, und T_aX induziert eine komplexe Struktur J_a auf T_aM.*

Beweis. a) Es sei $\varphi : U \to U' \subset \mathbb{C}^n$, $a \in U$, eine Karte von X um a. Wir erhalten eine Karte $\tilde{\varphi} : U \to U' \subset \mathbb{R}^{2n}$ von M durch

$$\tilde{\varphi}(x) = (\operatorname{Re}\varphi_1(x), \operatorname{Im}\varphi_1(x), \dots, \operatorname{Re}\varphi_n(x), \operatorname{Im}\varphi_n(x)).$$

Dann liefert $T_a\varphi$ einen $\mathbb{C}$-linearen Isomorphismus zwischen T_aX und $T_0\mathbb{C}^n$ und $T_a\tilde{\varphi}$ einen $\mathbb{R}$-linearen Isomorphismus zwischen T_aM und $T_0\mathbb{R}^{2n}$:

$$T_aX \xrightarrow[T_a\varphi]{\cong} T_0\mathbb{C}^n \cong \mathbb{C}^n$$
$$T_aM \xrightarrow[T_a\tilde{\varphi}]{\cong} T_0\mathbb{R}^{2n} \cong \mathbb{R}^{2n}$$

Es folgt, dass T_aM zu T_aX isomorph ist und bezüglich dieser Isomorphismen T_aX eine komplexe Struktur J_a auf T_aM induziert.

b) Wir zeigen, dass die komplexe Struktur J_a auf T_aM unabhängig von der Wahl der holomorphen Karte φ ist. Dazu sei $\psi : V \to V'$, $a \in V$, eine andere Karte von X

um a. Es sei $W = \varphi(U \cap V) \subset \mathbb{C}^n$, und wir nehmen an, dass $\varphi(a) = \psi(a) = 0$. Dann ist $f = \psi \circ \varphi^{-1} : W \to W$ der zugehörige Kartenwechsel, f ist biholomorph und es gilt $f(0) = 0$. Wir setzen

$$u = \operatorname{Re} f, \quad v = \operatorname{Im} f.$$

Aufgrund der Cauchy-Riemann'schen Differentialgleichungen sieht dann die Funktionalmatrix A der reellen Abbildung f wie folgt aus

$$A = \begin{pmatrix} \frac{\partial u_1}{\partial x_1} & \frac{\partial u_1}{\partial y_1} & \cdots & \frac{\partial u_1}{\partial x_n} & \frac{\partial u_1}{\partial y_n} \\ -\frac{\partial u_1}{\partial y_1} & \frac{\partial u_1}{\partial x_1} & & -\frac{\partial u_1}{\partial y_n} & \frac{\partial u_1}{\partial x_n} \\ \vdots & & \ddots & \vdots & \\ \frac{\partial u_n}{\partial x_1} & \frac{\partial u_n}{\partial y_1} & \cdots & \frac{\partial u_n}{\partial x_n} & \frac{\partial u_n}{\partial y_n} \\ -\frac{\partial u_n}{\partial y_1} & \frac{\partial u_n}{\partial x_1} & & -\frac{\partial u_n}{\partial y_n} & \frac{\partial u_n}{\partial x_n} \end{pmatrix}.$$

Ist J die Matrix der kanonischen komplexen Struktur von $\mathbb{R}^{2n}$,

$$\begin{pmatrix} 0 & 1 & & & \\ -1 & 0 & & 0 & \\ & & \ddots & & \\ & 0 & & 0 & 1 \\ & & & -1 & 0 \end{pmatrix},$$

so rechnet man leicht nach, dass gilt:

$$AJ = JA.$$

Daraus folgt, dass J für jede Wahl eines holomorphen Koordinatensystems in a die gleiche komplexe Struktur auf $T_a M$ induziert. □

In §2.7 wurde der Begriff der komplexen Untermannigfaltigkeit einer offenen Teilmenge des $\mathbb{C}^n$ eingeführt. Wir definieren nun allgemein den Begriff der Untermannigfaltigkeit einer komplexen Mannigfaltigkeit.

Definition Es sei M eine komplexe Mannigfaltigkeit der Dimension n. Weiter sei $0 \leq k \leq n$. Eine Teilmenge $N \subset M$ heißt *k-dimensionale komplexe Untermannigfaltigkeit* von M, wenn es zu jedem $a \in N$ eine Karte $\varphi : U \to U' \subset \mathbb{C}^n = \mathbb{C}^k \times \mathbb{C}^{n-k}$ mit $a \in U$ gibt, so dass

$$\varphi(U \cap N) = U' \cap (\mathbb{C}^k \times \{0\})$$

(vgl. Bild 3.3).

Die Zahl $n - k$ heißt *Kodimension* der Untermannigfaltigkeit N.

Eine komplexe Untermannigfaltigkeit N ist selbst wieder eine komplexe Mannigfaltigkeit: Aus einer Karte φ wie in der Definition erhält man eine Karte $\varphi' = \varphi|_{U \cap N} : U \cap N \to U' \cap \mathbb{C}^k$, wobei wir $\mathbb{C}^k$ mit $\mathbb{C}^k \times \{0\} \subset \mathbb{C}^n$ identifizieren, und die Menge aller dieser Karten bildet einen komplexen Atlas. Der Tangentialraum an N in einem Punkt $a \in N$ ist in natürlicher Weise ein Unterraum von $T_a M$.

Bemerkung 3.13 Die Resultate über Vektorfelder und einparametrige Gruppen von Diffeomorphismen sind in §3.2 nur für differenzierbare Mannigfaltigkeiten formuliert worden, sie gelten aber analog auch für komplexe Mannigfaltigkeiten, holomorphe Vektorfelder und holomorphe einparametrige Gruppen. Ist M eine komplexe Mannigfaltigkeit, so kann man entsprechend ein komplexes Tangentialbündel und *holomorphe Vektorfelder* als holomorphe Schnitte in dem komplexen Tangentialbündel definieren. Eine *holomorphe einparametrige Gruppe* ist eine holomorphe Abbildung $g : \mathbb{C} \times M \to M$ mit den offensichtlichen Eigenschaften. Insbesondere ist für jedes $t \in \mathbb{C}$ die Abbildung $g_t : M \to M$, $a \mapsto g(t, a)$, eine biholomorphe Transformation von M. Entsprechend definiert man auch den Begriff der *holomorphen lokalen einparametrigen Gruppe*: Dies ist eine holomorphe Abbildung $g : I \times U \to M$, $U \subset M$ offen, mit den entsprechenden Eigenschaften. Dann entsprechen sich wie im differenzierbaren Fall holomorphe Vektorfelder und holomorphe lokale einparametrige Gruppen. Die Beweise sind identisch und werden daher nicht ausgeführt.

Definition Eine *komplexe Liegruppe* ist eine Menge G mit folgenden Eigenschaften:

(i) G ist eine Gruppe.

(ii) G ist eine komplexe Mannigfaltigkeit.

(iii) Die Abbildung $G \times G \to G$, $(a, b) \mapsto ab^{-1}$, ist holomorph.

Beispiel 3.6 Die Liegruppe $\mathrm{GL}(n, \mathbb{C})$ ist auch eine komplexe Liegruppe der komplexen Dimension n^2.

Definition Es sei M eine komplexe Mannigfaltigkeit und G eine komplexe Liegruppe. Eine *Operation von G auf M* ist eine holomorphe Abbildung $M \times G \to M$, $(p, g) \mapsto pg$ mit den folgenden Eigenschaften:

(i) $(pg_1)g_2 = p(g_1g_2)$ für alle $p \in M$ und $g_1, g_2 \in G$,

(ii) $pe = p$ für alle $p \in M$.

Bemerkung 3.14 Alle Resultate von §3.4 gelten auch entsprechend für komplexe Liegruppen und Operationen von komplexen Liegruppen auf komplexen Mannigfaltigkeiten. Die Beweise lassen sich fast wörtlich auf diese Situation übertragen, indem man überall den Begriff differenzierbar durch komplex oder holomorph ersetzt.

3.6 Isolierte kritische Punkte

Wir kommen nun zu dem Hauptgegenstand dieses Kapitels, nämlich der Untersuchung von isolierten Singularitäten holomorpher Funktionen.

Es sei M eine $(n+1)$-dimensionale komplexe Mannigfaltigkeit und $f : M \to \mathbb{C}$ eine holomorphe Funktion.

Definition Ein Punkt $p \in M$ heißt *kritischer Punkt* oder *Singularität* von f, wenn das Differential T_pf die Nullabbildung ist. Ist a ein kritischer Punkt von f, so heißt $f(a)$ *kritischer Wert* von f.

Bemerkung 3.15 Ist $(z_1, \ldots, z_{n+1})$ ein lokales Koordinatensystem um a (mit $z_j(a) = 0$), so ist a genau dann ein kritischer Punkt von f, wenn gilt

$$\frac{\partial f}{\partial z_1}(0) = \ldots = \frac{\partial f}{\partial z_{n+1}}(0) = 0.$$

Definition Ein Punkt $p \in M$ heißt *isolierter kritischer Punkt* oder *isolierte Singularität* von f, wenn es eine Umgebung U von p in M gibt, so dass kein Punkt von $U \setminus \{p\}$ kritisch ist.

Bemerkung 3.16 Man beachte, dass bei dieser Definition auch der Fall eingeschlossen ist, dass p gar kein kritischer Punkt ist. Dies mag etwas unlogisch erscheinen, ist aber die übliche Definition.

Es sei $f : (\mathbb{C}^{n+1}, 0) \to (\mathbb{C}, 0)$ der Keim einer holomorphen Funktion mit einem isolierten kritischen Punkt in 0. Ist $M \subset \mathbb{C}^{n+1}$ eine geeignete offene Umgebung von $0 \in \mathbb{C}^{n+1}$, $\tilde{f} : M \to \mathbb{C}$ ein Repräsentant von f und $X := \tilde{f}^{-1}(0)$, so hat X in 0 einen regulären oder einen isolierten singulären Punkt. Wir sagen dann auch einfach: f hat eine isolierte Singularität in 0. Manchmal nennt man man auch f oder den analytischen Mengenkeim $(X, 0)$ eine isolierte Singularität. Wir unterscheiden im Folgenden in der Notation nicht mehr zwischen dem Keim f und einem Repräsentanten $f : M \to \mathbb{C}$, wobei M eine offene Umgebung der $0 \in \mathbb{C}^{n+1}$ ist.

Nach dem Satz über implizite Funktionen ist die Niveaufläche $f^{-1}(w)$ für $w \in \mathbb{C}$, $w \neq 0$, $|w|$ hinreichend klein, in einer Umgebung von $0 \in \mathbb{C}^{n+1}$ eine komplexe Untermannigfaltigkeit von $\mathbb{C}^{n+1}$. Die Nullstellenmenge $f^{-1}(0)$ hat in $0 \in \mathbb{C}^{n+1}$ eine Singularität, ist aber ebenfalls außerhalb von 0 in einer Umgebung von 0 eine komplexe Untermannigfaltigkeit von $\mathbb{C}^{n+1}$.

Lemma 3.5 *Es existiert ein $\varepsilon > 0$, so dass die Sphäre $S_\rho \subset \mathbb{C}^{n+1}$ um 0 vom Radius $\rho \leq \varepsilon$ die Nullstellenmenge $f^{-1}(0)$ transversal schneidet.*

Für den Beweis dieses Hilfssatzes braucht man das folgende Lemma, das wir ohne Beweis zitieren.

Lemma 3.6 (Kurvenauswahllemma) *Es sei $V \subset \mathbb{R}^m$ eine offene Umgebung von $p \in \mathbb{R}^m$, $f_1, \ldots, f_k, g_1, \ldots, g_l : V \to \mathbb{R}$ reell analytische Funktionen,*

$$Z := \{x \in V \mid f_1(x) = \ldots = f_k(x) = 0, g_1(x) > 0, \ldots, g_l(x) > 0\}.$$

Ist $p \in \bar{Z}$, so existiert eine reell analytische Kurve $\gamma : [0, \delta) \to V$, $0 < \delta$, mit $\gamma(0) = p$ und $\gamma(t) \in Z$ für alle $t \in (0, \delta)$.

Für den Beweis siehe [Mil68, §3]. Dort wird allerdings vorausgesetzt, dass $V = \mathbb{R}^m$ und $f_1, \ldots, f_k, g_1, \ldots, g_l$ Polynome sind. Der Beweis lässt sich aber ohne weiteres auf den analytischen Fall übertragen.

Beweis von Lemma 3.5. Wir betrachten die Funktion $r|_{f^{-1}(0)} : f^{-1}(0) \to \mathbb{R}$, $r(z) = |z|^2$. Die kritischen Punkte von r auf $f^{-1}(0)$ sind gerade die Punkte von $f^{-1}(0)$, in denen sich $S_{\sqrt{r}}$ und $f^{-1}(0)$ nicht transversal schneiden. Es sei

$$Z = \{z \in f^{-1}(0) \mid z \text{ kritischer Punkt von } r|_{f^{-1}(0) \setminus \{0\}}\}$$

Dann wird Z durch reell-analytische Gleichungen und Ungleichungen gegeben, erfüllt also die Voraussetzung des Kurvenauswahllemmas. Wir müssen zeigen, dass 0 kein Häufungspunkt von Z ist.

Angenommen $0 \in \bar{Z}$. Dann existiert nach dem Kurvenauswahllemma ein $\delta > 0$ und eine Kurve $\gamma : [0, \delta) \to f^{-1}(0)$ mit $\gamma(0) = 0$ und $\gamma(t) \in Z$ für $t \in (0, \delta)$. Also gilt

$$(r \circ \gamma)'(t) = \langle \operatorname{grad} r(\gamma(t)), \gamma'(t) \rangle = 0$$

für alle $t \in (0, \delta)$. Damit ist $r \circ \gamma$ konstant, wegen $r \circ \gamma(0) = 0$ gilt also $r \circ \gamma \equiv 0$ auf $[0, \delta)$. Wegen $r^{-1}(0) = 0$ folgt $\gamma(t) = 0$ für alle $t \in [0, \delta)$. Das steht aber im Widerspruch zu $\gamma(t) \in Z$ für $t \in (0, \delta)$. □

Es sei nun M eine offene Umgebung von $0 \in \mathbb{C}^{n+1}$ und $f : M \to \mathbb{C}$ ein Repräsentant von f. Es sei $\varepsilon > 0$ wie in Lemma 3.5, $B_\varepsilon \subset M$ die offene Kugel um $0 \in \mathbb{C}^{n+1}$ vom Radius ε. Dies ist eine komplexe Untermannigfaltigkeit von M. Aus Lemma 3.5 folgt, dass es ein $\eta_0 > 0$, $\eta_0 \ll \varepsilon$, gibt, so dass $f^{-1}(w)$ für $w \in \mathbb{C}$, $|w| \leq \eta_0$, die Sphäre S_ε transversal schneidet.

Es sei nun wieder M eine $(n + 1)$-dimensionale komplexe Mannigfaltigkeit und $f : M \to \mathbb{C}$ eine holomorphe Funktion.

Definition Ein kritischer Punkt $p \in M$ von f heißt *nicht ausgeartet*, wenn es ein lokales Koordinatensystem $(z_1, \ldots, z_{n+1})$ um p (mit $p = 0$) gibt, so dass $\det\big((\partial^2 f / \partial z_i \partial z_j)(0)\big) \neq 0$. Dabei ist $\det\big((\partial^2 f / \partial z_i \partial z_j)(0)\big)$ die Determinante der Hessematrix von f in den Koordinaten $(z_1, \ldots, z_{n+1})$ in 0.

Bemerkung 3.17 Man kann zeigen, dass die Bedingung für einen nicht ausgearteten kritischen Punkt unabhängig von der Wahl des Koordinatensystems ist.

Es gilt nun das komplexe Morse-Lemma:

Satz 3.15 (Komplexes Morse-Lemma) *Es sei M eine $(n+1)$-dimensionale komplexe Mannigfaltigkeit, $f : M \to \mathbb{C}$ eine holomorphe Funktion und p ein nicht ausgearteter kritischer Punkt von f. Dann gibt es ein lokales Koordinatensystem $(z_1, \ldots, z_{n+1})$ in einer Umgebung V von p mit $z_i(p) = 0$, $i = 1, \ldots, n + 1$, so dass auf V gilt:*

$$f(z_1, \ldots, z_{n+1}) = f(p) + z_1^2 + \ldots + z_{n+1}^2.$$

Zum Beweis von Satz 3.15 benötigen wir das folgende Lemma.

Lemma 3.7 *Es sei $f : (\mathbb{C}^{n+1}, 0) \to (\mathbb{C}, 0)$ der Keim einer holomorphen Funktion mit einem nicht ausgearteten kritischen Punkt in 0. Dann erzeugen die partiellen Ableitungen $\partial f / \partial z_1, \ldots, \partial f / \partial z_{n+1}$ das maximale Ideal $\mathfrak{m}_{n+1}$ von $\mathcal{O}_{n+1}$.*

Beweis. Es sei $U \subset \mathbb{C}^{n+1}$ eine offene Umgebung der 0 und $f : U \to \mathbb{C}$ ein Repräsentant von f. Wir betrachten die Abbildung

$$\begin{aligned} \operatorname{grad} f : \quad U &\longrightarrow \mathbb{C}^{n+1} \\ z &\longmapsto \left(\frac{\partial f}{\partial z_1}(z), \ldots, \frac{\partial f}{\partial z_{n+1}}(z) \right). \end{aligned}$$

Da 0 ein nicht ausgearteter kritischer Punkt von f ist, gilt

$$\operatorname{rang}(J_{\operatorname{grad} f}(0)) = n + 1.$$

Aus dem Rangsatz (Satz 2.34) folgt: Es gibt offene Umgebungen V, V' von 0 in U und eine biholomorphe Abbildung $\varphi : V \to V'$, so dass für alle $z \in V$ gilt:

$$\operatorname{grad} f \circ \varphi(z_1, \dots, z_{n+1}) = (z_1, \dots, z_{n+1}).$$

Da $z_1, \dots, z_{n+1}$ das maximale Ideal $\mathfrak{m}_{n+1}$ von $\mathcal{O}_{n+1}$ erzeugen, folgt die Behauptung. □

Beweis von Satz 3.15. Da es sich um eine lokale Aussage handelt, können wir annehmen, dass M eine offene Umgebung der 0 in $\mathbb{C}^{n+1}$, $p = 0$ und $f(p) = 0$ ist.

Durch einen linearen Koordinatenwechsel können wir erreichen, dass f in geeigneten Koordinaten die Form

$$f(u) = u_1^2 + \ldots + u_{n+1}^2 + \varphi(u)$$

mit $\varphi \in \mathfrak{m}_{n+1}^3$ hat. Wir betrachten die Funktion

$$F(u, t) := u_1^2 + \ldots + u_{n+1}^2 + t\varphi(u)$$

für u aus einer Umgebung U von 0 in $\mathbb{C}^{n+1}$ und $t \in [0, 1]$. Wir suchen nun eine holomorphe einparametrige Gruppe $g : [0, 1] \times U' \to U'$ für eine geeignete Umgebung U' von $0 \in \mathbb{C}^{n+1}$, so dass

$$F(g_t(u), t) = u_1^2 + \ldots u_{n+1}^2, \; g_0(u) = u, \; g_t(0) = 0 \text{ für } u \in U', \, t \in [0, 1]. \tag{3.2}$$

Von g wird auf $[0, 1] \times U'$ ein holomorphes Vektorfeld

$$X = \frac{\partial}{\partial t} + \sum_{j=1}^{n+1} a_{t,j} \frac{\partial}{\partial u_j}$$

induziert. Aus der Gleichung (3.2) folgt, dass für dieses Vektorfeld $XF = 0$ gelten muss. Damit erhält man die folgende Gleichung für die gesuchten Funktionen $a_{t,j}$:

$$\frac{\partial F}{\partial t} + \sum_{j=1}^{n+1} a_{t,j} \frac{\partial F}{\partial u_j} = \varphi + \sum_{j=1}^{n+1} a_{t,j} \frac{\partial F}{\partial u_j} = 0.$$

Diese Gleichung können wir wie folgt umschreiben:

$$\sum_{j=1}^{n+1} a_{t,j} \frac{\partial F}{\partial u_j} = -\varphi. \tag{3.3}$$

Die Funktion F_t mit $F_t(u) = F(u, t)$ hat aber für jedes $t \in [0, 1]$ einen nicht ausgearteten kritischen Punkt in 0. Nach Lemma 3.7 erzeugen die partiellen Ableitungen $\partial F_t / \partial u_1, \dots, \partial F_t / \partial u_{n+1}$ das maximale Ideal $\mathfrak{m}_{n+1}$ von $\mathcal{O}_{n+1}$. Deswegen können wir in einer geeigneten Umgebung W von $\{0\} \times [0, 1]$ in $U \times \mathbb{C}$ als neue Koordinaten $w_1 := \partial F / \partial u_1, \dots, w_{n+1} := \partial F / \partial u_{n+1}$ und t nehmen.

Da φ nach Voraussetzung in $\mathfrak{m}_{n+1}^3$ liegt, können wir φ schreiben als

$$\varphi = \sum_{j=1}^{n+1} w_j \psi_j,$$

wobei ψ_j holomorphe Funktionen auf W mit $\psi_j(0,t) = 0$ für $t \in [0,1]$ sind. Damit können wir die Gleichung (3.3) wie folgt lösen:

$$a_{t,j} := -\psi_j.$$

Zu dem Vektorfeld X gibt es nun nach Satz 3.3 und Bemerkung 3.13 eine lokale holomorphe einparametrige Gruppe $g' : I \times U'' \to \mathbb{C}^{n+1}$, wobei $U'' \subset U$ eine geeignete Umgebung von $0 \in \mathbb{C}^{n+1}$ ist, die X induziert. Das Vektorfeld X ist in diesem Fall auch abhängig von t, aber Satz 3.3 lässt sich ohne weiteres auch auf zeitabhängige Vektorfelder verallgemeinern. Da $X_{(0,t)} = 0$ für $t \in [0,1]$, lässt sich g' zu einer holomorphen einparametrigen Gruppe $g : [0,1] \times U' \to U'$ fortsetzen, wobei wir eventuell U'' zu einer geeigneten Umgebung U' von $0 \in \mathbb{C}^{n+1}$ verkleinern müssen. Es gilt $g_t(0) = 0$ für $t \in [0,1]$. Die gesuchte Koordinatentransformation ist deshalb g_1. □

Korollar 3.3 *Nicht ausgeartete kritische Punkte sind isoliert.* □

Definition Eine holomorphe Funktion $f : M \to \mathbb{C}$ heißt *Morsefunktion*, wenn alle ihre kritischen Punkte nicht ausgeartet und alle kritischen Werte verschieden sind.

3.7 Die universelle Entfaltung

Wir wollen in diesem Abschnitt den Begriff der Entfaltung eines holomorphen Funktionskeims einführen.

Es sei $f : (\mathbb{C}^{n+1}, 0) \to (\mathbb{C}, 0)$ ein holomorpher Funktionskeim.

Definition Eine *Entfaltung* von f ist ein holomorpher Funktionskeim $F : (\mathbb{C}^{n+1} \times \mathbb{C}^k, 0) \to (\mathbb{C}, 0)$ mit $F(z,0) = f(z)$.

Definition Zwei Entfaltungen $F : (\mathbb{C}^{n+1} \times \mathbb{C}^k, 0) \to (\mathbb{C}, 0)$, $G : (\mathbb{C}^{n+1} \times \mathbb{C}^k, 0) \to (\mathbb{C}, 0)$ von f heißen *äquivalent*, wenn es einen holomorphen Abbildungskeim

$$\psi : (\mathbb{C}^{n+1} \times \mathbb{C}^k, 0) \longrightarrow (\mathbb{C}^{n+1}, 0) \text{ mit } \psi(z,0) = z$$

gibt, so dass

$$G(z,u) = F(\psi(z,u), u)$$

gilt.

Definition Es sei $F : (\mathbb{C}^{n+1} \times \mathbb{C}^k, 0) \to (\mathbb{C}, 0)$ eine Entfaltung von f und $\varphi : (\mathbb{C}^l, 0) \to (\mathbb{C}^k, 0)$ ein holomorpher Abbildungskeim. Die Entfaltung $G : (\mathbb{C}^{n+1} \times \mathbb{C}^l, 0) \to (\mathbb{C}, 0)$ mit

$$G(z,t) = F(z, \varphi(t))$$

heißt die *von F mittels φ induzierte Entfaltung* von f.

Definition Eine Entfaltung $F : (\mathbb{C}^{n+1} \times \mathbb{C}^k, 0) \to (\mathbb{C}, 0)$ von f heißt *versell*, falls jede Entfaltung von f äquivalent zu einer von F induzierten Entfaltung ist.

Eine verselle Entfaltung $F : (\mathbb{C}^{n+1} \times \mathbb{C}^k, 0) \to (\mathbb{C}, 0)$ von f heißt *universell* (oder *miniversell*), falls k minimal ist.

Satz 3.16 *Es sei $f : (\mathbb{C}^{n+1}, 0) \to (\mathbb{C}, 0)$ ein holomorpher Funktionskeim mit einer isolierten Singularität um* 0. *Dann ist*

$$\mathcal{O}_{n+1}/\mathcal{O}_{n+1}\left(\frac{\partial f}{\partial z_1}, \dots, \frac{\partial f}{\partial z_{n+1}}\right)$$

ein endlich-dimensionaler $\mathbb{C}$-Vektorraum.

Beweis. Es sei $U \subset \mathbb{C}^{n+1}$ eine offene Umgebung der 0 und $f : U \to \mathbb{C}$ ein Repräsentant von f. Wir betrachten die Abbildung

$$\operatorname{grad} f = \left(\frac{\partial f}{\partial z_1}, \dots, \frac{\partial f}{\partial z_{n+1}}\right) : U \longrightarrow \mathbb{C}^{n+1}.$$

Da f nach Voraussetzung in 0 eine isolierte Singularität hat, ist 0 ein isolierter Punkt von $(\operatorname{grad} f)^{-1}(0)$. Nach Satz 2.42 ist die Abbildung $(\operatorname{grad} f)^* : \mathcal{O}_{n+1} \to \mathcal{O}_{n+1}$ daher endlich. Daraus folgt

$$\dim_{\mathbb{C}} \mathcal{O}_{n+1}/\mathcal{O}_{n+1}\left(\frac{\partial f}{\partial z_1}, \dots, \frac{\partial f}{\partial z_{n+1}}\right) < \infty.$$

Damit ist Satz 3.16 bewiesen. □

Hat f nun eine isolierte Singularität in 0, so kann man eine universelle Entfaltung von f wie folgt konstruieren.

Satz 3.17 *Es sei $f : (\mathbb{C}^{n+1}, 0) \to (\mathbb{C}, 0)$ ein holomorpher Funktionskeim mit einer isolierten Singularität in* 0. *Dann erhält man eine universelle Entfaltung F von f wie folgt: Es seien $g_0 = -1, g_1, \dots, g_{p-1}$ Repräsentanten einer Basis des $\mathbb{C}$-Vektorraums*

$$\mathcal{O}_{n+1}/\mathcal{O}_{n+1}\left(\frac{\partial f}{\partial z_1}, \dots, \frac{\partial f}{\partial z_{n+1}}\right).$$

Setze

$$\begin{array}{rccl} F: & (\mathbb{C}^{n+1} \times \mathbb{C}^p, 0) & \longrightarrow & (\mathbb{C}, 0) \\ & (z, u) & \longmapsto & f(z) + \sum\limits_{j=0}^{p-1} g_j(z) u_j. \end{array}$$

Wir geben einen Beweis dieses Satzes, der sich an [AGV85, Mar82] anlehnt. Für den Beweis benötigen wir einige Vorbereitungen.

Es sei $F : (\mathbb{C}^{n+1} \times \mathbb{C}^k, 0) \to (\mathbb{C}, 0)$, $(z, u) \mapsto F(z, u)$ eine Entfaltung von f. Wir setzen

$$\dot{F}_j(z) = \left.\frac{\partial F(z, u)}{\partial u_j}\right|_{u=0}, \quad j = 1, \dots, k.$$

Dadurch sind Funktionskeime $\dot{F}_j \in \mathcal{O}_{n+1}$ definiert. Mit

$$\mathbb{C}(\dot{F}_1, \dots, \dot{F}_k)$$

bezeichnen wir die Menge aller Linearkombinationen von $\dot{F}_1, \dots, \dot{F}_k$ mit komplexen Koeffizienten. Wir setzen außerdem zur Abkürzung

$$\mathcal{O}_{n+1}\left(\frac{\partial f}{\partial z_i}\right) = \mathcal{O}_{n+1}\left(\frac{\partial f}{\partial z_1}, \dots, \frac{\partial f}{\partial z_{n+1}}\right)$$

für das von den partiellen Ableitungen $\partial f/\partial z_1, \dots, \partial f/\partial z_{n+1}$ aufgespannte Ideal von $\mathcal{O}_{n+1}$.

Definition Eine Entfaltung $F : (\mathbb{C}^{n+1} \times \mathbb{C}^k, 0) \to (\mathbb{C}, 0)$ von f heißt *infinitesimal versell*, wenn gilt

$$\mathcal{O}_{n+1} = \mathcal{O}_{n+1}\left(\frac{\partial f}{\partial z_i}\right) + \mathbb{C}(\dot{F}_1, \dots, \dot{F}_k).$$

Beispiel 3.7 Die Entfaltung F aus Satz 3.17 ist infinitesimal versell.

Es sei nun $F : (\mathbb{C}^{n+1} \times \mathbb{C}^k, 0) \to (\mathbb{C}, 0)$, $(z, u) \mapsto F(z, u)$, eine infinitesimal verselle Entfaltung von f. Es sei

$$\begin{array}{rccc} G: & (\mathbb{C}^{n+1} \times \mathbb{C}^k \times \mathbb{C}, 0) & \longrightarrow & (\mathbb{C}, 0) \\ & (z, u, v) & \longmapsto & G(z, u, v) \end{array}$$

eine 1-parametrige Entfaltung von F, d.h. es gilt $G(z, u, 0) = F(z, u)$. Wegen $G(z, 0, 0) = F(z, 0) = f(z)$ können wir G auch als Entfaltung von f auffassen.

Lemma 3.8 *Die Entfaltung G von f ist äquivalent zu einer von F induzierten Entfaltung von f.*

Beweis. Da F infinitesimal versell ist, gilt:

$$\mathcal{O}_{n+1} = \mathcal{O}_{n+1}\left(\frac{\partial f}{\partial z_i}\right) + \mathbb{C}(\dot{F}_1, \dots, \dot{F}_k).$$

Wegen

$$\begin{aligned} \frac{\partial G}{\partial z_i}(z, 0, 0) &= \frac{\partial f}{\partial z_i}, \ i = 1, \dots, n+1, \\ \frac{\partial G}{\partial u_j}(z, 0, 0) &= \dot{F}_j, \ j = 1, \dots, k, \end{aligned}$$

folgt daraus

$$\mathcal{O}_{n+1+k+1} = \mathcal{O}_{n+1+k+1}\left(\frac{\partial G}{\partial z_i}\right) + \mathcal{O}_{n+1+k+1}\mathfrak{m}_{k+1} + \mathbb{C}\left(\frac{\partial G}{\partial u_1}, \dots, \frac{\partial G}{\partial u_k}\right), \tag{3.4}$$

wobei $\mathfrak{m}_{k+1}$ das maximale Ideal von $\mathcal{O}_{k+1} = \mathbb{C}\{u_1, \ldots, u_k, v\}$ ist. Es sei nun

$$\begin{array}{rccc} \pi: & \mathbb{C}^{n+1} \times \mathbb{C}^k \times \mathbb{C} & \longrightarrow & \mathbb{C}^k \times \mathbb{C} \\ & (z, u, v) & \longmapsto & (u, v) \end{array}$$

die kanonische Projektion und $\pi^* : \mathcal{O}_{k+1} \to \mathcal{O}_{n+1+k+1}$ der dadurch induzierte Algebrahomomorphismus. Es sei

$$M := \mathcal{O}_{n+1+k+1} / \mathcal{O}_{n+1+k+1} \left(\frac{\partial G}{\partial z_i} \right).$$

Dann ist offensichtlich M endlich über $\mathcal{O}_{n+1+k+1}$. Wir wenden den Weierstraß'schen Vorbereitungssatz für Moduln (Korollar 2.5) auf π^*, M und $\partial G/\partial u_1, \ldots, \partial G/\partial u_k$ an. Aus diesem Satz und der Gleichung (3.4) folgt

$$\mathcal{O}_{n+1+k+1} = \mathcal{O}_{n+1+k+1} \left(\frac{\partial G}{\partial z_i} \right) + \mathcal{O}_{k+1} \left(\frac{\partial G}{\partial u_1}, \ldots, \frac{\partial G}{\partial u_k} \right).$$

Nun betrachten wir das Element $\partial G/\partial v \in \mathcal{O}_{n+1+k+1}$. Dann hat $\partial G/\partial v$ eine Darstellung

$$\frac{\partial G}{\partial v} = \sum_{i=1}^{n+1} \xi_i(z, u, v) \frac{\partial G}{\partial z_i} + \sum_{j=1}^{k} \eta_j(u, v) \frac{\partial G}{\partial u_j}$$

mit $\xi_i \in \mathcal{O}_{n+1+k+1}$ und $\eta_j \in \mathcal{O}_{k+1}$. Diese Gleichung kann wie folgt formuliert werden: Für den Keim des holomorphen Vektorfeldes

$$X = \frac{\partial}{\partial v} - \sum_{j=1}^{k} \eta_j(u, v) \frac{\partial}{\partial u_j} - \sum_{i=1}^{n+1} \xi_i(z, u, v) \frac{\partial}{\partial z_i}$$

gilt

$$X(G) = 0.$$

Dieses Vektorfeld definiert nach Satz 3.3 und Bemerkung 3.13 eine holomorphe lokale einparametrige Gruppe und ein System von Phasenkurven. Für einen Punkt (z, u, v) nahe 0 sei $(\psi(z, u, v), \varphi(u, v), 0)$ der Schnittpunkt der Phasenkurve durch (z, u, v) mit der Hyperebene $\mathbb{C}^{n+1} \times \mathbb{C}^k \times \{0\}$. Dadurch sind holomorphe Abbildungskeime

$$\psi : (\mathbb{C}^{n+1} \times \mathbb{C}^k \times \mathbb{C}, 0) \longrightarrow (\mathbb{C}^{n+1}, 0),$$

$$\varphi : (\mathbb{C}^k \times \mathbb{C}, 0) \longrightarrow (\mathbb{C}^k, 0)$$

mit $\psi(z, 0, 0) = z$ definiert. Aus der Bedingung $X(G) = 0$ folgt, dass G konstant entlang der Phasenkurven ist. Also gilt

$$G(z, u, v) = G(\psi(z, u, v), \varphi(u, v), 0) = F(\psi(z, u, v), \varphi(u, v)).$$

Das bedeutet, dass ψ eine Äquivalenz von G mit der von F mittels φ induzierten Entfaltung definiert. Damit ist Lemma 3.8 bewiesen. $\square$

Beweis von Satz 3.17. Es sei $F : (\mathbb{C}^{n+1} \times \mathbb{C}^p, 0) \to (\mathbb{C}, 0)$ die Entfaltung von f aus Satz 3.17 und $F' : (\mathbb{C}^{n+1} \times \mathbb{C}^l, 0) \to (\mathbb{C}, 0)$, $(z, u') \mapsto F'(z, u')$, eine beliebige Entfaltung von f. Wir bilden die „Summe“ von F und F':

$$\begin{array}{rccc} H: & (\mathbb{C}^{n+1} \times \mathbb{C}^p \times \mathbb{C}^l, 0) & \longrightarrow & (\mathbb{C}, 0) \\ & (z, u, u') & \longmapsto & F(z, u) + F'(z, u') - f(z). \end{array}$$

Wir bezeichnen mit $H_0, H_1, \ldots, H_l$ die Einschränkungen von H auf die Unterräume

$$\mathbb{C}^{n+1} \times \mathbb{C}^p \subset \mathbb{C}^{n+1} \times \mathbb{C}^p \times \mathbb{C} \subset \ldots \subset \mathbb{C}^{n+1} \times \mathbb{C}^p \times \mathbb{C}^l.$$

Es gilt also insbesondere $H_0 = F$ und $H_l = H$. Da F infinitesimal versell ist, sind auch die Entfaltungen $H_0, H_1, \ldots, H_l$ infinitesimal versell, wie man leicht sieht. Deswegen können wir sukzessiv Lemma 3.8 anwenden und erhalten, dass die Entfaltung H äquivalent zu einer aus F induzierten Entfaltung von f ist. Da die Entfaltung F' von f aus H induziert ist, folgt, dass die Entfaltung F' äquivalent zu einer von F induzierten Entfaltung von f ist. Also ist die Entfaltung F universell und Satz 3.17 ist bewiesen. □

Wir halten noch ein Korollar von Satz 3.17 fest.

Korollar 3.4 *Es sei $f : (\mathbb{C}^{n+1}, 0) \to (\mathbb{C}, 0)$ ein holomorpher Funktionskeim mit einem nicht ausgearteten kritischen Punkt in 0. Dann ist*

$$\begin{array}{rccc} F: & (\mathbb{C}^{n+1} \times \mathbb{C}, 0) & \longrightarrow & (\mathbb{C}, 0) \\ & (z, t) & \longmapsto & f(z) - t \end{array}$$

eine universelle Entfaltung von f.

Beweis. Dies folgt aus Satz 3.17 und Lemma 3.7. □

3.8 Morsifikationen

Es sei $f : (\mathbb{C}^{n+1}, 0) \to (\mathbb{C}, 0)$ ein holomorpher Funktionskeim.

Definition Eine *Morsifikation* von $f : (\mathbb{C}^{n+1}, 0) \to (\mathbb{C}, 0)$ ist ein Repräsentant $F : M \times U \to \mathbb{C}$ einer Entfaltung

$$\begin{array}{rccc} F: & (\mathbb{C}^{n+1} \times \mathbb{C}, 0) & \longrightarrow & (\mathbb{C}, 0) \\ & (z, \lambda) & \longmapsto & f_\lambda(z) \end{array}$$

von f, so dass für fast alle $\lambda \in U \setminus \{0\}$ (alle bis auf eine Lebesgue-Nullmenge) die Funktion $f_\lambda : M \to \mathbb{C}$ eine Morsefunktion ist. Man nennt manchmal auch die Morsefunktion f_λ eine Morsifikation von f.

Wir wollen nun zeigen, dass jede isolierte Singularität f eine Morsifikation besitzt.

Satz 3.18 *Es sei $f : (\mathbb{C}^{n+1}, 0) \to (\mathbb{C}, 0)$ ein holomorpher Funktionskeim mit einer isolierten Singularität in 0. Dann besitzt f eine Morsifikation.*

Beweis. Es sei $f : M \to \mathbb{C}$ ein Repräsentant von f, wobei M eine offene Umgebung der 0 in $\mathbb{C}^{n+1}$ ist. Wir betrachten die Abbildung

$$\begin{array}{rccl} \operatorname{grad} f: & M & \longrightarrow & \mathbb{C}^{n+1} \\ & z & \longmapsto & \operatorname{grad} f(z) = \left(\frac{\partial f}{\partial z_1}, \ldots, \frac{\partial f}{\partial z_{n+1}}\right). \end{array}$$

Nach Satz 3.7 bilden die kritischen Werte von $\operatorname{grad} f$ eine Lebesgue-Nullmenge in $\mathbb{C}^{n+1}$. Es sei $\lambda(\tilde{a}_1, \ldots, \tilde{a}_{n+1})$ für $\lambda \in \mathbb{C}$ ein regulärer Wert nahe bei $0 \in \mathbb{C}^{n+1}$. Setze

$$\tilde{f}_\lambda(z) := f(z) - \lambda \sum_{i=1}^{n+1} \tilde{a}_i z_i.$$

Ein Punkt $p \in \mathbb{C}^{n+1}$ ist genau dann ein kritischer Punkt von $\tilde{f}_\lambda$, wenn $\operatorname{grad} f(p) = \lambda(\tilde{a}_1, \ldots, \tilde{a}_{n+1})$. Da aber $\lambda(\tilde{a}_1, \ldots, \tilde{a}_{n+1})$ kein kritischer Wert von $\operatorname{grad} f$ ist, ist $\operatorname{grad} f$ in p biholomorph, also gilt

$$\det\left(\frac{\partial^2 \tilde{f}_\lambda}{\partial z_i \partial z_j}(p)\right) \neq 0,$$

d.h. p ist ein nicht ausgearteter kritischer Punkt von $\tilde{f}_\lambda$. Also hat $\tilde{f}_\lambda$ nur nicht ausgeartete kritische Punkte. Da die Menge der regulären Werte der Abbildung $\operatorname{grad} f$ offen ist, können wir $\lambda(\tilde{a}_1, \ldots, \tilde{a}_{n+1})$ durch einen benachbarten regulären Wert $\lambda(a_1, \ldots, a_{n+1})$ ersetzen, so dass die Funktion

$$f_\lambda(z) := f(z) - \lambda \sum_{i=1}^{n+1} a_i z_i$$

nur nicht ausgeartete Punkte mit lauter verschiedenen kritischen Werten hat. □

Definition Die Anzahl $\mu = \mu(f)$ der nicht ausgearteten kritischen Punkte einer Morsifikation f_λ von f heißt die *Milnorzahl* (oder *Multiplizität*) der Singularität f.

In dem folgenden Satz geben wir eine andere Beschreibung dieser Zahl. Aus diesem Satz folgt auch, dass die Milnorzahl unabhängig von der gewählten Morsifikation ist. Bei dem Beweis folgen wir [Orl76, I.5].

Satz 3.19 *Es sei $f : (\mathbb{C}^{n+1}, 0) \to (\mathbb{C}, 0)$ ein holomorpher Funktionskeim mit einer isolierten Singularität in 0. Dann gilt*

$$\mu(f) = \dim_{\mathbb{C}} \mathcal{O}_{n+1} \Big/ \mathcal{O}_{n+1}\left(\frac{\partial f}{\partial z_1}, \ldots, \frac{\partial f}{\partial z_{n+1}}\right).$$

Beweis. Nach Satz 3.16 ist die Zahl auf der rechten Seite endlich. Wir setzen

$$d := \dim_{\mathbb{C}} \mathcal{O}_{n+1} \Big/ \mathcal{O}_{n+1}\left(\frac{\partial f}{\partial z_1}, \ldots, \frac{\partial f}{\partial z_{n+1}}\right).$$

Nach Definition ist $\mu(f)$ gleich der Anzahl der nicht ausgearteten kritischen Punkte einer Morsifikation f_λ von f ist. Nach dem Beweis von Satz 3.18 ist die letztere Zahl gleich der Anzahl der Urbildpunkte (in einer Umgebung von 0) eines regulären Wertes nahe bei 0 der endlichen holomorphen Abbildung

$$\operatorname{grad} f : M \longrightarrow \mathbb{C}^{n+1},$$

wobei M eine geeignete offene Umgebung der 0 in $\mathbb{C}^{n+1}$ ist. Wir zeigen nun, dass diese Anzahl gleich d ist.

Wir bezeichnen die Komponentenfunktionen der Abbildung $\operatorname{grad} f$ mit $f_1 := \partial f/\partial z_1, \ldots, f_{n+1} := \partial f/\partial z_{n+1}$. Da f nach Voraussetzung in 0 eine isolierte Singularität hat, ist 0 ein isolierter Punkt von $(\operatorname{grad} f)^{-1}(0)$. Nach Satz 2.42 ist die Abbildung $(\operatorname{grad} f)^* : \mathcal{O}_{n+1} \to \mathcal{O}_{n+1}$ daher endlich. Da $\mathcal{O}_{n+1}$ die Dimension $n+1$ hat (Korollar 2.6), folgt aus dem Beweis von Satz 2.44, dass der Homomorphismus $(\operatorname{grad} f)^*$ injektiv ist. Zur Unterscheidung bezeichnen wir die Koordinaten des Bildraums von $\operatorname{grad} f$ mit $y_1, \ldots, y_{n+1}$. Wir setzen außerdem $A = \mathbb{C}\{z_1, \ldots, z_{n+1}\}$, $R = \mathbb{C}\{f_1, \ldots, f_{n+1}\} \subset A$. Da $(\operatorname{grad} f)^* : \mathbb{C}\{y_1, \ldots, y_{n+1}\} \to A$ injektiv ist, ist R isomorph zu $\mathbb{C}\{y_1, \ldots, y_{n+1}\}$.

Wegen $d < \infty$ ist $(f_1, \ldots, f_{n+1})$ ein Parametersystem von A und nach Korollar 2.9 auch eine Primsequenz in A. Aus Satz 2.52 folgt, dass A ein freier R-Modul ist. Nach dem Weierstraß'schen Vorbereitungssatz für Moduln (Korollar 2.5) wird A als R-Modul von d Elementen erzeugt und d ist die minimale Anzahl von Erzeugenden. Also besitzt A eine R-Basis aus d Elementen. Es seien K_R und K_A die jeweiligen Quotientenkörper von R und A. Dann ist K_A eine Körpererweiterung von K_R vom Grad d. Da alle Elemente von K_A algebraisch über K_R sind, gilt $K_A = K_R(z_1, \ldots, z_{n+1})$. Nach dem Satz vom primitiven Element (siehe z.B. [Kun91, Theorem 12.5]) gibt es ein $\xi \in K_A$, $\xi = \sum_{i=1}^{n+1} c_i z_i$ mit $c_i \in K_R$, mit $K_A = K_R(\xi)$. Indem wir das Minimalpolynom von ξ über K_R mit dem gemeinsamen Hauptnenner der Koeffizienten multiplizieren, können wir annehmen, dass ξ einer Gleichung

$$b_0 \xi^d + b_1 \xi^{d-1} + \ldots + b_d = 0$$

mit $b_j \in R$, $j = 0, \ldots, d$, $b_0 \neq 0$, genügt. Multipliziert man diese Gleichung mit b_0^{d-1}, so erhält man die Gleichung

$$(b_0\xi)^d + b_1 (b_0\xi)^{d-1} + \ldots + b_0^{d-1} b_d = 0.$$

Aus dieser Gleichung folgt, dass $b_0\xi$ ganz über R ist. Nach einem möglichen Koordinatenwechsel können wir annehmen, dass $b_0\xi = z_1$ gilt. Dann genügt z_1 einer Gleichung $p(f_1, \ldots, f_{n+1})(z_1) = 0$, wobei

$$p(f_1, \ldots, f_{n+1})(t) = t^d + a_1(f_1, \ldots, f_{n+1}) t^{d-1} + \ldots + a_d(f_1, \ldots, f_{n+1})$$

und $a_i(f_1, \ldots, f_{n+1})$ für $i = 1, \ldots, d$ eine Potenzreihe in $f_1, \ldots, f_{n+1}$ ist, die in einer Umgebung $U \subset M$ von 0 konvergiert. Nach Satz 2.43 gilt $a_i(0) = 0$ für $i = 1, \ldots, d$.

Wir betrachten nun die Hyperfläche

$$V = \{(f_1, \ldots, f_{n+1}, z_1) \in U \times \mathbb{C} \mid p(f_1, \ldots, f_{n+1})(z_1) = 0\} \subset U \times \mathbb{C}$$

mit der Projektion

$$\begin{array}{cccc} \pi : & V & \longrightarrow & U \\ & (f_1, \ldots, f_{n+1}, z_1) & \longmapsto & (f_1, \ldots, f_{n+1}). \end{array}$$

Es sei $\Delta(f_1,\ldots,f_{n+1})$ die Diskriminante des Polynoms $p(f_1,\ldots,f_{n+1})(t)$ (vgl. §2.11). Dies ist ein Polynom in den Koeffizienten $a_i(f_1,\ldots,f_{n+1})$ des Polynoms $p(f_1,\ldots,f_{n+1})(t)$. Es sei

$$D = \{(f_1,\ldots,f_{n+1}) \in U \mid \Delta(f_1,\ldots,f_{n+1}) = 0\} \subset U.$$

Die Menge D ist eine Hyperfläche in U. Außerhalb von D hat die Gleichung

$$p(f_1,\ldots,f_{n+1})(z_1) = 0$$

genau d verschiedene Lösungen in der Variablen z_1. Es sei $C = \pi^{-1}(D)$.

Wir betrachten außerdem die Abbildung

$$\begin{array}{rccc} \tilde{\sigma}: & M & \longrightarrow & M \times \mathbb{C} \\ & (z_1,\ldots,z_{n+1}) & \longmapsto & (f_1(z),\ldots,f_{n+1}(z),z_1). \end{array}$$

Es sei $W = \tilde{\sigma}^{-1}(V)$. Dann ist W eine Umgebung von 0 in M. Wir setzen $\sigma = \tilde{\sigma}|_W$, $B = \sigma^{-1}(C)$. Nach eventueller Verkleinerung von U und V kann man erreichen, dass σ die Menge $W \setminus B$ homöomorph auf $V \setminus C$ abbildet. Die Hintereinanderschaltung $\sigma \circ \pi : W \to U$ stimmt aber mit der Abbildung $\operatorname{grad} f : W \to U$ überein. Da $\sigma \circ \pi$ außerhalb von D genau d Urbildpunkte hat, trifft dies also auch für $\operatorname{grad} f$ zu. Nach den Bemerkungen am Anfang des Beweises folgt

$$\mu(f) = d.$$

Damit ist Satz 3.19 bewiesen. □

Es sei $f : (\mathbb{C}^{n+1},0) \to (\mathbb{C},0)$ ein holomorpher Funktionskeim mit einer isolierten Singularität in 0, $\operatorname{grad} f(0) = 0$. Um eine Übersicht über alle möglichen Morsifikationen zu erhalten, betrachten wir eine universelle Entfaltung F von f. Nach Satz 3.16 erhält man eine universelle Entfaltung F von f wie folgt: Es seien $g_0 = -1, g_1, \ldots, g_{\mu-1}$ Repräsentanten einer Basis des $\mathbb{C}$-Vektorraums

$$\mathcal{O}_{n+1} \Big/ \left(\frac{\partial f}{\partial z_1},\ldots,\frac{\partial f}{\partial z_n}\right) \mathcal{O}_{n+1},$$

der die Dimension μ hat, vgl. Satz 3.19. Setze dann

$$\begin{array}{rccc} F: & (\mathbb{C}^{n+1} \times \mathbb{C}^{\mu},0) & \longrightarrow & (\mathbb{C},0) \\ & (z,u) & \longmapsto & f(z) + \sum_{j=0}^{\mu-1} g_j(z)u_j. \end{array}$$

Es sei

$$F : M \times U \to \mathbb{C}$$

ein Repräsentant der Enfaltung F, wobei M eine offene Umgebung der 0 in $\mathbb{C}^{n+1}$ und U eine offene Umgebung der 0 in $\mathbb{C}^{\mu}$ ist. Wir setzen

$$\begin{array}{rcl} \mathcal{Y} & := & \{(z,u) \in M \times U \mid F(z,u) = 0\}, \\ \mathcal{Y}_u & := & \{z \in M \mid F(z,u) = 0\}. \end{array}$$

Da $F(z,0) = f(z)$, gibt es nach Lemma 3.5 ein $\varepsilon > 0$, so dass jede Sphäre $S_\rho \subset M$ um 0 vom Radius $\rho \le \varepsilon$ die Menge $\mathcal{Y}_0$ transversal schneidet. Es sei $\varepsilon > 0$ so gewählt. Dann gibt es auch ein $\eta > 0$, so dass für $|u| \leq \eta$ die Menge $\{u \in \mathbb{C}^\mu \mid |u| \leq \eta\}$ ganz in U liegt und $\mathcal{Y}_u$ die Sphäre S_ε transversal schneidet. Es sei auch η so gewählt. Wir setzen

$$\begin{aligned} \mathcal{X} &:= \{(z,u) \in \mathcal{Y} \mid |z| < \varepsilon, |u| < \eta\}, \\ \bar{\mathcal{X}} &:= \{(z,u) \in \mathcal{Y} \mid |z| \leq \varepsilon, |u| < \eta\}, \\ \partial\bar{\mathcal{X}} &:= \{(z,u) \in \mathcal{Y} \mid |z| = \varepsilon, |u| < \eta\}, \\ S &:= \{u \in U \mid |u| < \eta\}, \end{aligned}$$

$$\begin{array}{rccc} p: & \bar{\mathcal{X}} & \longrightarrow & S \\ & (z,u) & \longmapsto & u. \end{array}$$

Es sei C die Menge der kritischen Punkte von p. Sind $p_0, \ldots, p_{\mu-1}$ die Komponentenfunktionen von p, d.h. $p_i(z,u) = u_i$ für $(z,u) \in \bar{\mathcal{X}}$, so werden die kritischen Punkte von p durch die Gleichungen und Ungleichungen

$$\begin{gathered} F(z,u) = 0 \\ \operatorname{grad} F = \lambda_0 \operatorname{grad} p_0 + \ldots + \lambda_{\mu-1} \operatorname{grad} p_{\mu-1} \\ |z| \leq \varepsilon, \ |u| < \eta \end{gathered}$$

für Unbekannte $z_1, \ldots, z_{n+1}, u_0, \ldots, u_{\mu-1}, \lambda_0, \ldots, \lambda_{\mu-1} \in \mathbb{C}$ gegeben. Daraus folgt

$$\begin{aligned} C &= \left\{ (z,u) \in M \times U \;\middle|\; \begin{array}{c} |z| \leq \varepsilon, \ |u| < \eta, \\ F(z,u) = 0, \\ \frac{\partial F}{\partial z_1}(z,u) = \ldots = \frac{\partial F}{\partial z_{n+1}}(z,u) = 0 \end{array} \right\} \\ &= \{(z,u) \in \bar{\mathcal{X}} \mid z \text{ ist kritischer Punkt von } F(\cdot,u)\} \end{aligned}$$

Es sei $D = p(C) \subset S$ die Diskriminante von p (vgl. Bild 3.7). Die Abbildung

$$p' := p|_{\bar{\mathcal{X}} - p^{-1}(D)} : \bar{\mathcal{X}} - p^{-1}(D) \longrightarrow S - D$$

ist dann eine Submersion.

Für den Beweis des folgendes Satzes benötigen wir eine Verallgemeinerung des Morse-Lemmas (Satz 3.15).

Satz 3.20 (Verallgemeinertes Morse-Lemma) *Es sei $f : (\mathbb{C}^{n+1}, 0) \to (\mathbb{C}, 0)$ ein holomorpher Funktionskeim mit* $\operatorname{grad} f(0) = 0$ *und* $\operatorname{Rang}\left((\partial^2 f/\partial z_i \partial z_j)(0)\right) = k$. *Dann gibt es Koordinaten $(z_1, \ldots, z_{n+1})$ von $\mathbb{C}^{n+1}$ um 0, so dass f in einer Umgebung von 0 repräsentiert wird durch*

$$(z_1, \ldots, z_{n+1}) \longmapsto z_1^2 + \ldots + z_k^2 + g(z_{k+1}, \ldots, z_{n+1}),$$

wobei $g \in \mathfrak{m}_{n+1}^3$.

Beweis. Durch eine lineare Koordinatentransformation kann man erreichen, dass f von der Form

$$f(y_1, \ldots, y_{n+1}) = y_1^2 + \ldots + y_k^2 + h(y_1, \ldots, y_{n+1})$$

mit $h \in \mathfrak{m}^3$ ist. Es sei $f_0 : (\mathbb{C}^k, 0) \to (\mathbb{C}, 0)$ definiert durch

$$f_0(y_1, \ldots, y_k) = f(y_1, \ldots, y_k, 0, \ldots, 0).$$

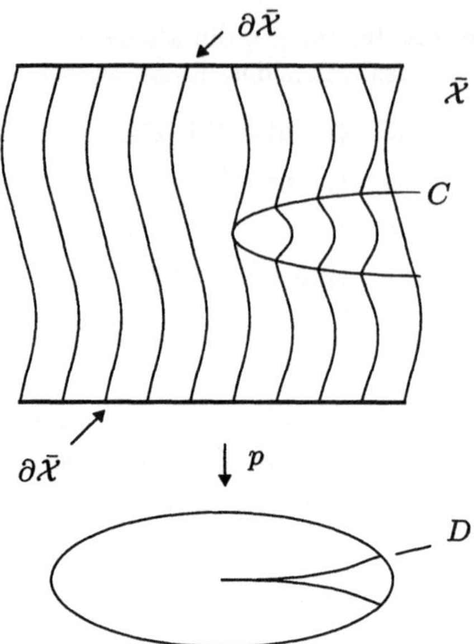

Bild 3.7: Kritische Menge C und Diskriminante D

Dann kann man f als Entfaltung von f_0 auffassen. Der Funktionskeim f_0 besitzt in 0 einen nicht ausgearteten kritischen Punkt. Nach Korollar 3.4 ist f als Entfaltung äquivalent zu einer von der universellen Entfaltung

$$\begin{array}{rccc} F: & (\mathbb{C}^{n+1} \times \mathbb{C}, 0) & \longrightarrow & (\mathbb{C}, 0) \\ & (y,t) & \longmapsto & f_0(y) - t \end{array}$$

von f_0 induzierten Entfaltung. Also gibt es holomorphe Abbildungskeime

$$\begin{aligned} g &: (\mathbb{C}^{n+1-k}, 0) \longrightarrow (\mathbb{C}, 0), \\ \psi &: (\mathbb{C}^k \times \mathbb{C}^{n+1-k}, 0) \longrightarrow (\mathbb{C}^k, 0) \end{aligned}$$

mit $\psi(y_1, \ldots, y_k, 0, \ldots, 0) = (y_1, \ldots, y_k)$, so dass

$$f(y_1, \ldots, y_{n+1}) = f_0(\psi(y_1, \ldots, y_{n+1})) + g(y_{k+1}, \ldots, y_{n+1}).$$

Der Abbildungskeim

$$\begin{array}{rccc} \tilde{\psi}: & (\mathbb{C}^{n+1}, 0) & \longrightarrow & (\mathbb{C}^{n+1}, 0) \\ & y = (y_1, \ldots, y_{n+1}) & \longmapsto & (\psi_1(y), \ldots, \psi_k(y), y_{k+1}, \ldots, y_{n+1}) \end{array}$$

ist nach der Voraussetzung über ψ biholomorph. Wir setzen

$$(z_1, \ldots, z_{n+1}) := (\psi_1(y), \ldots, \psi_k(y), y_{k+1}, \ldots, y_{n+1}).$$

Damit folgt

$$(f \circ \tilde{\psi}^{-1})(z_1, \ldots, z_{n+1}) = f_0(z_1, \ldots, z_k) + g(z_{k+1}, \ldots, z_{n+1}).$$

Wenden wir nun das Morse-Lemma (Satz 3.15) auf f_0 an, so folgt die Behauptung. □

Satz 3.21 *Für ein geeignetes $\eta > 0$ gilt:*
(i) *Die Abbildung $p : \bar{\mathcal{X}} \to S$ ist eigentlich.*
(ii) *C ist eine nichtsinguläre analytische Teilmenge von $\mathcal{X}$ und abgeschlossen in $\bar{\mathcal{X}}$.*
(iii) *Die Einschränkung $p|_C : C \to S$ ist endlich (d.h. eigentlich mit endlichen Fasern).*
(iv) *Die Diskriminante D ist eine irreduzible Hyperfläche in S.*

Beweis. (i) Ist $K \subset S$ kompakt, so ist $\bar{\mathcal{X}} \cap p^{-1}(K)$ ebenfalls kompakt. Also ist $p : \bar{\mathcal{X}} \to S$ eigentlich.

(ii) Nach Wahl von ε und η ist $p|_{\partial\bar{\mathcal{X}}}$ eine Submersion. Also folgt $C \cap \partial\mathcal{X} = \emptyset$, d.h. $C \subset \mathcal{X}$. Nach der obigen Beschreibung ist C eine analytische Teilmenge von $\mathcal{X}$ und daher abgeschlossen in $\bar{\mathcal{X}}$.

Wir müssen nun noch zeigen, dass C für ein geeignetes $\eta > 0$ nichtsingulär ist. Nach Satz 3.20 können wir f in geeigneten Koordinaten schreiben als

$$f(z_1, \ldots, z_{n+1}) = h(z_1, \ldots, z_r) + z_{r+1}^2 + \ldots + z_{n+1}^2$$

wobei $h \in \mathfrak{m}_{n+1}^3$. Dann können wir als Repräsentanten $g_1, \ldots, g_r$ von Elementen von

$$\mathcal{O}_{n+1} \Big/ \left(\frac{\partial f}{\partial z_1}, \ldots, \frac{\partial f}{\partial z_{n+1}}\right) \mathcal{O}_{n+1}$$

die Koordinatenfunktionen $z_1, \ldots, z_r$ wählen. Damit hat ein Repräsentant der universellen Entfaltung $F : (\mathbb{C}^{n+1} \times \mathbb{C}^{\mu}, 0) \to (\mathbb{C}, 0)$ von f die Gestalt

$$F(z,u) = -u_0 + u_1 z_1 + u_2 z_2 + \ldots + u_r z_r + z_{r+1}^2 + \ldots + z_{n+1}^2 + a(z,u), \tag{3.5}$$

wobei $a(z,u)$ nur Terme dritter oder höherer Ordnung besitzt.

Die kritische Menge C lässt sich nun beschreiben als

$$C = \{(z,u) \in M \times U \mid |z| < \varepsilon, |u| < \eta, \sigma(z,u) = 0\},$$

wobei $\sigma : M \times U \to \mathbb{C}^{n+2}$ die durch $\sigma = (F, \partial F/\partial z_1, \ldots, \partial F/\partial z_{n+1})$ gegebene Abbildung ist. Aufgrund der obigen Form von F gilt

$$\begin{aligned}
\frac{\partial F}{\partial z_j}(0) = 0, \quad & \frac{\partial^2 F}{\partial z_i \partial z_j}(0) = 2\delta_{ij} \text{ für } 1 \le i \le n+1, r+1 \le j \le n+1,\\
& \frac{\partial F}{\partial u_0}(0) = -1, \ \frac{\partial F}{\partial u_i}(0) = 0 \text{ für } 1 \le i \le r,\\
& \frac{\partial^2 F}{\partial z_i \partial u_j}(0) = \delta_{ij} \text{ für } 1 \le i \le n+1, 0 \le j \le r.
\end{aligned}$$

Deswegen ist die Matrix

$$\left(\begin{array}{ccc|ccc}
\frac{\partial F}{\partial z_{r+1}}(0) & \cdots & \frac{\partial F}{\partial z_{n+1}}(0) & \frac{\partial F}{\partial u_0}(0) & \cdots & \frac{\partial F}{\partial u_r}(0)\\
\frac{\partial^2 F}{\partial z_1 \partial z_{r+1}}(0) & \cdots & \frac{\partial^2 F}{\partial z_1 \partial z_{n+1}}(0) & \frac{\partial^2 F}{\partial z_1 \partial u_0}(0) & \cdots & \frac{\partial^2 F}{\partial z_1 \partial u_r}(0)\\
\vdots & \ddots & \vdots & \vdots & \ddots & \vdots\\
\frac{\partial^2 F}{\partial z_{n+1} \partial z_{r+1}}(0) & \cdots & \frac{\partial^2 F}{\partial z_{n+1} \partial z_{n+1}}(0) & \frac{\partial^2 F}{\partial z_{n+1} \partial u_0}(0) & \cdots & \frac{\partial^2 F}{\partial z_{n+1} \partial u_r}(0)
\end{array}\right)$$

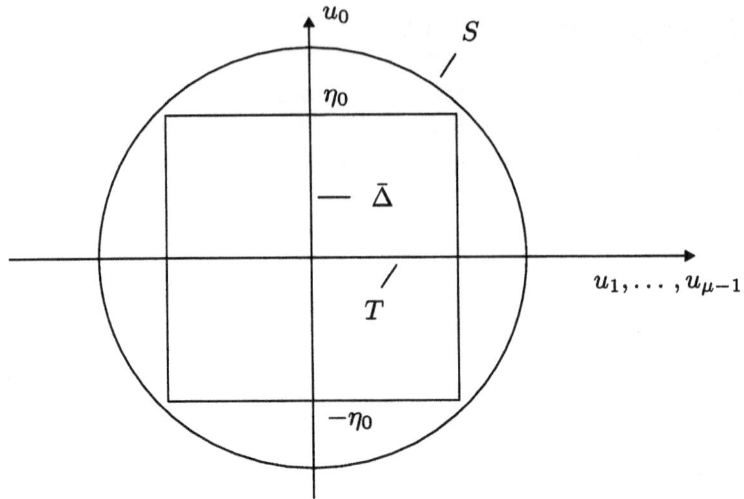

Bild 3.8: $\bar{\Delta} \times T \subset S$

eine $(n+2) \times (n+2)$-Untermatrix der Funktionalmatrix von σ in 0 vom Rang $n+2$. Nach dem Satz über implizite Funktionen ist daher C in einer Umgebung von 0 eine $(\mu-1)$-dimensionale Untermannigfaltigkeit von $\mathcal{X}$. Für genügend kleines $\eta > 0$ ist also C nicht singulär.

(iii),(iv) Nach (ii) ist C eine irreduzible analytische Teilmenge von $\mathcal{X}$. Die Abbildung $p : \bar{\mathcal{X}} \to S$ ist die Einschränkung einer linearen Projektion und nach (i) eigentlich. Da C nach (ii) abgeschlossen in $\bar{\mathcal{X}}$ ist, ist auch $p|_C : C \to S$ eigentlich. Nach Satz 2.53 ist daher das Bild $D = p(C)$ eine analytische Teilmenge von S und die Abbildung $p|_C : C \to S$ endlich. Nach Satz 2.54 ist auch D irreduzibel. Da die Dimension des analytischen Mengenkeims (C, x) für jeden Punkt $x \in C$ gleich $\mu-1$ ist (Korollar 2.7) und $p|_C : C \to D$ endlich ist, gilt auch $\dim_u D = \mu - 1$ für alle $u \in D$. Aus Satz 2.47 folgt, dass D eine Hyperfläche in S ist. □

Es sei $T := \{t = (u_1, \ldots, u_{\mu-1}) \in \mathbb{C}^{\mu-1} \mid |t| < \eta_1\}$ eine offene Kugel vom Radius $\eta_1 > 0$ um $0 \in \mathbb{C}^{\mu-1}$ und $\Delta \subset \mathbb{C}$ eine Kreisscheibe vom Radius $\eta_0 > 0$ um 0, so dass

$$\bar{\Delta} \times T = \{(u_0, u_1, \ldots, u_{\mu-1}) \in \mathbb{C}^\mu \mid u_0 \in \bar{\Delta}, (u_1, \ldots, u_{\mu-1}) \in T\} \subset S$$

(vgl. Bild 3.8). Wir ersetzen S durch $\bar{\Delta} \times T$ und $\bar{\mathcal{X}}$ durch $\bar{\mathcal{X}} \cap p^{-1}(\bar{\Delta} \times T)$, behalten aber die gleichen Bezeichnungen bei. Für $t \in T$ setzen wir

$$\begin{aligned} S_t &:= \bar{\Delta} \times \{t\} \\ &= \{(u_0, u_1, \ldots, u_{\mu-1}) \in \bar{\Delta} \times T \mid (u_1, \ldots, u_{\mu-1}) = t\}. \end{aligned}$$

Wir betrachten einen geeigneten Repräsentanten $\tilde{F} : \bar{\mathcal{X}} \to S = \bar{\Delta} \times T$ von

$$\begin{aligned} \tilde{F} : \quad (\mathbb{C}^{n+1} \times \mathbb{C}^\mu, 0) &\longrightarrow (\mathbb{C} \times \mathbb{C}^{\mu-1}, 0) \\ (z, u) &\longmapsto (F(z,u), u_1, \ldots, u_{\mu-1}) \end{aligned}$$

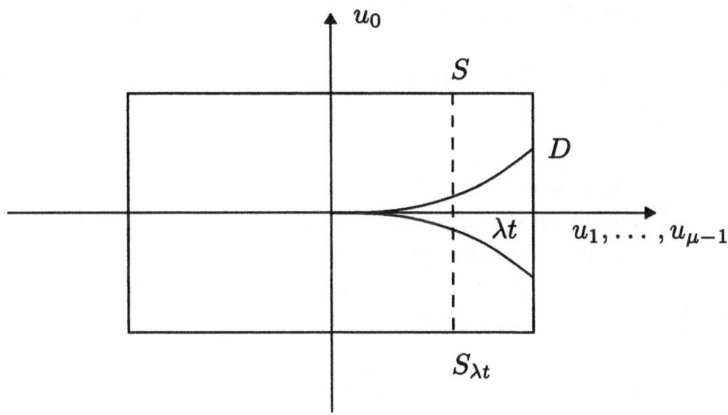

Bild 3.9: Die Gerade $\mathbb{C} \times \{\lambda t\}$ schneidet die Diskriminante D transversal

wobei F von der Gestalt

$$F(z,u) = f(z) - u_0 + \sum_{j=1}^{\mu-1} g_j(z) u_j$$

ist.

Lemma 3.9 *Es sei $t \in T$, $t \neq 0$. Die Funktion*

$$f_{\lambda t} : M \longrightarrow \Delta \times \{\lambda t\}$$

mit $f_{\lambda t}(z) = \tilde{F}(z, 0, \lambda t)$ repräsentiert für $\lambda \neq 0$ eine Morsifikation von f.

Beweis. Wir betrachten wieder einen Repräsentanten der universellen Entfaltung von f, der die Gestalt (3.5) aus dem Beweis von Satz 3.21 hat. Dann folgt wie im Beweis von Satz 3.18, dass $F(\cdot, u)$ für $(u_1, \dots, u_{\mu-1}) = \lambda t$ außerhalb einer Lebesgue-Nullmenge in einer Umgebung von 0 nur nicht ausgeartete kritische Punkte mit lauter verschiedenen kritischen Werten hat. Also ist $f_{\lambda t}$ für $\lambda \neq 0$ eine Morsifikation von f. □

Bemerkung 3.18 Dass $f_{\lambda t}$ eine Morsefunktion ist, ist gleichbedeutend damit, dass die Gerade $\mathbb{C} \times \{\lambda t\}$ in allgemeiner Lage zu der Diskriminante D ist, d.h. die Diskriminante D in regulären Punkten transversal schneidet (vgl. Bild 3.9). Dies folgt aus der Beschreibung

$$C = \{(z, u) \in \mathcal{X} \mid z \text{ ist kritischer Punkt von } F(\cdot, u)\}.$$

Hat der Repräsentant F der universellen Entfaltung von f die Gestalt (3.5), so folgt, dass die Gerade $\mathbb{C} \times \{0\}$ nicht im Tangentialraum (Tangentialkegel) von D in 0 liegt. Daraus folgt, dass für λt außerhalb einer Lebesgue-Nullmenge die Gerade $\mathbb{C} \times \{\lambda t\}$ in allgemeiner Lage zu der Diskriminante D ist, also $f_{\lambda t}$ eine Morsefunktion ist.

3.9 Endlich bestimmte Funktionskeime

Wir betrachten nun eine Äquivalenzrelation auf der Menge aller holomorphen Funktionskeime $f : (\mathbb{C}^{n+1}, p) \to (\mathbb{C}, s)$.

Definition Zwei holomorphe Funktionskeime $f_1 : (\mathbb{C}^{n+1}, p_1) \to (\mathbb{C}, s_1)$, $f_2 : (\mathbb{C}^{n+1}, p_2) \to (\mathbb{C}, s_2)$ heißen *rechtsäquivalent*, falls es Repräsentanten $\tilde{f}_1 : U_1 \to \mathbb{C}$ von f_1 und $\tilde{f}_2 : U_2 \to \mathbb{C}$ von f_2 und eine biholomorphe Abbildung $\varphi : U_1 \to U_2$ mit $\varphi(p_1) = p_2$ gibt, so dass gilt: $\psi \circ \tilde{f}_1 = \tilde{f}_2 \circ \varphi$, wobei $\psi : \mathbb{C} \to \mathbb{C}$ die Translation $z \mapsto z + (s_2 - s_1)$ ist, d.h. das folgende Diagramm kommutiert:

$$\begin{array}{ccc} U_1 & \xrightarrow{\varphi} & U_2 \\ {\scriptstyle \tilde{f}_1}\downarrow & & \downarrow{\scriptstyle \tilde{f}_2} \\ \mathbb{C} & \xrightarrow[\psi]{} & \mathbb{C} \end{array}$$

Die Rechtsäquivalenzklasse eines holomorphen Funktionskeims $f : (\mathbb{C}^{n+1}, p) \to (\mathbb{C}, s)$ bezeichnen wir mit $[f]$. Ist f eine isolierte Singularität, so nennen wir auch $[f]$ eine isolierte Singularität.

Definition Es sei $f : (\mathbb{C}^{n+1}, 0) \to (\mathbb{C}, 0)$ ein holomorpher Funktionskeim mit einer isolierten Singularität in 0. Die *Modalität* (oder *Modulzahl*) von f, in Zeichen $\mathrm{mod}(f)$, ist die kleinste Zahl m, für die ein Repräsentant $p : \mathcal{X} \to S$ der universellen Entfaltung $F : (\mathbb{C}^{n+1} \times \mathbb{C}^{\mu}, 0) \to (\mathbb{C}, 0)$ von f existiert, so dass für alle $(z, u) \in \mathcal{X}$ die durch $F_u(z') = F(z', u)$ gegebenen Funktionskeime $F_u : (\mathbb{C}^{n+1}, z) \to (\mathbb{C}, F(z, u))$ in endlich viele Familien von Rechtsäquivalenzklassen fallen, die jeweils von höchstens m (komplexen) Parametern abhängen. Die Modalität hängt nur von der Rechtsäquivalenzklasse $[f]$ von f ab und wir schreiben deshalb auch $\mathrm{mod}[f]$. Ist $\mathrm{mod}[f] = m$, so nennen wir $[f]$ *m-modal* (oder *m-modular*). Für $m = 0, 1, 2$ sagt man auch entsprechend *einfach*, *unimodal* (oder *unimodular*), *bimodal* (*bimodular*).

Die Tatsache, dass f einfach ist, bedeutet, dass es endlich viele Funktionskeime $f_i : (\mathbb{C}^{n+1}, 0) \to (\mathbb{C}, 0)$ $(i = 1, \ldots, k)$ gibt, so dass für jede Entfaltung $F : (\mathbb{C}^{n+1} \times \mathbb{C}^r, 0) \to (\mathbb{C}, 0)$ von f ein Repräsentant $p : \mathcal{X} \to S$ existiert, so dass für alle $(z, u) \in \mathcal{X}$ der Funktionskeim $F_u : (\mathbb{C}^{n+1}, z) \to (\mathbb{C}, F(z, u))$ rechtsäquivalent zu einem f_i ist.

Beispiel 3.8 Ist $f : (\mathbb{C}^{n+1}, 0) \to (\mathbb{C}, 0)$ ein holomorpher Funktionskeim mit einem nicht ausgearteten kritischen Punkt in 0, so ist f einfach. Dies folgt aus Korollar 3.4.

Beispiel 3.9 Es sei $f : (\mathbb{C}^2, 0) \to (\mathbb{C}, 0)$ gegeben durch $f(z_1, z_2) = z_1 z_2 (z_1 + z_2)(z_1 - z_2)$. Wir zeigen, dass f nicht einfach ist. Dazu betrachten wir die Entfaltung

$$F(z_1, z_2, u) := (z_1 + u z_2) z_2 (z_1 + z_2)(z_1 - z_2).$$

Dann sind die Keime der Funktionen

$$f_u : (\mathbb{C}^2, 0) \to (\mathbb{C}, 0), \quad f_u(z_1, z_2) = F(z_1, z_2, u),$$

im Allgemeinen nicht zueinander rechtsäquivalent. Denn wäre dies für zwei Werte $u_1, u_2 \in \mathbb{C}$ der Fall, so müsste es eine biholomorphe Abbildung $\varphi : U_1 \to U_2$, $U_1, U_2 \subset \mathbb{C}^2$ offen, mit $\varphi(0) = 0$ geben, so dass $f_{u_1} = f_{u_2} \circ \varphi$. Da f_{u_1} und f_{u_2} homogene Polynome vierten Grades sind, kann man annehmen, dass φ linear ist. Der Raum aller Geraden im $\mathbb{C}^2$ durch den Nullpunkt ist der eindimensionale komplexe projektive Raum $\mathbb{P}_1\mathbb{C}$. Dieser Raum ist isomorph zur Riemann'schen Zahlensphäre $\hat{\mathbb{C}}$. Die vier Geraden

$$z_1 + uz_2 = 0, \; z_2 = 0, \; z_1 + z_2 = 0, \; z_1 - z_2 = 0$$

bestimmen vier Punkte auf der projektiven Geraden $\mathbb{P}_1\mathbb{C}$. Die Abbildung φ induziert eine gebrochen lineare Transformation $\hat{\varphi}$ von $\hat{\mathbb{C}}$ auf sich. Nach Satz 1.26 lässt eine gebrochen lineare Transformation das Doppelverhältnis dieser vier Punkte invariant. Das Doppelverhältnis dieser vier Punkte hängt aber von u ab.

Im folgenden sollen die einfachen Funktionskeime klassifiziert werden. Dazu brauchen wir Hilfsmittel, um zu entscheiden, ob zwei Funktionskeime rechtsäquivalent sind. Damit wollen wir uns nun beschäftigen.

Es sei $f : (\mathbb{C}^{n+1}, 0) \to (\mathbb{C}, 0)$ ein holomorpher Funktionskeim.

Definition Das Taylorpolynom von f um 0 vom Grad r nennt man den *r-Jet* von f und bezeichnet es mit $j^r f$.

Definition Der Funktionskeim f heißt *r-bestimmt*, wenn jeder holomorphe Funktionskeim $g : (\mathbb{C}^{n+1}, 0) \to (\mathbb{C}, 0)$ mit $j^r f = j^r g$ rechtsäquivalent zu f ist.

Insbesondere sind also r-bestimmte Funktionskeime f rechtsäquivalent zum Polynom $j^r f$.

Es bezeichne wieder $\mathfrak{m}$ das maximale Ideal von $\mathcal{O}_{n+1}$. Dann gilt

$$\mathfrak{m}^r = \{f \subset \mathcal{O}_{n+1} \mid j^{r-1} f = 0\}.$$

Theorem 3.1 (Mather) *Es sei $f : (\mathbb{C}^{n+1}, 0) \to (\mathbb{C}, 0)$ ein holomorpher Funktionskeim. Gilt*

$$\mathfrak{m}^{r+1} \subset \mathfrak{m}^2 \left(\frac{\partial f}{\partial z_1}, \ldots, \frac{\partial f}{\partial z_{n+1}} \right) + \mathfrak{m}^{r+2},$$

so ist f r-bestimmt.

Beweis. Wir müssen zeigen, dass für jedes Element $h \in \mathfrak{m}^{r+1}$ der Funktionskeim $f + h$ rechtsäquivalent zu f ist. Dazu gehen wir ähnlich wie beim Beweis des komplexen Morse-Lemmas (Satz 3.15) vor.

Dazu betrachten wir die Funktion

$$F(z, t) = f(z) + th(z)$$

für z aus einer Umgebung U von 0 in $\mathbb{C}^{n+1}$ und $t \in [0, 1]$. Wir suchen nun eine holomorphe lokale einparametrige Gruppe $g : [0, 1] \times U' \to U'$ für eine geeignete Umgebung U' von $0 \in \mathbb{C}^{n+1}$, so dass

$$F(g_t(z), t) = f(z), \quad g_0(z) = z, \quad g_t(0) = 0 \text{ für } u \in U', t \in [0, 1]. \tag{3.6}$$

Von g wird auf $[0,1] \times U'$ ein holomorphes Vektorfeld

$$X = \frac{\partial}{\partial t} + \sum_{j=1}^{n+1} a_{t,j} \frac{\partial}{\partial z_j}$$

induziert. Aus der Gleichung (3.6) folgt, dass für dieses Vektorfeld $XF = 0$ gelten muss. Damit erhält man die folgende Gleichung für die gesuchten Funktionen $a_{t,j}$:

$$\frac{\partial F}{\partial t} + \sum_{j=1}^{n+1} a_{t,j} \frac{\partial F}{\partial z_j} = h + \sum_{j=1}^{n+1} a_{t,j} \frac{\partial F}{\partial z_j} = 0.$$

Diese Gleichung können wir wie folgt umschreiben:

$$\sum_{j=1}^{n+1} a_{t,j} \frac{\partial F}{\partial z_j} = -h. \tag{3.7}$$

Behauptung 3.1 Unter der Voraussetzung von Theorem 3.1 ist die Gleichung (3.7) für die Koeffizienten $a_{t,j}$ lösbar.

Beweis. Es sei $t_0 \in [0,1]$, $\mathcal{E}$ der Ring der holomorphen Funktionskeime

$$(\mathbb{R} \times \mathbb{C}^{n+1}, (t_0, 0)) \to (\mathbb{C}, 0)$$

und $\mathfrak{n}$ das zugehörige maximale Ideal. Es sei

$$J = \mathcal{E}\left(\frac{\partial F}{\partial z_1}, \dots, \frac{\partial F}{\partial z_{n+1}}\right).$$

Nach Voraussetzung gilt $h \in \mathfrak{m}^{r+1}$. Wir können die Gleichung (3.7) nach $a_{t,j}$ auflösen, falls

$$\mathfrak{m}^{r+1} \subset J\mathcal{E}\mathfrak{m}.$$

Aus der Definition von F folgt

$$\frac{\partial F}{\partial z_j} = \frac{\partial f}{\partial z_j} + t\frac{\partial h}{\partial z_j},$$

also

$$\frac{\partial f}{\partial z_j} = \frac{\partial F}{\partial z_j} - t\frac{\partial h}{\partial z_j}.$$

Daher gilt

$$\left(\frac{\partial f}{\partial z_1}, \dots, \frac{\partial f}{\partial z_{n+1}}\right) \subset J + \mathcal{E}\mathfrak{m}^r.$$

Da nach Voraussetzung $\mathfrak{m}^{r+1} \subset \mathfrak{m}^2 (\partial f/\partial z_1, \dots, \partial f/\partial z_{n+1}) + \mathfrak{m}^{r+2}$ gilt, erhalten wir

$$\begin{aligned}
\mathcal{E}\mathfrak{m}^{r+1} &\subset \mathcal{E}\mathfrak{m}^2\left(\frac{\partial f}{\partial z_1}, \dots, \frac{\partial f}{\partial z_{n+1}}\right) + \mathcal{E}\mathfrak{m}^{r+2} \\
&\subset \mathfrak{m}^2 J + \mathcal{E}\mathfrak{m}^{r+2} \\
&\subset \mathfrak{m}^2 J + \mathfrak{n}\mathcal{E}\mathfrak{m}^{r+1}.
\end{aligned}$$

Aus dem Lemma von Nakayama (Korollar 2.3) folgt die Behauptung. □

Wie in dem Beweis des komplexen Morse-Lemmas folgt nun die Existenz einer holomorphen lokalen einparametrigen Gruppe $g : [0,1] \times U' \to U'$, die die Gleichung (3.6) erfüllt. Für den Abbildungskeim $g_1 : (U',0) \to (U',0)$ gilt dann

$$(f+h) \circ g_1 = f,$$

f ist also rechtsäquivalent zu $f+h$. □

Korollar 3.5 *Es sei* $f : (\mathbb{C}^{n+1},0) \to (\mathbb{C},0)$ *ein holomorpher Funktionskeim. Gilt für* $r \geq 1$

$$\mathfrak{m}^{r-1} \subset \left(\frac{\partial f}{\partial z_1}, \ldots, \frac{\partial f}{\partial z_{n+1}}\right),$$

so ist f *r-bestimmt.*

Beweis. Dies folgt aus Theorem 3.1, da $\mathfrak{m}^{r+1} = \mathfrak{m}^2 \cdot \mathfrak{m}^{r-1}$ für $r \geq 1$. □

Korollar 3.6 *Es sei* $f : (\mathbb{C}^{n+1},0) \to (\mathbb{C},0)$ *ein holomorpher Funktionskeim mit einer isolierten Singularität in* 0. *Dann ist* f *rechtsäquivalent zu einem Polynom.*

Beweis. Es seien wieder $f_j := \partial f/\partial z_j$, $j = 1, \ldots, n+1$, die partiellen Ableitungen von f und J_f das von $f_1, \ldots, f_{n+1}$ aufgespannte Ideal. Da f in 0 eine isolierte Singularität hat, ist 0 die einzige Lösung von

$$f_1(z) = \ldots = f_{n+1}(z) = 0$$

in einer offenen Umgebung M von 0. Dann gilt

$$V(J_f) = V(f_1, \ldots, f_{n+1}) = (\{0\}, 0).$$

Daraus folgt

$$I(V(J_f)) = \mathfrak{m}.$$

Nach dem Rückert'schen Nullstellensatz (Satz 2.27) gilt

$$I(V(J_f)) = \operatorname{rad} J_f.$$

Daraus folgt $\mathfrak{m}^{r-1} \subset J_f$ für ein $r \geq 1$. Nach Korollar 3.5 ist f rechtsäquivalent zu $j^r f$, also zu einem Polynom. □

Wir wenden nun Satz 3.12 und Bemerkung 3.14 auf dic Untersuchung von holomorphen Funktionskeimen an.

Satz 3.22 *Es sei* $k \geq 3$ *und* $f(z_1, \ldots, z_k)$ *ein homogenes Polynom vom Grad 3, das in* 0 *eine isolierte Singularität besitzt. Dann ist der zugehörige holomorphe Funktionskeim* $f : (\mathbb{C}^k,0) \to (\mathbb{C},0)$ *nicht einfach.*

Beweis. Die homogenen Polynome in den Variablen $z_1, \ldots, z_k$ vom Grad 3 bilden einen komplexen Vektorraum V. Die komplexe Dimension dieses Vektorraums ist die Anzahl der verschiedenen Monome in den Variablen $z_1, \ldots, z_k$, also

$$\binom{k+3-1}{3} = \frac{1}{6}k(k+1)(k+2).$$

Wir betrachten die Entfaltung

$$F(z,u) = f(z) + \sum_{|\nu|=3} u_\nu z^\nu$$

von f, wobei ν alle Multiindizes $\nu = (\nu_1, \ldots, \nu_k)$ mit $|\nu| = \nu_1 + \ldots + \nu_k = 3$ durchläuft. Alle Funktionskeime $f_u = F(\cdot, u)$ sind homogene Polynome vom Grad 3. Zwei homogene Polynome g und $\tilde{g}$ vom Grad 3 sind genau dann rechtsäquivalent, wenn es ein $\varphi \in \mathrm{GL}(k, \mathbb{C})$ gibt mit $\tilde{g} = g \circ \varphi$.

Nun ist $\mathrm{GL}(k, \mathbb{C})$ eine komplexe Liegruppe der komplexen Dimension k^2. Die Bahn der natürlichen Operation dieser Liegruppe auf V durch $g \in V$ entspricht der Rechtsäquivalenzklasse von g. Nach Satz 3.12 und Bemerkung 3.14 ist eine Bahn lokal eine komplexe Untermannigfaltigkeit von V der komplexen Dimension $\leq k^2$. Für $k \geq 3$ ist aber

$$k^2 < \frac{1}{6}k(k+1)(k+2).$$

Wenden wir dies auf die Entfaltung F von f an, so folgt, dass man in jeder Umgebung von f unendlich viele nicht zueinander rechtsäquivalente Funktionskeime finden kann. Also ist f nicht einfach. □

Korollar 3.7 *Es sei $f : (\mathbb{C}^{n+1}, 0) \to (\mathbb{C}, 0)$ ein einfacher holomorpher Funktionskeim mit einer isolierten Singularität in* 0. *Dann ist*

$$\mathrm{Rang}\left(\frac{\partial^2 f}{\partial z_i \partial z_j}(0)\right) \geq n-1.$$

Beweis. Angenommen,

$$\mathrm{Rang}\left(\frac{\partial^2 f}{\partial z_i \partial z_j}(0)\right) = k < n-1.$$

Nach dem verallgemeinerten Morse-Lemma (Satz 3.20) gibt es dann Koordinaten $(z_1, \ldots, z_{n+1})$, so dass f in diesen Koordinaten geschrieben werden kann als

$$f(z_1, \ldots, z_{n+1}) = z_1^2 + \ldots + z_k^2 + g(z_{k+1}, \ldots, z_{n+1}),$$

wobei $g \in \mathfrak{m}_{n+1}^3$. Der 3-Jet von g ist aber ein homogenes Polynom vom Grad 3 in $n+1-k \geq 3$ Variablen, das in 0 eine isolierte Singularität besitzt. Nach Satz 3.22 ist $j^3(g)$ und damit auch g nicht einfach. Nach dem folgenden Satz ist dann auch f nicht einfach. □

Satz 3.23 *Es seien $f_i : (\mathbb{C}^k \times \mathbb{C}^l, 0) \to (\mathbb{C}, 0)$, $(x,y) \mapsto f_i(x,y)$, $i = 1, 2$, zwei Funktionskeime der folgenden Form*

$$\begin{aligned} f_1(x,y) &= x_1^2 + \ldots + x_k^2 + g_1(y) \quad \textit{mit } g_1 \in \mathfrak{m}^3, \\ f_2(x,y) &= x_1^2 + \ldots + x_k^2 + g_2(y) \quad \textit{mit } g_2 \in \mathfrak{m}^3. \end{aligned}$$

Sind f_1 und f_2 rechtsäquivalent, so sind dies auch g_1 und g_2.

Beweis. Es sei

$$\begin{array}{rccc} \varphi: & (\mathbb{C}^k \times \mathbb{C}^l, 0) & \longrightarrow & (\mathbb{C}^k \times \mathbb{C}^l, 0) \\ & (x, y) & \longmapsto & (x', y') \end{array}$$

der Keim einer biholomorphen Abbildung mit

$$f_1(x', y') = f_1 \circ \varphi(x, y) = f_2(x, y). \tag{3.8}$$

Wir betrachten die partielle Ableitung von f_2 nach der Koordinate x_i in einem Punkt $(0, y)$. Es sei $\varphi(0, y) = (x', y')$. Dann folgt aus dieser Gleichung

$$0 = \frac{\partial f_2}{\partial x_i}(0, y) = \sum_{j=1}^{k} \frac{\partial f_1}{\partial x'_j}(x', y') \frac{\partial x'_j}{\partial x_i}(0, y) + \sum_{j=1}^{l} \frac{\partial f_1}{\partial y'_j}(x', y') \frac{\partial y'_j}{\partial x_i}(0, y).$$

Es sei $A(0, y)$ die Matrix

$$A(0, y) = \left(\left(\frac{\partial x'_j}{\partial x_i}(0, y) \right) \right)_{j=1,\dots,k}^{i=1,\dots,k}.$$

Wegen

$$\frac{\partial f_1}{\partial x'_j}(x', y') = 2x'_j$$

und

$$\frac{\partial f_1}{\partial y'_j}(x', y') = \frac{\partial g_1}{\partial y'_j}(x', y')$$

erhalten wir folgendes Gleichungssystem

$$-2A(0, y)x' = \left(\sum_{j=1}^{l} \frac{\partial g_1}{\partial y'_j}(x', y') \frac{\partial y'_j}{\partial x_1}(0, y), \dots, \sum_{j=1}^{l} \frac{\partial g_1}{\partial y'_j}(x', y') \frac{\partial y'_j}{\partial x_k}(0, y) \right)^t.$$

Für y aus einer Umgebung von 0 in $\mathbb{C}^l$ ist die Matrix $A(0, y)$ invertierbar. Daher können wir in einer Umgebung von $(0, 0)$ in $\varphi(\{0\} \times \mathbb{C}^l)$ das Gleichungssystem nach x' auflösen, d.h. die Koordinate x'_i als Funktion $x'_i = \xi_i(y)$ von y schreiben, wobei

$$\xi_i \in \mathcal{O}_l \left(\frac{\partial g_1}{\partial y'_1}, \dots, \frac{\partial g_1}{\partial y'_l} \right).$$

Aus der Gleichung (3.8) folgt dann

$$\begin{aligned} g_2(y) &= f_2(0, y) = f_1 \circ \varphi(0, y) = f_1(\xi_1(y), \dots, \xi_k(y), y') \\ &= g_1(y') + \sum_{i=1}^{k} \xi_i(y)^2. \end{aligned}$$

Also ist g_1 rechtsäquivalent zu $g_2 - \sum_{i=1}^{k} \xi_i^2$. Der Satz folgt damit aus dem folgenden Lemma. □

Lemma 3.10 *Es sei* $g : (\mathbb{C}^l, 0) \to (\mathbb{C}, 0)$ *ein holomorpher Funktionskeim mit* $g \in \mathfrak{m}^3$. *Es sei*

$$J_g := \mathcal{O}_l\left(\frac{\partial g}{\partial z_1}, \dots, \frac{\partial g}{\partial z_l}\right).$$

Ist $h \in (J_g)^2$, *so ist* $g + h$ *rechtsäquivalent zu* g.

Beweis. Der Beweis verläuft analog zum Beweis von Theorem 3.1.

Wir betrachten wie dort

$$G(z,t) = g(z) + th(z), \quad t \in [0,1].$$

Es sei $t_0 \in [0,1]$, $\mathcal{E}$ der Ring der holomorphen Funktionskeime

$$(\mathbb{R} \times \mathbb{C}^l, (t_0, 0)) \to (\mathbb{C}, 0)$$

und $\mathfrak{n}$ das zugehörige maximale Ideal. Es sei

$$J_G = \mathcal{E}\left(\frac{\partial G}{\partial z_1}, \dots, \frac{\partial G}{\partial z_l}\right).$$

Es ist zu zeigen:

$$h \in \mathfrak{m} J_G.$$

Es gilt nun

$$\begin{aligned} \mathfrak{m} J_g &\subset \mathfrak{m} J_G + t\mathfrak{m}\mathcal{E}\left(\frac{\partial h}{\partial z_1}, \dots, \frac{\partial h}{\partial z_l}\right) \\ &\subset \mathfrak{m} J_G + \mathfrak{n}\mathfrak{m} J_g \end{aligned}$$

Aus dem Lemma von Nakayama (Korollar 2.3) folgt

$$\mathfrak{m} J_g \subset \mathfrak{m} J_G.$$

Wegen

$$h \in (J_g)^2 \subset \mathfrak{m} J_g$$

folgt $h \in \mathfrak{m} J_G$, was zu zeigen war. □

Nach Korollar 3.7 spielen die einfachen Funktionskeime $f : (\mathbb{C}^2, 0) \to (\mathbb{C}, 0)$ eine Sonderrolle. Aus diesem Grund werden wir im nächsten Abschnitt zunächst diese Funktionskeime klassifizieren. Die allgemeine Klassifikation erfolgt dann mit Hilfe von Satz 3.23.

Satz 3.24 *Es sei* $f(z_1, z_2)$ *ein homogenes Polynom vom Grad* 4, *das in* 0 *eine isolierte Singularität besitzt. Dann ist der zugehörige Funktionskeim* $f : (\mathbb{C}^2, 0) \to (\mathbb{C}, 0)$ *nicht einfach.*

Beweis. Der Beweis verläuft wie der Beweis von Satz 3.22, wobei nun verwendet wird, dass der Vektorraum der homogenen Polynome vom Grad 4 in den zwei Variablen z_1, z_2 die komplexe Dimension

$$\binom{2+4-1}{4} = 5$$

hat und

$$\dim \mathrm{GL}(2, \mathbb{C}) = 4.$$

Damit ist Satz 3.24 bewiesen. □

Daraus ergibt sich unmittelbar:

Korollar 3.8 *Es sei* $f : (\mathbb{C}^2, 0) \to (\mathbb{C}, 0)$ *ein einfacher holomorpher Funktionskeim mit isolierter Singularität in* 0. *Dann ist* $j^3 f \neq 0$.

3.10 Klassifikation der einfachen Singularitäten

Unser Ziel ist es nun zunächst, die einfachen Singularitäten in $\mathbb{C}^2$ zu klassifizieren. Wir wollen den folgenden Satz beweisen:

Satz 3.25 *Es sei* $f : (\mathbb{C}^2, 0) \to (\mathbb{C}, 0)$ *ein einfacher holomorpher Funktionskeim mit einer isolierten Singularität in* 0 *und* $\operatorname{grad} f(0) = 0$. *Dann ist* f *rechtsäquivalent zu einem der folgenden einfachen Funktionskeime:*

(a) $x^{k+1} + y^2$ *mit* $k \geq 1$ *(*A_k*)*,

(b) $x^2 y + y^{k-1}$ *mit* $k \geq 4$ *(*D_k*)*,

(c) $x^3 + y^4$ *(*E_6*)*,

(d) $x^3 + xy^3$ *(*E_7*)*,

(e) $x^3 + y^5$ *(*E_8*)*.

Bei dem Beweis dieses Satzes folgen wir der Darstellung in [BK91], die wiederum auf der Originalarbeit [Arn73] beruht. Für den Beweis brauchen wir drei Hilfssätze:

Lemma 3.11 *Es sei* $f(x, y)$ *ein homogenes Polynom vom Grad* 3. *Dann kann* f *durch eine* $\mathbb{C}$*-lineare Transformation auf eine der folgenden Formen gebracht werden:*

$$0, \quad x^2 y + y^3, \quad x^2 y, \quad x^3.$$

Beweis. Es gilt

$$f(x, y) = (a_1 x + b_1 y)(a_2 x + b_2 y)(a_3 x + b_3 y)$$

für geeignete komplexe Zahlen a_i, b_i, $i = 1, 2, 3$. Die Gleichung

$$a_i x + b_i y = 0$$

ist aber die Gleichung einer Geraden in $\mathbb{C}^2$, die als Punkt der komplexen projektiven Geraden $\mathbb{P}_1\mathbb{C}$ aufgefasst werden kann. Damit folgt Lemma 3.11 aus der Tatsache, dass drei verschiedene Punkte in $\mathbb{P}_1\mathbb{C}$ durch eine gebrochen lineare Transformation in drei beliebige andere Punkte abgebildet werden können. □

Lemma 3.12 *Die holomorphen Funktionskeime*

$$\begin{aligned} f_1 &: (\mathbb{C}^2,0) \to (\mathbb{C},0), \quad (x,y) \mapsto x^2, \\ f_2 &: (\mathbb{C}^2,0) \to (\mathbb{C},0), \quad (x,y) \mapsto x^2y, \end{aligned}$$

sind nicht einfach.

Beweis. Die Entfaltungen $F_k(x,y,t) := x^2 + ty^k$ von f_1 sind für festes t und $k = 1,2,\ldots$ untereinander nicht rechtsäquivalent. Dies folgt daraus, dass y^k nicht rechtsäquivalent zu y^l für $k \neq l$ ist (Übungsaufgabe). Also ist f_1 nicht einfach.

Entsprechend betrachtet man für f_2 die Entfaltungen $F_k(x,y,t) := x^2y + ty^k$. □

Lemma 3.13 *Es sei $f_t : (\mathbb{C}^2,0) \to (\mathbb{C},0)$, $(x,y) \mapsto x^3 + xy^4 + ty^6$ mit $t \in \mathbb{C}$. Dann sind f_t und $f_{t'}$ für $t \neq t'$ im Allgemeinen nicht rechtsäquivalent.*

Beweis. Wir schreiben f_t in der Form

$$f_t(x,y) = (x - \lambda_1 y^2)(x - \lambda_2 y^2)(x - \lambda_3 y^2),$$

wobei $\lambda_1, \lambda_2, \lambda_3$ die Wurzeln der Gleichung $\lambda^3 + \lambda + t = 0$ sind. Die Nullstellenmenge

$$V_t := \{(x,y) \in \mathbb{C}^2 \mid f_t(x,y) = 0\}$$

von f_t besteht also aus den drei Parabeln $x = \lambda_i y^2$, $i = 1,2,3$, mit der gleichen Tangente in 0. Wir zeigen, dass zwei Systeme V_t und $V_{t'}$ von drei solchen Parabeln für $t \neq t'$ im Allgemeinen nicht durch eine biholomorphe Abbildung ineinander übergeführt werden können.

Es können nicht alle drei Wurzeln der Gleichung $\lambda^3 + \lambda + t = 0$ gleich 0 sein. O.B.d.A. sei $\lambda_2 \neq 0$. Wir nehmen im Folgenden auch an, dass alle drei Wurzeln paarweise verschieden sind. Durch die Koordinatentransformation

$$\begin{aligned} x' &:= x - \lambda_1 y^2 \\ y' &:= \sqrt{\lambda_2 - \lambda_1}\, y \end{aligned}$$

können wir erreichen, dass für V_t gilt:

$$V_t = \{(x',y') \mid x' = 0,\ x' = y'^2,\ x' = \theta y'^2\}.$$

Entsprechend können wir für $V_{t'}$ Koordinaten (x'',y'') finden, so dass

$$V_{t'} = \{(x'',y'') \mid x'' = 0,\ x'' = y''^2,\ x'' = \theta' y''^2\}.$$

Wir nehmen an, dass $\theta \neq 0,1$ und $\theta' \neq 0,1$. Es sei $t \neq t'$. Dann gilt auch $\theta \neq \theta'$. Angenommen, V_t kann durch eine biholomorphe Abbildung in $V_{t'}$ übergeführt werden. Da dabei die gemeinsame Tangente $x' = 0$ der Parabeln V_t in die gemeinsame Tangente $x'' = 0$ der Parabeln $V_{t'}$ übergeführt wird, muss diese Abbildung die Form

$$\begin{aligned} x'' &= x'(a_{11} + u(x',y')), \quad u \in \mathfrak{m}, \\ y'' &= a_{21}x' + a_{22}y' + v(x',y'), \quad v \in \mathfrak{m}^2, \end{aligned}$$

haben. Da die Parabel $x' = y'^2$ auf die Parabel $x'' = y''^2$ abgebildet werden muss, folgt $a_{11} = a_{22}^2$. Dann ist aber das Bild der Parabel $x' = \theta y'^2$ die Kurve $x'' = \theta y''^2 + w(y'')$ mit $w \in \mathfrak{m}^3$. Dies ist aber keine Parabel der Form $x'' = \theta' y''^2$ für ein $\theta' \neq \theta$. $\square$

Beweis von Satz 3.25. Wir bezeichnen die Koordinaten von $\mathbb{C}^2$ mit (x, y). Es sei also $f : (\mathbb{C}^2, 0) \to (\mathbb{C}, 0)$, $(x, y) \mapsto f(x, y)$, einfach und $\operatorname{grad} f(0) = 0$. Dann gilt $j^1 f = 0$. Wir betrachten den Rang der Hesse-Matrix

$$r := \operatorname{Rang}\left(\frac{\partial^2 f}{\partial z_i \partial z_j}(0)\right).$$

Dann gilt $r = 0$, 1 oder 2.

(1) Gilt $r = 2$, so ist f nach dem Morse-Lemma rechtsäquivalent zu $x^2 + y^2$ und wir sind im Fall (a) ($k = 1$, A_1).

(2) Gilt $r = 1$, so ist f nach dem verallgemeinerten Morse-Lemma (Satz 3.20) rechtsäquivalent zu

$$x^2 + g(y) \quad \text{mit } g \in \mathfrak{m}^3.$$

Wir haben zwei Fälle zu unterscheiden:

(2.1) $g = 0$: Nach Lemma 3.12 wäre dann f nicht einfach.

(2.2) $g \neq 0$: Dann ist $g(y) = ay^{k+1} + h(y)y^{k+1}$ mit $a \neq 0$, $h \in \mathfrak{m}$ und $k \geq 2$. Die Transformation $y \mapsto y\sqrt[k+1]{a + h(y)}$ zeigt, dass g rechtsäquivalent zu y^{k+1} ist. Also ist f rechtsäquivalent zu $x^2 + y^{k+1}$, $k \geq 2$, und wir sind im Fall (a) (A_k, $k \geq 2$).

(3) Es verbleibt der Fall $r = 0$. In diesem Fall untersuchen wir den 3-Jet $j^3 f$. Dieser ist nach Lemma 3.11 rechtsäquivalent zu einem der folgenden Polynome:

$$0, \quad x^2y + y^3, \quad x^2y, \quad x^3.$$

(3.1) $j^3 f = 0$: Nach Korollar 3.8 ist f nicht einfach.

(3.2) $j^3 f = x^2y + y^3$: Dann folgt aus Theorem 3.1, dass $x^2y + y^3$ 3-bestimmt ist (Übungsaufgabe). Also ist f rechtsäquivalent zu $x^2y + y^3$ und wir sind im Fall (b) ($k = 4$, D_4).

(3.3) $j^3 f = x^2y$: Dann haben wir zwei Möglichkeiten:

(3.3.1) $f \sim x^2y$: Nach Lemma 3.12 wäre f nicht einfach.

(3.3.2) $f \not\sim x^2y$: Dann gilt

$$j^s f = x^2y + ay^s + 2bxy^{s-1} + x^2 g(x, y) \quad \text{mit } g \in \mathfrak{m}^{s-2}, \quad s \geq 4.$$

Wir setzen nun

$$\begin{aligned} x_1 &:= x + by^{s-2}, \\ y_1 &:= y + g(x, y). \end{aligned}$$

Dann ist

$$j^s f = x_1^2 y_1 + a y_1^s.$$

Wir machen wieder eine Fallunterscheidung.

(3.3.2.1) $a = 0$ für alle $s \geq 4$: Dann wäre f wieder rechtsäquivalent zu x^2y und daher nicht einfach.

(3.3.2.2) $a \neq 0$: Nach Theorem 3.1 ist $x^2y + ay^s$ s-bestimmt (Übungsaufgabe) und damit ist f rechtsäquivalent zu $x^2y + y^{k-1}$, $k \geq 5$. Wir haben damit den Fall (b) (D_k, $k \geq 5$).

(3.4) $j^3f = x^3$: Wir betrachten nun den 4-Jet j^4f von f. Er hat die Form

$$j^4f = x^3 + ay^4 + bxy^3 + 3x^2g(x,y) \quad \text{mit } g \in \mathfrak{m}^2.$$

Nach der Substitution $x_1 := x + g(x,y)$ erhält man

$$j^4f = x_1^3 + ay^4 + bx_1y^3.$$

Wir machen wieder eine Fallunterscheidung.

(3.4.1) $a \neq 0$: Nach der Substitution

$$y_1 := \sqrt[4]{a}y + \frac{b}{4(\sqrt[4]{a})^3}x_1$$

wird j^4f zu

$$j^4f = x_1^3 + y_1^4 + 3x_1^2h(x,y).$$

Setzt man nun $x_2 := x_1 + h(x,y)$, so erhält man

$$j^4f = x_2^3 + y_1^4.$$

Nun ist aber $x^3 + y^4$ nach Theorem 3.1 4-bestimmt (Übungsaufgabe). Damit ist f rechtsäquivalent zu $x^3 + y^4$ und wir befinden uns im Fall (c) (E_6).

(3.4.2) $a = 0$, $b \neq 0$: Durch die Substitution $y_1 := \sqrt[3]{b}y$ erhalten wir

$$j^4f = x_1^3 + x_1y_1^3.$$

Der Funktionskeim $x^3 + xy^3$ ist aber nach Theorem 3.1 nur 5-bestimmt. Deswegen betrachten wir den 5-Jet j^5f von f:

$$j^5f = x_1^3 + x_1y_1^3 + \alpha y_1^5 + \beta x_1y_1^4 + 3x_1^2h_1(x_1,y_1) \text{ mit } h_1 \in \mathfrak{m}^3.$$

Substituiert man $x_2 := x_1 + \alpha y_1^2$, so erhält man

$$j^5f = x_2^3 + x_2y_1^3 - 3\alpha x_2^2y_1^2 + \beta' x_2y_1^4 + 3x_2^2h_2(x_2,y_1),\ h_2 \in \mathfrak{m}^3.$$

Die Substitution $y_2 := y_1 - \alpha x_2$ liefert

$$j^5f = x_2^3(1 - 2\alpha^3x_2 - 3\alpha^2y_2) + x_2y_2^3 + \beta'' x_2y_2^4 + 3x_2^2h_3(x_2,y_2),$$

wobei $h_3 \in \mathfrak{m}^3$. Schließlich setzen wir

$$\begin{aligned} x_3 &:= x_2\sqrt[3]{1 - 2\alpha^3x_2 - 3\alpha^2y_2}, \\ y_3 &:= y_2\frac{1}{\sqrt[9]{1 - 2\alpha^3x_2 - 3\alpha^2y_2}}. \end{aligned}$$

Dann erhalten wir

$$j^5f = x_3^3 + x_3y_3^3 + \beta''' x_3y_3^4 + 3x_3^2h_4(x_3,y_3) \text{ mit } h_4 \in \mathfrak{m}^3.$$

Ersetzen wir nun zuerst x_3 durch $x_4 := x_3 + h_4(x_3, y_3)$ und dann y_3 durch $y_4 := y_3\sqrt[3]{1+\beta'''y_3}$, so erhalten wir

$$j^5 f = x_4^3 + x_4 y_4^3.$$

Da $x^3 + xy^3$ 5-bestimmt ist, ist f rechtsäquivalent zu $x^3 + xy^3$ und wir befinden uns im Fall (d) (E_7).

(3.4.3) $a = b = 0$: Wir betrachten wieder den 5-Jet $j^5 f$ von f:

$$j^5 f = x^3 + \alpha y^5 + \beta x y^4 + 3x^2 h(x,y) \quad \text{mit } h \in \mathfrak{m}^3.$$

Die Substitution $x_1 := x + h(x,y)$ liefert

$$j^5 f = x_1^3 + \alpha y^5 + \beta x_1 y^4.$$

Wir machen nun wieder eine Fallunterscheidung.

(3.4.3.1) $\alpha \neq 0$: Setzt man $y_1 := \sqrt[5]{\alpha} y$, so erhält man

$$j^5 f = x_1^3 + y_1^5 + \beta' x_1 y_1^4.$$

Substituiert man nun $y_2 := y_1 + (1/5)\beta' x_1$, so erhält man

$$j^5 f = x_1^3 + y_2^5 + 3x_1^2 h_1(x_1, y_2) \quad \text{mit } h_1 \in \mathfrak{m}^3.$$

Die Substitution $x_2 := x_1 + h_1(x_1, y_2)$ liefert schließlich $j^5 f = x_2^3 + y_2^5$. Wieder folgt aus Theorem 3.1, dass $x^3 + y^5$ 5-bestimmt ist. Also ist f rechtsäquivalent zu $x^3 + y^5$ und wir sind im Fall (e) (E_8).

(3.4.3.2) $\alpha = 0$: Wir betrachten nun den 6-Jet $j^6 f$ von f. Mit den gleichen Koordinatentransformationen wie im Fall (3.4.2) erreichen wir, dass

$$j^6 f = x^3 + xy^4 + \lambda y^6, \quad \text{mit } \lambda \in \mathbb{C}.$$

Aus Lemma 3.13 folgt dann, dass f nicht einfach ist.

Es ist nun noch zu zeigen, dass die Funktionskeime (a) – (e) einfach sind. Dazu betrachten wir die universellen Entfaltungen dieser Funktionskeime, die in dem folgenden Satz angegeben sind. Es sei $F : (\mathbb{C}^2 \times \mathbb{C}^k, (0,0)) \to (\mathbb{C}, 0)$, $(x,y,u) \mapsto F(x,y,u)$ eine solche Entfaltung und $p : \mathcal{X} \to S$ ein geeigneter Repräsentant. Geht man mit dem Funktionskeim $F(\cdot,\cdot,u) : (\mathbb{C}^2, (x,y)) \to (\mathbb{C}, F(x,y,u))$ in den obigen Beweis, so kann man zeigen, dass dieser Funktionskeim rechtsäquivalent zu einem der endlich vielen Funktionskeime vom Typ A_l, D_l oder E_l mit $l \leq k$ ist. Die Einzelheiten überlassen wir dem Leser als Übungsaufgabe. □

Satz 3.26 *Die folgenden Funktionen repräsentieren universelle Entfaltungen der holomorphen Funktionskeime vom Typ A_k, D_k, E_6, E_7 und E_8:*

$$\begin{aligned}
A_k &: F(x,y,u) := x^{k+1} + y^2 - u_0 + u_1 x + u_2 x^2 + \ldots + u_{k-1} x^{k-1},\\
D_k &: F(x,y,u) := x^2 y + y^{k-1} - u_0 + u_1 y + \ldots + u_{k-2} y^{k-2} + u_{k-1} x,\\
E_6 &: F(x,y,u) := x^3 + y^4 - u_0 + u_1 x + u_2 y + u_3 y^2 + u_4 xy + u_5 xy^2,\\
E_7 &: F(x,y,u) := x^3 + xy^3 - u_0 + u_1 x + u_2 y + u_3 y^2 + u_4 y^3 + u_5 y^4 + u_6 xy,\\
E_8 &: F(x,y,u) := x^3 + y^5 - u_0 + u_1 x + u_2 y + u_3 y^2 + u_4 y^3 +\\
&\qquad u_5 xy + u_6 xy^2 + u_7 xy^3.
\end{aligned}$$

Beweis. Dies folgt aus Satz 3.17 und der Tatsache, dass die angegebenen Monome, mit denen jeweils gestört wird, eine Basis des Vektorraums

$$\mathcal{O}_2/\mathcal{O}_2\left(\frac{\partial f}{\partial x}, \frac{\partial f}{\partial y}\right).$$

repräsentieren. □

Aus dem Beweis von Satz 3.25 kann man einen Algorithmus entwickeln, mit dem man für einen vorgegebenen holomorphen Funktionskeim entscheiden kann, ob er einfach ist und wenn ja, zu welchem der Funktionskeime von Satz 3.25 (a) – (e) er rechtsäquivalent ist. Ein solcher Algorithmus ist in [BK91, S. 17] angegeben.

Wir erhalten schließlich die allgemeine Klassifikation der einfachen holomorphen Funktionskeime, die auf V. I. Arnold [Arn73] zurückgeht.

Theorem 3.2 (Arnold) *Es sei* $f : (\mathbb{C}^{n+1}, 0) \to (\mathbb{C}, 0)$ *ein einfacher holomorpher Funktionskeim mit* $\operatorname{grad} f(0) = 0$. *Dann ist* f *rechtsäquivalent zu einem der folgenden einfachen Funktionskeime:*

$$\begin{aligned}
A_k &: \quad z_1^{k+1} + z_2^2 + \ldots + z_{n+1}^2 \quad \textit{für } n \geq 0,\ k \geq 1, \\
D_k &: \quad z_1^2 z_2 + z_2^{k-1} + z_3^2 + \ldots + z_{n+1}^2 \quad \textit{für } n \geq 1,\ k \geq 4, \\
E_6 &: \quad z_1^3 + z_2^4 + z_3^2 + \ldots + z_{n+1}^2, \\
E_7 &: \quad z_1^3 + z_1 z_2^3 + z_3^2 + \ldots + z_{n+1}^2, \\
E_8 &: \quad z_1^3 + z_2^5 + z_3^2 + \ldots + z_{n+1}^2.
\end{aligned}$$

Beweis. Es sei $n \geq 1$. Nach Korollar 3.7 gilt

$$k := \operatorname{Rang}\left(\frac{\partial^2 f}{\partial z_i \partial z_j}(0)\right) \geq n - 1.$$

Nach dem verallgemeinerten Morse-Lemma ist dann f rechtsäquivalent zu

$$\tilde{f}(z) := z_1^2 + \ldots + z_{n-1}^2 + g(z_n, z_{n+1}) \quad \text{mit } g \in \mathfrak{m}_2^2.$$

Aus dem verallgemeinerten Morse-Lemma folgt obendrein, dass jede Entfaltung von $\tilde{f}$ rechtsäquivalent zu einer Entfaltung der Form

$$z_1^2 + \ldots + z_{n-1}^2 + G(z_n, z_{n+1}, u)$$

ist, wobei $G(z_n, z_{n+1}, u)$ eine Entfaltung von g repräsentiert. Ist nun g einfach, so ist $\tilde{f}$ ebenfalls einfach. Ist andererseits g nicht einfach, so folgt aus Satz 3.23, dass $\tilde{f}$ auch nicht einfach ist. Damit folgt Theorem 3.2 aus Satz 3.25. □

3.11 Reelle Morsifikationen der einfachen Kurvensingularitäten

Wir wollen nun die Bezeichnung der einfachen Singularitäten aus dem letzten Abschnitt begründen. Dazu geben wir eine kleine Einführung in die Topologie von Singularitäten anhand einer Singularität vom Typ A_1.

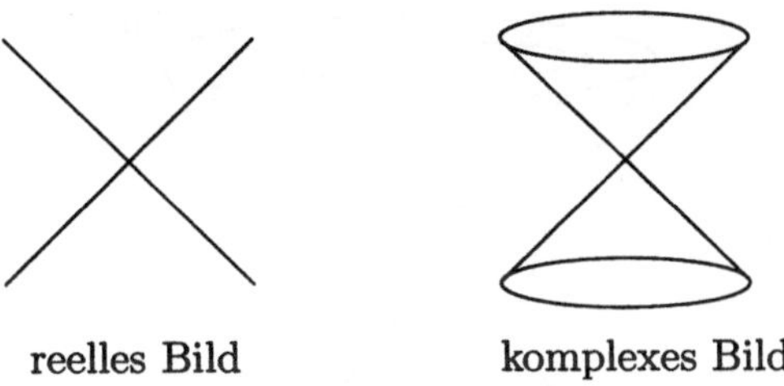

Bild 3.10: X_0

Dazu betrachten wir die Funktion

$$f: \begin{array}{ccc} \mathbb{C}^2 & \longrightarrow & \mathbb{C} \\ (z_1, z_2) & \longmapsto & z_1^2 + z_2^2 \end{array}$$

Der einzige kritische Punkt dieser Funktion ist der Nullpunkt $(z_1, z_2) = (0, 0)$. Dies ist auch die einzige Singularität auf der Hyperfläche

$$X_0 = \{(z_1, z_2) \in \mathbb{C}^2 \mid z_1^2 + z_2^2 = 0\},$$

die aus zwei komplexen Geraden besteht, die sich im Nullpunkt schneiden (vgl. Bild 3.10). Der Raumkeim $(X_0, 0)$ hat also in 0 eine isolierte Singularität. Wir hatten auch kürzer $(X_0, 0)$ als isolierte Singularität bezeichnet.

Wir wollen nun die Topologie der Abbildung f studieren.

Wir setzen für $\lambda \in \mathbb{C}$, $\lambda \neq 0$

$$X_\lambda = \{(z_1, z_2) \in \mathbb{C}^2 \mid z_1^2 + z_2^2 = \lambda\},$$

die Faser von f über dem Wert λ. Da X_λ keine Singularitäten enthält, ist X_λ eine Riemann'sche Fläche. Sie stimmt mit der Riemann'schen Fläche der algebraischen Funktion

$$z_2 = \sqrt{\lambda - z_1^2}$$

überein. Erinnern wir uns daran, wie man diese Fläche topologisch erhält: Wir nehmen zwei Kopien der komplexen z_1-Ebene und verheften die Ufer des Schnittes $(-\sqrt{\lambda}, \sqrt{\lambda})$ kreuzweise (vgl. Bild 1.8). Auf diese Weise sieht man, dass X_λ homöomorph zu einem Zylinder $S^1 \times \mathbb{R}$ ist. Der reell 4-dimensionale Urbildraum $\mathbb{C}^2$ zerlegt sich also in die singuläre Faser X_0 über 0 und in die nicht-singulären Fasern X_λ über $\lambda \neq 0$, die homöomorph zu Zylindern sind (vgl. Bild 3.11).

Wir wollen die Niveaufläche X_λ in Koordinaten beschrieben. Dazu setzen wir

$$\begin{aligned} z_1 &= x_1 + iy_1, \\ z_2 &= x_2 + iy_2. \end{aligned}$$

Es sei $\lambda \in \mathbb{R}$. Dann wird X_λ gegeben durch:

$$\begin{aligned} & z_1^2 + z_2^2 = \lambda \\ \Longleftrightarrow \quad & \left\{ \begin{array}{l} x_1^2 + x_2^2 - y_1^2 - y_2^2 = \lambda \\ x_1 y_1 + x_2 y_2 = 0 \end{array} \right. \end{aligned}$$

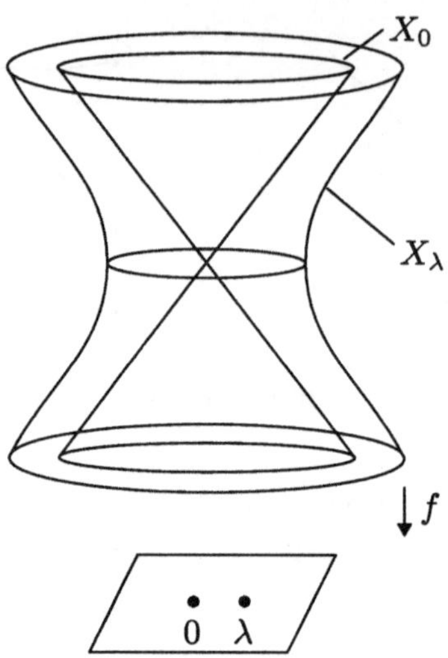

Bild 3.11: Fasern der Abbildung f

Mit Hilfe der Koordinatentransformation

$$u = x_1, \quad v = x_2, \quad w = \pm\sqrt{y_1^2 + y_2^2}$$

(Vorzeichen von w durch x_1, x_2, y_1, y_2 bestimmt) können wir diese beiden Gleichungen zu der folgenden Gleichung zusammenfassen:

$$u^2 + v^2 - w^2 = \lambda.$$

Diese Gleichung beschreibt ein Hyperboloid im $\mathbb{R}^3$ (vgl. Bild 3.12). Für $\lambda \to 0$ zieht sich die Taille auf einen Punkt zusammen.

Wir wollen nun untersuchen, wie sich die Faser X_λ verändert, wenn wir mit λ einmal um den kritischen Wert 0 herumlaufen. Dies ist die Idee der *Monodromie*, die eine zentrale Rolle in Kapitel 5 spielen wird. Wir betrachten also in der Bildebene den folgenden Weg:

$$\lambda(t) = \eta \exp(2\pi i t), \quad 0 \leq t \leq 1, \quad \eta > 0.$$

Er läuft einmal auf dem Rande eines Kreises vom Radius $\eta > 0$ in der λ-Ebene in positiver Richtung (gegen den Uhrzeigersinn) um den Nullpunkt herum (vgl. Bild 3.13). Wir schauen uns an, wie sich die Faser $X_{\lambda(t)}$ ändert, wenn wir t von 0 nach 1 laufen lassen. Dazu benutzen wir wieder die Beschreibung der Faser $X_{\lambda(t)}$ als Riemann'sche Fläche der Funktion

$$z_2 = \sqrt{\lambda(t) - z_1^2}.$$

Mit wachsendem t drehen sich die Verzweigungspunkte $\pm\sqrt{\lambda(t)} = \pm\sqrt{\eta}\exp(\pi i t)$ um den Punkt 0 in positiver Richtung. Wir erhalten also die in Bild 3.14 dargestellte Folge von Riemann'schen Flächen. Bei $t = 1$ hat sich der Schnitt um 180° gedreht und wir kommen wieder zu der Fläche $X_\eta = X_{\lambda(0)}$ zurück.

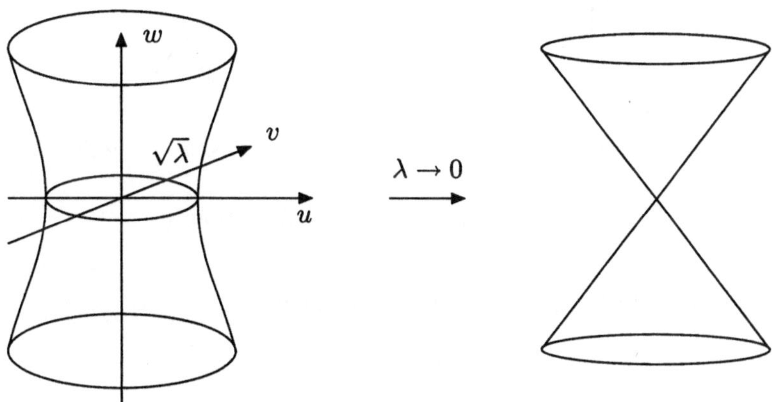

Bild 3.12: Die Niveaufläche X_λ

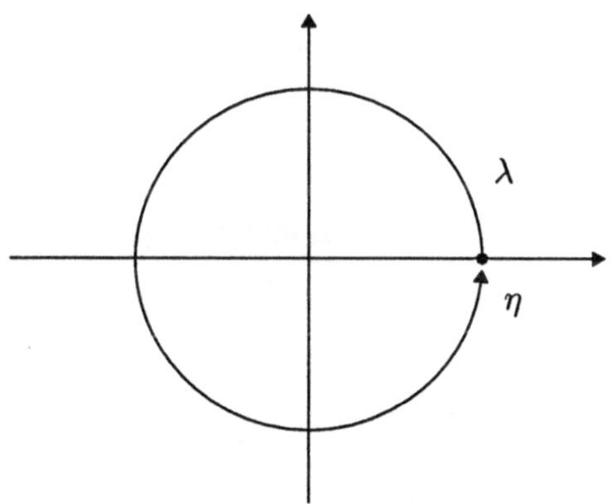

Bild 3.13: Der Weg λ

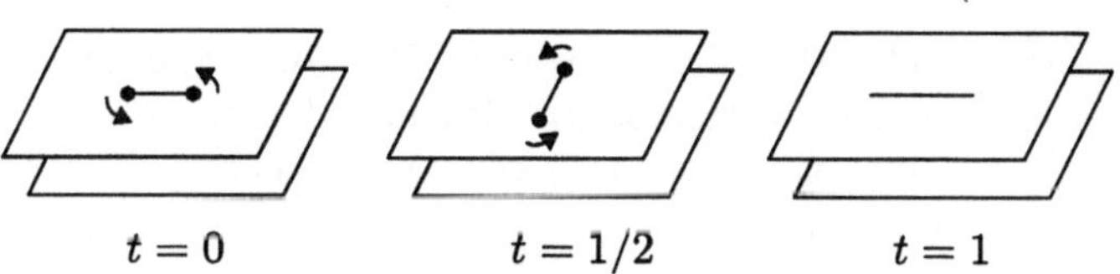

Bild 3.14: $X_{\lambda(t)}$ für $t = 0, 1/2, 1$

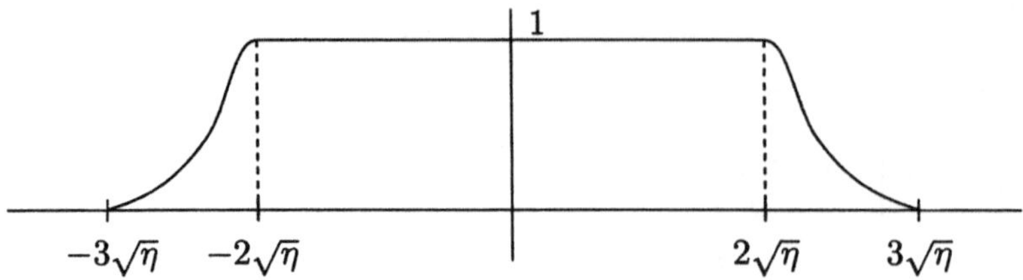

Bild 3.15: Graph der Glockenfunktion χ

Wir können nun eine Familie von Diffeomorphismen

$$h_t : X_\eta \longrightarrow X_{\lambda(t)}$$

mit $h_0 = \mathrm{id}$ konstruieren, die stetig in t ist. Wir betrachten zunächst eine differenzierbare Glockenfunktion

$$\chi : \mathbb{R} \longrightarrow \mathbb{R}$$

mit

$$\begin{aligned} \chi(\tau) &= 1 \text{ für } 0 \leq |\tau| \leq 2\sqrt{\eta}, \\ \chi(\tau) &= 0 \text{ für } 3\sqrt{\eta} \leq |\tau| \end{aligned}$$

(vgl. Bild 3.15). Damit setzen wir

$$\begin{array}{rccc} g_t : & \mathbb{C} & \longrightarrow & \mathbb{C} \\ & z_1 & \longmapsto & z_1 \exp[\pi i t \cdot \chi(|z_1|)] \end{array}$$

Es sei

$$h_t : X_\eta \longrightarrow X_{\lambda(t)}$$

eine Liftung von g_t auf die Überlagerungen

$$\begin{array}{ccc} X_\eta & \xrightarrow{h_t} & X_{\lambda(t)} \\ \downarrow & & \downarrow \\ \mathbb{C} & \xrightarrow{g_t} & \mathbb{C} \end{array}$$

Die Abbildung

$$h := h_1 : X_\eta \longrightarrow X_\eta$$

nennen wir die *geometrische Monodromie* von f. Die Diffeomorphismen h_t und damit auch h_1 sind natürlich nur bis auf Homotopie eindeutig bestimmt.

Wir wollen nun den Diffeomorphismus h genauer studieren. Wir betrachten in den Koordinaten (u, v, w) den Kreis

$$\delta := \{(u, v, w) \in \mathbb{R}^3 \mid u^2 + v^2 = \eta,\ w = 0\}$$

(vgl. Bild 3.16). Für $\eta \to 0$ zieht sich der Zyklus δ auf den Punkt 0 zusammen. Nach Picard-Lefschetz wird δ ein *verschwindender Zyklus* genannt (vgl. §5.2).

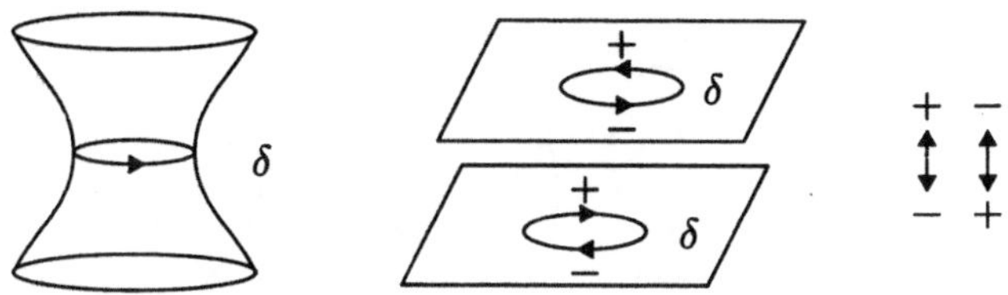

Bild 3.16: Verschwindender Zyklus δ

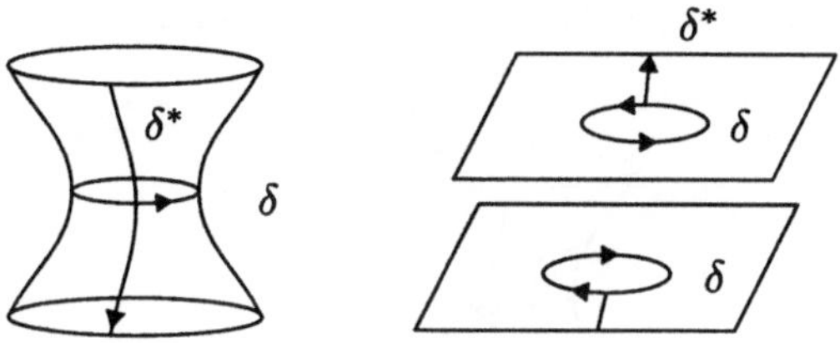

Bild 3.17: Koverschwindender Zyklus δ^*

Auf der anderen Seite betrachten wir die Kurve

$$\delta^* := \{(u, v, w) \in \mathbb{R}^3 \mid u = 0,\ v^2 - w^2 = \eta,\ v < 0\}$$

(vgl. Bild 3.17). Betrachten wir statt X_η die zugehörige kompakte Riemann'sche Fläche $\bar{X}_\eta$ von $\sqrt{\eta - z_1^2}$ über $\mathbb{P}_1(\mathbb{C})$, so besteht der Rand des entsprechend kompaktifizierten δ^* aus den beiden Punkten über ∞. Deswegen sprechen wir von einem relativen Zyklus. Der Zyklus δ^* wird *„koverschwindender Zyklus"* genannt. Er schneidet den Zyklus δ transversal in genau einem Punkt. Wir orientieren δ^* so, dass die Tangentialvektoren an δ^* und δ im Schnittpunkt, in dieser Reihenfolge genommen, die Orientierung der komplexen z_1-Ebene ergeben. Das bedeutet, dass die Schnittzahl $\langle \delta^*, \delta \rangle$ zwischen den Zyklen δ^* und δ gleich $+1$ ist.

Wir sehen uns nun an, was die Diffeomorphismen h_t mit den Zyklen δ und δ^* machen (vgl. Bild 3.18). Außerhalb der durch $|z_1| \leq \sqrt{\eta}$ gegebenen kompakten Teilmenge von X_η ist $h : X_\eta \to X_\eta$ die Identität. Innerhalb dieser Teilmenge hat man das obige Bild. Auf den Zylinder übertragen, sieht die Operation h wie in Bild 3.19 dargestellt aus. Die Monodromie h ist die Identität außerhalb eines gewissen Kreisringes, innerhalb dieses Kreisringes werden die einzelnen Kreise gedreht, und zwar von 0 an einem Ende bis zu 2π am anderen Ende.

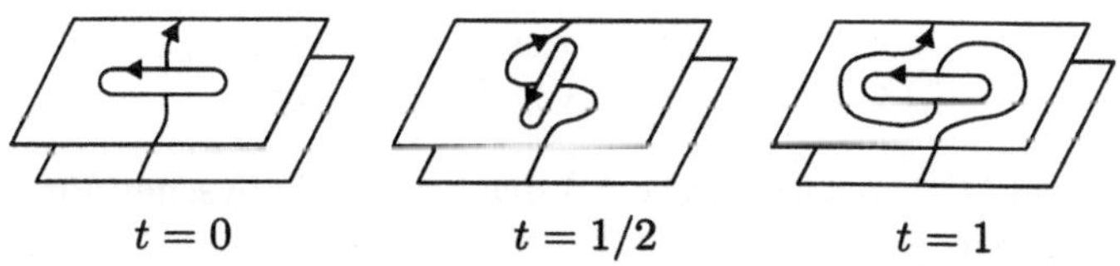

Bild 3.18: Bild von δ und δ^* unter h_t

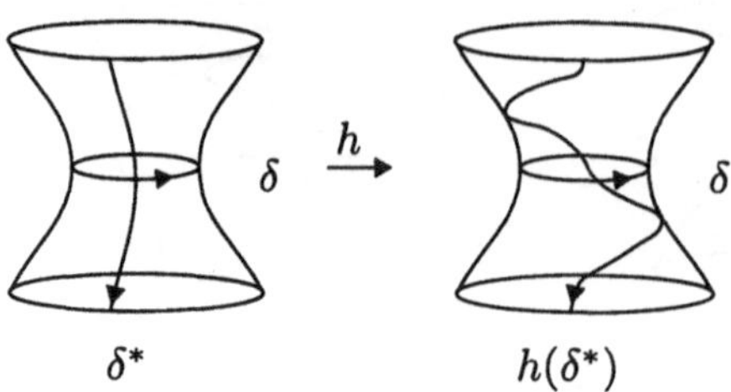

Bild 3.19: Effekt der Monodromie h

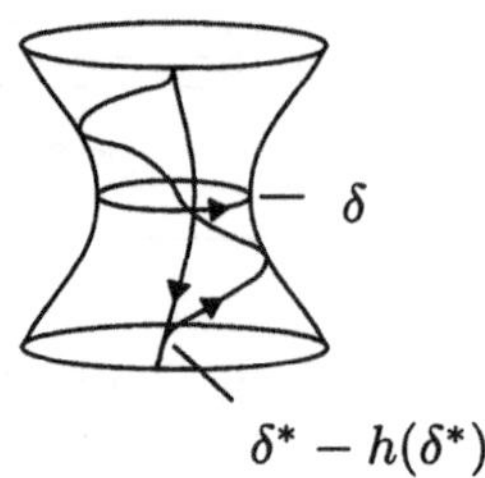

Bild 3.20: Der Zyklus $\delta^* - h(\delta^*)$

Außerhalb einer kompakten Menge ist h die Identität. Der Zyklus $\delta^* - h(\delta^*)$ ist in Bild 3.20 dargestellt. Wir sehen an dieser Abbildung, dass er homolog zu δ ist, d.h.

$$\delta^* - h(\delta^*) \sim \delta.$$

Dies ist die einfachste Form der *Picard-Lefschetz-Formel* (vgl. §5.3).

Wir betrachten nun besondere Morsifikationen der einfachen holomorphen Funktionskeime $f : (\mathbb{C}^2, 0) \to (\mathbb{C}, 0)$. Die in Satz 3.25 angegebenen Repräsentanten haben die Eigenschaft, dass sie reell sind, d.h. die Einschränkung auf $\mathbb{R}^2 \subset \mathbb{C}^2$ bildet $\mathbb{R}^2$ auf $\mathbb{R}$ ab.

Definition Es sei $f : (\mathbb{C}^2, 0) \to (\mathbb{C}, 0)$ ein holomorpher Funktionskeim mit $f(M \cap \mathbb{R}^2) \subset \mathbb{R}$ für einen geeigneten Repräsentanten $f : M \to \mathbb{C}$. Eine Morsifikation f_λ von f heißt *reell*, wenn $f_\lambda(M \cap \mathbb{R}^2) \subset \mathbb{R}$ gilt.

Wir betrachten nun zunächst einen einfachen holomorphen Funktionskeim $f : (\mathbb{C}^2, 0) \to (\mathbb{C}, 0)$ vom Typ A_k, der durch $f(x, y) = x^{k+1} - y^2$ gegeben wird. Dann erhält man eine reelle Morsifikation f_λ von f wie folgt: Im Fall k gerade setzen wir

$$f_\lambda(x, y) = \lambda^{2k+2} T_{k+1}\left(\frac{x}{\lambda^2}\right) - y^2 + \frac{1}{2^k}\lambda^{2k+2}.$$

Hierbei ist $T_n(x) = (1/2^{n-1})\cos(n \cdot \arccos x)$ das n-te Tschebyschev-Polynom. Im Fall k ungerade betrachten wir

$$f_\lambda(x, y) = (\lambda^{k+1} T_{(k+1)/2}\left(\frac{x}{\lambda^2}\right) - y)(\lambda^{k+1} T_{(k+1)/2}\left(\frac{x}{\lambda^2}\right) + y).$$

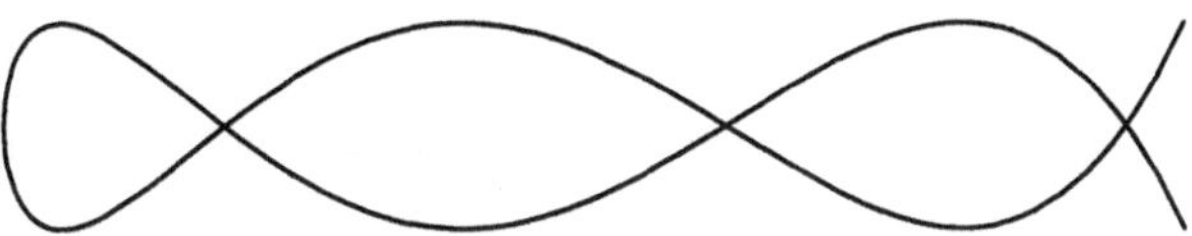

Bild 3.21: Die Kurve $X_{\mathbb{R},0}$ für $k = 6$

Bild 3.22: Die Kurve $X_{\mathbb{R},0}$ für $k = 7$

Die reelle Kurve

$$X_{\mathbb{R},0} := \{(x, y) \in \mathbb{R}^2 \mid f_\lambda(x, y) = 0\}$$

sieht wie in Bild 3.21 (k gerade) bzw. Bild 3.22 (k ungerade) aus. Es sei nun $\eta \in \mathbb{R}$, $\eta < 0$, mit $|\eta|$ hinreichend klein. Dann besteht die reelle Niveaumenge

$$X_{\mathbb{R},\eta} := \{(x, y) \in \mathbb{R}^2 \mid f_\lambda(x, y) = \eta\}$$

aus Zyklen. Lassen wir η gegen den Funktionswert der Minima von f_λ gehen, so verschwinden diese Zyklen. Wir können diese Zyklen daher als verschwindende Zyklen zu den Minima ansehen.

Wir betrachten nun die Situation um einen Doppelpunkt von $X_{\mathbb{R},\eta}$, der zwischen zwei Minima liegt. In einer Umgebung um einen solchen Doppelpunkt können wir reelle Koordinaten $(\tilde{x}, \tilde{y})$ so einführen, dass f_λ die Gestalt

$$f_\lambda(\tilde{x}, \tilde{y}) = \tilde{x}^2 - \tilde{y}^2$$

hat. Um unsere Resultate über die lokale Topologie der Funktion $f(z_1, z_2) = z_1^2 + z_2^2$ anwenden zu können, betrachten wir die komplexen Koordinaten

$$\begin{aligned} z_1 &= x_1 + iy_1, \\ z_2 &= x_2 + iy_2 \end{aligned}$$

mit $x_1 = \tilde{x}$ und $y_2 = \tilde{y}$. Die zu den beiden benachbarten Minima gehörenden verschwindenden Zyklen sind die beiden Hyperbeläste

$$\begin{aligned} & \tilde{x}^2 - \tilde{y}^2 = \eta \\ \Leftrightarrow \quad & x_1^2 - y_2^2 = \eta. \end{aligned}$$

Bild 3.23: Das Coxeter-Dynkin-Diagram vom Typ A_k

In dem Raum $y_1 = 0$ mit den Koordinaten (u, v, w) sind dies die Kurven

$$\begin{aligned}\delta_1^* &:= \{(u,v,w) \in \mathbb{R}^3 \mid v = 0,\ u^2 - w^2 = \eta,\ u < 0\},\\ \delta_2^* &:= \{(u,v,w) \in \mathbb{R}^3 \mid v = 0,\ u^2 - w^2 = \eta,\ u > 0\}.\end{aligned}$$

Diese Kurven entsprechen gerade den koverschwindenden Zyklen. Wir orientieren den verschwindenden Zyklus δ des Doppelpunktes und die koverschwindenden Zyklen so, dass

$$\langle \delta_1^*, \delta \rangle = \langle \delta_2^*, \delta \rangle = 1.$$

Wir erhalten so zu jedem Minimum und jedem Doppelpunkt einen verschwindenden Zyklus. Wir nummerieren die Zyklen so, dass wir mit den Zyklen zu den Minima beginnen. Es seien $\delta_1, \ldots, \delta_p$ die Zyklen zu den Minima und $\delta_{p+1}, \ldots, \delta_k$ die Zyklen zu den Doppelpunkten. Dann ordnen wir dem System $(\delta_1, \ldots, \delta_k)$ von verschwindenden Zyklen einen Graphen wie folgt zu: Die Ecken dieses Graphen entsprechen den verschwindenden Zyklen. Wir verbinden die Ecken zu δ_i und δ_j für $i < j$ genau dann durch eine Kante, wenn $\langle \delta_i, \delta_j \rangle = 1$ gilt. Diesen Graphen nennen wir ein *Coxeter-Dynkin-Diagramm* von f (vgl. §5.5).

In unserem Fall erhalten wir den in Bild 3.23 dargestellten Graphen. Dies ist ein Coxeter-Dynkin-Diagramm vom Typ A_k, wie es aus der Theorie der Liegruppen bekannt ist.

Eine analoge Konstruktion können wir auch für die einfachen holomorphen Funktionskeime $f : (\mathbb{C}^2, 0) \to (\mathbb{C}, 0)$ vom Typ D_k durchführen. Es sei f durch

$$f(x,y) = x^2 y - y^{k-1} = y(x^2 - y^{k-2})$$

gegeben. Dann betrachten wir die reelle Morsifikation

$$f_\lambda(x,y) = (y - 2\lambda^2)\tilde{f}_\lambda(x,y),$$

wobei $\tilde{f}_\lambda$ die oben angegebene reelle Morsifikation der durch $x^2 - y^{k-2}$ gegebenen Singularität vom Typ A_{k-3} ist. Für die restlichen drei Typen E_6, E_7 und E_8 ist es nicht so einfach, reelle Morsifikationen anzugeben, deren einzige kritische Punkte Minima und Sattelpunkte sind. Aber es ist auch in diesen Fällen möglich. Tatsächlich sind die einfachen holomorphen Funktionskeime $f : (\mathbb{C}^2, 0) \to (\mathbb{C}, 0)$ die einzigen holomorphen Funktionskeime, zu denen es reelle Morsifikationen gibt, die nur ein oder zwei kritische Werte haben (vgl. [Dur79, Characterization B6]).

Insgesamt erhält man die in Bild 3.24 dargestellte Liste von Coxeter-Dynkin-Diagrammen. Diese Diagramme sind auch aus der Theorie der Liegruppen bekannt und daher rühren die Namen.

Eine Definition und eine eingehende Diskussion der Begriffe Monodromie, verschwindende Zyklen und Coxeter-Dynkin-Diagramme für allgemeine isolierte Singularitäten holomorpher Funktionen sind Gegenstand von Kapitel 5.

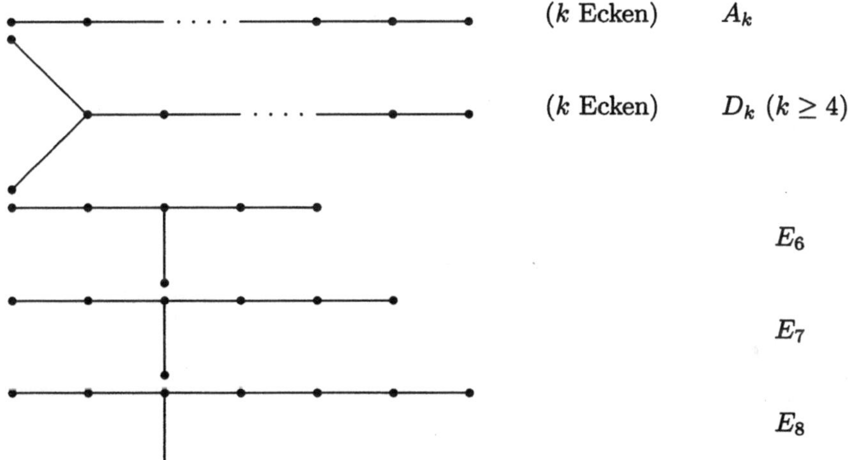

Bild 3.24: Coxeter-Dynkin-Diagramme der einfachen Kurvensingularitäten

Kapitel 4

Grundlagen aus der Differentialtopologie

4.1 Differenzierbare Mannigfaltigkeiten mit Rand

Differenzierbare Mannigfaltigkeiten wurden in §3.1 eingeführt. Wir wollen nun auch noch einen allgemeineren Begriff betrachten: Mannigfaltigkeiten mit Rand. Diese sollen nun definiert werden. Dazu betrachten wir den abgeschlossenen euklidischen Halbraum (vgl. Bild 4.1)

$$\mathbb{R}^n_+ := \{x \in \mathbb{R}^n \mid x_n \geq 0\}.$$

Es ist klar, was auf offenen Teilmengen von $\mathbb{R}^n_+$ die C^∞-differenzierbaren Abbildungen sind. (Die offenen Teilmengen von $\mathbb{R}^n_+$ sind gerade die Durchschnitte von offenen Teilmengen des $\mathbb{R}^n$ mit $\mathbb{R}^n_+$.) Deswegen ergibt die folgende Definition einen Sinn.

Definition Eine *n-dimensionale topologische Mannigfaltigkeit mit Rand* ist ein Hausdorff-Raum M mit einer abzählbaren Basis der Topologie, so dass es zu jedem Punkt $a \in M$ eine offene Umgebung U und einen Homöomorphismus $\varphi : U \to U'$ auf eine offene Teilmenge U' von $\mathbb{R}^n_+$ gibt. Die Abbildung $\varphi : U \to U'$ heißt *Karte um a*.

Die Begriffe Atlas, differenzierbarer Atlas, Äquivalenz von Atlanten, differenzierbare Struktur sind wörtlich wie bei topologischen Mannigfaltigkeiten (ohne Rand) definiert.

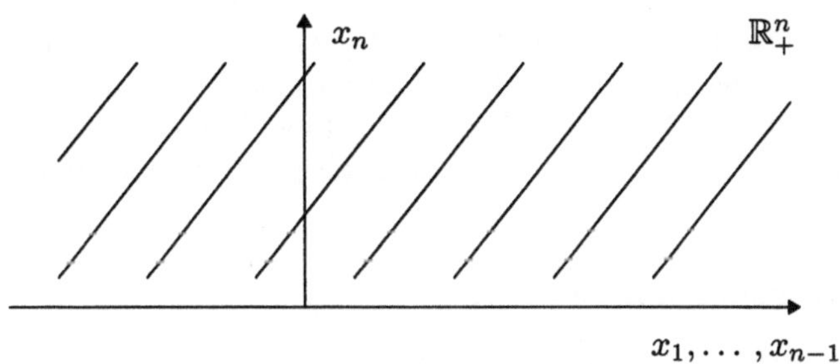

Bild 4.1: $\mathbb{R}^n_+$

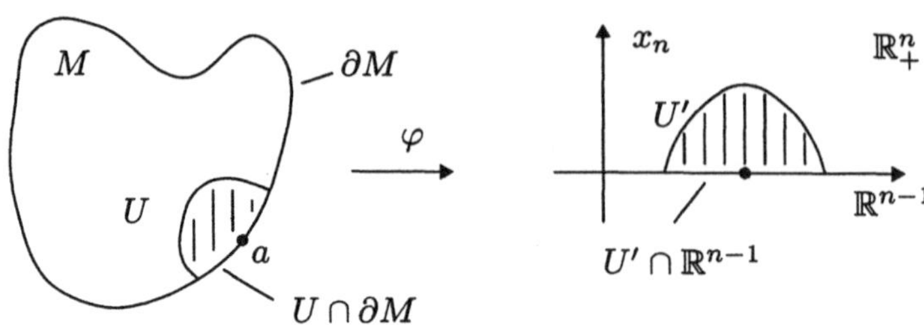

Bild 4.2: Karte einer Mannigfaltigkeit mit Rand

Eine *differenzierbare Mannigfaltigkeit mit Rand* ist eine topologische Mannigfaltigkeit mit Rand zusammen mit einer differenzierbaren Struktur.

Es sei M eine n-dimensionale differenzierbare Mannigfaltigkeit mit Rand. Ein Punkt $a \in M$ heißt *Randpunkt* von M, wenn es eine Karte $\varphi : U \to U'$, $a \in U$, mit $x_n = \varphi_n(a) = 0$ gibt, wenn er also durch eine Karte φ auf einen Randpunkt von $\mathbb{R}^n_+$ abgebildet wird.

Bemerkung 4.1 Diese Bedingung ist unabhängig von der Karte: Ist $\psi : V \to V'$, $a \in V$, eine andere Karte um a, so ist der Kartenwechsel $\psi \circ \varphi^{-1} : \varphi(U \cap V) \to \psi(U \cap V)$ ein Diffeomorphismus, der Punkte auf dem Rand von $\mathbb{R}^n_+$ wieder auf den Rand abbildet. Dies folgt aus dem Satz über die lokale Umkehrbarkeit (innere Punkte werden auf innere Punkte abgebildet).

Definition Die Menge der Randpunkte von M heißt der *Rand* von M und wird mit ∂M bezeichnet.

Bemerkung 4.2 Der Rand von M ist in natürlicher Weise eine $(n-1)$-dimensionale (gewöhnliche) differenzierbare Mannigfaltigkeit: Aus jeder Karte $\varphi : U \to U'$ um einen Randpunkt $a \in \partial M$ lässt sich leicht eine Karte des Randes ∂M um a gewinnen: $U \cap \partial M$ ist offen in ∂M, und

$$\varphi|_{U\cap\partial M} : U \cap \partial M \longrightarrow \{x \in U' \mid x_n = 0\} = U' \cap \mathbb{R}^{n-1}$$

ist eine Karte von ∂M um a (vgl. Bild 4.2).

Bemerkung 4.3 Das Komplement des Randes $M - \partial M$ ist in natürlicher Weise eine n-dimensionale differenzierbare Mannigfaltigkeit (ohne Rand) und heißt das *Innere* von M. Insbesondere ist eine Mannigfaltigkeit mit Rand $\partial M = \emptyset$ eine Mannigfaltigkeit im gewöhnlichen Sinne. Eine *geschlossene* Mannigfaltigkeit ist eine kompakte Mannigfaltigkeit ohne Rand.

Beispiel 4.1 Die abgeschlossene Kugel

$$B^n = \{x \in \mathbb{R}^n \mid |x|^2 \leq 1\}$$

(euklidische Norm) ist eine differenzierbare Mannigfaltigkeit mit Rand $\partial B^n = S^{n-1}$.

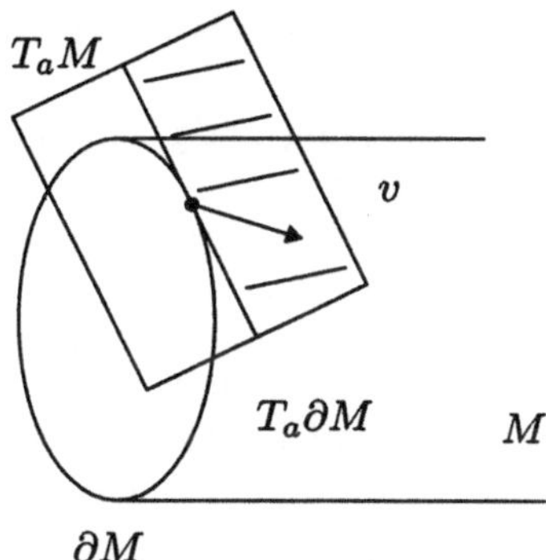

Bild 4.3: Tangentialraum an einem Randpunkt

Es sei M eine n-dimensionale differenzierbare Mannigfaltigkeit mit Rand. Der Tangentialraum in einem Punkt $a \in M$ wird wie für Mannigfaltigkeiten ohne Rand definiert durch

$$T_aM := \operatorname{Der} \mathcal{E}_{M,a}.$$

(Auch die geometrische Definition kann angepasst werden, aber nicht wörtlich übertragen.) Für $a \in \partial M$ ist T_aM auch ein n-dimensionaler Vektorraum. Der Tangentialraum $T_a\partial M$ an die $(n-1)$-dimensionale differenzierbare Mannigfaltigkeit ∂M ist ein $(n-1)$-dimensionaler Unterraum von T_aM, der T_aM in zwei Halbräume zerlegt, von denen bezüglich einer und damit jeder Karte um a einer auf der Seite von M liegt (vgl. Bild 4.3). Je nachdem, welchem Halbraum er angehört, nennt man einen Vektor $v \in T_aM \setminus T_a\partial M$ nach *innen* oder *außen weisend.*

4.2 Riemann'sche Metrik und Orientierung

Wir kommen nun zum Begriff der Riemann'schen Mannigfaltigkeit.

Definition Eine *Riemann'sche Metrik* auf einer differenzierbaren Mannigfaltigkeit M ist eine Auswahl eines Skalarproduktes $\langle\ ,\ \rangle_a$ auf jedem Tangentialraum T_aM, so dass für je zwei Vektorfelder X, Y auf M die Funktion $\langle X, Y\rangle : M \to \mathbb{R}$, $a \mapsto \langle X_a, Y_a\rangle_a$, differenzierbar ist. Eine *Riemann'sche Mannigfaltigkeit* ist eine differenzierbare Mannigfaltigkeit zusammen mit einer Riemann'schen Metrik.

Beispiel 4.2 Es sei M eine Riemann'sche Mannigfaltigkeit und

$$DM := \{X \in TM \mid \langle X_a, X_a\rangle_a \leq 1 \text{ für alle } a \in M\}.$$

Dann ist DM eine differenzierbare Mannigfaltigkeit mit Rand und heißt das (Einheits-) *Scheibenbündel* des Tangentialbündels von M.

Wir hatten bei der Definition einer Mannigfaltigkeit M vorausgesetzt, dass M ein Hausdorff-Raum *mit einer abzählbaren Basis* ist. Das bedeutet, dass es eine Folge $\mathfrak{A} =$

$\{U_i\}_{i\in\mathbb{N}}$ von offenen Mengen von M gibt, so dass jede nicht-leere offene Menge von M eine Vereinigung von Mengen aus $\mathfrak{A}$ ist.

Um zu zeigen, wozu diese Voraussetzung nötig ist, machen wir noch einen kleinen Exkurs in die mengentheoretische Topologie.

Ein Hausdorff-Raum X heißt *lokalkompakt*, wenn jeder Punkt von X eine kompakte Umgebung besitzt. Eine topologische Mannigfaltigkeit ist lokalkompakt, denn jeder Punkt besitzt eine Umgebung, die homöomorph zu einer offenen Teilmenge des $\mathbb{R}^n$ ist, also insbesondere eine kompakte Umgebung enthält.

Es sei X ein topologischer Raum. Eine Überdeckung von X heißt *lokalendlich*, wenn jedes $x \in X$ eine Umgebung besitzt, die nur endlich viele Mengen der Überdeckung schneidet. Es seien $\mathfrak{A}$ und $\mathfrak{A}'$ zwei Überdeckungen von X. Die Überdeckung $\mathfrak{A}'$ heißt *Verfeinerung* von $\mathfrak{A}$, wenn jede Menge aus $\mathfrak{A}'$ in einer Menge aus $\mathfrak{A}$ liegt. Ein Hausdorff-Raum X heißt *parakompakt*, wenn jede offene Überdeckung von X eine lokalendliche offene Verfeinerung besitzt.

Satz 4.1 *Ein lokalkompakter Hausdorff-Raum mit abzählbarer Basis ist parakompakt. Insbesondere ist eine topologische Mannigfaltigkeit parakompakt.*

Beweis. Siehe z.B. [War83]. □

Definition Es sei X ein topologischer Raum und $\{U_\beta\}_{\beta\in B}$ eine Überdeckung von X. Eine Familie $\{\rho_\alpha\}_{\alpha\in A}$ von stetigen Funktionen $\rho_\alpha : X \to [0,1]$ heißt eine *der Überdeckung* $\{U_\beta\}_{\beta\in B}$ *untergeordnete Partition der Eins*, wenn gilt

(i) Jeder Punkt $x \in X$ besitzt eine Umgebung, in der nur endlich viele der ρ_α von Null verschieden sind.

(ii) Für jedes $\alpha \in A$ gibt es ein $\beta \in B$, so dass gilt:

$$\operatorname{Tr}\rho_\alpha := \overline{\{x \in X \mid \rho_\alpha(x) = 0\}} \subset U_\beta.$$

(iii) Für alle $x \in X$ gilt:

$$\sum_{\alpha\in A} \rho_\alpha(x) = 1.$$

In einem parakompakten Hausdorff-Raum gibt es nun zu jeder offenen Überdeckung eine untergeordnete Partition der Eins. Auf differenzierbaren Mannigfaltigkeiten gilt sogar mehr:

Satz 4.2 *Auf einer differenzierbaren Mannigfaltigkeit gibt es zu jeder offenen Überdeckung eine untergeordnete* differenzierbare *Partition der Eins, d.h. die ρ_α können sogar differenzierbar gewählt werden.*

Beweis. Siehe z.B. [BJ73, (7.3) Satz]. □

Eine solche differenzierbare Partition der Eins ist ein wichtiges technisches Hilfsmittel, das man zum Beispiel zum Beweis der folgenden Bemerkung braucht:

Bemerkung 4.4 Auf jeder differenzierbaren Mannigfaltigkeit existiert eine Riemann'sche Metrik (Beweis Übungsaufgabe, mit Hilfe einer differenzierbaren Partition der Eins).

Wir diskutieren zum Abschluss dieses Abschnitts den Begriff der Orientierung einer Mannigfaltigkeit.

Wir erinnern daran, dass eine *Orientierung* eines n-dimensionalen reellen Vektorraums V eine Äquivalenzklasse von geordneten Basen bezüglich der folgenden Äquivalenzrelation ist: zwei geordnete Basen $(e_1, \ldots, e_n)$ und $(e'_1, \ldots, e'_n)$ heißen äquivalent, wenn der Basiswechsel positive Determinante hat.

Definition Es sei (E, π, B, F) ein n-dimensionales differenzierbares Vektorbündel. Eine Familie $\{o_b\}_{b \in B}$ von Orientierungen der Fasern E_b heißt eine *Orientierung* von E, wenn es um jeden Punkt b von B eine Bündelkarte $\psi : \pi^{-1}(U) \to U \times \mathbb{R}^n$ gibt, so dass durch $\psi_x : E_x \xrightarrow{\cong} \mathbb{R}^n$ die Orientierung o_x für jedes $x \in U$ in dieselbe Orientierung von $\mathbb{R}^n$ übertragen wird.

Definition Eine *Orientierung* einer differenzierbaren Mannigfaltigkeit M ist eine Orientierung des Tangentialbündels TM. Eine differenzierbare Mannigfaltigkeit M heißt *orientierbar*, wenn das Tangentialbündel TM eine Orientierung besitzt.

Satz 4.3 *Komplexe Mannigfaltigkeiten sind orientierbar.*

Beweis. Es sei X eine komplexe Mannigfaltigkeit der Dimension n, $a \in X$ und $\{z_1, \ldots, z_n\}$ ein lokales Koordinatensystem um a. Wir schreiben wieder $z_j = x_j + iy_j$ mit $x_j, y_j \in \mathbb{R}$. Dann ist

$$(x_1, y_1, \ldots, x_n, y_n)$$

ein lokales Koordinatensystem der X zugrunde liegenden differenzierbaren Mannigfaltigkeit M um a und definiert eine Orientierung von T_aM. Da die Kartenwechsel von X holomorph sind, sind die zugehörigen reellen Kartenwechsel von M reell differenzierbar und erfüllen die Cauchy-Riemann'schen-Differentialgleichungen. Deshalb sind die Funktionaldeterminanten der Kartenwechsel alle positiv. Also liefert die obige Wahl einer Orientierung von T_aM für alle $a \in M$ eine Orientierung des Tangentialbündels TM. □

Definition Die Orientierung der komplexen Mannigfaltigkeit X in dem Beweis von Satz 4.3 heißt die *bevorzugte Orientierung* von X.

Es sei nun M eine differenzierbare Mannigfaltigkeit mit Rand. Eine Orientierung von M bestimmt eine Orientierung von ∂M wie folgt: Für $a \in \partial M$ sei $(e_1, e_2, \ldots, e_n)$ eine positiv orientierte Basis von T_aM, so dass $e_2, \ldots, e_n \in T_a\partial M$ und e_1 nach außen gerichtet ist. Dann bestimmt $(e_2, \ldots, e_n)$ eine Orientierung von ∂M in a (vgl. Bild 4.4). Dies ist die *bevorzugte Orientierung des Randes* einer orientierten differenzierbaren Mannigfaltigkeit mit Rand.

4.3 Der Ehresmann'sche Faserungssatz

Wir wollen nun einen grundlegenden Satz beweisen, der eine entscheidende Rolle bei der topologischen Untersuchung von Hyperflächensingularitäten spielt.

Es seien M, N differenzierbare Mannigfaltigkeiten und $f : M \to N$ eine differenzierbare Abbildung.

Der folgende Satz wird üblicherweise nach Ch. Ehresmann benannt.

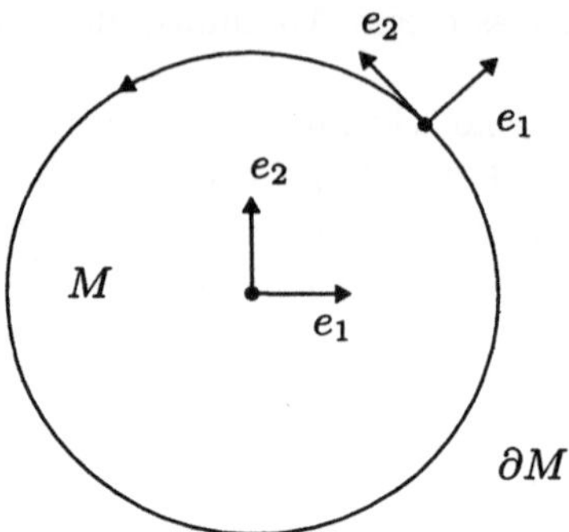

Bild 4.4: Bevorzugte Orientierung des Randes

Theorem 4.1 (Ehresmann'scher Faserungssatz) *Es seien M, B differenzierbare Mannigfaltigkeiten und $f : M \to B$ eine eigentliche surjektive Submersion. Dann ist $f : M \to B$ die Projektion eines differenzierbaren Faserbündels.*

Beweis. (nach [Kod86, §2.3]) Es sei $t \in B$, $\dim B = m$, und $\varphi : V \to V' \subset \mathbb{R}^m$, $t \in V$, eine Karte von B um t. Wir nehmen an, dass $\varphi(t) = 0$. Dann enthält V' einen kompakten Würfel $\bar{U}'$, wobei

$$U' = \{x \in \mathbb{R}^m \mid |x_j| < r,\ j = 1, \dots, m\}.$$

Es sei $U := \varphi^{-1}(U')$. Wir zeigen

Behauptung Es gibt einen Diffeomorphismus

$$\psi : U \times M_t \longrightarrow f^{-1}(U)$$

($M_t = f^{-1}(t)$), so dass das folgende Diagramm kommutiert:

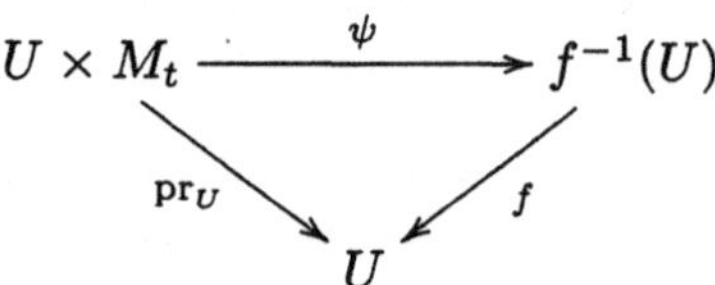

Zum Beweis können wir nach Identifizierung mittels φ annehmen, dass $t = 0$, $U = U' \subset \mathbb{R}^m$. Es sei $n = \dim M$.

Nach dem Rangsatz gibt es zu jedem Punkt $a \in f^{-1}(\bar{U})$ Karten $\varphi_a : U_a \to U_a' \subset \mathbb{R}^n$ um a und $\psi_a : V_a \to V_a' \subset \mathbb{R}^m$ um $f(a)$, so dass $\psi_a \circ f \circ \varphi_a^{-1} : U_a' \to V_a'$ gegeben wird durch $(x_1, \dots, x_n) \mapsto (x_1, \dots, x_m)$. Da f eigentlich ist, ist $f^{-1}(\bar{U})$ kompakt. Daher gibt es eine endliche Teilüberdeckung $\{U_\alpha\}_{1 \le \alpha \le p}$ von $\{U_a\}_{a \in f^{-1}(\bar{U})}$.

Wir führen nun Induktion nach m durch.

a) Fall $m = 1$: Der Beweis geschieht, indem wir zunächst ein Vektorfeld konstruieren und dann dazu eine einparametrige Gruppe von Diffeomorphismen.

Im Fall $m = 1$ sind $U = (-r, r)$ und V offene Intervalle. Das zu U_α gehörige lokale Koordinatensystem bezeichnen wir mit $(x_1^{(\alpha)}, \dots, x_n^{(\alpha)})$. Wir konstruieren nun ein

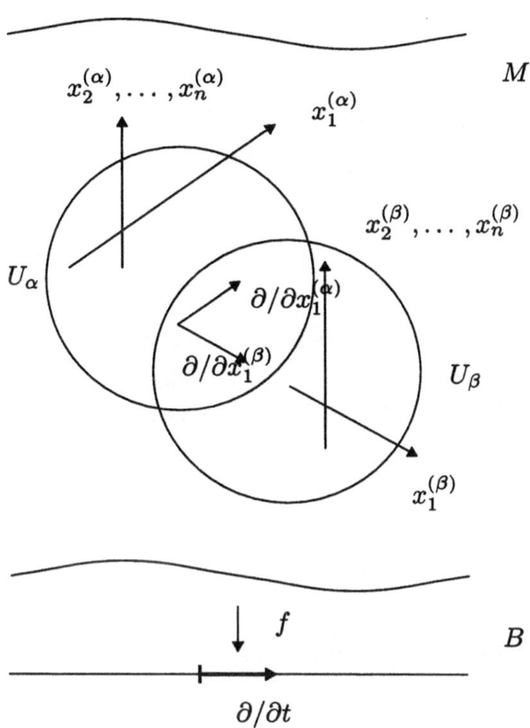

Bild 4.5: Zur Konstruktion des Vektorfeldes X

Vektorfeld X auf der Umgebung $\bigcup_\alpha U_\alpha$ von $f^{-1}(\bar{U})$, so dass auf jedem U_α gilt:

$$T_a f(X_a) = \left.\frac{\partial}{\partial x_1^{(\alpha)}}\right|_{f(a)} \quad \text{für alle } a \in U_\alpha.$$

Dazu betrachten wir auf U_α das Vektorfeld $\partial/\partial x_1^{(\alpha)}$ (vgl. Bild 4.5). Es sei $\{\rho_\alpha\}$ eine der Überdeckung $\{U_\alpha\}$ untergeordnete differenzierbare Partition der Eins, die nach Satz 4.2 existiert. Dann setzen wir

$$X = \sum_{\alpha=1}^{p} \rho_\alpha \frac{\partial}{\partial x_1^{(\alpha)}}.$$

Dieses Vektorfeld erfüllt die gewünschte Bedingung. Das Vektorfeld X ist ein Vektorfeld, dessen Vektoren nie tangential an eine Faser (vertikal) sind.

Nach Satz 3.3 gibt es zu jedem $a \in M_0$ eine offene Umgebung W_a von a, ein $\varepsilon(a) > 0$ und eine lokale einparametrige Gruppe $g^{(0,a)} : (-\varepsilon(a), \varepsilon(a)) \times W_a \to M$, die X auf W_a induziert. Da M_0 kompakt ist, gibt es $a_1, \dots, a_q \in M_0$, so dass

$$M_0 \subset W_0 := \bigcup_{i=1}^{q} W_{a_i}.$$

Es sei $\varepsilon_0 = \min \varepsilon(a_i)$. Gilt $W_{a_i} \cap W_{a_j} \neq \emptyset$, dann induzieren $g_t^{(0,a_i)}$ und $g_t^{(0,a_j)}$ auf $W_{a_i} \cap W_{a_j}$ das gleiche Vektorfeld, stimmen nach der Eindeutigkeitsaussage von Satz 3.3

also für $|t| < \varepsilon_0$ überein. Wir können daher $g_t^{(0)}$ auf W_0 wie folgt definieren:

$$g_t^{(0)}(x) = g_t^{(0,a_i)}(x) \text{ falls } x \in W_{a_i}.$$

Dieses Argument kann nun für jedes $s \in [-r, r]$ anstelle von 0 durchgeführt werden. Wir erhalten damit eine lokale einparametrige Gruppe

$$g^{(s)} : (-\varepsilon_s, \varepsilon_s) \times W_s \longrightarrow M.$$

Für $t \in (-\varepsilon_s, \varepsilon_s) \cap (-\varepsilon_{s'}, \varepsilon_{s'})$ gilt $g_t^{(s)} = g_t^{(s')}$ aufgrund der Eindeutigkeitsaussage von Satz 3.3. Deshalb können wir $g^{(0)}$ zu einer Abbildung

$$g : (-r, r) \times M_0 \longrightarrow f^{-1}((-r, r))$$

mit $g \circ f = \mathrm{pr}_U$ fortsetzen. Da $g_t : M_0 \to M_t$ ein Diffeomorphismus für jedes $t \in U$ ist, ist g ein Diffeomorphismus. Die Abbildung $\psi := g$ ist also ein Diffeomorphismus mit der gewünschten Eigenschaft.

b) Allgemeiner Fall. Wir setzen $U = U_1 \times U_2$, wobei

$$\begin{aligned} U_1 &= \{t_1 \in \mathbb{R} \mid |t_1| < r\}, \\ U_2 &= \{(t_2, \dots, t_m) \in \mathbb{R}^{m-1} \mid |t_i| < r,\ i = 2, \dots, m\}, \\ f &= (f_1, \dots, f_m). \end{aligned}$$

Wie in Teil a) konstruieren wir einen Diffeomorphismus $\psi_1 : U_1 \times f^{-1}(\bar{U}_2) \to f^{-1}(U_1 \times \bar{U}_2)$ mit $f_1 \circ \psi_1 = \mathrm{pr}_{U_1}$ $(\mathrm{pr}_{U_1} : U_1 \times f^{-1}(\bar{U}_2) \to U_1)$. Nach Induktionsvoraussetzung existiert ein Diffeomorphismus

$$\psi_2 : U_2 \times M_0 \longrightarrow f^{-1}(U_2)$$

mit $f \circ \psi_2 = \mathrm{pr}_{U_2}$ $(\mathrm{pr}_{U_2} : U_2 \times M_0 \to U_2)$. Die Komposition

$$\psi : U \times M_0 = U_1 \times U_2 \times M_0 \xrightarrow{(\mathrm{id} \times \psi_2)} U_1 \times f^{-1}(U_2) \xrightarrow{\psi_1} f^{-1}(U_1 \times U_2) = f^{-1}(U)$$

ist dann der gewünschte Diffeomorphismus $\psi : U \times M_0 \to f^{-1}(U)$, so dass das Diagramm

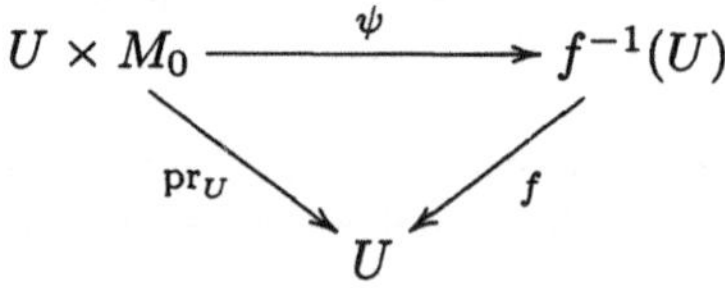

kommutiert.

Damit ist die Behauptung bewiesen. □

Theorem 4.1 lässt sich wie folgt verallgemeinern.

Theorem 4.2 *Es sei M eine differenzierbare Mannigfaltigkeit mit Rand ∂M, B eine differenzierbare Mannigfaltigkeit. Sind sowohl $f : M \to B$ als auch $f|_{\partial M} \to B$ eigentliche surjektive Submersionen, dann sind f und $f|_{\partial M}$ Projektionen von differenzierbaren Faserbündeln.*

Beweis. Der Beweis von Theorem 4.1 lässt sich auch auf den Fall, dass M eine differenzierbare Mannigfaltigkeit mit Rand ist, übertragen. Daraus folgt, dass $f : M \to B$ Projektion eines differenzierbaren Faserbündels ist. Die entsprechende Aussage für $f|_{\partial M} : \partial M \to B$ folgt direkt aus Theorem 4.1. □

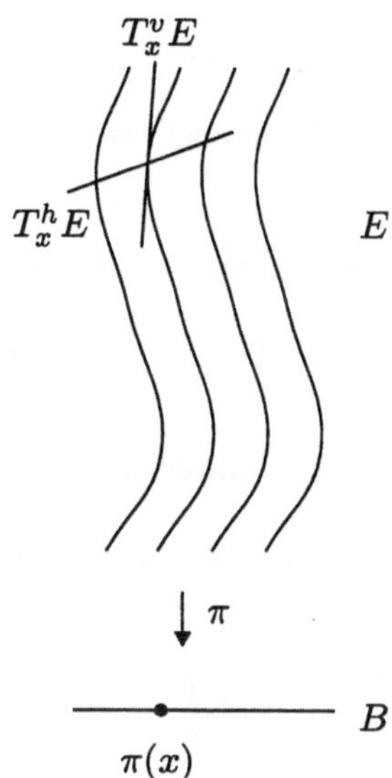

Bild 4.6: Vertikaler und horizontaler Tangentialraum

4.4 Die Holonomiegruppe eines differenzierbaren Faserbündels

Es sei (E, π, B, F) ein differenzierbares Faserbündel und $\gamma : I = [0,1] \to B$ ein differenzierbarer Weg. Wir wollen nun eine Konstruktion angeben, die es erlaubt, für jedes $x \in E_{\gamma(0)}$ den Weg γ in eindeutiger Weise zu einem „horizontalen" Weg $\hat{\gamma}_x : I \to E$ mit $\hat{\gamma}_x(0) = x$ zu liften. Wir richten uns dabei nach [Wol64].

Um γ eindeutig liften zu können, brauchen wir eine Zerlegung des Tangentialbündels von E in ein vertikales und ein horizontales Unterbündel. Wir betrachten zunächst eine Zerlegung des Tangentialraums T_xE an E in einem Punkt $x \in E$. Es sei

$$T_x^v E = \{v \in T_xE \mid T_x\pi(v) = 0\}.$$

Dieser Unterraum von T_xE heißt der *vertikale Tangentialraum* an E in x. Er ist isomorph zu dem Tangentialraum $T_xE_{\pi(x)}$ an die Faser $E_{\pi(x)}$ im Punkte x. Ein Komplement $T_x^h E$ dieses Unterraums in T_xE heißt *horizontaler Tangentialraum* an E in x (vgl. Bild 4.6). Es gilt also

$$T_xE = T_x^v E \oplus T_x^h E.$$

Die lineare Abbildung $T_x\pi$ bildet $T_x^h E$ isomorph auf den Tangentialraum $T_{\pi(x)}B$ an die Basis B in $\pi(x)$ ab. Man beachte aber, dass $T_x^h E$ als komplementärer Unterraum im Gegensatz zu $T_x^v E$ nicht eindeutig bestimmt ist.

Wir wollen nun in entsprechender Weise das Tangentialbündel zerlegen. Dazu benötigen wir noch einige Definitionen.

Definition Es sei $(E, \pi, B, \mathbb{R}^n)$ ein Vektorbündel und $E' \subset E$ eine Teilmenge von E, so dass es zu jedem $b \in B$ eine Umgebung U von b und eine Bündelkarte $\psi : \pi^{-1}(U) \to$

$U \times \mathbb{R}^n$ mit

$$\psi(\pi^{-1}(U) \cap E') = U \times \mathbb{R}^k \subset U \times \mathbb{R}^n$$

gibt. Dann ist $(E', \pi|_{E'}, B, \mathbb{R}^k)$ ein k-dimensionales Vektorbündel und heißt ein *Unterbündel* von E.

Beispiel 4.3 Ist (E, π, B, F) ein differenzierbares Faserbündel, so ist

$$T^v E := \operatorname{Ker} T\pi := \bigcup_{x \in E} \operatorname{Ker} T_x\pi$$

mit der natürlichen Projektion ein Unterbündel des Tangentialbündels TE von E.

Definition Sind $(E, \pi_1, B, \mathbb{R}^n)$, $(F, \pi_2, B, \mathbb{R}^n)$ Vektorbündel über B, so ist $(E \oplus F, \pi_1 \oplus \pi_2, B, \mathbb{R}^n \times \mathbb{R}^n)$ mit

$$E \oplus F := \bigcup_{b \in B} E_b \oplus F_b,$$

$$\begin{array}{rccl} \pi_1 \oplus \pi_2 : & E \oplus F & \longrightarrow & B \\ & (x, y) & \longmapsto & \pi_1(x) = \pi_2(x) \end{array}$$

und mit den offensichtlichen Bündelkarten ein Vektorbündel. Dieses Vektorbündel heißt *Whitney-Summe* von E und F und wird auch abkürzend mit $E \oplus F$ bezeichnet.

Definition Ein *Ehresmann'scher Zusammenhang* für ein differenzierbares Faserbündel (E, π, B, F) ist ein Unterbündel $T^h E$ des Tangentialbündels TE, so dass TE die Whitneysumme $TE = T^v E \oplus T^h E$ von $T^v E$ und $T^h E$ ist.

Satz 4.4 *Jedes differenzierbare Faserbündel (E, π, B, F) besitzt einen Ehresmann'schen Zusammenhang.*

Beweis. Nach der Bemerkung 4.4 existiert auf E eine Riemann'sche Metrik. Definiere für $x \in E$ den Unterraum $T_x^h E$ als das orthogonale Komplement $(T_x^v E)^\perp$ von $T_x^v E$ in $T_x E$ bezüglich dieser Metrik. Nach Definition der Riemann'schen Metrik definiert dies ein Unterbündel von TE. □

Satz 4.5 *Es sei (E, π, B, F) ein differenzierbares Faserbündel mit kompakter Faser F und einem Ehresmann'schen Zusammenhang. Ist $\gamma : I \to B$ ein differenzierbarer Weg und $x \in E_{\gamma(0)}$, dann gibt es genau eine Liftung $\hat{\gamma} : I \to E$ mit $\hat{\gamma}(0) = x$, die horizontal ist, d.h. $\hat{\gamma}'(t) \in T^h_{\hat{\gamma}(t)} E$ für alle $t \in I$ erfüllt.*

Beweis. Da die Abbildung $T_x\pi|_{T_x^h E} : T_x^h E \to T_{\pi(x)} B$ für jedes $x \in E$ ein linearer Isomorphismus ist, gibt es genau ein Vektorfeld X auf $\pi^{-1}(\gamma(I))$ mit $T_a\pi(X_a) = \gamma'(t)$ für alle $t \in I$ und $a \in \pi^{-1}(\gamma(t))$. Da $\pi^{-1}(\gamma(I))$ nach Voraussetzung kompakt ist, folgt wie im Teil a) des Beweises des Ehresmann'schen Faserungssatzes, dass das Vektorfeld X durch eine eindeutig bestimmte einparametrige Gruppe $g_t : E_{\gamma(0)} \to E_{\gamma(t)}$ $(t \in [0,1])$ von Diffeomorphismen induziert wird. Die gesuchte Liftung ist dann die Phasenkurve von g_t durch x, d.h.

$$\hat{\gamma}(t) := g_t(x) \text{ für } t \in [0,1].$$

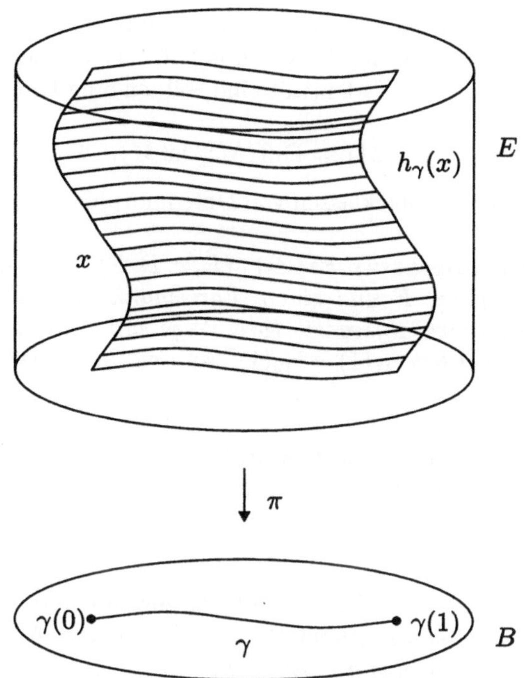

Bild 4.7: Parallelverschiebung längs des Weges γ

Damit ist Satz 4.5 bewiesen. □

Es sei (E, π, B, F) ein differenzierbares Faserbündel mit kompakter Faser F und einem Ehresmann'schen Zusammenhang. Ferner sei $\gamma : I \to B$ ein differenzierbarer Weg und $g_t : E_{\gamma(0)} \to E_{\gamma(t)}$ $(t \in [0,1])$ die zugehörige einparametrige Gruppe aus dem Beweis von Satz 4.5. Der Diffeomorphismus

$$h_\gamma := g_1 : E_{\gamma(0)} \longrightarrow E_{\gamma(1)}$$

heißt die *Parallelverschiebung* von $E_{\gamma(0)}$ *längs des Weges* γ *bezüglich des Zusammenhangs* (vgl. Bild 4.7).

Wir untersuchen nun, inwieweit der Diffeomorphismus h_γ von dem Weg γ abhängt.

Definition Es seien M, N differenzierbare Mannigfaltigkeiten und $f, g : M \to N$ Diffeomorphismen. Die Diffeomorphismen f und g heißen *isotop*, wenn es eine differenzierbare Abbildung

$$H : M \times I \longrightarrow N$$

gibt mit den folgenden Eigenschaften:

(i) Jede der Abbildungen $H_t : M \to N$, $x \mapsto H(x,t)$, ist ein Diffeomorphismus.

(ii) Es gilt $H_0 = f$, $H_1 = g$.

Eine solche Abbildung $H : M \times I \to N$ nennt man eine *Isotopie* zwischen f und g.

Die Menge der Diffeomorphismen $f : M \to N$ einer differenzierbaren Mannigfaltigkeit M auf sich selbst bildet eine Gruppe, die wir mit $\mathrm{Diff}(M)$ bezeichnen. Die Diffeomorphismen $f : M \to M$, die isotop zur Identität sind, bilden eine Untergruppe $\mathrm{Is}(M)$. Wir setzen

$$\mathrm{Diff}_0(M) := \mathrm{Diff}(M)/\,\mathrm{Is}(M).$$

$\mathrm{Diff}_0(M)$ ist die Gruppe der Isotopieklassen von Diffeomorphismen von M auf sich selbst.

Satz 4.6 (Homotopieliftungssatz) *Es sei (E, π, B, F) ein differenzierbares Faserbündel mit kompakter Faser F und einem Ehresmann'schen Zusammenhang. Sind $\gamma_1, \gamma_2 : I \to B$ zwei homotope differenzierbare Wege mit gleichem Anfangspunkt $a = \gamma_1(0) = \gamma_2(0)$ und Endpunkt $b = \gamma_1(1) = \gamma_2(1)$, so sind die Diffeomorphismen h_{γ_1} und h_{γ_2} isotop.*

Beweis. Es sei $H : I \times I \to B$ eine Homotopie zwischen γ_1 und γ_2. Wir können annehmen, dass H differenzierbar ist. Nach Satz 4.5 bestimmt jeder Weg $H_t : I \to B$, $s \mapsto H(s,t)$, eine Parallelverschiebung $\hat{H}_t : E_a \to E_b$. Dann ist $\hat{H} : E_a \times I \to E_b$, $(x,t) \mapsto \hat{H}_t(x)$, eine Isotopie zwischen h_{γ_1} und h_{γ_2}. □

Es sei nun ein Ehresmann'scher Zusammenhang gewählt und $b \in B$ ein fester Punkt aus B. Ein geschlossener differenzierbarer Weg $\gamma : I \to B$ mit Anfangs- und Endpunkt b bestimmt einen Diffeomorphismus $h_\gamma : E_b \to E_b$.

Definition Die Menge solcher Diffeomorphismen h_γ bildet eine Untergruppe von $\mathrm{Diff}(E_b)$ und heißt die *Holonomiegruppe* des Zusammenhangs.

Aus Satz 4.6 folgt, dass man durch die Zuordnung $\gamma \mapsto h_\gamma$ einen Homomorphismus

$$\rho_0 : \pi_1(B, b) \longrightarrow \mathrm{Diff}_0(E_b)$$

erhält. Dieser Homomorphismus hängt nicht mehr von dem gewählten Ehresmann'schen Zusammenhang ab.

Definition Das Bild von $\rho_0 : \pi_1(B, b) \to \mathrm{Diff}_0(E)$ heißt die *geometrische Monodromiegruppe* des differenzierbaren Faserbündels (E, π, B, F).

Definition Es seien X, Y topologische Räume. Zwei stetige Abbildungen $f, g : X \to Y$ heißen *homotop*, wenn es eine stetige Abbildung $H : X \times I \to Y$ gibt mit $H(x, 0) = f(x)$ und $H(x, 1) = g(x)$ für alle $x \in X$. Ein topologischer Raum X heißt *zusammenziehbar*, wenn die Identität $\mathrm{id} : X \to X$ homotop zu einer konstanten Abbildung $g : X \to \{p\}$ mit $p \in X$ ist.

Satz 4.7 *Jedes differenzierbare Faserbündel (E, π, B, F) mit kompakter Faser F über einem zusammenziehbaren Basisraum B ist trivial.*

Beweis. Nach Satz 4.4 besitzt (E, π, B, F) einen Ehresmann'schen Zusammenhang. Es sei $p \in B$ und $H : B \times I \to B$ eine Homotopie zwischen $\mathrm{id} : B \to B$ und $g : B \to B$ mit $g(b) = p$ für alle $b \in B$. Wir können wieder annehmen, dass H differenzierbar ist. Dann ist für jedes $b \in B$ die Abbildung $H_b : I \to B$, $t \mapsto H(b, t)$, ein differenzierbarer Weg von

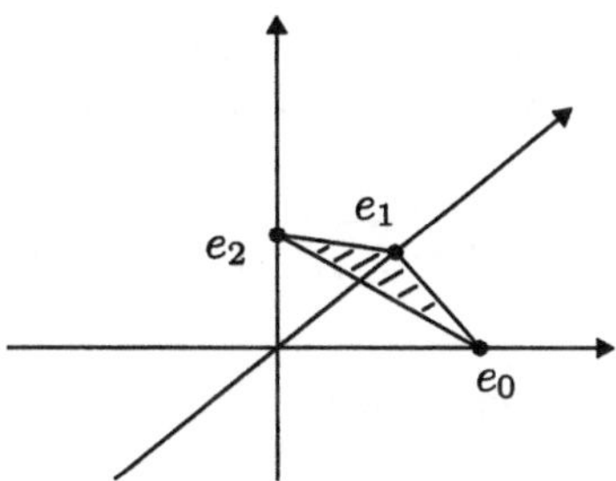

Bild 4.8: Standard-2-Simplex

b nach p. Es sei $\hat{H}_b : E_b \to E_p$ die zugehörige Parallelverschiebung. Wir definieren eine Abbildung

$$\psi : E \longrightarrow B \times E_p$$

durch $\psi(x) = (\pi(x), \hat{H}_{\pi(x)}(x))$. Diese Abbildung ist ein Diffeomorphismus mit $\mathrm{pr}_1 \circ \psi = \pi$ und ist die gewünschte Trivialisierung. □

Bemerkung 4.5 Man beachte, dass die Trivialisierung in Satz 4.7 von dem gewählten Ehresmann'schen Zusammenhang abhängt.

4.5 Singuläre Homologiegruppen

In diesem Abschnitt geben wir eine kurze Einführung in die singuläre Homologietheorie.

Es sei X ein topologischer Raum. Mit Δ^q bezeichnen wir das *Standard-q-Simplex* im $\mathbb{R}^{q+1}$, d.h.

$$\Delta^q = \left\{ \sum_{i=0}^{q} \lambda_i e_i \,\middle|\, \sum_{i=0}^{q} \lambda_i = 1, \quad 0 \le \lambda_i \le 1 \right\},$$

wobei $e_0, e_1, \ldots, e_q$ die Standardbasis von $\mathbb{R}^{q+1}$ ist (vgl. Bild 4.8).

Definition Ein *singuläres q-Simplex* von X ist eine stetige Abbildung $\sigma : \Delta^q \to X$. Eine *singuläre q-Kette* von X ist eine formale Linearkombination

$$c = \sum_{i=1}^{m} n_i \sigma_i,$$

wobei $n_i \in \mathbb{Z}$ und σ_i singuläre q-Simplexe sind. Es sei $C_q(X)$ die Menge aller singulären q-Ketten.

Wir führen noch weitere Bezeichnungen ein. Der *Träger* $|\sigma|$ *eines singulären q-Simplex* ist die Menge $|\sigma| := \sigma(\Delta^q)$. Der *Träger einer q-Kette* $c = \sum n_i \sigma_i$ ist die Menge $|c| := \bigcup |\sigma_i|$.

Wir definieren nun einen Randoperator $\partial_q : C_q(X) \to C_{q-1}(X)$. Für $q > 0$ definieren wir $F_i^q : \Delta^{q-1} \to \Delta^q$ durch $\sum_{j=0}^{q-1} \lambda_j e_j \mapsto \sum_{j=0}^{i-1} \lambda_j e_j + \sum_{j=i}^{q-1} \lambda_j e_{j+1}$. Das bedeutet, dass F_i^q das Standard-$(q-1)$-Simplex Δ^{q-1} auf die Seite $[e_0, \ldots, \hat{e}_i, \ldots, e_q]$ von Δ^q abbildet.

Ist $\sigma : \Delta^q \to X$ ein singuläres q-Simplex, dann ist die *i-te Seite* $\sigma^{(i)}$ von σ das singuläre $(q-1)$-Simplex $\sigma \circ F_i^q : \Delta^{q-1} \to X$. Der *Rand* von σ ist

$$\partial_q \sigma = \sum_{i=0}^{q} (-1)^i \sigma^{(i)}.$$

Ist $c = \sum n_i \sigma_i$ eine q-Kette, dann setzen wir

$$\partial_q c = \partial_q \left(\sum n_i \sigma_i \right) = \sum n_i \partial_q \sigma_i.$$

Auf diese Weise haben wir einen Homomorphismus

$$\partial_q : C_q(X) \longrightarrow C_{q-1}(X)$$

definiert.

Wir setzen noch

$$C_q(X) = 0 \text{ für } q < 0, \ \partial_q = 0 \text{ für } q \leq 0.$$

Es gilt nun der wichtige Satz:

Satz 4.8 $\partial_q \partial_{q+1} = 0$ *für alle* q. □

Beweis. Unmittelbar aus der Definition folgt

$$F_i^{q+1} \, F_j^q = F_j^{q+1} \, F_{i-1}^q \qquad \text{falls } j < i.$$

Es genügt zu zeigen, dass für ein $(q+1)$-Simplex σ gilt $\partial_q \circ \partial_{q+1}(\sigma) = 0$. Es gilt:

$$\begin{aligned}
\partial_q(\partial_{q+1}\sigma) &= \sum_{i=0}^{q+1} (-1)^i \, \partial_q \sigma^{(i)} \\
&= \sum_{i=0}^{q+1} (-1)^i \, \sum_{j=0}^{q} (-1)^j (\sigma \circ F_i^{q+1}) \circ F_j^q \\
&= \sum_{1 \leq j < i}^{q+1} (-1)^{i+j} \sigma \circ \left(F_j^{q+1} F_{i-1}^q \right) + \sum_{0 \leq i \leq j}^{q} (-1)^{i+j} \sigma \circ (F_i^{q+1} F_j^q) \\
&= 0.
\end{aligned}$$

Die letzte Gleichheit folgt, wenn man im ersten Summanden $i' = j$ und $j' = i - 1$ setzt. □

Eine singuläre q-Kette c mit $\partial_q(c) = 0$ heißt *q-Zyklus*. Gilt $c = \partial_{q+1}(c')$ für eine singuläre $(q+1)$-Kette c', so heißt c ein *q-Rand*. Wir setzen

$$\begin{aligned}
Z_q(X) &:= \{q\text{-Zyklen}\} = \ker \partial_q \\
B_q(X) &:= \{q\text{-Ränder}\} = \operatorname{Im} \partial_{q+1}
\end{aligned}$$

Aufgrund von Satz 4.8 gilt

$$B_q(X) \subset Z_q(X).$$

Definition Die Faktorgruppe

$$H_q(X) = Z_q(X)/B_q(X)$$

heißt die q-te (*singuläre*) *Homologiegruppe* von X. Zwei q-Ketten $c_1, c_2 \in C_q(X)$ heißen *homolog*, in Zeichen $c_1 \sim c_2$, falls $c_1 - c_2$ ein q-Rand ist. Die Homologieklasse eines q-Zyklus c bezeichnen wir mit $[c] \in H_q(X)$.

Wir wollen nun reduzierte Homologiegruppen definieren. Dazu definieren wir einen Homomorphismus $\varepsilon : C_0(X) \to \mathbb{Z}$ wie folgt. Ist σ ein singuläres 0-Simplex, so setzen wir $\varepsilon(\sigma) = 1$. Wir erweitern diese Abbildung zu einen Homomorphismus $\varepsilon : C_0(X) \to \mathbb{Z}$ (*Augmentation*) durch

$$\varepsilon\left(\sum n_i \sigma_i\right) = \sum n_i$$

für eine 0-Kette $\sum n_i \sigma_i$. Es gilt nun

$$\varepsilon \circ \partial_1 = 0. \qquad (*)$$

Diese Formel folgt daraus, dass für ein singuläres 1-Simplex σ gilt: $\varepsilon(\partial_1 \sigma) = \varepsilon(\sigma^{(0)} - \sigma^{(1)}) = 0$. Setze

$$\tilde{Z}_0(X) := \operatorname{Ker} \varepsilon.$$

Wegen $\varepsilon \circ \partial_1 = 0$ gilt $B_0(X) \subset \tilde{Z}_0(X)$.

Definition Es sei $X \neq \emptyset$. Die Faktorgruppe

$$\tilde{H}_0(X) = \tilde{Z}_0(X)/B_0(X)$$

heißt die *reduzierte 0-te Homologiegruppe* von X. Wir setzen

$$\tilde{H}_q(X) := H_q(X) \text{ für } q > 0.$$

Was ist die Beziehung zwischen $H_0(X)$ und $\tilde{H}_0(X)$? Da $\tilde{Z}_0(X) \subset Z_0(X)$ eine Untergruppe ist, können wir $\tilde{H}_0(X)$ als Untergruppe von $H_0(X)$ auffassen. Es sei $\iota_* : \tilde{H}_0(X) \to H_0(X)$ die Inklusion. Wegen $\varepsilon \circ \partial_1 = 0$ induziert $\varepsilon : C_0(X) \to \mathbb{Z}$ einen Homomorphismus

$$\varepsilon_* : H_0(X) \longrightarrow \mathbb{Z}.$$

Satz 4.9 *Die Sequenz (für $X \neq \emptyset$)*

$$0 \longrightarrow \tilde{H}_0(X) \xrightarrow{\iota_*} H_0(X) \xrightarrow{\varepsilon_*} \mathbb{Z} \longrightarrow 0$$

von Gruppen und Homomorphismen ist exakt. Insbesondere gilt $\tilde{H}_0(X) \cong \operatorname{Ker} \varepsilon_*$, *und* $H_0(X) \cong \tilde{H}_0(X) \oplus \mathbb{Z}$ *(unter einem nicht kanonischen Isomorphismus).*

Beweis. Leichte Übungsaufgabe. □

Bemerkung 4.6 Wenn $X \neq \emptyset$ wegzusammenhängend ist, so ist $\varepsilon_* : H_0(X) \to \mathbb{Z}$ ein Isomorphismus (Beweis Übungsaufgabe); also $H_0(X) \cong \mathbb{Z}$ und daher nach Satz 4.9 $\tilde{H}_0(X) = 0$. Allgemeiner gilt: Ist r die Anzahl der Wegzusammenhangskomponenten von X, so ist $H_0(X) \cong \mathbb{Z}^r$ und $\tilde{H}_0(X) \cong \mathbb{Z}^{r-1}$.

Beispiel 4.4 Es sei S^n die n-dimensionale Einheitssphäre. Dann gilt (vgl. [GH81, Part II, 15.])

$$\tilde{H}_q(S^n) = \begin{cases} 0 & \text{für } q \neq n, \\ \mathbb{Z} & \text{für } q = n. \end{cases}$$

Definition Es sei X ein topologischer Raum, so dass alle Homologiegruppen endlich erzeugt sind und nur endlich viele von Null verschieden sind. Es sei $b_q(X)$ der Rang von $H_q(X)$. Diese Zahl heißt die q-te *Bettizahl* von X. Die Zahl

$$\chi(X) := \sum_{q=0}^{\infty} (-1)^q b_q(X)$$

heißt die *Eulercharakteristik* von X.

Beispiel 4.5 Die Eulercharakteristik der n-dimensionalen Einheitssphäre ist

$$\chi(S^n) = 1 + (-1)^n.$$

Es sei nun $f : X \to Y$ eine stetige Abbildung zwischen topologischen Räumen. Ist $\sigma : \Delta^q \to X$ ein singuläres q-Simplex in X, so ist $f \circ \sigma : \Delta^q \to Y$ ein singuläres q-Simplex in Y. Wir erhalten einen Homomorphismus $C_q(f) : C_q(X) \to C_q(Y)$ durch

$$C_q(f)\left(\sum n_i \sigma_i\right) = \sum n_i (f \circ \sigma_i).$$

Satz 4.10 *Es gilt:* $\partial_q C_q(f) = C_{q-1}(f) \partial_q$.

Beweis. Übungsaufgabe. □

Aus Satz 4.10 folgt, dass $C_q(f)$ q-Zyklen in q-Zyklen und q-Ränder in q-Ränder abbildet. Deshalb induziert $C_q(f)$ einen Homomorphismus

$$f_* : H_q(X) \longrightarrow H_q(Y)$$

durch $f_*([z]) = [C_q(f)(z)]$. Diesen Homomorphismus nennt man den *von* $f : X \to Y$ *induzierten Homomorphismus* der q-ten Homologiegruppe.

Ist $\varepsilon : C_0(X) \to \mathbb{Z}$ die Augmentation, so folgt sofort aus der Definition von $C_q(f)$, dass das folgende Diagramm kommutiert:

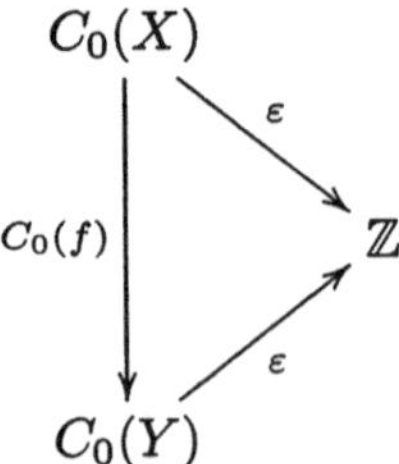

Daher bildet $C_0(f)$ die Untergruppe $\tilde{Z}_0(X)$ von $Z_0(X)$ nach $\tilde{Z}_0(Y)$ ab und induziert daher einen Homomorphismus $\tilde{H}_0(X) \to \tilde{H}_0(Y)$, der ebenfalls mit

$$f_* : \tilde{H}_0(X) \longrightarrow \tilde{H}_0(Y)$$

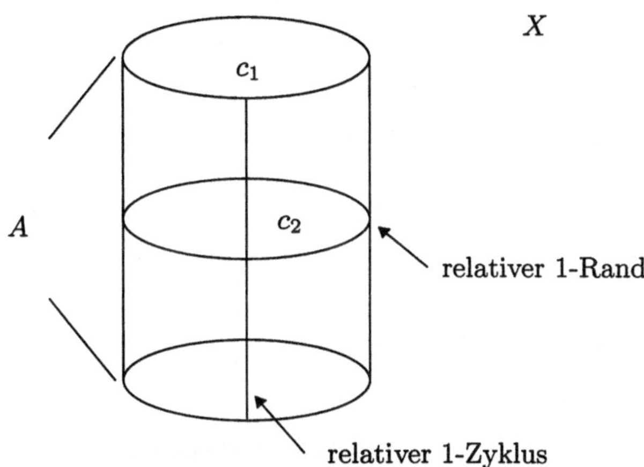

Bild 4.9: Beispiel eines relativen 1-Zyklus und eines relativen 1-Randes

bezeichnet wird.

Wir wollen nun relative Homologiegruppen einführen. Es sei A ein Unterraum von X, also eine Teilmenge $A \subset X$, die mit der Relativtopologie versehen ist. Man nennt (X, A) auch ein *Paar*. Wir wollen nun den Zusammenhang zwischen den Homologiegruppen von X und denen von A untersuchen.

Zunächst kann man die Gruppe $C_q(A)$ betrachten. Dies ist eine Untergruppe von $C_q(X)$.

Definition Eine q-Kette $c \in C_q(X)$ heißt *relativer q-Zyklus von X bezüglich A*, falls $\partial_q c \in C_{q-1}(A)$. Es sei

$$Z_q(X, A) := \{\text{relative } q\text{-Zyklen}\}.$$

Eine q-Kette $c \in C_q(X)$ heißt *relativer q-Rand von X bezüglich A*, falls es eine q-Kette $c' \in C_q(A)$ in A mit $c \sim c'$ (in X) gibt. Es sei

$$B_q(X, A) := \{\text{relative } q\text{-Ränder}\}.$$

Bemerkung 4.7 Es gilt $B_q(X, A) \subset Z_q(X, A)$ (Beweis: Übungsaufgabe).

Definition Die Faktorgruppe

$$H_q(X, A) := Z_q(X, A)/B_q(X, A)$$

heißt die q-te *relative Homologiegruppe von X bezüglich A*. Wir schreiben $c \sim c' \bmod A$ für $c, c' \in Z_q(X, A)$, falls $c - c' \in B_q(X, A)$, $[z]_{\text{mod } A}$ für die Klasse von $z \in Z_q(X, A)$ in $H_q(X, A)$.

Beispiel 4.6 $X = I \times S^1$ Zylinder, $A = \{0\} \times S^1 \cup \{1\} \times S^1$, siehe Bild 4.9.

Bemerkung 4.8 Ist $A = \emptyset$, so gilt $C_q(A) = 0$ für alle q. Also folgt $H_q(X, \emptyset) = H_q(X)$.

Es sei nun $i : A \to X$ die Inklusion. Dann induziert i einen Homomorphismus $i_* : H_q(A) \to H_q(X)$ für jedes q.

Definition Wir definieren eine Abbildung $j_* : H_q(X) \to H_q(X,A)$ durch $[z] \mapsto [z]_{\text{mod}\,A}$.

Wir definieren eine Abbildung $\partial_* : H_q(X,A) \to H_{q-1}(A)$ (*Verbindungshomomorphismus*) durch $[z]_{\text{mod}\,A} \mapsto [\partial_q z]$.

Bemerkung 4.9 ∂_* ist wohl definiert: Es seien $z, z' \in Z_q(X,A)$ mit $z \sim z' \mod A$. Dann gibt es $c \in C_q(A)$ und $z'' \in C_{q+1}(X)$ mit $z - z' - c = \partial_{q+1} z''$. Dann gilt $\partial_q z - \partial_q z' = \partial_q c$, also $\partial_q z \sim \partial_q z'$ in A.

Definition Die unendliche Sequenz von Homologiegruppen und Homomorphismen

$$\ldots \xrightarrow{\partial_*} H_q(A) \xrightarrow{i_*} H_q(X) \xrightarrow{j_*} H_q(X,A) \xrightarrow{\partial_*} H_{q-1}(A) \xrightarrow{i_*} \ldots$$

heißt die *Homologiesequenz des Paares* (X,A).

Satz 4.11 *Die Homologiesequenz des Paares (X,A) ist exakt.*

Beweis. Wir zeigen die Exaktheit an der Stelle $H_q(X,A)$, d.h. wir zeigen $\operatorname{Im} j_* = \operatorname{Ker} \partial_*$. Den Nachweis der Exaktheit an den anderen Stellen überlassen wir als Übungsaufgabe.
a) Wir zeigen: $\operatorname{Im} j_* \subset \operatorname{Ker} \partial_*$: Es sei $z \in Z_q(X)$, d.h. $\partial_q z = 0$. Dann gilt $\partial_* j_* [z] = [\partial_q z] = 0$, also $j_*[z] \in \operatorname{Ker} \partial_*$.
b) Wir zeigen: $\operatorname{Ker} \partial_* \subset \operatorname{Im} j_*$: Es sei $z \in Z_q(X,A)$ mit $\partial_* [z]_{\text{mod}\,A} = 0$. Das bedeutet, dass es ein $c \in C_q(A)$ mit $\partial_q z = \partial_q c$ gibt, also $\partial_q(z-c) = 0$. Also ist $z - c \in Z_q(X)$ und $z - c \sim z \mod A$. Daher gilt $j_*[z-c] = [z-c]_{\text{mod}\,A} = [z]_{\text{mod}\,A}$, also $[z]_{\text{mod}\,A} \in \operatorname{Im} j_*$. □

Satz 4.12 *Es sei (X,A) ein Paar mit $A \neq \emptyset$. Dann ist das Bild des Verbindungshomomorphismus $\partial_* : H_1(X,A) \to H_0(A)$ in $\tilde{H}_0(A)$ enthalten und die folgende Sequenz ist exakt:*

$$\ldots \xrightarrow{j_*} H_1(X,A) \xrightarrow{\partial_*} \tilde{H}_0(A) \xrightarrow{i_*} \tilde{H}_0(X) \xrightarrow{j_*} H_0(X,A) \longrightarrow 0.$$

Beweis. Übungsaufgabe. □

Wir führen noch folgende Notation ein:

$$\begin{aligned} H_*(X) &:= \bigoplus_q H_q(X), \\ H_*(X,A) &:= \bigoplus_q H_q(X,A). \end{aligned}$$

Wir zitieren nun noch ohne Beweis zwei Standardsätze aus der algebraischen Topologie, die wir später benötigen werden. Für Beweise siehe [GH81].

Theorem 4.3 (Homotopieinvarianz der Homologie) *Sind $f, g : X \to Y$ homotope stetige Abbildungen von topologischen Räumen, so gilt $f_* = g_*$.*

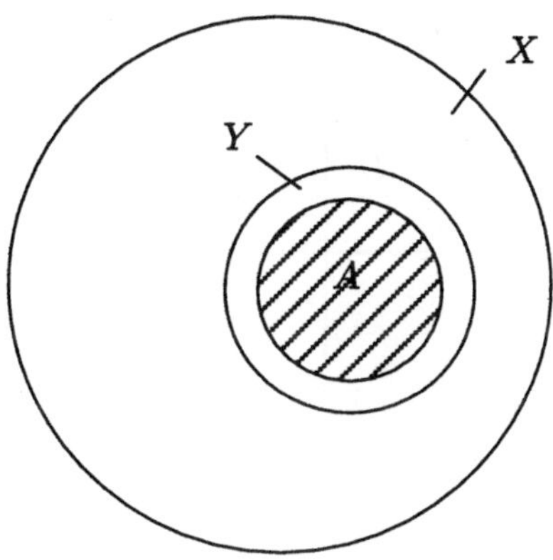

Bild 4.10: Zum Ausschneidungssatz

Theorem 4.4 (Ausschneidungssatz) *Es seien $A \subset Y \subset X$ Unterräume, so dass der Abschluss von A im Inneren von Y enthalten ist. Dann kann A ausgeschnitten werden, d.h. es existiert ein Isomorphismus*

$$H_q(X, Y) \cong H_q(X - A, Y - A)$$

für alle q.

4.6 Schnittzahlen

Wir wollen nun Schnittzahlen zwischen Zyklen definieren. Eine strenge Einführung dieser Schnittzahlen erfordert einen hohen begrifflichen Aufwand. Wir geben hier eine geometrische Definition für differenzierbare Mannigfaltigkeiten, die sich an [GH78, Chap. 0, §4] orientiert. Dabei geht es uns vor allem um eine verständliche Einführung, ohne dass alle technischen Einzelheiten bewiesen werden.

Es sei im Folgenden M eine differenzierbare Mannigfaltigkeit. Ein singuläres q-Simplex $\sigma : \Delta^q \to M$ heißt *differenzierbar*, wenn es eine offene Umgebung U von Δ^q in der affinen q-dimensionalen Hyperebene von $\mathbb{R}^{q+1}$, in der Δ^q liegt und die isomorph zum $\mathbb{R}^q$ ist, und eine Fortsetzung $\tilde{\sigma} : U \to M$ von σ gibt, so dass $\tilde{\sigma}$ differenzierbar ist (vgl. Bild 4.11). Eine singuläre q-Kette $c = \sum n_i \sigma_i$ von M heißt (*stückweise*) *differenzierbar*, wenn die einzelnen singulären q-Simplexe σ_i differenzierbar sind. Wir setzen

$$C_q^{\mathrm{sd}}(M) := \{\text{stückweise differenzierbare } q\text{-Ketten von } M\}.$$

Ist c eine stückweise differenzierbare q-Kette von M, so ist auch der Rand $\partial_q c$ stückweise differenzierbar. Deswegen können wir setzen

$$\begin{aligned} Z_q^{\mathrm{sd}}(M) &:= \{c \in C_q^{\mathrm{sd}}(M) \mid \partial_q c = 0\}, \\ B_q^{\mathrm{sd}}(M) &:= \partial_{q+1}(C_{q+1}^{\mathrm{sd}}(M)), \\ H_q^{\mathrm{sd}}(M) &:= Z_q^{\mathrm{sd}}(M)/B_q^{\mathrm{sd}}(M). \end{aligned}$$

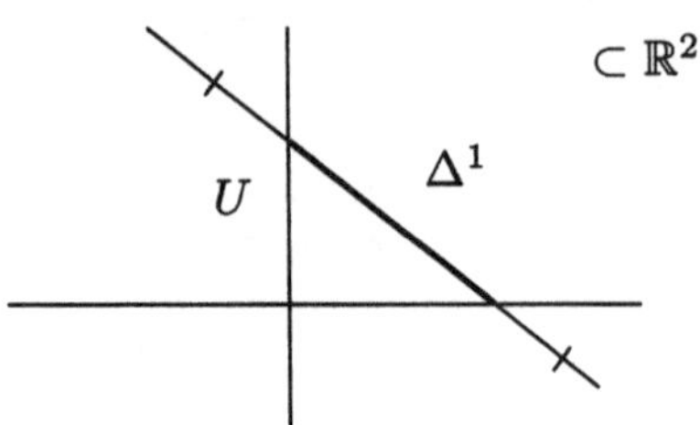

Bild 4.11: Umgebung U von Δ^1

Da jede stetige Abbildung $\Delta^q \to M$ durch eine differenzierbare Abbildung approximiert werden kann, kann jede Homologieklasse in $H_q(M)$ durch einen stückweise differenzierbaren q-Zyklus repräsentiert werden und jeder stückweise differenzierbare nullhomologe q-Zyklus ist Rand einer stückweise differenzierbaren $(q+1)$-Kette. Es folgt, dass man einen kanonischen Isomorphismus

$$H_q^{\mathrm{sd}}(M) \cong H_q(M)$$

hat.

In entsprechender Weise können auch relative Homologiegruppen $H_q^{\mathrm{sd}}(M, A)$ eingeführt werden, für die $H_q^{\mathrm{sd}}(M, A) \cong H_q(M, A)$ gilt.

Für eine stückweise differenzierbare q-Kette C von M bezeichnen wir mit $|C|_0$ die Menge der *glatten* Punkte des Trägers $|C|$ von C, d.h. der Punkte von $|C|$, in denen $|C|$ lokal eine Untermannigfaltigkeit von M ist.

Es sei A ein stückweise differenzierbarer k-Zyklus, B ein stückweise differenzierbarer $(n-k)$-Zyklus von M. Wir sagen, A und B *schneiden sich transversal im Punkte* $x \in |A|_0 \cap |B|_0$, wenn die entsprechenden Simplexe, auf deren Träger x liegt, transversal zueinander sind. Wir sagen, A und B *schneiden sich transversal*, wenn $|A| \cap |B| = |A|_0 \cap |B|_0$ gilt und sich A und B in allen Punkten $x \in |A|_0 \cap |B|_0$ transversal schneiden.

Wir wollen nun auch eine Orientierung für ein differenzierbares singuläres q-Simplex festlegen. Dazu wählen wir zunächst eine Orientierung des Standard-q-Simplexes Δ^q. Wir wählen die Standardorientierung von $\mathbb{R}^{q+1}$ und orientieren Δ^q als Teil des Randes von

$$C^q = \left\{ \sum_{i=0}^{q} \lambda_i e_i \,\middle|\, \sum_{i=0}^{q} \lambda_i \leq 1, \quad 0 \leq \lambda_i \leq 1 \right\},$$

wobei wir C^q als Mannigfaltigkeit mit Rand auffassen. (Wir vernachlässigen die Punkte, in denen C^q nicht glatt ist.) Das bedeutet, dass für ein a aus dem Innern von Δ^q eine Basis $(v_1, \dots, v_q)$ von $T_a\Delta^q$ positiv orientiert ist, wenn für

$$v_0 = a + \sum_{i=0}^{q} \frac{1}{q+1} e_i$$

die Basis $(v_0, v_1, \dots, v_q)$ die Standardorientierung des $\mathbb{R}^{q+1}$ liefert (vgl. Bild 4.12).

Ist $\sigma : \Delta^q \to M$ ein differenzierbares singuläres q-Simplex, so erhalte $|\sigma|$ die Orientierung von Δ^q mittels $T\sigma$.

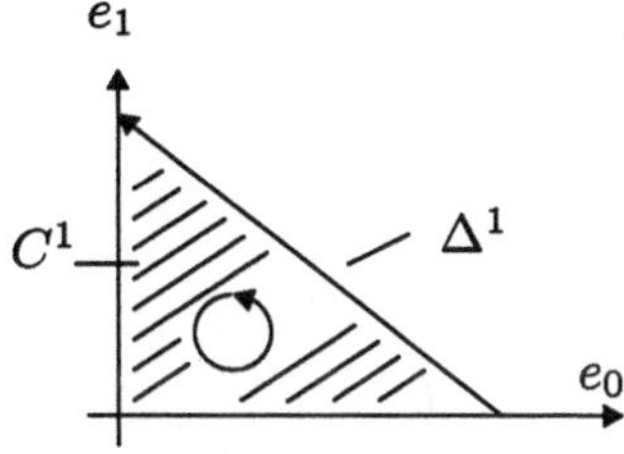

Bild 4.12: Orientierung von Δ^1

Es sei nun M eine orientierte n-dimensionale differenzierbare Mannigfaltigkeit, $A = \sum n_i\sigma_i$ ein stückweise differenzierbarer k-Zyklus, $B = \sum m_j\tau_j$ ein stückweise differenzierbarer $(n-k)$-Zyklus. Es sei $p \in |A_0| \cap |B|_0$ ein Punkt, in dem sich A und B transversal schneiden. Wir nehmen an, dass $p \in |\sigma_i| \cap |\tau_j|$. Es sei $v_1, \dots, v_k$ eine positiv orientierte Basis von $T_p|\sigma_i| \subset T_pM$ und $w_1, \dots, w_{n-k}$ eine positiv orientierte Basis von $T_p|\tau_j| \subset T_pM$. Wir definieren den *Schnittindex* $i_p(\sigma_i, \tau_j)$ von σ_i und τ_j in p wie folgt:

$$i_p(\sigma_i, \tau_j) := \begin{cases} +1 & \text{falls } v_1, \dots, v_k, w_1, \dots, w_{n-k} \text{ positiv} \\ & \text{orientierte Basis von } T_pM \\ -1 & \text{sonst} \end{cases}$$

Der *Schnittindex* $i_p(A, B)$ der Zyklen A und B in p wird definiert durch:

$$i_p(A, B) := \sum_{p \in |\sigma_i| \cap |\tau_j|} n_i m_j i_p(\sigma_i, \tau_j).$$

Wir setzen nun voraus, dass sich A und B transversal schneiden. Dann ist nach Satz 3.5 $|A| \cap |B| = |A|_0 \cap |B|_0$ eine 0-dimensionale Untermannigfaltigkeit, also insbesondere diskret. Da A und B kompakten Träger haben, ist also $|A| \cap |B|$ eine endliche Menge von Punkten. Daher können wir die *Schnittzahl* $\langle A, B \rangle$ von A und B wie folgt definieren:

$$\langle A, B \rangle := \sum_{p \in |A| \cap |B|} i_p(A, B)$$

(vgl. Bild 4.13).

Wir zeigen nun, dass die Schnittzahl $\langle A, B \rangle$ nur von den Homologieklassen von A und B abhängt.

Satz 4.13 *Ist A nullhomolog, so gilt $\langle A, B \rangle = 0$.*

Beweis. Man kann zeigen, dass es reicht, die Behauptung im Fall $A = \partial C$ mit $C = \sum C_i$ zu beweisen, wobei jedes C_i eine $(k+1)$-dimensionale stückweise differenzierbare Untermannigfaltigkeit von M mit Rand ist. Wir nehmen an, dass jedes C_i so orientiert ist, dass für alle glatten Punkte $p \in |A|$ gilt: $(v_1, \dots, v_k, w)$ ergibt die Orientierung von C_i, wobei $(v_1, \dots, v_k)$ positiv orientierte Basis von $T_p(|A|)$ und w ein nach innen weisender Normalenvektor an $|A|$ in p ist.

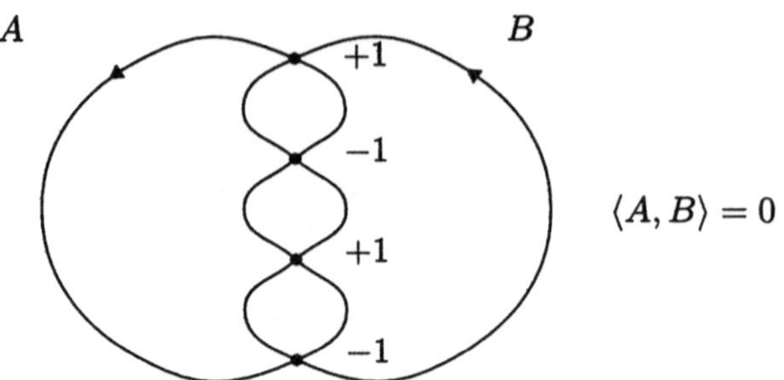

Bild 4.13: Beispiel $\langle A, B\rangle = 0$

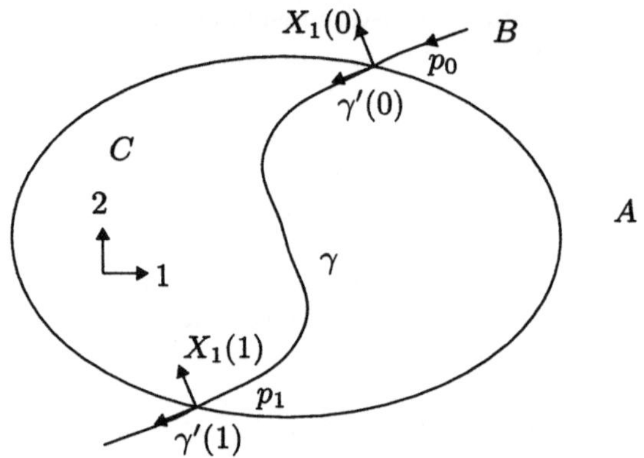

Bild 4.14: Zum Beweis der Behauptung

Man kann C homotopisch so deformieren, dass C den Zyklus B überall in glatten Punkten transversal schneidet. Dies folgt aus einem allgemeinen Transversalitätssatz, den wir nicht beweisen wollen (vgl. z.B. [BJ73, §14]). Der Durchschnitt $C \cap |B|$ besteht dann nach Satz 3.5 aus einer disjunkten Vereinigung von stückweise differenzierbaren Wegen $\{\gamma_\alpha\}$, so dass die Endpunkte von γ_α in $|A| \cap |B|$ liegen (vgl. Bild 4.14). Es sei $\gamma : I \to M$ ein solcher Weg mit $\gamma(0) = p_0 \in |A| \cap |B|$, $\gamma(1) = p_1 \in |A| \cap |B|$.

Behauptung $i_{p_0}(A, B) = -i_{p_1}(A, B)$.

Beweis der Behauptung: Es seien $X_1(t), \dots, X_k(t) \in T_{\gamma(t)}C$ Vektorfelder an C längs γ und $X_{k+2}(t), \dots, X_n(t) \in T_{\gamma(t)}|B|$ Vektorfelder an B längs γ, so dass gilt:
a) $X_1(t), \dots, X_k(t), \gamma'(t)$ ist positiv orientierte Basis von $T_{\gamma(t)}C$ für alle t,
b) $\gamma'(t), X_{k+2}(t), \dots, X_n(t)$ ist positiv orientierte Basis von $T_{\gamma(t)}|B|$ für alle t,
c) $X_1(t), \dots, X_k(t), \gamma'(t), X_{k+2}(t), \dots, X_n(t)$ ist positiv orientierte Basis von $T_{\gamma(t)}M$ für alle t,
d) $X_1(0), \dots, X_k(0)$ ist positiv orientierte Basis von $T_{p_0}|A|$, $X_1(1), \dots, X_k(1)$ ist Basis von $T_{p_1}|A|$.

Solche Vektorfelder kann man nach eventueller Parametertransformation $t \mapsto 1 - t$ finden.

Aus diesen Bedingungen folgt

$$i_{p_0}(A,B) = +1, \quad i_{p_1}(A,B) = -1,$$

was zu zeigen war.

Aus der Gültigkeit der Behauptung für jeden Weg γ_α folgt die Behauptung von Satz 4.13. □

Allgemein definieren wir nun für zwei Homologieklassen $\alpha \in H_k(M)$ und $\beta \in H_{n-k}(M)$ die *Schnittzahl* $\langle\alpha,\beta\rangle$ wie folgt: Wir repräsentieren α und β durch stückweise differenzierbare Zyklen A und B, die sich transversal schneiden und setzen

$$\langle\alpha,\beta\rangle := \langle A,B\rangle.$$

Aufgrund von Satz 4.13 ist die Schnittzahl $\langle\alpha,\beta\rangle$ damit wohl definiert.

Aufgrund der Definition folgt, dass die Abbildung

$$\begin{array}{rccc} \langle\ ,\ \rangle: & H_k(M)\times H_{n-k}(M) & \longrightarrow & \mathbb{Z} \\ & (\alpha,\beta) & \longmapsto & \langle\alpha,\beta\rangle \end{array}$$

bilinear ist. Diese Abbildung heißt die *Schnittform*. Aus der Definition des Schnittindex folgt außerdem:

Satz 4.14 *Für alle $\alpha \in H_k(M)$, $\beta \in H_{n-k}(M)$ gilt:*

$$\langle\beta,\alpha\rangle = (-1)^{k(n-k)}\langle\alpha,\beta\rangle.$$

Für n gerade, $k = n/2$, folgt daraus

$$\langle\beta,\alpha\rangle = (-1)^{\frac{n}{2}}\langle\alpha,\beta\rangle,$$

d.h. die Schnittform ist symmetrisch für $n \equiv 0 \pmod 4$ und schiefsymmetrisch für $n \equiv 2 \pmod 4$.

Wir können schließlich auch erklären, was wir unter der Schnittzahl von zwei beliebigen Zyklen A, B der Dimension k, $n-k$, die sich nicht transversal zu schneiden brauchen, verstehen: Wir definieren:

$$\langle A,B\rangle := \langle [A],[B]\rangle,$$

wobei $[A]$, $[B]$ die entsprechenden Homologieklassen von A, B sind. Damit ist insbesondere auch eine Schnittzahl $\langle X,Y\rangle$ für zwei orientierte geschlossene Untermannigfaltigkeiten X und Y von M komplementärer Dimension definiert.

Bemerkung 4.10 Ist M eine komplexe Mannigfaltigkeit, sind X, Y komplexe Untermannigfaltigkeiten von M komplementärer Dimension und tragen M, X, Y die bevorzugte Orientierung, so ist die Schnittzahl $\langle X,Y\rangle$ immer nicht-negativ. (Beweis: Übungsaufgabe)

Wir bemerken schließlich noch: Sind M, N n-dimensionale orientierte differenzierbare Mannigfaltigkeiten und $f : M \to N$ ein orientierungserhaltender Diffeomorphismus, so gilt

$$\langle f_*\alpha, f_*\beta\rangle = \langle\alpha,\beta\rangle$$

für alle $\alpha \in H_k(M)$, $\beta \in H_{n-k}(M)$.

Ist M eine n-dimensionale orientierte differenzierbare Mannigfaltigkeit mit Rand ∂M, so lässt sich auf die gleiche Weise auch eine Schnittzahl $\langle \alpha, \beta \rangle$ für $\alpha \in H_k(M)$, $\beta \in H_{n-k}(M, \partial M)$ oder für $\alpha \in H_k(M, \partial M)$ und $\beta \in H_{n-k}(M)$ definieren.

Wir wollen nun als Beispiel die Selbstschnittzahl des Nullschnitts S^n im Tangentialbündel TS^n bestimmen. Diese Schnittzahl erhält man mit Hilfe eines allgemeinen Resultats, das wir nun darstellen wollen.

Es sei N eine n-dimensionale kompakte differenzierbare Mannigfaltigkeit und $X : N \to TN$ ein Vektorfeld auf N, das nur isolierte Nullstellen hat. Es sei $p \in N$ eine solche Nullstelle. Wir definieren nun den Index des Vektorfeldes in p wie folgt. Es sei $\varphi : U \to U' \subset \mathbb{R}^n$ eine Karte um p mit $\varphi(p) = 0$, wobei U so klein gewählt sei, dass U keine weiteren Nullstellen von X enthält. Wir betrachten dann die Abbildung

$$g = T\varphi \circ X \circ \varphi^{-1} : U' \longrightarrow \mathbb{R}^n.$$

Es sei S_ε^{n-1} eine kleine $(n-1)$-Sphäre um 0 in $\mathbb{R}^n$ mit $S_\varepsilon^{n-1} \subset U'$. Da p die einzige Nullstelle von X auf U ist, gilt $g(S_\varepsilon^{n-1}) \subset \mathbb{R}^n \setminus \{0\}$. Es sei $\tilde{g}$ die durch

$$\begin{array}{cccc} \tilde{g}: & S_\varepsilon^{n-1} & \longrightarrow & S^{n-1} \\ & x & \longmapsto & \frac{g(x)}{\|g(x)\|} \end{array}$$

definierte Abbildung. Es sei $x \in S_\varepsilon^{n-1}$ ein regulärer Punkt von $\tilde{g}$. Dann ist $T_x\tilde{g} : T_x S_\varepsilon^{n-1} \to T_{\tilde{g}(x)} S^{n-1}$ ein linearer Isomorphismus. Wir definieren das Vorzeichen sign $T_x\tilde{g}$ als $+1$ oder -1, je nachdem ob die Determinante der Abbildung $T_x\tilde{g}$ positiv oder negativ ist. Es sei $y \in S^{n-1}$ ein regulärer Wert von $\tilde{g}$. Wir definieren

$$\mathrm{ind}_p(X) := \sum_{x \in \tilde{g}^{-1}(y)} \mathrm{sign}\, T_x\tilde{g}.$$

Man kann zeigen, dass die Zahl $\mathrm{ind}_p(X)$ unabhängig von dem gewählten regulären Wert $y \in S^{n-1}$ und von der gewählten Karte ist (vgl. [Mil65, §5 & §6]). Die Zahl $\mathrm{ind}_p(X)$ heißt der *Index* des Vektorfeldes X in p.

Satz 4.15 *Es sei N eine n-dimensionale kompakte orientierte differenzierbare Mannigfaltigkeit und $X : N \to TN$ ein Vektorfeld auf N, das transversal zum Nullschnitt $N \subset TN$ ist. Dann gilt für die Selbstschnittzahl $\langle N, N \rangle$ des Nullschnitts im Tangentialbündel TN*

$$\langle N, N \rangle = \sum_p \mathrm{ind}_p(X),$$

wobei sich die Summe über die Nullstellen p des Vektorfeldes X erstreckt.

Beweis. Da das Vektorfeld X transversal zum Nullschnitt $N \subset TN$ ist, sind die Nullstellen von X isoliert. Da N kompakt ist, ist die Summe auf der rechten Seite endlich, also wohl definiert.

Es sei $\tilde{N}$ das Bild des Vektorfeldes X. Da das Vektorfeld transversal zum Nullschnitt N ist, schneiden sich die Untermannigfaltigkeiten N und $\tilde{N}$ von TN transversal in den Nullstellen des Vektorfeldes X. (Man kann sich $\tilde{N}$ als den in Richtung des Vektorfeldes verschobenen Nullschnitt vorstellen, vgl. Bild 4.15.) Es sei nun p eine Nullstelle des

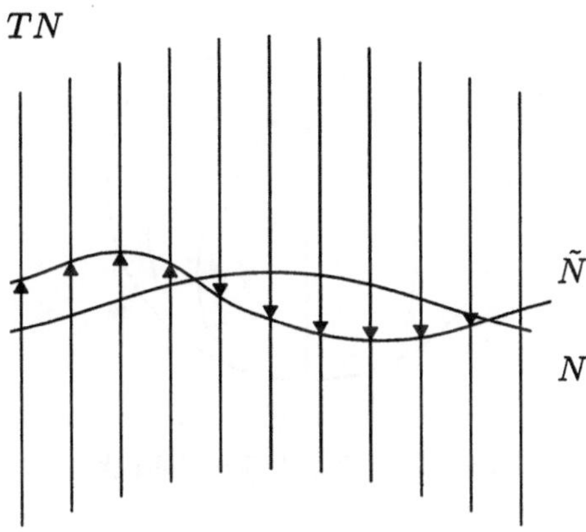

Bild 4.15: Verschieben des Nullschnitts

Vektorfeldes X. Wir müssen zeigen, dass

$$i_p(N, \tilde{N}) = \mathrm{ind}_p(X)$$

ist.

Der Tangentialraum an TN in p ist aber

$$T_pTN \cong T_pN \oplus T_pN.$$

Ist $v_1, \ldots, v_n$ eine positiv orientierte Basis von T_pN, so ist $v_1, \ldots, v_n, v_1, \ldots, v_n$ eine positiv orientierte Basis von T_pTN. Da X in p transversal zu N ist, gilt

$$T_pN + T_pX(T_pN) = T_pTN.$$

Daraus folgt, dass die lineare Abbildung

$$T_pX : T_pN \longrightarrow T_pX(T_pN) \subset T_pTN$$

ein Isomorphismus auf ihr Bild in T_pTN ist. Nach Definition gilt $\mathrm{ind}_p(X) = +1$ oder $\mathrm{ind}_p(X) = -1$, je nachdem ob die Determinante dieser linearen Abbildung positiv oder negativ ist. Ist diese Determinante positiv oder negativ, so ist entsprechend die Basis $v_1, \ldots, v_n, T_p(X)(v_1), \ldots, T_p(X)(v_n)$ eine positiv oder negativ orientierte Basis von T_pTN. Also folgt aus der Definition des Schnittindex

$$i_p(N, \tilde{N}) = \mathrm{ind}_p(X).$$

Damit ist die Behauptung bewiesen. □

Wir wollen nun mit Hilfe von Satz 4.15 die Selbstschnittzahl von S^n im Tangentialbündel TS^n berechnen. Der Totalraum des Tangentialbündels TS^n kann wie folgt beschrieben werden (Übungsaufgabe):

$$TS^n = \{u + iv \in \mathbb{C}^{n+1} \mid |u| = 1,\ \langle u, v\rangle = 0\}.$$

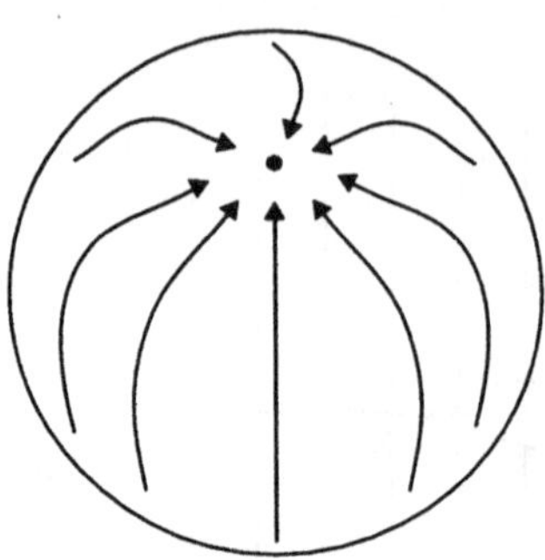

Bild 4.16: Das Vektorfeld X

Es sei $p = (0, \dots, 0, 1) + i0$ der Nordpol von S^n in TS^n. Dann betrachten wir das Vektorfeld $X : S^n \to TS^n$, das durch

$$X(u) = u + i(p - \langle p, u \rangle u)$$

gegeben ist, wobei wir S^n mit der Menge $\{u \in \mathbb{R}^{n+1} \mid |u| = 1\}$ identifizieren. Dieses Vektorfeld ist an jedem Punkt nordwärts gerichtet und hat an den beiden Polen Nullstellen (vgl. Bild 4.16). Am Südpol sind alle Vektoren nach außen gerichtet. Deswegen ist der Index am Südpol gleich $+1$. Am Nordpol sind alle Vektoren nach innen gerichtet. Die Abbildung $g|_{S_\epsilon^{n-1}}$ auf einem kleinen Kreis um den Nordpol in einem geeigneten lokalen Koordinatensystem ist die Antipodenabbildung. Es gilt daher

$$\operatorname{ind}_p(X) = (-1)^n.$$

Also folgt aus Satz 4.15

Korollar 4.1 $\langle S^n, S^n \rangle = 1 + (-1)^n$.

Wir bemerken, dass allgemeiner folgender Satz gilt, den wir nicht benutzen und deswegen ohne Beweis zitieren.

Satz 4.16 (Satz von Poincaré-Hopf) *Es sei N eine kompakte differenzierbare Mannigfaltigkeit und X ein Vektorfeld auf N mit isolierten Nullstellen. Ferner sei $\chi(N)$ die Eulercharakteristik von N. Dann gilt*

$$\sum_p \operatorname{ind}_p(X) = \chi(N),$$

wobei sich die Summe über die Nullstellen von X erstreckt.

Wir notieren noch einen Satz, den wir in Kapitel 5 brauchen werden, aber nicht beweisen wollen. Für den Beweis verweisen wir auf [GH78, p. 53].

Bezeichnung Ist L ein $\mathbb{Z}$-Modul, so bezeichnen wir mit $L^\# = \operatorname{Hom}(L, \mathbb{Z})$ den dualen Modul.

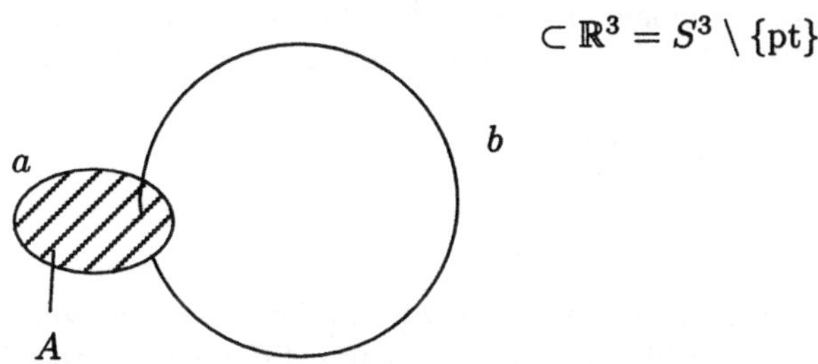

Bild 4.17: Zur Definition der Verschlingungszahl

Theorem 4.5 (Lefschetz-Poincaré-Dualität) *Es sei M eine m-dimensionale kompakte orientierte differenzierbare Mannigfaltigkeit mit Rand ∂M, $1 \leq k \leq m$, und $H_{k-1}(M)$ sei torsionsfrei. Dann ist die Abbildung*

$$\begin{array}{rccll} \sigma: & H_{m-k}(M, \partial M) & \longrightarrow & H_k(M)^{\#} & \\ & \alpha & \longmapsto & l_\alpha & \textit{mit } l_\alpha(\beta) := \langle \alpha, \beta \rangle \end{array}$$

ein Isomorphismus.

4.7 Verschlingungszahlen

Es soll nun die Verschlingungszahl zweier n-Zyklen in S^{2n+1} eingeführt werden.

Es seien a und b zwei stückweise differenzierbare n-Zyklen in der $(2n+1)$-dimensionalen Einheitssphäre S^{2n+1}, die sich nicht schneiden. Für $n = 0$ setzen wir zunächst voraus, dass die Zyklen a, b nullhomolog sind. Für $n > 0$ ist dies automatisch der Fall. Es sei A eine stückweise differenzierbare $(n+1)$-Kette in S^{2n+1} mit $\partial A = a$. Dann ist die Schnittzahl $\langle A, b \rangle$ wohl definiert, da der Rand $a = \partial A$ von A den Zyklus b nicht schneidet (vgl. Bild 4.17).

Lemma 4.1 *Die Schnittzahl $\langle A, b \rangle$ hängt nicht von der Wahl der stückweise differenzierbaren $(n+1)$-Kette A mit $\partial A = a$ ab.*

Beweis. Es sei A' eine andere stückweise differenzierbare $(n+1)$-Kette mit $\partial A' = a$. Dann ist $A - A'$ ein stückweise differenzierbarer $(n+1)$-Zyklus in S^{2n+1}. Da b nullhomolog ist, gilt $\langle A - A', b \rangle = 0$, also $\langle A, b \rangle = \langle A', b \rangle$. □

Definition Die *Verschlingungszahl* der Zyklen $a, b \in B_n^{Sd}(S^{2n+1})$ ist die Zahl

$$l(a, b) = \langle A, b \rangle.$$

Für den Beweis des folgenden Satzes benötigen wir noch einen Begriff aus der Topologie.

Definition Es sei Y ein topologischer Raum und A ein Unterraum. Der topologische Raum Y/A ist der Quotientenraum von Y nach der Äquivalenzrelation

$$x \sim y \text{ für alle } x, y \in A, \ x \sim x \text{ für alle } x \in Y$$

mit der Quotiententopologie. Er heißt der Raum, der aus Y *durch Identifikation von* A *mit einem Punkt* (oder *durch Zusammenschlagen von* A *auf einen Punkt*) entsteht.

Satz 4.17 *Für* $a, b \in B_n^{Sd}(S^{2n+1})$ *gilt*

$$l(a,b) = (-1)^{n+1} l(b,a).$$

Beweis. Zum Beweis betrachten wir eine andere Art, die Verschlingungszahl zu definieren: Es seien a, b nullhomologe stückweise differenzierbare n-Zyklen in S^{2n+1}. Wir betrachten S^{2n+1} als Rand der $(2n+2)$-dimensionalen Einheitskugel D^{2n+2}. Es seien $\tilde{A}$ und $\tilde{B}$ stückweise differenzierbare $(n+1)$-Ketten in D^{2n+2} mit $\partial\tilde{A} = a$, $\partial\tilde{B} = b$, so dass $|\tilde{A}| \setminus |\partial\tilde{A}|$ und $|\tilde{B}| \setminus |\partial\tilde{B}|$ im Inneren von D^{2n+2} enthalten sind. Dann ist die Schnittzahl $\langle\tilde{A}, \tilde{B}\rangle_D$ in D^{2n+2} wohl definiert, d.h. hängt nicht von der Wahl der Ketten $\tilde{A}, \tilde{B}$ mit $\partial\tilde{A} = a$, $\partial\tilde{B} = b$ ab. Denn ist $\tilde{A}'$ eine andere stückweise differenzierbare $(n+1)$-Kette in D^{2n+2} mit $\partial\tilde{A}' = a$, so ist $\tilde{A} - \tilde{A}'$ ein nullhomologer stückweise differenzierbarer $(n+1)$-Zyklus in D^{2n+2}. Das entsprechende folgt für eine $(n+1)$-Kette $\tilde{B}'$ mit $\partial\tilde{B}' = b$.

Deswegen können wir für $\tilde{A}$ und $\tilde{B}$ die folgenden $(n+1)$-Ketten in D^{2n+2} nehmen. Wir benutzen die Darstellung von D^{2n+2} als Quotientenraum

$$D^{2n+2} = [0,1] \times S^{2n+1} / \{0\} \times S^{2n+1}.$$

Dabei entsprechen den Teilmengen $\{t\} \times S^{2n+1}$ für $t \in [0,1]$ konzentrische Kreise um 0 vom Radius t. Es sei A eine stückweise differenzierbare $(n+1)$-Kette in S^{2n+1} mit $\partial A = a$. Wir setzen dann

$$\begin{aligned} \tilde{A} &= \left[\frac{1}{2}, 1\right] \times a \cup \left\{\frac{1}{2}\right\} \times A \\ \tilde{B} &= [0,1] \times b / \{0\} \times b \end{aligned}$$

(vgl. Bild 4.18 für $n = 0$). Dann sind $\tilde{A}$ und $\tilde{B}$ stückweise differenzierbare $(n+1)$-Ketten in D^{2n+2} mit $\partial\tilde{A} = a$ und $\partial\tilde{B} = b$. Diese Ketten schneiden sich in Punkten von der Form $\tilde{p} = (1/2, p)$, wobei p ein Schnittpunkt der Kette A mit dem Zyklus b ist. Es sei $(e_1, \ldots, e_{n+1})$ eine positiv orientierte Basis von T_pA, $(e_1', \ldots, e_n')$ eine positiv orientierte Basis von T_pb. Wir nehmen an, dass $(e_1, \ldots, e_{n+1}, e_1', \ldots, e_n')$ die Orientierung von T_pS^{2n+1} ergibt. Ist dann e_0 ein nach außen gerichteter Normalenvektor in T_pD^{2n+2} an T_pS^{2n+1}, so ist $(e_1, \ldots, e_{n+1})$ eine positiv orientierte Basis von $T_{\tilde{p}}\tilde{A}$ und $(e_0, e_1', \ldots, e_n')$ eine positiv orientierte Basis von $T_{\tilde{p}}\tilde{B}$. Nach der Orientierungskonvention für den Rand einer orientierten Mannigfaltigkeit ist

$$(e_0, e_1, \ldots, e_{n+1}, e_1', \ldots, e_n')$$

eine positiv orientierte Basis von $T_{\tilde{p}}D^{2n+2}$. Die Basis

$$(e_1, \ldots, e_{n+1}, e_0, e_1', \ldots, e_n')$$

erhält man aber gerade durch eine Permutation mit dem Vorzeichen $(-1)^{n+1}$ aus der obigen Basis. Daraus folgt

$$l(a,b) = \langle A, b\rangle = (-1)^{n+1}\langle\tilde{A}, \tilde{B}\rangle_D.$$

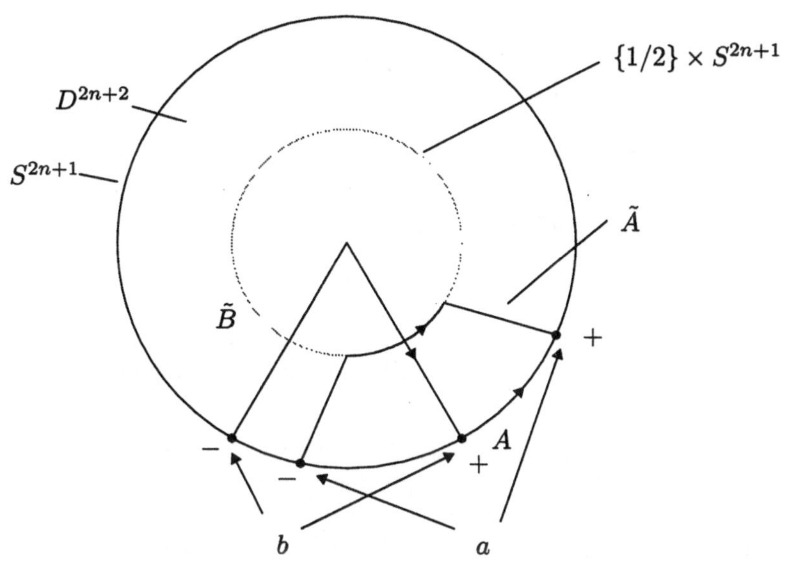

Bild 4.18: Eine andere Definition der Verschlingungszahl

Daraus folgt

$$\begin{aligned} l(a,b) &= (-1)^{n+1}\langle \tilde{A}, \tilde{B}\rangle_D \\ &= \langle \tilde{B}, \tilde{A}\rangle_D \\ &= (-1)^{n+1} l(b,a), \end{aligned}$$

was zu zeigen war. □

4.8 Die Zopfgruppe

Wir führen in diesem Abschnitt die Zopfgruppe ein.

Definition Es sei B_μ die Gruppe mit den Erzeugenden $\alpha_1, \ldots, \alpha_{\mu-1}$ und den Relationen

$$\begin{aligned} \alpha_j\alpha_{j+1}\alpha_j &= \alpha_{j+1}\alpha_j\alpha_{j+1} \text{ für } j = 1, \ldots, \mu-2, \\ \alpha_i\alpha_j &= \alpha_j\alpha_i \text{ für } |i-j| > 1. \end{aligned}$$

Diese Gruppe heißt die (*Artin'sche*) *Zopfgruppe mit* μ *Strängen.*

Die Zopfgruppe B_μ wurde 1925 von E. Artin eingeführt, nachdem sie vorher schon implizit in Arbeiten von A. Hurwitz aufgetaucht war. Um den Namen Zopfgruppe zu erklären, geben wir eine andere Definition dieser Gruppe.

Es sei S_μ die symmetrische Gruppe von Permutationen von μ Elementen. Wir lassen S_μ auf $\mathbb{C}^\mu$ durch Koordinatenvertauschung operieren. Wir betrachten den Quotientenraum $\mathbb{C}^\mu/S_\mu$ nach dieser Gruppenoperation. Dies ist das μ-fache symmetrische Produkt

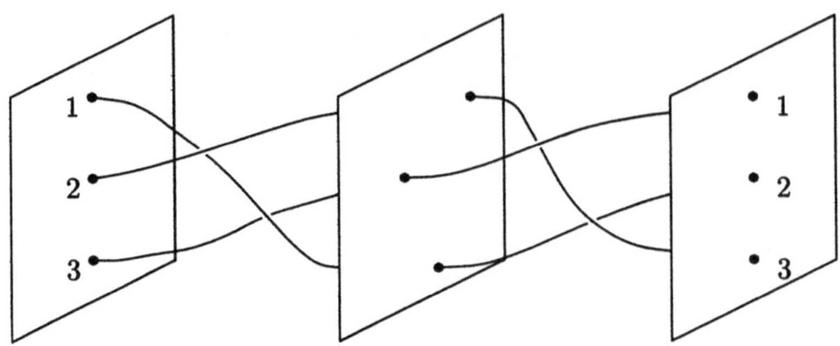

Bild 4.19: Ein Zopf mit 3 Strängen

von $\mathbb{C}$. Dieser Raum trägt in natürlicher Weise die Struktur einer algebraischen Varietät, denn die Algebra $\mathbb{C}[z_1, \ldots, z_\mu]^{S_\mu}$ der S_μ-invarianten Polynome ist endlich erzeugt, nämlich von den μ elementarsymmetrischen Funktionen. Man sieht damit auch, dass $\mathbb{C}^\mu/S_\mu$ biholomorph äquivalent zu $\mathbb{C}^\mu$ ist. Wir betrachten nun für $i \neq j$ die Hyperfläche

$$H_{ij} = \{(z_1, \ldots, z_\mu) \in \mathbb{C}^\mu \mid z_i = z_j\} \subset \mathbb{C}^\mu.$$

Wir setzen

$$Y_\mu := \left(\mathbb{C}^\mu \setminus \bigcup_{1 \leq i < j \leq \mu} H_{ij}\right) \Big/ S_\mu.$$

Der Unterraum $Y_\mu \subset \mathbb{C}^\mu/S_\mu$ kann als der Raum aller Mengen von μ verschiedenen komplexen Zahlen $\{z_1, \ldots, z_\mu\}$ aufgefasst werden. Er kann auch mit dem Raum aller komplexen Polynome vom Grad μ mit lauter verschiedenen Nullstellen identifiziert werden, indem man einer Menge $\{z_1, \ldots, z_\mu\}$ das Polynom

$$\prod_{i=1}^{\mu}(x - z_i) = x^\mu + \sigma_1(z_1, \ldots, z_\mu)x^{\mu-1} + \ldots + \sigma_\mu(z_1, \ldots, z_\mu)$$

zuordnet, wobei $\sigma_1, \ldots, \sigma_\mu$ die elementarsymmetrischen Funktionen sind. Wir zeichnen den Basispunkt $\bar{y} = (1, \ldots, \mu)$ in Y_μ aus.

Definition Ein *Zopf mit μ Strängen* ist die Homotopieklasse eines geschlossenen Weges in Y_μ mit Anfangs- und Endpunkt $\bar{y}$, also ein Element aus $\pi_1(Y_\mu, \bar{y})$.

Man kann sich ein Element $b \in \pi_1(Y_\mu, \bar{y})$ wie folgt vorstellen. Das Element b wird durch einen geschlossenen Weg $\beta : [0,1] \to Y_\mu$ repräsentiert. Durch β wird jedem $t \in [0,1]$ eine Menge $\beta(t) = \{\beta_1(t), \ldots, \beta_\mu(t)\}$ von μ verschiedenen komplexen Zahlen zugeordnet, so dass die $\beta_i : [0,1] \to \mathbb{C}$ stetige Funktionen sind und $\beta(0) = \beta(1) = \{1, \ldots, \mu\}$ gilt. Der Weg β bestimmt also stetige Funktionen $\beta_i : [0,1] \to \mathbb{C}$, $i = 1, \ldots, \mu$, mit $\beta_i(t) \neq \beta_j(t)$ für alle $t \in [0,1]$ und $i \neq j$ und $\beta_i(0) = i$, $\{\beta_1(1), \ldots, \beta_\mu(t)\} = \{1, \ldots, \mu\}$. Der Graph der Funktionen β_i in $[0,1] \times \mathbb{C}$ sieht dann wie folgt aus: Wir haben in Bild 4.19 ein Beispiel für $\mu = 3$ gezeichnet.

Das erklärt den Namen Zopf. Um einen solchen Zopf darzustellen, zeichnet man auch eine ebene Projektion eines solchen Graphen, bei der Überkreuzungen in geeigneter

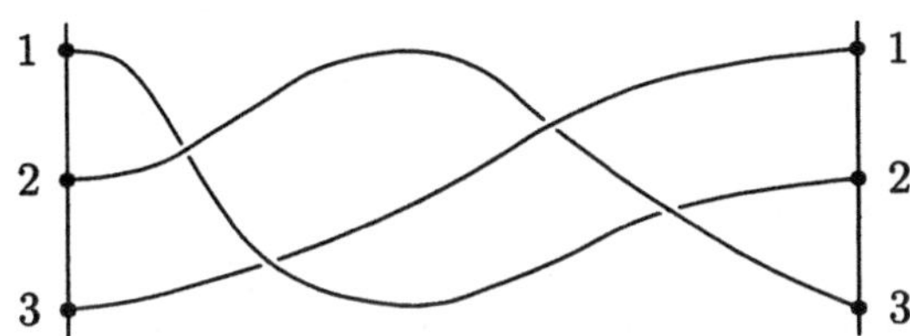

Bild 4.20: Ebene Projektion eines Zopfes

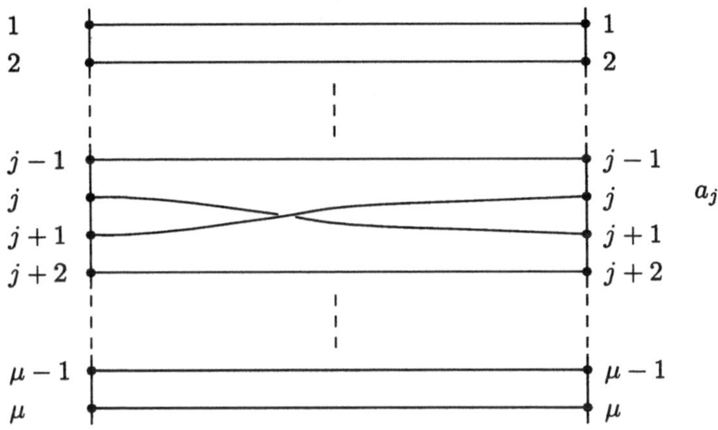

Bild 4.21: Der Zopf a_j

Weise kenntlich gemacht sind, siehe Bild 4.20. Dabei treffen wir die Konvention, dass bei einer Überkreuzung die durchgezogene Linie einen kleineren Imaginärteil hat.

Man kann nun leicht ein Erzeugendensystem für $\pi_1(Y_\mu, \bar{y})$ angeben. Es sei a_j der durch Bild 4.21 beschriebene Zopf. Dann bilden $a_1, \ldots, a_{\mu-1}$ ein Erzeugendensystem von $\pi_1(Y_\mu, \bar{y})$.

Beispiel 4.7 Der „marokkanische Zopf" aus der Diplomarbeit von Eberhard Voigt [Voi80] hat die Darstellung (vgl. Bild 4.22)

$$(\alpha_4 \alpha_1^{-1} \alpha_2^{-1} \alpha_3)^5.$$

In der zitierten Diplomarbeit wird die folgende Bastelanleitung für ein Lederarmband mit diesem Zopfmuster gegeben. Man nehme einen langen Lederstreifen (vgl. Bild 4.23) und schneide der Länge nach 4 Schlitze hinein (oder man nehme entsprechend 5 zusammengebundene Bänder). Auf ihn wende man die folgenden Flechtoperationen an: f_i (bzw. f_i^{-1}) bezeichne das Durchstecken des linken Endes L von unten (bzw. von oben) durch den i-ten Schlitz. Die Bastelanweisung ist nun

$$f_3 f_1^{-1} f_4^{-1} f_1 f_2^{-1} f_4 f_3^{-1} f_2.$$

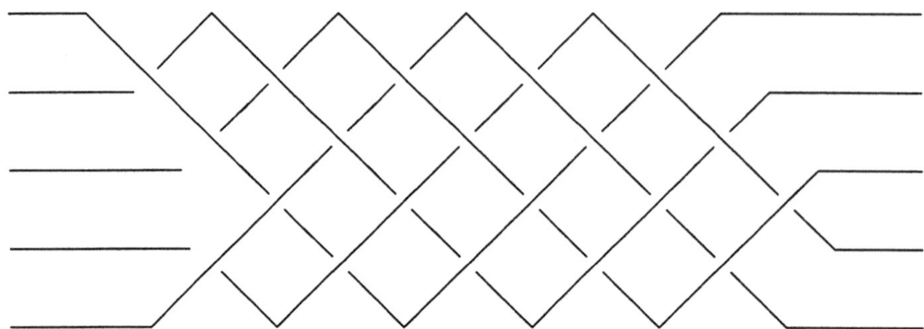

Bild 4.22: Ein marokkanischer Zopf

Bild 4.23: Lederstreifen mit Schlitzen

4.9 Die Homotopiesequenz eines differenzierbaren Faserbündels

Es sei X ein topologische Raum, $x_0 \in X$. Wir wollen die höheren Homotopiegruppen von X definieren. Analog zur Fundamentalgruppe $\pi_1(X, x_0)$ kann man eine Gruppe $\pi_q(X, x_0)$ für $q \geq 1$ definieren, indem man das Einheitsintervall durch den q-dimensionalen Einheitswürfel I^q ersetzt.

Es sei also

$$\begin{aligned} I^q &= \underbrace{I \times \ldots \times I}_{q} \\ &= \{t = (t_1, \ldots, t_q) \in \mathbb{R}^q \mid 0 \leq t_i \leq 1, i = 1, \ldots, q\}. \end{aligned}$$

Es sei ∂I^q der Rand von I^q.

Definition Ein Unterraum A eines topologischen Raumes X heißt *Deformationsretrakt* von X, wenn es eine Abbildung $r : X \to A$ gibt, so dass $\mathrm{id} : X \to X$ homotop zu ir ist, wobei $i : A \to X$ die Inklusion ist.

Definition Es seien X, Y topologische Räume, $A_1, \ldots, A_k$ Unterräume von X, $B_1, \ldots, B_k$ Unterräume von Y. Eine Abbildung

$$f : (X, A_1, \ldots, A_k) \longrightarrow (Y, B_1, \ldots, B_k)$$

ist eine stetige Abbildung $f : X \to Y$ mit $f(A_j) \subset B_j$ für $j = 1, \ldots, k$. Besteht einer der Unterräume $A_1, \ldots, A_k, B_1, \ldots, B_k$ nur aus einem Punkt, so lassen wir auch die Mengenklammern um diesen Punkt weg.

Zwei Abbildungen

$$f, g : (X, A_1, \ldots, A_k) \longrightarrow (Y, B_1, \ldots, B_k)$$

heißen *homotop relativ zu* $(A_1, B_1; \ldots; A_k, B_k)$, in Zeichen

$$f \sim g \ \mathrm{rel}\,(A_1, B_1; \ldots; A_k, B_k),$$

wenn es eine Homotopie $H : X \times I \to Y$ zwischen f und g gibt mit $H_t(A_i) \subset B_i$ für alle $t \in [0,1]$ und $i = 1, \ldots, k$, wobei $H_t : X \to Y$ definiert ist durch $H_t(x) = H(x,t)$ für alle $x \in X$.

Definition Für $q \geq 1$ sei $\pi_q(X, x_0)$ die Menge aller Homotopieklassen (relativ zu $(\partial I^q, x_0)$) von Abbildungen

$$f : (I^q, \partial I^q) \longrightarrow (X, x_0).$$

Wir definieren eine Addition in $\pi_q(X, x_0)$ wie folgt: Für $[f], [g] \in \pi_q(X, x_0)$ sei $[f] + [g] := [f + g]$, wobei $f + g : (I^q, \partial I^q) \to (X, x_0)$ definiert ist durch

$$(f+g)(t) = \begin{cases} f(2t_1, t_2, \ldots, t_q) & \text{für } 0 \leq t_1 \leq \frac{1}{2} \\ g(2t_1 - 1, t_2, \ldots, t_q) & \text{für } \frac{1}{2} \leq t_1 \leq 1 \end{cases}$$

für $t = (t_1, \ldots, t_q) \in I^q$. Mit dieser Addition bildet $\pi_q(X, x_0)$ eine Gruppe.

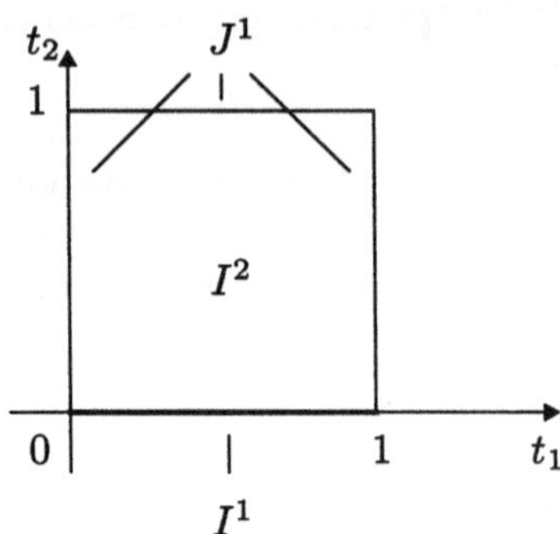

Bild 4.24: Der Einheitswürfel I_2

Definition Die Gruppe $\pi_q(X, x_0)$ $(q \geq 1)$ heißt die *q-te Homotopiegruppe von X mit Basispunkt* x_0. Für $q = 0$ sei $\pi_0(X, x_0)$ die Menge der Wegzusammenhangskomponenten von X. Die Wegzusammenhangskomponente von X, die den Punkt x_0 enthält, heißt *neutrales Element* von $\pi_0(X, x_0)$ und wird mit 0 bezeichnet.

Bemerkung 4.11 Man kann zeigen, dass $\pi_q(X, x_0)$ für jedes $q > 1$ eine abelsche Gruppe ist. Deswegen schreibt man die Verknüpfung additiv.

Wir wollen nun auch relative Homotopiegruppen einführen. Es sei $A \subset X$ ein Unterraum mit $x_0 \in A$. Man nennt (X, A, x_0) mit $X \supset A \ni x_0$ auch ein *Tripel.* Es sei wieder $q \geq 1$.

Wir betrachten den q-dimensionalen Einheitswürfel I^q. Eine *$(q-1)$-Seite* ist eine Menge

$$F_{i0}^{q-1} := \{t = (t_1, \ldots, t_q) \in I^q \mid t_i = 0\}$$

oder

$$F_{i1}^{q-1} := \{t = (t_1, \ldots, t_q) \in I^q \mid t_i = 1\}$$

für $i = 1, \ldots, q$. Wir setzen

$$\begin{aligned} I^{q-1} &:= F_{q0}^{q-1} = \{t \in I^q \mid t_q = 0\}, \\ J^{q-1} &:= \bigcup_{i=1}^{q-1} F_{i0}^{q-1} \cup \bigcup_{i=1}^{q-1} F_{i1}^{q-1} \cup F_{q1}^{q-1} \end{aligned}$$

(vgl. Bild 4.24 für $q = 2$). Es gilt

$$\begin{aligned} \partial I^q &= I^{q-1} \cup J^{q-1}, \\ \partial I^{q-1} &= I^{q-1} \cap J^{q-1}. \end{aligned}$$

Definition Die Menge aller Homotopieklassen (relativ zu $(I^{q-1}, A; J^{q-1}, x_0)$) von Abbildungen

$$f : (I^q, I^{q-1}, J^{q-1}) \longrightarrow (X, A, x_0)$$

bezeichnen wir mit $\pi_q(X, A, x_0)$ (vgl. Bild 4.25 für $q = 2$). Wir definieren auf $\pi_q(X, A, x_0)$ eine Addition wie oben. Dann heißt $\pi_q(X, A, x_0)$ die q-te *relative Homotopiegruppe von X bezüglich A mit Basispunkt* x_0.

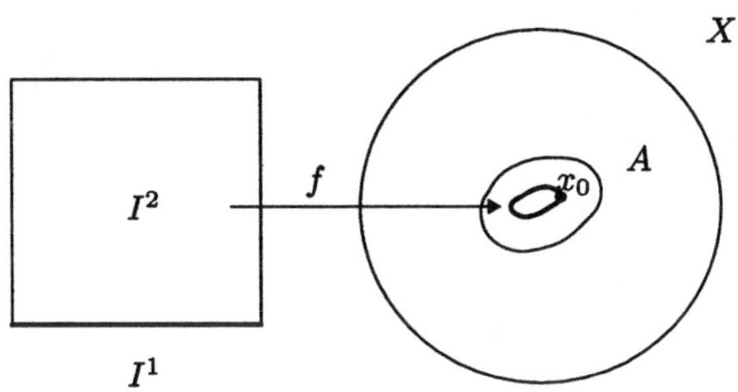

Bild 4.25: Eine Abbildung $f : (I^2, I^1, J^1) \to (X, A, x_0)$

Es sei nun (Y, B, y_0) ein weiteres Tripel, $f : (X, A, x_0) \to (Y, B, y_0)$ eine Abbildung. Ist $[\varphi] \in \pi_q(X, A, x_0)$, so ist $[f \circ \varphi] \in \pi_q(Y, B, y_0)$. Die Zuordnung

$$[\varphi] \longrightarrow [f \circ \varphi]$$

definiert also eine Abbildung

$$f_* : \pi_q(X, A, x_0) \longrightarrow \pi_q(Y, B, y_0).$$

Für $q = 0$ bildet f_* das neutrale Element von $\pi_0(X, x_0)$ in das neutrale Element von $\pi_0(Y, y_0)$ ab. Für $q \geq 1$ sieht man leicht, dass f_* ein Homomorphismus ist. Der Homomorphismus f_* heißt in diesem Fall der durch $f : (X, A, x_0) \to (Y, B, y_0)$ *induzierte Homomorphismus.*

Insbesondere induziert die Inklusion $i : (A, x_0) \to (X, x_0)$ eine Abbildung $i_* : \pi_q(A, x_0) \to \pi_q(X, x_0)$ für $q \geq 0$ und die Inklusion $j : (X, x_0) \to (X, A, x_0)$ einen Homomorphismus $j_* : \pi_q(X, x_0) \to \pi_q(X, A, x_0)$ für $q \geq 1$.

Definition Wir definieren eine Abbildung

$$\partial_* : \pi_q(X, A, x_0) \longrightarrow \pi_{q-1}(A, x_0)$$

(*Randoperator* oder *Verbindungsabbildung*) durch

$$[f] \longmapsto [f|_{I^{n-1}}].$$

Bemerkung 4.12 Man überlegt sich leicht, dass ∂_* wohl definiert und für $q \geq 2$ ein Homomorphismus ist. Für $q = 1$ bildet ∂_* die neutralen Elemente aufeinander ab.

Definition Die Sequenz

$$\ldots \xrightarrow{\partial_*} \pi_q(A, x_0) \xrightarrow{i_*} \pi_q(X, x_0) \xrightarrow{j_*} \pi_q(X, A, x_0) \xrightarrow{\partial_*} \pi_{q-1}(A, x_0) \xrightarrow{i_*} \ldots$$
$$\ldots \xrightarrow{j_*} \pi_1(X, A, x_0) \xrightarrow{\partial_*} \pi_0(A, x_0) \xrightarrow{i_*} \pi_0(X, x_0)$$

heißt die *Homotopiesequenz des Tripels* (X, A, x_0).

Satz 4.18 *Die Homotopiesequenz des Tripels* (X, A, x_0) *ist exakt.*

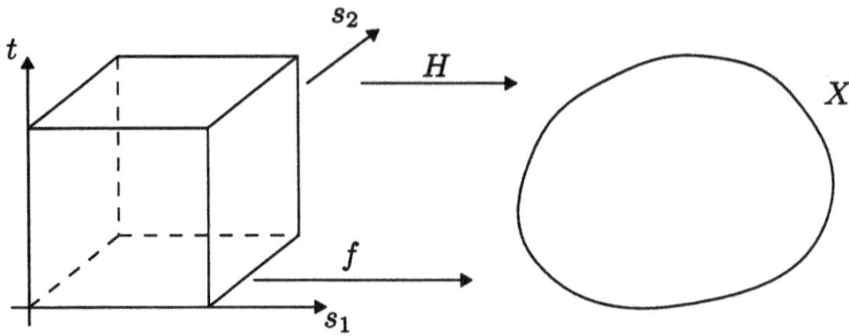

Bild 4.26: Die Homotopie H

Beweis. Wir zeigen wieder nur die Exaktheit an einer Stelle und überlassen den Nachweis der Exaktheit an den anderen Stellen als Übungsaufgabe (vgl. §4.5). Wir zeigen die Exaktheit an der Stelle $\pi_q(X, A, x_0)$.

Zu zeigen: $\operatorname{Im} j_* = \operatorname{Ker} \partial_*$

a) Wir zeigen: $\operatorname{Im} j_* \subset \operatorname{Ker} \partial_*$. Es sei $\alpha \in \pi_q(X, x_0)$, $\alpha = [f]$, wobei $f : (I^q, \partial I^q) \to (X, x_0)$. Dann gilt $\partial_* j_* \alpha = [f|_{I^{q-1}}] = 0$, da $f(I^{q-1}) = x_0$.

b) Wir zeigen: $\operatorname{Ker} \partial_* \subset \operatorname{Im} j_*$. Es sei $\alpha \in \pi_q(X, A, x_0)$, $\alpha = [f]$, wobei $f : (I^q, I^{q-1}, J^{q-1}) \to (X, A, x_0)$, und es gelte $\partial_* \alpha = 0$.

b1) Es sei zunächst $q > 1$. Aus der Bedingung $\partial_* \alpha = 0$ folgt dann, dass es eine Homotopie $G_t : I^{q-1} \to A$, $t \in [0, 1]$, gibt mit $G_0 = f|_{I^{q-1}}$, $G_1(I^{q-1}) = x_0$ und $G_t(\partial I^{q-1}) = x_0$ für alle $t \in [0, 1]$. Wir definieren eine Homotopie

$$H : \partial I^q \times I \longrightarrow A$$

durch

$$H(s,t) = \begin{cases} G_t(s) & \text{für } s \in I^{q-1}, t \in I, \\ x_0 & \text{für } s \in J^{q-1}, t \in I. \end{cases}$$

Da $H(s, 0) = f(s)$ für $s \in \partial I^q$ gilt, ist die Abbildung

$$\begin{array}{rccl} \tilde{H} : & \partial I^q \times I \cup I^q \times \{0\} & \longrightarrow & X \\ & (s,t) & \longmapsto & \begin{cases} H(s,t) & \text{für } (s,t) \in \partial I^q \times I, \\ f(s) & \text{für } (s,0) \in I^q \times \{0\}, \end{cases} \end{array}$$

stetig (vgl. Bild 4.26). Da $\partial I^q \times I \cup I^q \times \{0\}$ ein (Deformations)retrakt von $I^q \times I$ ist, gibt es eine stetige Erweiterung

$$F : I^q \times I \longrightarrow X$$

von $\tilde{H}$. Für die Abbildung $F_1 : I^q \to X$, $s \mapsto F(s, 1)$, gilt: $F_1(s) = H(s, 1) = x_0$ für alle $s \in \partial I^q$. Also ist F_1 eine Abbildung $F_1 : (I^q, \partial I^q) \to (X, x_0)$ und repräsentiert ein Element $\beta \in \pi_q(X, x_0)$. Da F eine Homotopie relativ zu $(I^{q-1}, A; J^{q-1}, x_0)$ zwischen f und F_1 ist, gilt $j_* \beta = \alpha$.

b2) Im Fall $q = 1$ ist $f : I \to X$ ein Weg mit $f(0) \in A$ und $f(1) = x_0$. Die Bedingung $\partial_* \alpha = 0$ bedeutet, dass $f(0)$ in derselben Wegzusammenhangskomponente von A wie x_0 liegt. Dann definiert ein Weg $\gamma : [0, 1] \to A$, der $f(0)$ und $f(1) = x_0$ in A verbindet, eine Homotopie $F : I \times I \to X$ mit $F(s, 0) = f(s)$ für alle $s \in I$, $F(0, t) \in A$, $F(1, t) = x_0$

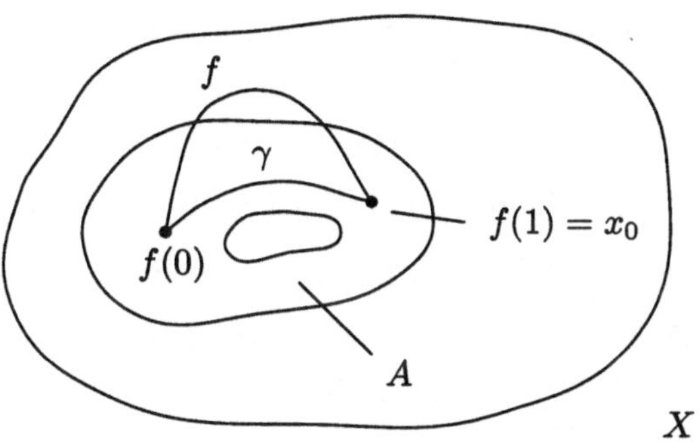

Bild 4.27: Die Wege f und γ

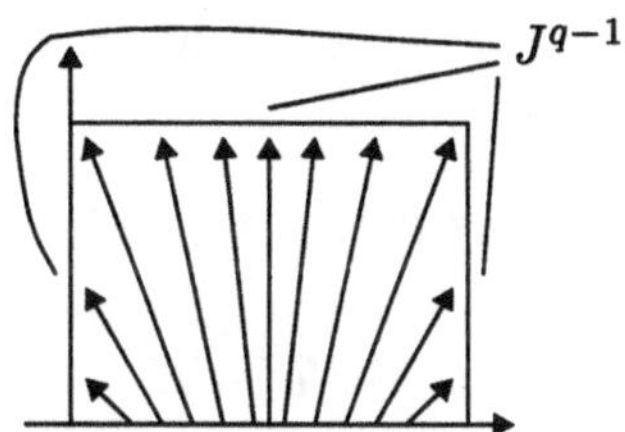

Bild 4.28: Die Retraktion von I^q auf J^{q-1}

für alle $t \in I$ und $F(0,1) = x_0$ (vgl. Bild 4.27). Dann ist $F_1 : I \to X$, $s \mapsto F(s,1)$ ein geschlossener Weg in X mit Anfangs- und Endpunkt x_0, also $\beta := [F_1] \in \pi_1(X, x_0)$ und F ist eine Homotopie relativ zu $(I^0, A; J^0, x_0)$ zwischen f und F_1. Also gilt $j_*\beta = \alpha$. □

Es sei nun (E, π, B, F) ein differenzierbares Faserbündel mit kompakter Faser F. Wir wählen einen Basispunkt $b_0 \in B$. Es sei $F = \pi^{-1}(b_0)$, $e_0 \in F$. Dann ist (E, F, e_0) ein Tripel und π definiert eine Abbildung

$$p : (E, F, e_0) \longrightarrow (B, b_0).$$

Wir wählen außerdem einen Ehresmann'schen Zusammenhang des gegebenen Bündels.

Satz 4.19 *Die Abbildung*

$$p_* : \pi_q(E, F, e_0) \longrightarrow \pi_q(B, b_0)$$

ist ein Isomorphismus für jedes $q > 0$.

Beweis. a) Wir zeigen zunächst, dass p_* surjektiv ist.

Es sei $\alpha \in \pi_q(B, b_0)$, $\alpha = [f]$, $f : (I^q, \partial I^q) \to (B, b_0)$. Nun ist J^{q-1} ein Deformationsretrakt von I^q (vgl. Bild 4.28). Das bedeutet, dass es eine Retraktion $r : I^q \to J^{q-1}$ und eine Homotopie $H : I^q \times I \to I^q$ zwischen id : $J^{q-1} \to I^q$ und ir gibt, wobei $i : J^{q-1} \to I^q$ die Inklusion ist. Wir können annehmen, dass f, r und H differenzierbare Abbildungen sind. Für $s \in I^q$ sei $\gamma_s : I \to B$ definiert durch $\gamma_s(t) = f \circ H(s, 1-t)$ für $t \in I$. Nach

Satz 4.9 gibt es genau eine horizontale Liftung $\hat{\gamma}_s : I \to E$ von γ_s mit $\hat{\gamma}_s(0) = e_0$ für alle $s \in J^{q-1}$. Für $s \in I^{q-1}$ gilt $\hat{\gamma}_s(1) \in F$ wegen

$$\gamma_s(1) = f \circ H(s, 0) = f(s) = b_0.$$

Damit erhalten wir durch die Zuordnung $s \mapsto \hat{\gamma}_s(1)$ für $s \in I^q$ eine Liftung

$$\hat{f} : (I^q, I^{q-1}, J^{q-1}) \longrightarrow (E, F, e_0)$$

von $f : (I^q, \partial I^q) \to (B, b_0)$ bezüglich $\pi : E \to B$. Diese Abbildung repräsentiert ein Element $\beta \in \pi_q(E, F, e_0)$. Wegen $f = p \circ \hat{f}$ gilt $p_*\beta = \alpha$. Also ist p_* surjektiv.

b) Wir zeigen, dass p_* injektiv ist.

Dazu sei $\alpha \in \pi_q(E, F, e_0)$, $\alpha = [f]$, $f : (I^q, I^{q-1}, J^{q-1}) \to (E, F, e_0)$ und $\alpha \in \ker p_*$. Wegen $p_*\alpha = 0$ ist $g := p \circ f : (I^q, \partial I^q) \to (B, b_0)$ nullhomotop, d.h. es gibt eine Homotopie $H : I^q \times I \to B$, wobei für $H_t : I^q \to B$, $s \mapsto H(s,t)$ $(t \in I)$, gilt: $H_0 = g$, $H_1(s) = b_0$ für alle $s \in I^q$ und $H_t(\partial I^q) = b_0$ für alle $t \in I$. Wieder können wir annehmen, dass f und H differenzierbar sind.

Betrachte

$$T = (I^q \times 0) \cup (J^{q-1} \times I) \cup (I^q \times 1) \subset I^q \times I.$$

Wir definieren eine Abbildung

$$G : T \to E$$

wie folgt:

$$G(s,t) = \begin{cases} f(s) & \text{für } s \in I^q, t = 0, \\ e_0 & \text{für } s \in J^{q-1}, t \in I \text{ und für } s \in I^q, t = 1. \end{cases}$$

Da T ein Deformationsretrakt von $I^q \times I$ ist, lässt sich H nach den gleichen Argumenten wie für f in a) zu einer Homotopie

$$\hat{H} : I^q \times I \longrightarrow E$$

mit $\hat{H}|_T = G$ hochheben.

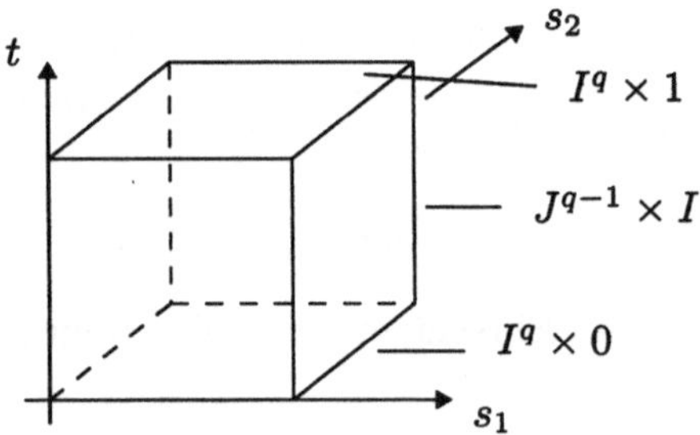

Aus $\hat{H}|_T = G$ folgt für $\hat{H}_t : I^q \to E$, $s \mapsto H(s,t)$: $\hat{H}_0 = f$, $\hat{H}_1(s) = e_0$ für alle $s \in I^q$, $\hat{H}_t(I^{q-1}) \subset F$, $\hat{H}_t(J^{q-1}) = e_0$ für alle $t \in I$. Daraus folgt, dass f relativ zu $(I^{q-1}, F; J^{q-1}, e_0)$ nullhomotop ist. Also gilt $\alpha = 0$. Es folgt, dass p_* injektiv ist. □

Wir betrachten nun die Homotopiesequenz des Tripels (E, F, e_0). Nach Satz 4.19 können wir den Term $\pi_q(E, F, e_0)$ durch $\pi_q(B, b_0)$ ersetzen:

$$\begin{array}{ccccccc} \cdots \longrightarrow & \pi_q(E, e_0) & \xrightarrow{j_*} & \pi_q(E, F, e_0) & \xrightarrow{\partial_*} & \pi_{q-1}(F, e_0) & \longrightarrow \cdots \\ & & \searrow^{(a)} & \downarrow p_* \cong & \nearrow_{(b)} & & \\ & & & \pi_q(B, b_0) & & & \end{array}$$

Der Homomorphismus (a) wird durch $\pi = p \circ j : (E, e_0) \to (B, b_0)$ induziert, ist also π_*. Der Homomorphismus (b) ist $\partial_* \circ p_*^{-1}$ und wird mit d_* bezeichnet. Er lässt sich wie folgt beschreiben: Man repräsentiere ein $\alpha \in \pi_q(B, b_0)$ durch eine Abbildung $f : (I^q, \partial I^q) \to (B, b_0)$, lifte diese Abbildung zu einer Abbildung $\hat{f} : (I^q, I^{q-1}, J^{q-1}) \to (E, F, e_0)$ und betrachte dann die Einschränkung $\hat{f}|_{I^{q-1}} : (I^{q-1}, \partial I^{q-1}) \to (F, e_0)$.

Definition Die exakte Sequenz

$$\ldots \xrightarrow{d_*} \pi_q(F, e_0) \xrightarrow{i_*} \pi_q(E, e_0) \xrightarrow{\pi_*} \pi_q(B, b_0) \xrightarrow{d_*} \pi_{q-1}(F, e_0) \xrightarrow{i_*} \ldots$$
$$\ldots \xrightarrow{\pi_*} \pi_1(B, b_0) \xrightarrow{d_*} \pi_0(F, e_0) \xrightarrow{i_*} \pi_0(E, e_0)$$

heißt die *Homotopiesequenz des differenzierbaren Faserbündels* (E, π, B, F).

Satz 4.20 *Wenn das differenzierbare Faserbündel* (E, π, B, F) *einen Schnitt* $\sigma : B \to E$ *besitzt, so hat man für jedes* $q \geq 1$ *eine kurze spaltende exakte Sequenz*

$$0 \longrightarrow \pi_q(F, e_0) \xrightarrow{i_*} \pi_q(E, e_0) \underset{\sigma_*}{\overset{\pi_*}{\rightleftarrows}} \pi_q(B, b_0) \longrightarrow 0.$$

Also gilt $\pi_q(E, e_0) \cong \pi_q(F, e_0) \times \pi_q(B, b_0)$.

Beweis. Da σ ein Schnitt ist, gilt $\pi \circ \sigma = \mathrm{id}$. Daraus folgt $\pi_* \circ \sigma_* = \mathrm{id}$, also ist π_* surjektiv. Aus der Exaktheit der Homotopiesequenz des differenzierbaren Faserbündels (E, π, B, F) folgt damit, dass i_* injektiv ist: Denn π_* surjektiv impliziert $\operatorname{Ker} d_* = \operatorname{Im} \pi_* = \pi_q(B, b_0)$. Daraus folgt aber $\operatorname{Ker} i_* = \operatorname{Im} d_* = 0$. Damit haben wir die angegebene kurze exakte Sequenz für alle $q \geq 1$.

Aus $\pi_* \circ \sigma_* = \mathrm{id}$ folgt, dass σ_* die Sequenz spaltet. Daraus leitet man ab, dass

$$\begin{array}{rccl} (i_*, \sigma_*): & \pi_q(F, e_0) \times \pi_q(B, b_0) & \longrightarrow & \pi_q(E, e_0) \\ & (\alpha, \beta) & \longmapsto & i_*\alpha + \sigma_*\beta \end{array}$$

ein Isomorphismus ist. □

Kapitel 5

Topologie von Singularitäten

5.1 Monodromie und Variation

Wir beginnen nun mit der Untersuchung der Topologie von isolierten kritischen Punkten von holomorphen Funktionen. In §3.11 haben wir an einem einfachen Beispiel die fundamentalen Begriffe der Picard-Lefschetz-Theorie kennen gelernt: verschwindende Zyklen und Monodromie. Diese Begriffe wollen wir nun im allgemeinen Fall einer isolierten Hyperflächensingularität definieren. Dazu dienen die folgenden Vorbereitungen.

Es sei M eine $(n+1)$-dimensionale komplexe Mannigfaltigkeit und $f : M \to \mathbb{C}$ eine holomorphe Funktion. Ferner sei X eine offene Teilmenge von M, so dass der Abschluss $\bar{X}$ eine $(2n+2)$-dimensionale differenzierbare Mannigfaltigkeit mit Rand $\partial\bar{X}$ ist. Es sei $\bar{\Delta}$ eine abgeschlossene Kreisscheibe in $\mathbb{C}$. Wir setzen voraus, dass die folgenden drei Bedingungen erfüllt sind

(1) Es gibt eine Umgebung U von $\bar{\Delta}$ in $\mathbb{C}$, so dass die Abbildung $f|_{\bar{X}\cap f^{-1}(U)} : \bar{X} \cap f^{-1}(U) \to U$ eigentlich ist.

(2) $f|_{\partial\bar{X}\cap f^{-1}(U)} : \partial\bar{X} \cap f^{-1}(U) \to U$ ist eine Submersion.

(3) Die Funktion f hat auf $\bar{X}\cap f^{-1}(U)$ endlich viele kritische Punkte p_i $(i = 1, \ldots, m)$ mit kritischen Werten $s_i = f(p_i) \in \Delta$.

Wir ziehen nun Folgerungen aus diesen Voraussetzungen.

a) Aus (1), (2) und dem Ehresmann'schen Faserungssatz folgt, dass $f|_{\partial\bar{X}\cap f^{-1}(U)} : \partial\bar{X} \cap f^{-1}(U) \to \bar{\Delta}$ die Projektion eines differenzierbaren Faserbündels ist. Da $\bar{\Delta}$ zusammenziehbar ist, folgt aus Satz 4.11 dass dieses Faserbündel trivial ist. Die Trivialisierung hängt von dem Ehresmann'schen Zusammenhang ab und ist bis auf Isotopie eindeutig bestimmt. Wir wählen einen Ehresmann'schen Zusammenhang und damit eine feste Trivialisierung.

b) Es sei $\Delta' = \bar{\Delta} - \{s_1, \ldots, s_m\}$. Aus (1), (2), (3) und dem Ehresmann'schen Faserungssatz (Theorem 4.3) folgt, dass die Abbildung

$$f|_{X\cap f^{-1}(\Delta')} : \bar{X} \cap f^{-1}(\Delta') \longrightarrow \Delta'$$

die Projektion eines differenzierbaren Faserbündels ist. Die Faser dieses Faserbündels über $s \in \Delta'$ bezeichnen wir mit

$$\bar{X}_s := \bar{X} \cap f^{-1}(s).$$

Dies ist eine kompakte $2n$-dimensionale differenzierbare Mannigfaltigkeit mit Rand $\partial\bar{X}_s = \bar{X}_s \cap \partial\bar{X}$. Wir wählen einen Ehresmann'schen Zusammenhang auf $\bar{X} \cap f^{-1}(\Delta')$, der auf $\partial\bar{X} \cap f^{-1}(\Delta')$ mit dem in a) gewählten übereinstimmt.

Es sei nun $s \in \partial\bar{\Delta}$ und s sei kein kritischer Wert von f, also $s \in \Delta'$. Es sei $\gamma : [0,1] \to \Delta'$ ein geschlossener Weg in Δ' mit Anfangs- und Endpunkt s. O.B.d.A. können wir annehmen, dass alle Wege, die wir betrachten, stückweise differenzierbar sind. Diese Generalvoraussetzung werden wir von nun an machen. Man überlegt sich leicht, dass die Resultate von §4.4 auch für stückweise differenzierbare Wege gelten. Nach §4.4 bestimmt γ eine Parallelverschiebung $h_\gamma : \bar{X}_s \to \bar{X}_s$ längs γ bezüglich des gewählten Zusammenhangs. Nach a) ist h_γ die Identität auf dem Rand $\partial\bar{X}_s$ von $\bar{X}_s$. Der Diffeomorphismus h_γ ist nach Satz 4.10 bis auf Isotopie eindeutig durch die Klasse von γ in $\pi_1(\Delta', s)$ bestimmt und hängt bis auf Isotopie auch nicht von dem gewählten Zusammenhang ab.

Definition Der Diffeomorphismus $h_\gamma : \bar{X}_s \to \bar{X}_s$ heißt die *geometrische Monodromie* bezüglich γ. Der induzierte Homomorphismus $h_{\gamma*} : H_q(\bar{X}_s) \to H_q(\bar{X}_s)$ auf der q-ten Homologiegruppe von $\bar{X}_s$ (für jedes $q \in \mathbb{Z}$) heißt die *Monodromie* (oder der *Monodromieoperator*) bezüglich γ.

Die Monodromie $h_{\gamma*}$ ist nach Theorem 4.3 eindeutig durch die Klasse von γ in der Fundamentalgruppe $\pi_1(\Delta', s)$ bestimmt und hängt auch nicht mehr von dem gewählten Zusammenhang ab.

Ist $\gamma = \gamma_1 * \gamma_2$ ein aus zwei geschlossenen Wegen γ_1 und γ_2 mit $[\gamma_1], [\gamma_2] \in \pi_1(\Delta', s)$ zusammengesetzter Weg, so gilt

$$h_{\gamma*} = h_{\gamma_2*} \circ h_{\gamma_1*}.$$

Deshalb erhalten wir einen Homomorphismus

$$\begin{array}{rccc} \rho : & \pi_1(\Delta', s) & \longrightarrow & \operatorname{Aut} H_q(\bar{X}_s) \\ & [\gamma] & \longmapsto & h_{\gamma*} \end{array}$$

von $\pi_1(\Delta', s)$ in die Gruppe der Automorphismen der Gruppe $H_q(\bar{X}_s)$.

Der Diffeomorphismus h_γ induziert auch einen Homomorphismus

$$h_{\gamma*} : H_q(\bar{X}_s, \partial\bar{X}_s) \to H_q(\bar{X}_s, \partial\bar{X}_s)$$

auf der relativen Homologiegruppe des Paares $(\bar{X}_s, \partial\bar{X}_s)$. Es sei c ein relativer q-Zyklus von $(\bar{X}_s, \partial\bar{X}_s)$. Wegen $h_\gamma|_{\partial\bar{X}_s} = \mathrm{id}_{\partial\bar{X}_s}$ ist $h_\gamma(c) - c$ ein absoluter q-Zyklus von $\bar{X}_s$. Man sieht leicht, dass die Abbildung $H_q(\bar{X}_s, \partial\bar{X}_s) \to H_q(\bar{X}_s)$, $[c] \mapsto [h_\gamma(c) - c]$, wohl definiert und ein Homomorphismus ist.

Definition Der Homomorphismus

$$\begin{array}{rccc} \mathrm{var}_\gamma : & H_q(\bar{X}_s, \partial\bar{X}_s) & \longrightarrow & H_q(\bar{X}_s) \\ & [c] & \longmapsto & [h_\gamma(c) - c] \end{array}$$

heißt die *Variation* (oder der *Variationsoperator*) bezüglich γ.

Ist $j_* : H_q(\bar{X}_s) \to H_q(\bar{X}_s, \partial\bar{X}_s)$ der natürliche Homomorphismus, der in §4.5 definiert wurde, so folgt aus dieser Definition, dass das folgende Diagramm kommutiert:

$$\begin{array}{ccc} H_q(\bar{X}_s) & \xrightarrow{h_{\gamma *}-\mathrm{id}} & H_q(\bar{X}_s) \\ {\scriptstyle j_*}\downarrow & \nearrow{\scriptstyle \mathrm{var}_\gamma} & \downarrow{\scriptstyle j_*} \\ H_q(\bar{X}_s, \partial\bar{X}_s) & \xrightarrow{h_{\gamma *}-\mathrm{id}} & H_q(\bar{X}_s, \partial\bar{X}_s) \end{array}$$

Wir beweisen nun noch einen Satz über den Zusammenhang zwischen der Variation und der Schnittform.

Satz 5.1 *Es sei* $[\gamma] \in \pi_1(\Delta', s)$, $a \in H_q(\bar{X}_s, \partial\bar{X}_s)$, $b \in H_{2n-q}(\bar{X}_s, \partial\bar{X}_s)$. *Dann gilt*
(i) $\langle \mathrm{var}_\gamma a, \mathrm{var}_\gamma b\rangle + \langle a, \mathrm{var}_\gamma b\rangle + \langle \mathrm{var}_\gamma a, b\rangle = 0.$
(ii) $\langle h_{\gamma *} a, \mathrm{var}_\gamma b\rangle + \langle \mathrm{var}_\gamma a, b\rangle = 0.$

Beweis.
Zu (i): Wir wählen Repräsentanten α, β von a, b, deren Ränder, die auf $\partial\bar{X}_s$ liegen, sich nicht schneiden. Dies ist möglich, da $\partial\alpha$ eine $(q-1)$-Kette und $\partial\beta$ eine $(2n-q-1)$-Kette auf $\partial\bar{X}_s$ ist und

$$q - 1 + 2n - q - 1 = 2n - 2 < 2n - 1 = \dim \partial\bar{X}_s$$

gilt. Dann ist auch die Schnittzahl $\langle\alpha, \beta\rangle$ von α und β definiert. Sie ist allerdings keine Invariante der Homologieklassen von α und β. Dann gilt:

$$\begin{aligned} &\langle \mathrm{var}_\gamma a, \mathrm{var}_\gamma b\rangle + \langle a, \mathrm{var}_\gamma b\rangle + \langle \mathrm{var}_\gamma a, b\rangle = \\ &= \langle h_\gamma\alpha, h_\gamma\beta\rangle - \langle\alpha, h_\gamma\beta\rangle - \langle h_\gamma\alpha, \beta\rangle + \langle\alpha,\beta\rangle \\ &\quad + \langle\alpha, h_\gamma\beta\rangle - \langle\alpha,\beta\rangle + \langle h_\gamma\alpha, \beta\rangle - \langle\alpha,\beta\rangle \\ &= 0, \end{aligned}$$

da $\langle h_\gamma\alpha, h_\gamma\beta\rangle = \langle\alpha,\beta\rangle$ (vgl. §4.6).
Zu (ii): Wegen

$$h_{\gamma *} = \mathrm{id} + j_* \mathrm{var}_\gamma, \quad \langle j_* \mathrm{var}_\gamma a, \mathrm{var}_\gamma b\rangle = \langle \mathrm{var}_\gamma a, \mathrm{var}_\gamma b\rangle$$

gilt:

$$\begin{aligned} \langle h_{\gamma *} a, \mathrm{var}_\gamma b\rangle + \langle \mathrm{var}_\gamma a, b\rangle &= \langle j_* \mathrm{var}_\gamma a, \mathrm{var}_\gamma b\rangle + \langle a, \mathrm{var}_\gamma b\rangle + \langle \mathrm{var}_\gamma a, b\rangle \\ &= 0 \end{aligned}$$

nach (i). □

5.2 Monodromiegruppe und verschwindende Zyklen

Wir werden nun zusätzlich voraussetzen, dass $f : M \to \mathbb{C}$ eine Morsefunktion ist:
(4) Wir setzen nun voraus, dass alle kritischen Punkte $p_1, \ldots, p_m$ von $f : M \to \mathbb{C}$ auf $\bar{X} \cap f^{-1}(U)$ nicht ausgeartet sind und alle kritischen Werte $s_1, \ldots, s_n$ verschieden sind, d.h. $f|_{\bar{X}\cap f^{-1}(U)}$ ist eine Morsefunktion.

Definition Das Bild Γ des Homomorphismus

$$\begin{array}{rccl} \rho: & \pi_1(\Delta', s) & \longrightarrow & \operatorname{Aut} H_q(\bar{X}_s) \\ & [\gamma] & \longmapsto & h_{\gamma *} \end{array}$$

heißt die *Monodromiegruppe* der Funktion f.

Es sei nun $\gamma : [0,1] \to \Delta$ ein Weg, der einen kritischen Wert s_i mit s verbindet und durch keinen weiteren kritischen Wert läuft, d.h. $\gamma(0) = s_i$, $\gamma(1) = s$ und $\gamma((0,1]) \subset \Delta'$. Nach dem Morselemma (Satz 3.15) existiert eine Umgebung B_i des nicht ausgearteten kritischen Punktes p_i über s_i in $\bar{X} \cap f^{-1}(\bar{\Delta})$ und ein lokales Koordinatensystem $(z_1, \ldots, z_{n+1})$, so dass f in B_i in der Form

$$f(z_1, \ldots, z_{n+1}) = s_i + z_1^2 + \ldots + z_{n+1}^2$$

geschrieben werden kann und B_i in diesen Koordinaten eine Kugel vom Radius ε um 0 ist. Für hinreichend kleines $t > 0$ enthält dann die Faser $\bar{X}_{\gamma(t)}$ eine n-Sphäre

$$S(t) := \sqrt{\gamma(t) - s_i}\, S^n,$$

wobei

$$S^n = \{(x_1, \ldots, x_{n+1}) \in \mathbb{R}^{n+1} \mid x_1^2 + \ldots + x_{n+1}^2 = 1\}$$

die n-dimensionale Einheitssphäre ist. Denn für

$$z_j = \sqrt{\gamma(t) - s_i} x_j, \ (x_1, \ldots, x_{n+1}) \in S^n,$$

gilt

$$\begin{aligned} |z_1|^2 + \ldots + |z_{n+1}|^2 &= |\gamma(t) - s_i|(x_1^2 + \ldots + x_{n+1}^2) \\ &= |\gamma(t) - s_i| < \varepsilon \end{aligned}$$

für t hinreichend klein und

$$f(z_1, \ldots, z_{n+1}) = s_i + \gamma(t) - s_i = \gamma(t).$$

Durch Parallelverschiebung längs γ erhält man eine n-Sphäre $S(t) \subset \bar{X}_{\gamma(t)}$ für jedes $t \in (0,1]$. Für $t = 0$ zieht sich die Sphäre $S(t)$ auf den kritischen Punkt p_i zusammen (vgl. Bild 5.1). Wir wählen nun eine Orientierung von $S(1)$. Dann ist $S(1)$ ein n-Zyklus, repräsentiert also eine Homologieklasse $\delta \in H_n(\bar{X}_s)$.

Definition Die Homologieklasse $\delta = [S(1)] \in H_n(\bar{X}_s)$ heißt ein (längs γ) *verschwindender Zyklus* von f.

Aus dem Homotopieliftungssatz (Satz 4.6) folgt, dass die Homologieklasse δ bis auf Orientierung nur von der Homotopieklasse von γ in der Menge aller Wege $\psi : I \to \Delta$ mit $\psi(0) = s_i$, $\psi(1) = s$ und $\psi((0,1]) \subset \Delta'$ abhängt.

Der Weg $\gamma : I \to \Delta$ definiert nun auf die folgende Weise einen geschlossenen Weg um s_i: Es sei Δ_i eine Kreisscheibe von hinreichend kleinem Radius η um s_i, so dass $\gamma(I)$ den Rand $\partial\bar{\Delta}_i$ von $\bar{\Delta}_i$ genau einmal schneidet und zwar zum Zeitpunkt $t = \theta$ im Punkt $s_i + u_i$. Es sei $\tau : I \to \bar{\Delta}_i$, $t \mapsto s_i + u_i e^{2\pi\sqrt{-1}t}$, der Weg mit Startpunkt $s_i + u_i$, der einmal in positiver Richtung auf dem Rand von $\bar{\Delta}_i$ um s_i herumläuft. Ferner setzen wir $\tilde{\gamma} = \gamma|_{[\theta,1]}$.

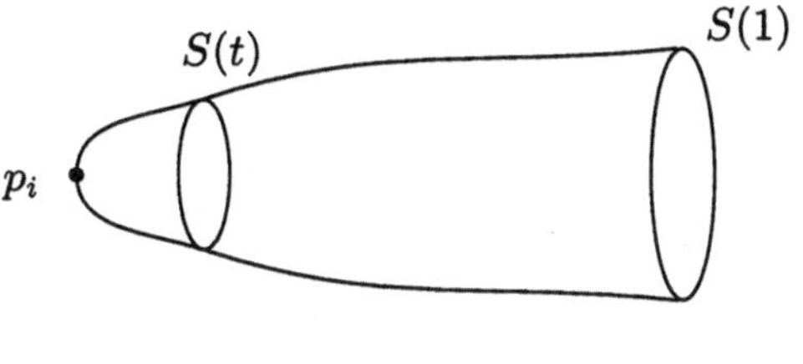

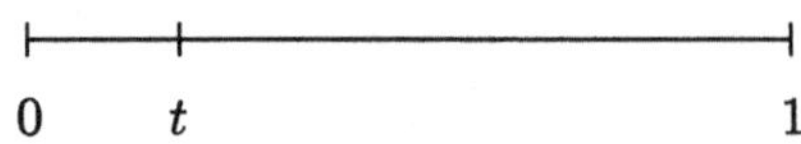

Bild 5.1: Verschwindender Zyklus

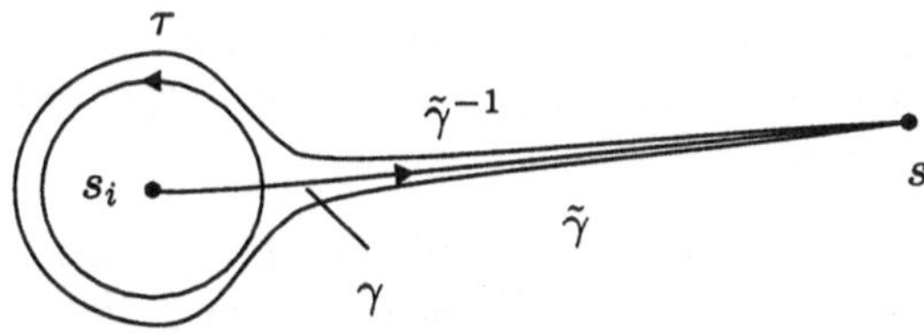

Bild 5.2: Einfache Schleife zu γ

Definition Der geschlossene Weg $\omega = \tilde{\gamma}^{-1}\tau\tilde{\gamma}$ mit Anfangs- und Endpunkt s heißt *einfache Schleife* zu γ (vgl. Bild 5.2).

Definition Die Monodromie

$$h_i = h_{\omega *} : H_q(\bar{X}_s) \longrightarrow H_q(\bar{X}_s)$$

zu der einfachen Schleife ω, die zu γ gehört, heißt die *Picard-Lefschetz-Transformation* zum Weg γ (oder zum verschwindenden Zyklus δ).

Wir setzen jetzt voraus, dass ε und η so klein gewählt sind, dass alle Kugeln $\bar{B}_i$ und alle Kreisscheiben $\bar{\Delta}_i$ disjunkt sind. Wir betrachten nun ein geordnetes System $(\gamma_1, \dots, \gamma_m)$ von Wegen $\gamma_i : I \to \Delta$ mit $\gamma(0) = s_i$, $\gamma_i(1) = s$ und $\gamma_i((0,1]) \subset \Delta'$.

Definition Das System $(\gamma_1, \dots, \gamma_m)$ von Wegen heißt (*stark*) *ausgezeichnet*, wenn die folgenden Bedingungen erfüllt sind:

(i) Die Wege γ_i sind nicht selbstüberschneidend.

(ii) Der einzige gemeinsame Punkt von γ_i und γ_j für $i \neq j$ ist s.

(iii) Die Wege sind in der Reihenfolge nummeriert, in der sie in s eintreffen, wobei man im Uhrzeigersinn vom Rand der Kreisscheibe aus zu zählen hat (vgl. Bild 5.3).

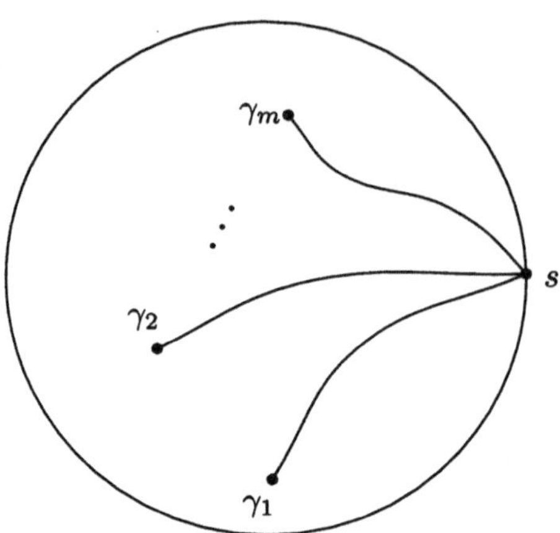

Bild 5.3: (Stark) ausgezeichnetes System von Wegen

Ein System $(\delta_1, \dots, \delta_m)$ von Zyklen $\delta_i \in H_m(\bar{X}_s)$ heißt (*stark*) *ausgezeichnet*, wenn es ein (stark) ausgezeichnetes System $(\gamma_1, \dots, \gamma_m)$ von Wegen gibt, so dass δ_i ein längs γ_i verschwindender Zyklus ist.

Da Δ' eine Kreisscheibe ist, aus der m Punkte entfernt wurden, ist die Fundamentalgruppe $\pi_1(\Delta', s)$ die freie Gruppe mit m Erzeugenden (vgl. Satz 1.13). Ist $(\gamma_1, \dots, \gamma_m)$ ein stark ausgezeichnetes System von Wegen, so ist $\pi_1(\Delta', s)$ die freie Gruppe in den Erzeugenden $\omega_1, \dots, \omega_m$, wobei ω_i die zu γ_i gehörige einfache Schleife ist.

Definition Das System $(\gamma_1, \dots, \gamma_m)$ von Wegen heißt *schwach ausgezeichnet*, wenn $\pi_1(\Delta', s)$ die freie Gruppe mit den Erzeugenden $(\omega_1, \dots, \omega_m)$ ist, wobei ω_i die zu γ_i gehörige einfache Schleife ist.

Ein System $(\delta_1, \dots, \delta_m)$ von Zyklen $\delta_i \in H_n(\bar{X}_s)$ heißt *schwach ausgezeichnet*, wenn δ_i ein längs eines Weges γ_i eines schwach ausgezeichnetes Systems $(\gamma_1, \dots, \gamma_m)$ von Wegen verschwindender Zyklus ist.

Man beachte, dass bei einem schwach ausgezeichneten System von Wegen die Nummerierung keine Rolle spielt.

Bemerkung 5.1 Ein stark ausgezeichnetes System von Wegen ist natürlich auch ein schwach ausgezeichnetes.

Satz 5.2 *Ist $(\gamma_1, \dots, \gamma_m)$ ein schwach ausgezeichnetes System von Wegen, dann wird die Monodromiegruppe von f durch die Picard-Lefschetz-Transformation h_i zu den Wegen γ_i erzeugt.*

Beweis. Dies folgt aus der Definition. □

Korollar 5.1 *Die Monodromiegruppe der Funktion f ist eine Gruppe mit m Erzeugenden.*

5.3 Der Satz von Picard-Lefschetz

Die Voraussetzungen seien die gleichen wie im vorigen Abschnitt. Es sei γ ein Weg von s_i nach s mit $\gamma((0,1]) \subset \Delta'$ und ω die zugehörige einfache Schleife. Wir wollen nun die Operation von var_ω und $h_{\omega *}$ auf den entsprechenden Homologiegruppen studieren.

O.B.d.A. sei $s_i = 0$. Die Funktion f habe auf einer Umgebung, die isomorph zur Kugel

$$B_\varepsilon = \{(z_1, \ldots, z_{n+1}) \in \mathbb{C}^{n+1} \mid |z_1|^2 + \ldots + |z_{n+1}|^2 < \varepsilon^2\}$$

um $p_i = 0$ ist, die Darstellung

$$f(z_1, \ldots, z_{n+1}) = z_1^2 + \ldots + z_{n+1}^2.$$

Wir nehmen außerdem an, dass s der Punkt $s = \eta \in \mathbb{R}$ ist und $\eta < \varepsilon^2$. Wir nehmen weiterhin an (was modulo einer Homotopie möglich ist), dass ω die Schleife

$$\begin{array}{rccc} \omega: & I & \longrightarrow & \mathbb{C} \\ & t & \longmapsto & e^{2\pi\sqrt{-1}t} \end{array}$$

ist. Wir nehmen schließlich noch an, dass in der Kreisscheibe mit Radius η keine weiteren kritischen Werte liegen.

Es sei $r : \mathbb{C}^{n+1} \to \mathbb{R}$ mit

$$\begin{aligned} r(z_1, \ldots, z_{n+1}) &= |z| = \sqrt{|z_1|^2 + \ldots + |z_{n+1}|^2} \\ &= \sqrt{z_1\bar{z}_1 + \ldots + z_{n+1}\bar{z}_{n+1}} \end{aligned}$$

die Norm auf $\mathbb{C}^{n+1}$. Wir setzen

$$\bar{Y}_w = \bar{X}_w \cap \bar{B}_\varepsilon \text{ für } w \in \Delta.$$

Lemma 5.1 *Falls $w \in \Delta$ mit $|w| \leq \eta$, so schneidet $\bar{X}_w$ den Rand S_ε von $\bar{B}_\varepsilon$ transversal.*

Beweis. Es sei $a \in \bar{X}_w \cap S_\varepsilon$. Wir nehmen an, dass $\bar{X}_w$ die Sphäre S_ε in a nicht transversal schneidet. Den (reellen) Gradienten einer Funktion $g : \mathbb{C}^{n+1} \to \mathbb{C}$ schreiben wir in der Form

$$\operatorname{grad} g(z) = \left(\frac{\partial g}{\partial z_1}(z), \ldots, \frac{\partial g}{\partial z_{n+1}}(z), \frac{\partial g}{\partial \bar{z}_1}(z), \ldots, \frac{\partial g}{\partial \bar{z}_{n+1}}(z)\right).$$

Da der Gradient senkrecht auf der Niveaufläche einer Funktion steht, muss $\operatorname{grad} r^2(a)$ eine (komplexe) Linearkombination von $\operatorname{grad} f(a)$ und $\operatorname{grad} \bar{f}(a)$ sein, d.h.

$$\operatorname{grad} r^2(a) = \alpha \operatorname{grad} f(a) + \beta \operatorname{grad} \bar{f}(a), \ \alpha, \beta \in \mathbb{C}.$$

Nun gilt

$$\begin{aligned} \operatorname{grad} r^2(z) &= (\bar{z}_1, \ldots, \bar{z}_{n+1}, z_1, \ldots, z_{n+1}), \\ \operatorname{grad} f(z) &= (2z_1, \ldots, 2z_{n+1}, 0, \ldots, 0), \\ \operatorname{grad} \bar{f}(z) &= (0, \ldots, 0, 2\bar{z}_1, \ldots, 2\bar{z}_{n+1}). \end{aligned}$$

Daraus folgt

$$\bar{a}_j = 2\alpha a_j, \quad j = 1, \ldots, n+1.$$

Da $a \in S_\varepsilon$ sind nicht alle Koordinaten a_j von a gleich 0. Für ein j mit $a_j \neq 0$ folgt daher

$$|\bar{a}_j| = |2\alpha a_j| \Rightarrow |2\alpha| = 1.$$

Aus

$$r^2(a) = \sum_{j=1}^{n+1} a_j \bar{a}_j = 2\alpha \sum_{j=1}^{n+1} a_j^2 = 2\alpha f(a)$$

folgt damit aber

$$|w| = |f(a)| = r^2(a) = \varepsilon^2 > \eta.$$

Damit ist Lemma 5.1 bewiesen. □

Aus Lemma 5.1 und dem Ehresmann'schen Faserungssatz für Mannigfaltigkeiten mit Rand (Theorem 4.2) folgt, dass die Mannigfaltigkeiten mit $\bar{Y}_w = \bar{X}_w \cap \bar{B}_\varepsilon$ für $w \in \Delta$ mit $0 < |w| \leq \eta$ diffeomorph zueinander sind.

Lemma 5.2 *Die differenzierbare Mannigfaltigkeit $\bar{Y}_w$ mit Rand ist für $w \in \Delta$ mit $0 < |w| \leq \eta$ diffeomorph zu dem Scheibenbündel DS^n des Tangentialbündels an die n-dimensionale Einheitssphäre S^n.*

Beweis. Nach der obigen Bemerkung reicht es, diese Behauptung für $w = \eta$ zu zeigen. Wir schreiben im Folgenden $\langle\ ,\ \rangle$ für das euklidische Skalarprodukt auf dem $\mathbb{R}^{n+1}$ und $|x|$ für die euklidische Norm von $x \in \mathbb{R}^{n+1}$. Wir schreiben außerdem $z_j = x_j + iy_j$, wobei $x_j, y_j \in \mathbb{R}$, $j = 1, \ldots, n+1$. Die differenzierbare Mannigfaltigkeit mit Rand $\bar{Y}_\eta$ wird dann gegeben durch

$$\bar{Y}_\eta = \{x + iy \in \mathbb{C}^{n+1} \mid |x|^2 + |y|^2 \leq \varepsilon^2,\ |x|^2 - |y|^2 = \eta,\ \langle x, y\rangle = 0\}.$$

Das Einheitsscheibenbündel DS^n von TS^n kann wie folgt beschrieben werden:

$$DS^n = \{u + iv \in \mathbb{C}^{n+1} \mid |u| = 1,\ |v| = 1,\ \langle u, v\rangle = 0\}.$$

Durch die Koordinatentransformation

$$u = \frac{x}{|x|}, \quad v = \sqrt{\frac{2}{\varepsilon^2 - \eta}}\, y$$

kann man $\bar{Y}_\eta$ mit DS^n identifizieren. Man rechnet leicht nach, dass der gewünschte Diffeomorphismus $\varphi : DS^n \to \bar{Y}_\eta$ dann durch

$$\varphi(u + iv) = \sqrt{\frac{1}{2}(\varepsilon^2 - \eta)|v|^2 + \eta}\, u + i\sqrt{\frac{1}{2}(\varepsilon^2 - \eta)}\, v$$

gegeben ist. □

Da die Sphäre S^n ein Deformationsretrakt von DS^n ist, folgt aus Lemma 5.2, dass die n-Sphäre

$$S_\eta = \{x + iy \in \mathbb{C}^{n+1} \mid |x|^2 = \eta,\ y = 0\}$$

ein Deformationsretrakt von $\bar{Y}_\eta$ ist. Deswegen hat $\bar{Y}_\eta$ die gleichen Homologiegruppen wie die n-dimensionale Einheitssphäre S^n. Nach Beispiel 4.4 gilt daher

$$\begin{aligned} H_q(\bar{Y}_\eta) &= 0 \text{ für } q \neq 0, n, \\ H_0(\bar{Y}_\eta) &= \mathbb{Z}, \\ H_n(\bar{Y}_\eta) &= \mathbb{Z}, \end{aligned}$$

und $H_n(\bar{Y}_\eta)$ wird von der Homologieklasse δ von S_η, dem verschwindenen Zyklus, erzeugt, das heißt

$$H_n(\bar{Y}_\eta) = \mathbb{Z} \cdot \delta.$$

Satz 5.3 *Der verschwindende Zyklus $\delta \in H_n(\bar{Y}_\eta)$ hat die Selbstschnittzahl*

$$\langle \delta, \delta \rangle = (-1)^{\frac{n(n-1)}{2}} (1 + (-1)^n) = \begin{cases} 0 & \text{für } n \equiv 1 \pmod 2, \\ +2 & \text{für } n \equiv 0 \pmod 4, \\ -2 & \text{für } n \equiv 2 \pmod 4. \end{cases}$$

Beweis. Das Innere Y_η von $\bar{Y}_\eta$ ist eine komplexe Mannigfaltigkeit und die bevorzugte Orientierung von Y_η im Punkt $p = (\sqrt{\eta}, 0, \ldots, 0)$ wird gegeben durch $(e_2, ie_2, e_3, ie_3, \ldots, e_{n+1}, ie_{n+1})$, wobei $(e_1, \ldots, e_{n+1})$ die kanonische Basis des $\mathbb{R}^{n+1}$ ist.

Die natürliche Orientierung von DS^n im Punkt $u^0 = (1, 0, \ldots, 0)$ wird gegeben durch $(e_2, e_3, \ldots, e_{n+1}, ie_2, ie_3, \ldots, ie_{n+1})$. Diese Orientierung wird in die obige durch eine Permutation mit dem Vorzeichen $(-1)^{n(n-1)/2}$ überführt. Deswegen müssen wir die in Korollar 4.1 gefundene Selbstschnittzahl $\langle S^n, S^n \rangle = 1 + (-1)^n$ noch mit diesem Vorzeichen multiplizieren. □

Wir betrachten nun die Untermannigfaltigkeit

$$T_\eta = \{x + iy \in \bar{Y}_\eta \mid x_1 > 0,\ x_2 = \ldots = x_{n+1} = 0\}$$

von $\bar{Y}_\eta$. Nach Wahl einer Orientierung repräsentiert T_η einen relativen Zyklus $\delta^* \in H_n(\bar{Y}_\eta, \partial\bar{Y}_\eta)$. Es gilt

$$H_n(\bar{Y}_\eta, \partial\bar{Y}_\eta) = \mathbb{Z} \cdot \delta^*.$$

Die Untermannigfaltigkeit T_η schneidet die Sphäre S_η transversal im Punkt mit den Koordinaten $x_1 = \sqrt{\eta}$, $x_2 = \ldots = x_{n+1} = y_1 = \ldots = y_{n+1} = 0$. Wir orientieren T_η so, dass $\langle \delta^*, \delta \rangle = 1$. Durch den Diffeomorphismus φ von Lemma 5.2 wird T_η auf die Faser des Scheibenbündels DS^n im Punkt $u^0 = (1, 0, \ldots, 0)$, d.h. auf die Kreisscheibe D^n vom Radius 1 um 0 in $T_{u^0}S^n$ abgebildet (vgl. Bild 5.4).

Theorem 5.1 (Satz von Picard-Lefschetz) *Mit den eingeführten Bezeichnungen gilt*

$$\mathrm{var}_\omega(\delta^*) = -(-1)^{\frac{n(n-1)}{2}} \delta.$$

Beweis. Wir folgen [Loo84].

Wir erinnern daran, dass ω die durch $\omega(t) = \eta e^{2\pi i t}$ gegebene Schleife ist. Die Abbildung $g''_t : \mathbb{C}^{n+1} \to \mathbb{C}^{n+1}$, $z \mapsto e^{\pi i t} z$, für $t \in [0,1]$, bildet $\bar{Y}_\eta$ diffeomorph auf $\bar{Y}_{\eta e^{2\pi i t}}$ ab. Für die Abbildung $g''_1 : \bar{Y}_\eta \to \bar{Y}_\eta$, $z \mapsto -z$, gilt aber $g''_1|_{\partial\bar{Y}_\eta} \neq \mathrm{id}_{\partial\bar{Y}_\eta}$. Deswegen repräsentiert g''_1 nicht die Monodromie und wir müssen uns mehr Mühe geben.

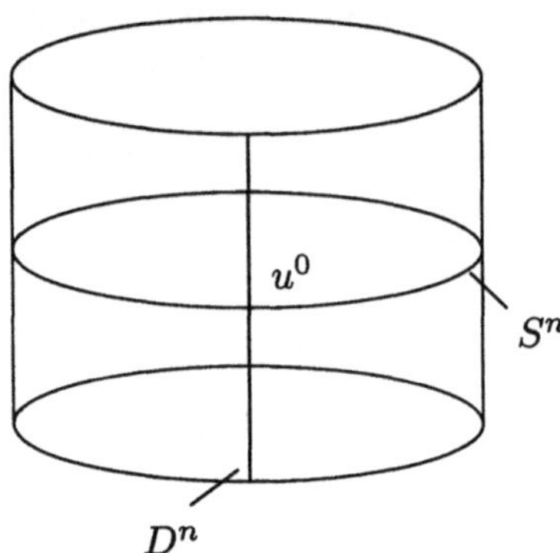

Bild 5.4: Das Scheibenbündel DS^n

Wir definieren zunächst eine einparametrige Familie von Homöomorphismen $\psi_t : DS^n \to DS^n$ $(t \in \mathbb{R})$ durch

$$\psi_t(u+iv) := \left[u\cos(\pi|v|\cdot t) + \frac{v}{|v|}\sin(\pi|v|\cdot t)\right] + i[-u|v|\sin(\pi|v|\cdot t) + v\cdot\cos(\pi|v|\cdot t)].$$

Da $\lim\limits_{|v|\to 0}(1/|v|)\sin(\pi|v|\cdot t) = 1$, ist ψ_t auch für $v = 0$ definiert. Es gilt

$$\psi_t(u+iv) = e^{-\pi it}(u+iv) \text{ für } u+iv \in \partial DS^n.$$

Wir betrachten nun den Homöomorphismus

$$G'_t := g''_t \circ \varphi \circ \psi_t : DS^n \longrightarrow \bar{Y}_{\eta e^{2\pi it}}.$$

Es gilt $G'_0|_{\partial DS^n} = G'_1|_{\partial DS^n}$. Es sei

$$\bar{Y} := \{z \in \mathbb{C}^{n+1} \mid |z| \le \varepsilon,\ |f(z)| \le \eta\}.$$

Wir können dann wie folgt eine Trivialisierung von $\bar{Y}$ über $\partial\bar{\Delta}_\eta$ definieren:

$$\begin{array}{rccc} \tau_0: & \partial\bar{\Delta}_\eta \times \partial DS^n & \longrightarrow & \partial\bar{Y}_{\partial\bar{\Delta}_\eta} \\ & (\eta e^{2\pi it}, u+iv) & \longmapsto & G'_t(u+iv). \end{array}$$

Diese Trivialisierung lässt sich nun auf ganz $\bar{\Delta}_\eta$ erweitern: Definiere

$$\begin{array}{rccc} \tau: & \bar{\Delta}_\eta \times \partial DS^n & \longrightarrow & \partial\bar{Y} \\ & (\rho e^{2\pi it}, u+iv) & \longmapsto & g''_t \circ \varphi_\rho \circ \psi_t(u+iv), \end{array}$$

wobei ψ_ρ wie φ definiert ist, nur dass η durch $\rho \le \eta$ ersetzt wird. Man beachte, dass diese Abbildung auch noch für $\rho = 0$ wohl definiert ist, obwohl t dann nicht eindeutig ist.

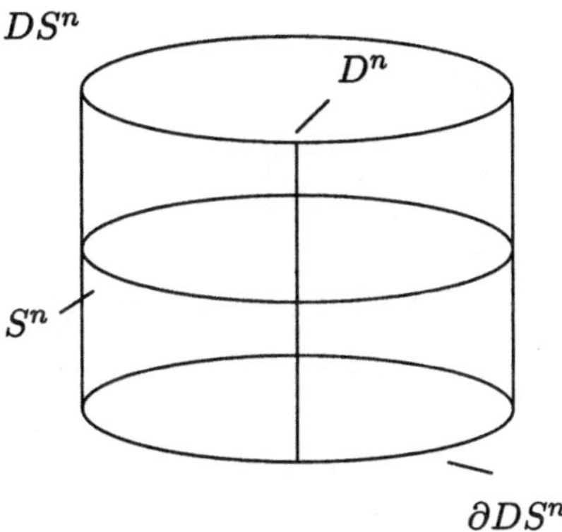

Bild 5.5: Das Scheibenbündel DS^n

Wir betrachten nun die einparametrige Familie von Homöomorphismen

$$g'_t := G'_t \circ \varphi^{-1} : \bar{Y}_\eta \to \bar{Y}_{\eta e^{2\pi i t}}.$$

Wir behaupten, dass der Homöomorphismus $g'_1 : \bar{Y}_\eta \to \bar{Y}_\eta$ homotop zur geometrischen Monodromie h_ω längs ω ist. Dazu sei $g_t : \bar{Y}_\eta \to \bar{Y}_{\eta e^{-2\pi i t}}$ die Parallelverschiebung längs ω^{-1}. Wir definieren eine Homotopie

$$H : \bar{Y}_\eta \times I \longrightarrow \bar{Y}_\eta$$

durch $H(z,t) = g_t^{-1} \circ g'_{1-t}(z)$. Dann gilt

$$\begin{aligned} H(z,0) &= g_0^{-1} \circ g'_1(z) = g'_1(z), \\ H(z,1) &= g_1^{-1} \circ g'_0(z) = g_1^{-1}(z) = h_{\omega^{-1}}^{-1} = h_\omega, \end{aligned}$$

für alle $z \in \bar{Y}_\eta$. Diese Homotopie ist darüber hinaus auf $\partial\bar{Y}_\eta$ stationär, d.h. es gilt $H(z,t) = H(z,0)$ für alle $z \in \partial\bar{Y}_\eta$ und $t \in I$.

Identifizieren wir nun $\bar{Y}_\eta$ mit DS^n mittels φ, so entspricht g'_1 dem Homöomorphismus

$$\varphi^{-1} \circ G'_1 = \varphi^{-1}(-\varphi \circ \psi_1) = -\psi_1,$$

mit $-\psi_1 : DS^n \to DS^n$.

Wir untersuchen nun die Variation zu $-\psi_1$. Durch den Diffeomorphismus φ wird S_η auf die Sphäre

$$S^n = \{u + iv \in DS^n \mid v = 0\}$$

abgebildet und T_η auf die Faser

$$D^n = \{u^0 + iv \in DS^n \mid |v| \leq 1\}$$

von DS^n über $u^0 = (1,0,\dots,0)$ (vgl. Bild 5.5). Wir orientieren S^n durch die Festlegung, dass $(e_2,\dots,e_{n+1})$ eine positiv orientierte Basis von $T_{e_1}S^n$ ist, D^n durch die Basis $(ie_2,\dots,ie_{n+1})$ von $T_{e_1}D^n$. Durch $\varphi : DS^n \to \bar{Y}_\eta$ wird die Orientierung von $\bar{Y}_\eta$ durch die komplexe Struktur auf Y_η in die Orientierung

$$(e_2, ie_2, \dots, e_{n+1}, ie_{n+1})$$

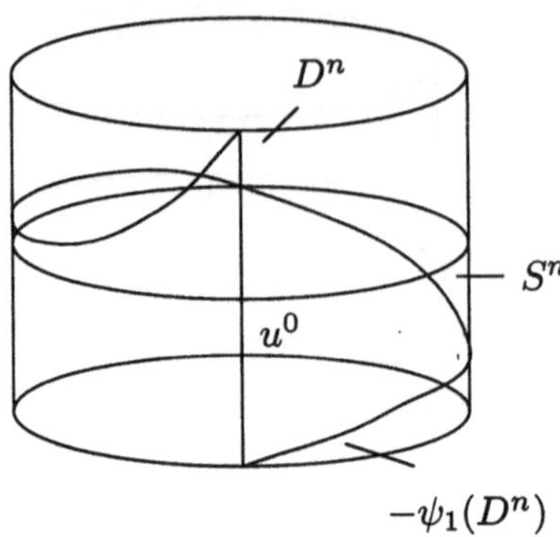

Bild 5.6: Das Bild von Ψ

von DS^n übertragen. Die Schnittzahl $\langle D^n, S^n \rangle$ ist dann das Signum der Permutation

$$(ie_2, \ldots, ie_{n+1}, e_2, \ldots, e_{n+1}) \longmapsto (e_2, ie_2, \ldots, e_{n+1}, ie_{n+1}).$$

Also gilt

$$\langle D^n, S^n \rangle = (-1)^{\frac{n(n+1)}{2}}.$$

Wir wollen nun $\mathrm{var}_\omega[D^n]$ berechnen. Es sei $\pi : DS^n \to S^n$, $u+iv \mapsto u$, die natürliche Projektion. Es sei $\sigma : S^n \to DS^n$ der Nullschnitt. Dann gilt $\pi \circ \sigma = \mathrm{id}_{S^n}$ und $\sigma \circ \pi$ ist homotop zu id_{S^n}. Deswegen genügt es $\pi_* \, \mathrm{var}_\omega[D^n]$ zu berechnen. Die Abbildung $\pi_* \, \mathrm{var}_\omega[D^n]$ wird durch den Realteil von $-\psi_1|_{D^n}$ repräsentiert. Dies ist die Abbildung

$$\begin{array}{rccl} \Psi : & (D^n, \partial D^n) & \longrightarrow & (S^n, \{u^0\}) \\ & u^0 + iv & \longmapsto & -u^0 \cos(\pi|v|) - \frac{v}{|v|} \sin(\pi|v|). \end{array}$$

Diese Abbildung bildet das Innere $\mathring{D}^n$ von D^n homöomorph auf $S^n - \{e_1\}$ und den Rand ∂D^n auf $\{e_1\}$ ab (vgl. Bild 5.6). Deshalb gilt $\pi_* \, \mathrm{var}_\omega[D^n] = \mathrm{grad}(\Psi) \cdot [S^n]$ mit $\mathrm{grad}(\Psi) := \mathrm{sign}\, T_{u^0}(\Psi) = \pm 1$. Nun rechnet man aber leicht nach, dass $-\Psi(u^0) = u^0$ gilt und $-\Psi$ in u^0 differenzierbar mit Ableitung $T_{u^0}(-\Psi) = \mathrm{id}$ ist. Deswegen ist $-\Psi$ orientierungserhaltend, also $\mathrm{grad}(-\Psi) = 1$, d.h. $\mathrm{grad}(\Psi) = (-1)^{n+1}$.

Ist nun $\delta = \varphi_*[S^n] \in H_n(\bar{Y}_\eta)$ und $\delta^* \in H_n(\bar{Y}_\eta, \partial \bar{Y}_\eta)$ das eindeutig bestimmte Element mit $\langle \delta^*, \delta \rangle = 1$, dann gilt $\delta^* = (-1)^{n(n+1)/2} \varphi_*[D^n]$. Also folgt

$$\begin{aligned} \mathrm{var}_\omega(\delta^*) &= (-1)^{n+1} \cdot (-1)^{\frac{n(n+1)}{2}} \delta \\ &= -(-1)^{\frac{n(n-1)}{2}} \delta, \end{aligned}$$

was zu zeigen war. □

Wir betrachten nun wieder die globale Situation. Wir betrachten die Einschränkung der Funktion f auf $\bar{X} \cap f^{-1}(\bar{\Delta}_\eta) \setminus B_\varepsilon$, wobei $\bar{\Delta}_\eta$ die abgeschlossene Kreisscheibe in $\mathbb{C}$ vom Radius η um 0 ist. Nach dem Ehresmann'schen Faserungssatz ist dann

$$f|_{\bar{X} \cap f^{-1}(\bar{\Delta}_\eta) \setminus B_\varepsilon} : \bar{X} \cap f^{-1}(\bar{\Delta}_\eta) \setminus B_\varepsilon \longrightarrow \bar{\Delta}_\eta$$

die Projektion eines differenzierbaren Faserbündels über der zusammenziehbaren Kreisscheibe $\bar{\Delta}_\eta$, das also trivial sein muss. Wir wählen einen Ehresmann'schen Zusammenhang und damit eine Produktstruktur auf $\bar{X} \cap f^{-1}(\bar{\Delta}_\eta) \setminus B_\varepsilon$. Die zu der Schleife ω gehörige geometrische Monodromie $h_\omega : \bar{X}_\eta \to \bar{X}_\eta$ ist dann die Identität auf $\bar{X}_\eta \setminus Y_\eta$.

Ein relativer Zyklus $c \in Z_q(\bar{X}_\eta, \partial\bar{X}_\eta)$ kann in der Form

$$c = c_1 + c_2$$

mit $c_1 \in Z_q(\bar{Y}_\eta, \partial\bar{Y}_\eta)$, $c_2 \in C_q(\bar{X}_\eta \setminus Y_\eta)$ dargestellt werden. Dann gilt

$$\begin{aligned} h_\omega(c) &= h_\omega(c_1) + c_2, \\ \mathrm{var}_\omega(c) &= \mathrm{var}_\omega(c_1). \end{aligned}$$

Lemma 5.3 *Für $q \neq 0, n$ ist*

$$\mathrm{var}_\omega : H_q(\bar{X}_\eta, \partial\bar{X}_\eta) \longrightarrow H_q(\bar{X}_\eta)$$

die Nullabbildung.

Beweis. Dies folgt aus den obigen Bemerkungen und aus $H_q(\bar{Y}_\eta, \partial\bar{Y}_\eta) = 0$ für $q \neq 0, n$. □

Wir bezeichnen das Bild von δ in $H_n(\bar{X}_\eta)$ unter $i_* : H_n(\bar{Y}_\eta) \to H_n(\bar{X}_\eta)$ ebenfalls mit δ. Dann folgt aus Theorem 5.1

Korollar 5.2 (Picard-Lefschetz-Formeln) (i) *Für $\alpha \in H_n(\bar{X}_\eta, \partial\bar{X}_\eta)$ gilt*

$$\mathrm{var}_\omega(\alpha) = -(-1)^{\frac{n(n-1)}{2}} \langle \alpha, \delta \rangle \delta.$$

(ii) *Für $\alpha \in H_n(\bar{X}_\eta)$ gilt*

$$h_{\omega *}(\alpha) = \alpha - (-1)^{\frac{n(n-1)}{2}} \langle \alpha, \delta \rangle \delta.$$

Beweis. Zu (i): Es sei $\alpha = [c]$, $c \in Z_n(\bar{X}_\eta, \partial\bar{X}_\eta)$. Wir schreiben

$$c = c_1 + c_2, \;\; c_1 \in Z_n(\bar{Y}_\eta, \partial\bar{Y}_\eta), \;\; c_2 \in C_n(\bar{X}_\eta \setminus Y_\eta).$$

Dann gilt $[c_1] = k \cdot \delta^*$ und wegen $\langle \delta^*, \delta \rangle = 1$ folgt $k = \langle [c_1], \delta \rangle$. Wegen $\mathrm{var}_\omega(\alpha) = \mathrm{var}_\omega([c_1])$ folgt die Formel (i) aus Theorem 5.1.

Zu (ii): Aus (i) folgt für $\alpha \in H_n(\bar{X}_\eta, \partial\bar{X}_\eta)$ und die relative Monodromie $h_{\omega *} : H_n(\bar{X}_\eta, \partial\bar{X}_\eta) \to H_n(\bar{X}_\eta, \partial\bar{X}_\eta)$

$$h_{\omega *}(\alpha) = \alpha - (-1)^{\frac{n(n-1)}{2}} \langle \alpha, \delta \rangle j_*(\delta).$$

Daraus folgt für $\alpha \in H_n(\bar{X}_\eta)$ die Formel (ii). □

Die Formeln von Korollar 5.2 heißen die *Picard-Lefschetz-Formeln.* Wir schreiben die Formel (ii) und die Selbstschnittzahl von δ gemäß Satz 5.3 für die Restklassen von n

modulo 4 aus:

$$\begin{aligned}
n &\equiv 0 \pmod 4 \quad : \quad h_{\omega*}(\alpha) = \alpha - \langle\alpha,\delta\rangle\delta, \ \langle\delta,\delta\rangle = 2,\\
n &\equiv 1 \pmod 4 \quad : \quad h_{\omega*}(\alpha) = \alpha - \langle\alpha,\delta\rangle\delta, \ \langle\delta,\delta\rangle = 0,\\
n &\equiv 2 \pmod 4 \quad : \quad h_{\omega*}(\alpha) = \alpha + \langle\alpha,\delta\rangle\delta, \ \langle\delta,\delta\rangle = -2,\\
n &\equiv 3 \pmod 4 \quad : \quad h_{\omega*}(\alpha) = \alpha + \langle\alpha,\delta\rangle\delta, \ \langle\delta,\delta\rangle = 0.
\end{aligned}$$

Wenn n gerade ist, ist die Schnittform $\langle\ ,\ \rangle$ eine symmetrische Bilinearform und wir können die beiden Formeln für $n \equiv 0, 2 \pmod 4$ wieder zusammenfassen zu

$$h_{\omega*}(\alpha) = \alpha - \frac{2\langle\alpha,\delta\rangle}{\langle\delta,\delta\rangle}\delta.$$

Dadurch wird eine Spiegelung an der zu δ orthogonalen (bezüglich $\langle\ ,\ \rangle$) Hyperebene von $H_n(\bar{X}_\eta)$ beschrieben.

Wenn n ungerade ist, ist die Schnittform $\langle\ ,\ \rangle$ schiefsymmetrisch und $h_{\omega*}$ ist eine so genannte symplektische Transvektion.

Es sei nun

$$\bar{Y}_{[0,\eta]} = f^{-1}([0,\eta]) \cap \bar{Y}.$$

Wir zeigen, dass man $\bar{Y}_{[0,\eta]}$ aus $\bar{Y}_\eta$ durch Anheften einer $(n+1)$-Zelle an $\bar{Y}_\eta$ erhält.

Definition Die Menge

$$e = \{x \in \mathbb{R}^k \mid |x| \leq 1\}$$

heißt eine *k-Zelle*. Ihr Rand ∂e ist die $(k-1)$-Sphäre S^{k-1}.

Es sei nun Y ein topologischer Raum und $g : S^{k-1} \to Y$ eine stetige Abbildung. Wir betrachten den topologischen Raum $Y \cup_g e$, der wie folgt definiert ist: In der disjunkten Vereinigung $Y \dot\cup e$ (mit der Topologie als topologische Summe) identifizieren wir $x \in \partial e$ mit $g(x) \in Y$, d.h. wir betrachten den Quotientenraum von $Y \dot\cup e$ nach der Äquivalenzrelation

$$\begin{gathered}
x \sim g(x) \text{ für alle } x \in \partial e,\\
y \sim y \text{ für alle } y \in Y \text{ oder } y \in e,\\
x \sim y \text{ falls } x, y \in \partial e \text{ und } g(x) = g(y)
\end{gathered}$$

mit der Quotiententopologie. Der Raum $Y \cup_g e$ heißt der aus Y *durch Anheften einer k-Zelle mittels g* entstandene Raum.

Die Teilmenge

$$e = \{x + iy \in \mathbb{C}^{n+1} \mid |x|^2 \leq \eta,\ y = 0\} \subset \bar{Y}$$

ist homöomorph zu einer $(n+1)$-Zelle. Es gilt $\bar{Y}_\eta \cap e = \partial e = S_\eta = \varphi(S^n)$ (vgl. Bild 5.7). Also erhält man $\bar{Y}_\eta \cup e$ aus $\bar{Y}_\eta$ durch Anheften einer $(n+1)$-Zelle mittels $\varphi|_{S^n}$.

Lemma 5.4 *$\bar{Y}_\eta \cup e$ ist ein Deformationsretrakt von $\bar{Y}_{[0,\eta]}$.*

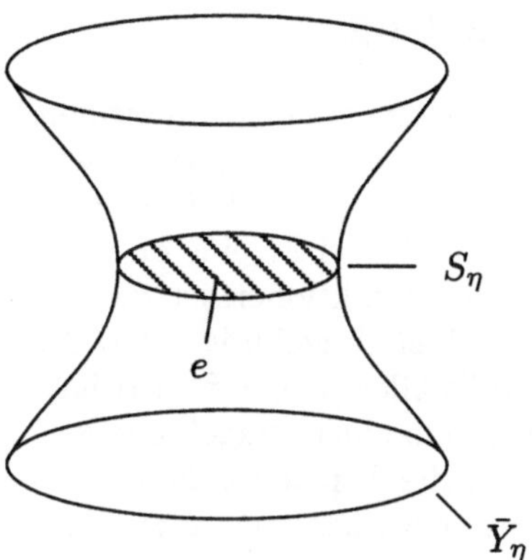

Bild 5.7: Die $(n+1)$-Zelle e

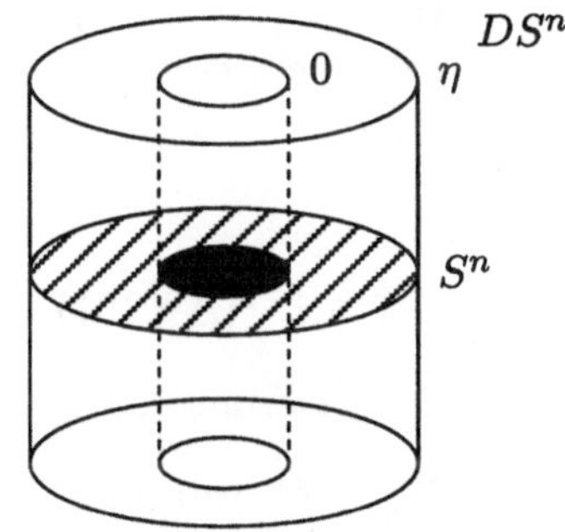

Bild 5.8: Zum Beweis von Lemma 4

Beweis. Wir betrachten die Abbildung

$$\begin{array}{rrcl} \Phi: & [0,\eta]\times DS^n & \longrightarrow & \bar{Y}_{[0,\eta]} \\ & (\rho, u+iv) & \longmapsto & \sqrt{\frac{1}{2}(\varepsilon^2-\rho)|v|^2+\rho}\,u + i\sqrt{\frac{1}{2}(\varepsilon^2-\rho)}\,v. \end{array}$$

Dies ist die Abbildung $(\rho, u+iv)\mapsto \varphi_\rho(u+iv)$ in der Notation des Beweises von Satz 5.3.

Es gilt $\Phi(\{0\}\times S^n)=\{0\}$ und Φ bildet das Komplement von $\{0\}\times S^n$ in $[0,\eta]\times DS^n$ bijektiv auf $\bar{Y}_{[0,\eta]}-\{0\}$ ab. Deshalb induziert Φ einen Homöomorphismus des aus $[0,\eta]\times DS^n$ durch Identifikation von $\{0\}\times S^n$ mit einem Punkt entstandenen Raum mit $\bar{Y}_{[0,\eta]}$:

$$\bar{\Phi}:([0,\eta]\times DS^n)/\{0\}\times S^n \longrightarrow \bar{Y}_{[0,\eta]}.$$

Durch $\bar{\Phi}$ wird $\{\eta\}\times DS^n\cup([0,\eta]\times S^n)/\{0\}\times S^n$ auf $\bar{Y}_\eta\cup e$ abgebildet. Nun ist aber $\{\eta\}\times DS^n\cup([0,\eta]\times S^n)/\{0\}\times S^n$ ein Deformationsretrakt von $([0,\eta]\times DS^n)/\{0\}\times S^n$ (vgl. Bild 5.8). Daraus folgt die Behauptung. □

5.4 Die Milnorfaserung

Es sei $f : (\mathbb{C}^{n+1}, 0) \to (\mathbb{C}, 0)$ der Keim einer holomorphen Funktion mit einem isolierten kritischen Punkt in 0. Wie in §3.6 vereinbart, sagen wir dann auch einfach: f ist eine Singularität. Wir unterscheiden in der Notation auch nicht zwischen dem Keim f und einem Repräsentanten $f : M \to \mathbb{C}$, wobei M eine offene Umgebung der $0 \in \mathbb{C}^{n+1}$ ist.

Nach dem Satz über implizite Funktionen ist die Niveaufläche $f^{-1}(w)$ für $w \in \mathbb{C}$, $w \neq 0$, $|w|$ hinreichend klein, in einer Umgebung von $0 \in \mathbb{C}^{n+1}$ eine komplexe Untermannigfaltigkeit von $\mathbb{C}^{n+1}$. Die Nullstellenmenge $f^{-1}(0)$ hat in $0 \in \mathbb{C}^{n+1}$ eine Singularität, ist aber ebenfalls außerhalb von 0 in einer Umgebung von 0 eine komplexe Untermannigfaltigkeit von $\mathbb{C}^{n+1}$. Wir wollen die Topologie dieser Niveauflächen studieren und dazu die Ergebnisse aus den bisherigen Abschnitten anwenden.

Es sei M eine offene Umgebung von $0 \in \mathbb{C}^{n+1}$ und $f : M \to \mathbb{C}$ ein Repräsentant von f. Es sei $\varepsilon > 0$ wie in Lemma 3.5, $X = B_\varepsilon \subset M$ die offene Kugel um $0 \in \mathbb{C}^{n+1}$ vom Radius ε. Dies ist eine komplexe Untermannigfaltigkeit von M. Aus Lemma 3.5 folgt, dass es ein $\eta_0 > 0$, $\eta_0 \ll \varepsilon$, gibt, so dass $f^{-1}(w)$ für $w \in \mathbb{C}$, $|w| \leq \eta_0$, die Sphäre S_ε transversal schneidet. Es sei $\Delta := \{w \in \mathbb{C} \mid |w| < \eta_0\}$. Dann erfüllt $f : M \to \mathbb{C}$ mit X, Δ die Voraussetzungen (1)–(3) von §5.1, wobei 0 der einzige kritische Punkt von f auf $\bar{X} \cap f^{-1}(\bar{\Delta})$ ist.

Definition Die Faserung

$$f|_{\bar{X} \cap f^{-1}(\bar{\Delta} \setminus \{0\})} : \bar{X} \cap f^{-1}(\bar{\Delta} \setminus \{0\}) \longrightarrow \bar{\Delta} \setminus \{0\},$$

die nach §5.1 existiert, heißt die *Milnorfaserung* von f. Die Faser

$$\bar{X}_w = f^{-1}(w) \cap \bar{X}$$

über $w \in \bar{\Delta} \setminus \{0\}$ heißt die *Milnorfaser* von f (über w). Sie ist eine $2n$-dimensionale differenzierbare Mannigfaltigkeit mit Rand und ist bis auf Diffeomorphie eindeutig bestimmt.

Es sei $\omega_0 : [0, 1] \to \bar{\Delta}$ die Schleife mit Anfangs- und Endpunkt η_0, die in positiver Richtung, also gegen den Uhrzeigersinn, um den kritischen Wert 0 herumläuft, d.h.

$$\omega_0(t) = \eta_0 e^{2\pi i t} \text{ für } t \in [0, 1].$$

Die Klasse $[\omega_0] \in \pi_1(\bar{\Delta} \setminus \{0\}, \eta_0)$ erzeugt die Fundamentalgruppe des Komplements der Menge der kritischen Werte in $\bar{\Delta}$.

Definition Die *klassische geometrische Monodromie* der Singularität f ist die geometrische Monodromie $h = h_{\omega_0} : \bar{X}_{\eta_0} \to \bar{X}_{\eta_0}$ der Schleife ω_0. Die *klassische Monodromie* (oder der *klassische Monodromieoperator*) der Singularität f ist die Monodromie $h_* = h_{\omega_0 *} : H_n(\bar{X}_{\eta_0}) \to H_n(\bar{X}_{\eta_0})$ zu ω_0. Die *Variation* der Singularität f ist die Variation $\mathrm{Var}_f = \mathrm{var}_{\omega_0} : H_n(\bar{X}_{\eta_0}, \partial \bar{X}_{\eta_0}) \to H_n(\bar{X}_{\eta_0})$ zur Schleife ω_0.

Wir wollen nun die Homologiegruppe $H_n(\bar{X}_{\eta_0})$ berechnen. Wir setzen

$$\bar{\mathcal{X}} = \bar{B}_\varepsilon \cap f^{-1}(\bar{\Delta}_{\eta_0}).$$

Wir zeigen zunächst:

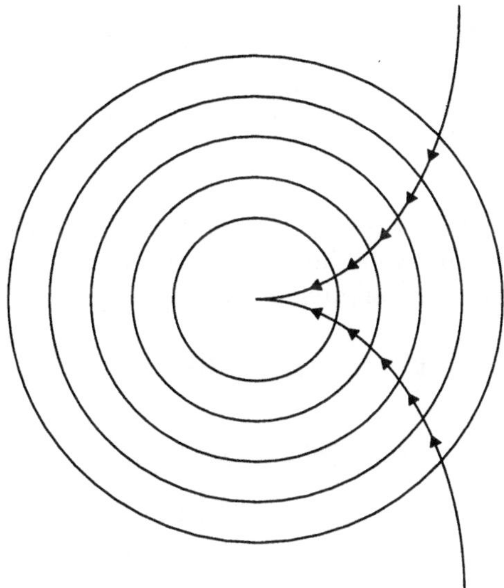

Bild 5.9: Das Vektorfeld auf $\bar{X}_0 \setminus \{0\}$

Satz 5.4 *Der topologische Raum $\bar{\mathcal{X}}$ ist zusammenziehbar.*

Beweis. Der Beweis verläuft in zwei Schritten.

a) Wir zeigen zunächst, dass die Faser $\bar{X}_0 = \bar{B}_\varepsilon \cap f^{-1}(0)$ zusammenziehbar ist. Die punktierte Faser $\bar{X}_0 \setminus \{0\}$ ist eine differenzierbare Mannigfaltigkeit. Nach Lemma 3.5 schneiden die Sphären S_ρ vom Radius ρ mit $0 < \rho \leq \varepsilon$ um $0 \in \mathbb{C}^{n+1}$ die Faser $\bar{X}_0$ transversal. Also sind die Durchschnitte $\bar{X}_0 \cap S_\rho$ differenzierbare Untermannigfaltigkeiten von $\bar{X}_0 \setminus \{0\}$. Wir betrachten auf $\bar{X}_0 \setminus \{0\}$ ein Vektorfeld, das überall senkrecht zu den differenzierbaren Untermannigfaltigkeiten $\bar{X}_0 \cap S_\rho$ steht und nach innen zum Nullpunkt gerichtet ist (vgl. Bild 5.9). Mit Hilfe der zugehörigen einparametrigen Gruppe von Diffeomorphismen lässt sich eine Kontraktion $g : \bar{X}_0 \to \{0\}$ definieren. Man kann auf diese Weise auch zeigen, dass $\bar{X}_0$ homöomorph zu einem Kegel über der differenzierbaren Mannigfaltigkeit $f^{-1}(0) \cap S_\varepsilon$ ist.

b) Wir zeigen nun, dass $\bar{X}_0$ ein Deformationsretrakt von $\bar{\mathcal{X}}$ ist.

Es sei $\varepsilon = \varepsilon_0 > \varepsilon_1 > \varepsilon_2 > \ldots > 0$ eine streng monoton fallende Nullfolge. Dazu existiert eine Folge $\eta_0 > \eta_1 > \eta_2 > \ldots > 0$, so dass $f^{-1}(w)$ für $|w| \leq \eta_i$ die Sphäre S_{ε_i} vom Radius ε_i um $0 \in \mathbb{C}^{n+1}$ transversal schneidet. Dann ist für jedes i

$$f|_{E_i} : E_i = f^{-1}(\bar{\Delta}_{\eta_i}) \cap (\bar{B}_\varepsilon \setminus B_{\varepsilon_i}) \longrightarrow \bar{\Delta}_{\eta_i}$$

die Projektion eines trivialen differenzierbaren Faserbündels. Die Trivialisierungen dieses Faserbündels seien so gewählt, dass sie auf den Durchschnitten

$$E_i \cap E_{i-1} = f^{-1}(\bar{\Delta}_{\eta_i}) \cap (\bar{B}_\varepsilon \setminus B_{\varepsilon_{i-1}})$$

übereinstimmen.

Wir betrachten nun die Homotopie

$$\begin{array}{rcl} g: \quad \bar{\Delta}_{\eta_0} \times I & \longrightarrow & \bar{\Delta}_{\eta_0} \\ (w,t) & \longmapsto & \begin{cases} \eta_0 t \cdot \frac{w}{|w|} & \text{für } |w| \geq \eta_0 t, \\ w & \text{für } |w| \leq \eta_0 t. \end{cases} \end{array}$$

Die Abbildung $g_t : \bar{\Delta}_{\eta_0} \to \bar{\Delta}_{\eta_0}$, $w \mapsto g(w,t)$, für $t \in (0,1]$, bildet $\bar{\Delta}_{\eta_0}$ auf $\bar{\Delta}_{\eta_0 t}$ ab und lässt $\bar{\Delta}_{\eta_0 t}$ punktweise fest. Die Abbildung g ist eine Homotopie zwischen der Identität g_1 auf $\bar{\Delta}_{\eta_0}$ und der konstanten Abbildung $g_0 : \bar{\Delta}_{\eta_0} \to \{0\}$.

Es sei

$$\bar{\mathcal{X}}' = f^{-1}(\bar{\Delta}_{\eta_0} \setminus \{0\}) \cap \bar{B}_\varepsilon.$$

Dann ist

$$f|_{\bar{\mathcal{X}}'} : \bar{\mathcal{X}}' \longrightarrow \bar{\Delta}_{\eta_0} \setminus \{0\}$$

die Projektion eines differenzierbaren Faserbündels. Nach dem Homotopieliftungssatz lässt sich g zu einer Homotopie

$$\hat{g} : \bar{\mathcal{X}}' \times (0,1] \longrightarrow \bar{\mathcal{X}}'$$

liften. Diese Homotopie kann in Übereinstimmung mit der Produktstruktur auf E_i für $t \leq \eta_i/\eta_0$ gewählt werden. Deswegen kann diese Homotopie zu einer Homotopie

$$\hat{g} : \bar{\mathcal{X}} \times [0,1] \longrightarrow \bar{\mathcal{X}}$$

zwischen $\hat{g}_1 = \mathrm{id}_{\bar{\mathcal{X}}}$ und $\hat{g}_0 : \bar{\mathcal{X}} \to \bar{\mathcal{X}}$ mit $\hat{g}_0(\bar{\mathcal{X}}) = \bar{X}_0 \subset \bar{\mathcal{X}}$ fortgesetzt werden (vgl. Bild 5.10). □

Es sei nun $F : M \times U \to \mathbb{C} \times U$ eine Morsifikation von f. Dann gibt es ein $\lambda_0 > 0$, so dass für alle $\lambda \in \mathbb{C}$ mit $|\lambda| \leq \lambda_0$ auch $\lambda \in U$ gilt, die Niveaufläche $f_\lambda^{-1}(w)$ für $|w| \leq \eta_0$ transversal zur Sphäre S_ε ist und die kritischen Werte von $f_\lambda|_{\bar{B}_\varepsilon}$ in Δ_{η_0} liegen. Wir setzen

$$U = \{\lambda \in \mathbb{C} \mid |\lambda| \leq \lambda_0\}.$$

Aus dem Ehresmann'schen Faserungssatz, angewandt auf die Einschränkung von $F : M \times U \to \mathbb{C} \times U$ auf das Komplement der kritischen Menge, folgt, dass $f_\lambda^{-1}(w) \cap \bar{X}$ diffeomorph zu $f^{-1}(w) \cap \bar{X}$ ist, falls $w \neq 0$ und w kein kritischer Wert von f_λ ist.

Es sei nun $\lambda \in U$, so dass f_λ eine Morsefunktion ist. Wir betrachten nun $f_\lambda : M \to \mathbb{C}$ anstelle von $f : M \to \mathbb{C}$. Die Funktion erfüllt die Voraussetzungen (1)–(3) von §5.1 und ist eine Morsefunktion, erfüllt also auch (4) von §5.2. Wir setzen

$$\bar{X}_w^{(\lambda)} = f_\lambda^{-1}(w) \cap \bar{X} \text{ für } w \in \bar{\Delta}_{\eta_0}.$$

Dann ist $\bar{X}_{\eta_0}^{(\lambda)}$ diffeomorph zur Milnorfaser $\bar{X}_{\eta_0}$. Die Funktion f_λ habe μ kritische Punkte $p_1, \ldots, p_\mu$ in $\bar{X}$ mit den zugehörigen verschiedenen kritischen Werten $s_1, \ldots, s_\mu \in \Delta_{\eta_0}$ (vgl. §3.8).

Satz 5.5 *Ein (stark) ausgezeichnetes System $(\delta_1, \ldots, \delta_\mu)$ von verschwindenden Zyklen bildet eine Basis von $H_n(\bar{X}_{\eta_0}^{(\lambda)}) \cong H_n(\bar{X}_{\eta_0})$. Es gilt $\tilde{H}_q(\bar{X}_{\eta_0}) = 0$ für $q \neq n$.*

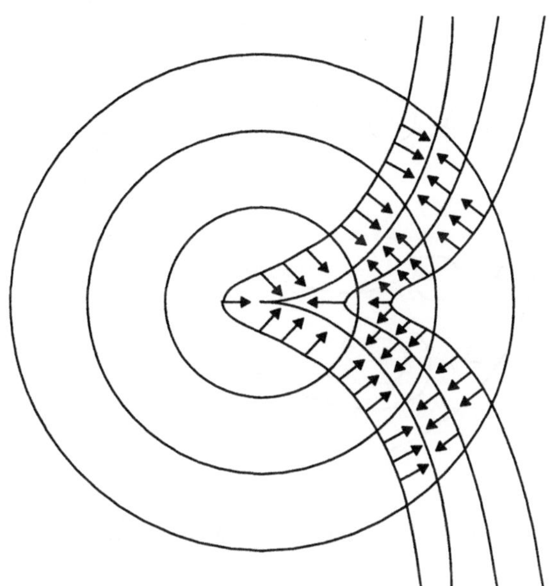

Bild 5.10: Die Homotopie $\hat{g}$

Beweis. Wir geben einen Beweis dieses Satzes, der auf E. Brieskorn zurückgeht (siehe [Bri70, Appendix]).

Es sei $\bar{B}_{\varepsilon_i}$ eine kleine abgeschlossene Kugel um p_i wie in §5.3, so dass sich f_λ in $\bar{B}_{\varepsilon_i}$ in der Form

$$f_\lambda(z) = f_\lambda(p_i) + z_1^2 + \ldots + z_{n+1}^2$$

für lokale Koordinaten $(z_1, \ldots, z_{n+1}$ in $\bar{B}_{\varepsilon_i}$ schreiben lässt. Dabei seien $\varepsilon_1, \ldots, \varepsilon_\mu$ so klein gewählt, dass die Kugeln $\bar{B}_{\varepsilon_i}$ disjunkt zueinander sind.

Es sei $(\gamma_1, \ldots, \gamma_\mu)$ ein (stark) ausgezeichnetes System von Wegen, die von den Punkten $s_1, \ldots, s_\mu$ nach η_0 führen, so dass δ_i ein längs γ_i verschwindender Zyklus ist. Indem wir $\gamma_1, \ldots, \gamma_\mu$ eventuell durch homotope Wege ersetzen, können wir annehmen, dass es zu jedem s_i ein $\eta_i > 0$ mit $\eta_i \ll \eta_0$ gibt, so dass $\gamma_i(t) = s_i + t$ für alle $t \leq \eta_i$ gilt. Wir nehmen an, dass η_i so klein gewählt ist, dass $\bar{\Delta}_{\eta_i} \subset f_\lambda(\bar{B}_{\varepsilon_i})$ und alle Kreisscheiben $\bar{\Delta}_{\eta_i}$ disjunkt zueinander sind (vgl. Bild 5.11).

Wir setzen

$$V := \bigcup_{i=1}^{\mu} \gamma_i([0,1]),$$

$$W := \bigcup_{i=1}^{\mu} \gamma_i([\eta_i, 1]).$$

Dann ist V ein Deformationsretrakt von $\bar{\Delta}_{\eta_0}$ und $\{\eta_0\}$ ein Deformationsretrakt von W (vgl. Bild 5.12).

Es sei

$$\bar{\mathcal{X}}^{(\lambda)} = \bar{B}_\varepsilon \cap f_\lambda^{-1}(\bar{\Delta}_{\eta_0}).$$

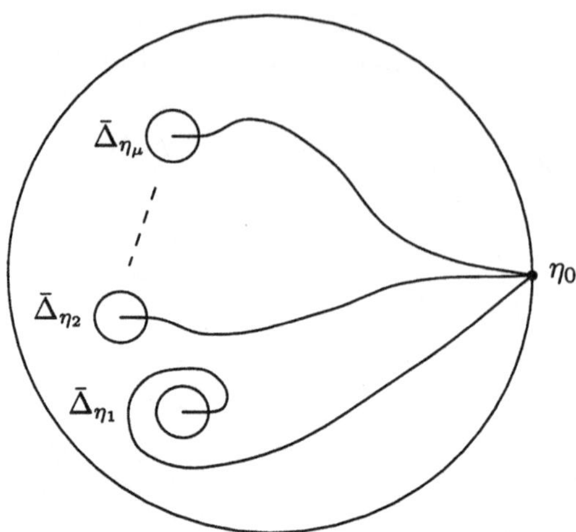

Bild 5.11: Die Kreisscheiben $\bar{\Delta}_{\eta_i}$

Der Raum $\bar{\mathcal{X}}^{(\lambda)}$ ist (für genügend kleines λ) als differenzierbare Mannigfaltigkeit mit stückweise differenzierbarem Rand diffeomorph zu $\bar{\mathcal{X}}$. Nach Satz 5.4 ist $\bar{\mathcal{X}}$ zusammenziehbar. Also ist auch $\bar{\mathcal{X}}^{(\lambda)}$ zusammenziehbar. Zur Vereinfachung der Notation lassen wir im Folgenden den Index λ weg. Wir setzen

$$\begin{aligned} \bar{\mathcal{X}}_V &:= \bar{\mathcal{X}}^{(\lambda)} \cap f_\lambda^{-1}(V), \\ \bar{\mathcal{X}}_W &:= \bar{\mathcal{X}}^{(\lambda)} \cap f_\lambda^{-1}(W). \end{aligned}$$

Wie im Beweis von Satz 5.4 lässt sich zeigen, dass die Deformationsretraktionen von $\bar{\Delta}_{\eta_0}$ auf V und von W auf $\{\eta_0\}$ geliftet werden können: $\bar{\mathcal{X}}_V$ ist ein Deformationsretrakt von $\bar{\mathcal{X}}$, $\bar{X}_{\eta_0}^{(\lambda)}$ ist ein Deformationsretrakt von $\bar{\mathcal{X}}_W$.

Wir betrachten nun (vgl. Bild 5.13)

$$\begin{aligned} Y_i &:= f_\lambda^{-1}([s_i, s_i + \eta_i]) \cap B_{\varepsilon_i}, \\ \bar{Y}_i &:= f_\lambda^{-1}([s_i, s_i + \eta_i]) \cap \bar{B}_{\varepsilon_i}, \\ \bar{X}_i &:= f_\lambda^{-1}([s_i, s_i + \eta_i]) \cap \bar{B}_{\varepsilon}, \\ \bar{Y}_{s_i+\eta_i} &:= f_\lambda^{-1}(s_i + \eta_i) \cap \bar{B}_{\varepsilon_i}. \end{aligned}$$

Da die Abbildung

$$f|_{\bar{X}_i - Y_i} : \bar{X}_i - Y_i \longrightarrow [s_i, s_i + \eta_i]$$

die Projektion eines trivialen differenzierbaren Faserbündels ist, ist $\bar{X}_{s_i+\eta_i}^{(\lambda)} \cup \bar{Y}_i$ ein Deformationsretrakt von $\bar{X}_i$. Es sei e_i die Teilmenge von $\bar{Y}_i$, die in §5.3 betrachtet wurde ($e_i = e$ in der dortigen Notation) und die homöomorph zu einer $(n+1)$-Zelle ist. Nach Lemma 5.4 ist $\bar{Y}_{s_i+\eta_i} \cup e$ ein Deformationsretrakt von $\bar{Y}_i$. Also ist $\bar{X}_{s_i+\eta_i}^{(\lambda)} \cup e_i$ ein Deformationsretrakt von $\bar{X}_i$.

Insgesamt erhalten wir, dass $\bar{\mathcal{X}}$ einen topologischen Raum als Deformationsretrakt hat, der aus $\bar{X}_{\eta_0}^{(\lambda)}$ dadurch entsteht, dass man für jedes $i = 1, \dots, \mu$ an den verschwindenden Zyklus $S_i(1) \subset \bar{X}_{\eta_0}^{(\lambda)}$ mit $[S_i(1)] = \delta_i$ eine $(n+1)$-Zelle anheftet.

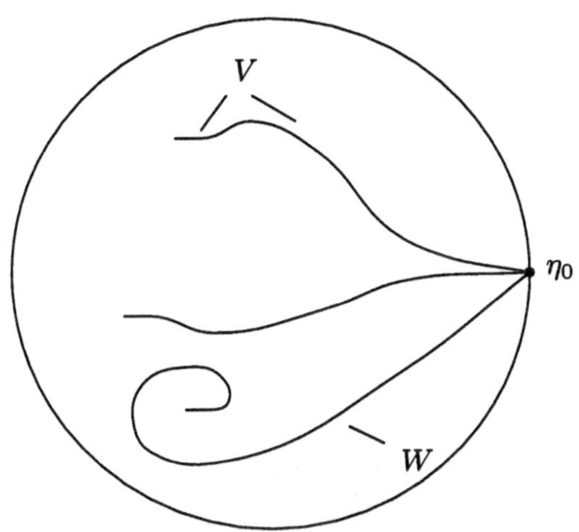

Bild 5.12: Die Mengen V und W

Wir betrachten nun die exakte Homologiesequenz des Paares $(\bar{\mathcal{X}}_V, \bar{\mathcal{X}}_W)$:

$$\ldots \to \tilde{H}_{q+1}(\bar{\mathcal{X}}_V) \to H_{q+1}(\bar{\mathcal{X}}_V, \bar{\mathcal{X}}_W) \to \tilde{H}_q(\bar{\mathcal{X}}_W) \to H_q(\bar{\mathcal{X}}_V) \to \ldots$$

Da $\bar{\mathcal{X}}_V$ ein Deformationsretrakt von $\bar{\mathcal{X}}$ und $\bar{\mathcal{X}}$ zusammenziehbar ist, gilt

$$\tilde{H}_q(\bar{\mathcal{X}}_V) = 0 \text{ für alle } q.$$

Da $\bar{X}^{(\lambda)}_{\eta_0}$ ein Deformationsretrakt von $\bar{\mathcal{X}}_W$ ist, folgt

$$\tilde{H}_q(\bar{\mathcal{X}}_W) = \tilde{H}_q(\bar{X}^{(\lambda)}_{\eta_0}) \text{ für alle } q.$$

Da $\bar{\mathcal{X}}^{(\lambda)}$ aus $\bar{X}^{(\lambda)}_{\eta_0}$ durch Anheften von μ $(n+1)$-Zellen entsteht, gilt

$$\begin{aligned} H_{q+1}(\bar{\mathcal{X}}_V, \bar{\mathcal{X}}_W) &= H_{q+1}\left(\bar{X}^{(\lambda)}_{\eta_0} \cup \bigcup_{i=1}^{\mu} e_i, \bar{X}^{(\lambda)}_{\eta_0}\right) \\ &\overset{(*)}{\cong} H_{q+1}\left(\bigcup_{i=1}^{\mu} e_i, \bigcup_{i=1}^{\mu} \partial e_i\right) \\ &= \bigoplus_{i=1}^{\mu} H_{q+1}(e_i, \partial e_i). \end{aligned}$$

Die Gleichung $(*)$ folgt dabei aus Theorem 4.4. Es gilt ferner

$$H_{q+1}(e_i, \partial e_i) = \begin{cases} \mathbb{Z} & \text{für } q = n, \\ 0 & \text{sonst.} \end{cases}$$

Aus der Exaktheit der Homologiesequenz des Paares $(\bar{\mathcal{X}}_V, \bar{\mathcal{X}}_W)$ erhalten wir damit

$$\begin{aligned} \tilde{H}_q(\bar{X}^{(\lambda)}_{\eta_0}) &\cong H_{q+1}(\bar{\mathcal{X}}_V, \bar{\mathcal{X}}_W) \\ &= \begin{cases} 0 & \text{für } q \neq n \\ \mathbb{Z}^{\mu} & \text{für } q = n. \end{cases} \end{aligned}$$

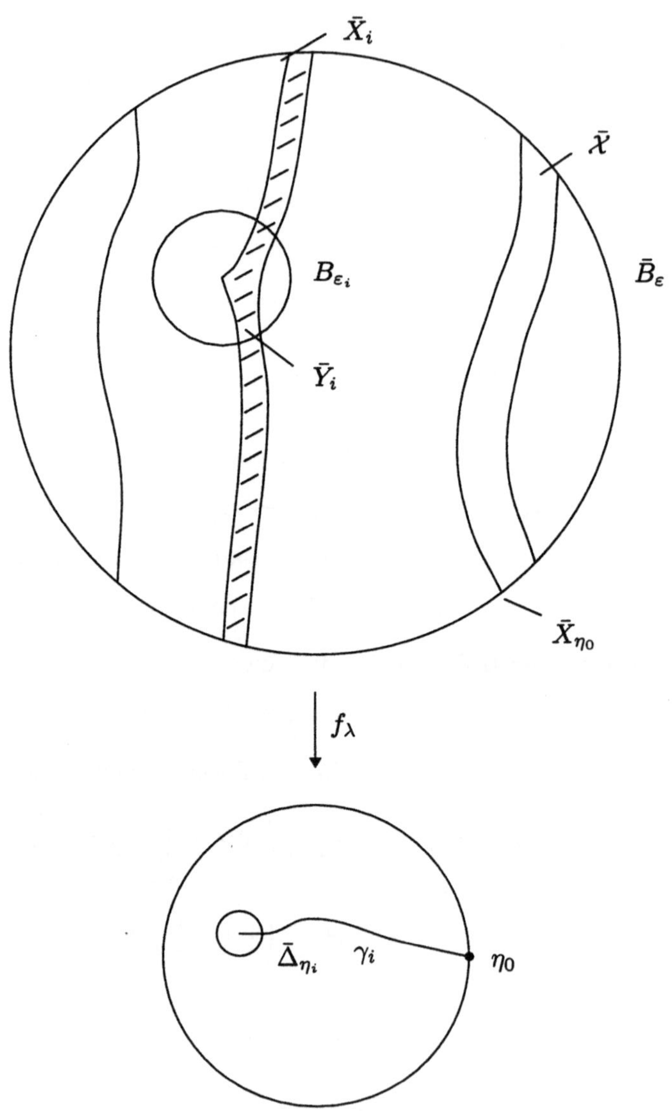

Bild 5.13: Die Mengen $\bar{X}_i$ und $\bar{Y}_i$

Bild 5.14: $S^1 \vee S^1 \vee S^1 \vee S^1$

Die Abbildung

$$\partial_* : H_{n+1}(\bar{\mathcal{X}}_V, \bar{\mathcal{X}}_W) \longrightarrow H_n(\bar{\mathcal{X}}_W)$$

bildet obendrein die Erzeugenden $[e_i] \in H_{n+1}(\bar{\mathcal{X}}_V, \bar{\mathcal{X}}_W)$ in die verschwindenden Zyklen $\delta_i = [\partial e_i] \in H_n(\bar{\mathcal{X}}_W) \cong H_n(\bar{X}_{\eta_0}^{(\lambda)})$ ab. Daraus folgt die Behauptung. □

Bemerkung 5.2 Für einen topologischen Raum X sind nach §4.9 auch höhere Homotopiegruppen $\pi_q(X)$ definiert und jedes Paar (X, A) besitzt auch eine exakte Homotopiesequenz. Indem man im obigen Beweis anstelle der Homologiesequenz die Homotopiesequenz des Paares $(\bar{\mathcal{X}}_V, \bar{\mathcal{X}}_W)$ betrachtet, kann man zeigen, dass die Faser $\bar{X}_{\eta_0}^{(\lambda)}$ für $n \geq 2$ einfach zusammenhängend ist.

In dem Beweis von Satz 5.5 wurde der Homotopietyp der Milnorfaser $\bar{X}_{\eta_0}$ bestimmt.

Definition Es seien X, Y topologische Räume. X und Y heißen *homotopieäquivalent* (in Zeichen $X \sim Y$), wenn es stetige Abbildungen $f : X \to Y$ und $g : Y \to X$ gibt mit $fg \sim \mathrm{id}_Y$ und $gf \sim \mathrm{id}_X$.

Definition Es seien $S_1^n, \ldots, S_\mu^n$ μ disjunkte Kopien der n-Sphäre, $p_i \in S_i^n$, $i = 1, \ldots, \mu$. Der Quotientenraum der topologischen Summe $S_1^n \cup \ldots \cup S_\mu^n$ nach der Äquivalenzrelation

$$p_i \sim p_j \text{ für } 1 \leq i, j \leq \mu,$$
$$x \sim x \text{ für alle } x \in S_i^n,\ i = 1, \ldots, \mu,$$

heißt ein *Bouquet von n-Sphären* und wird mit

$$\underbrace{S^n \vee \ldots \vee S^n}_{\mu}$$

bezeichnet.

Beispiel 5.1 $n = 1$: Ein 1-Bouquet von 1-Sphären ist in Bild 5.14 dargestellt.

Der Beweis von Satz 5.5 ergibt auch den folgenden Satz

Theorem 5.2 (Milnor) *Die Milnorfaser $\bar{X}_{\eta_0}$ von f ist homotopieäquivalent zu einem Bouquet von μ n-dimensionalen reellen Sphären,*

$$\bar{X}_{\eta_0} \sim \underbrace{S^n \vee \ldots \vee S^n}_{\mu}$$

Wir zeigen nun, dass auch schon ein schwach ausgezeichnetes System von verschwindenden Zyklen eine Basis von $H_n(\bar{X}_{\eta_0}^{(\lambda)})$ bildet.

Satz 5.6 *Ein schwach ausgezeichnetes System* $(\delta_1, \ldots, \delta_\mu)$ *von verschwindenden Zyklen bildet eine Basis von* $H_n(\bar{X}_{\eta_0}^{(\lambda)}) \cong H_n(\bar{X}_{\eta_0})$.

Beweis. Es sei $(\delta_1, \ldots, \delta_\mu)$ ein schwach ausgezeichnetes System von verschwindenden Zyklen in $H_n(\bar{X}_{\eta_0}^{(\lambda)})$. Da $H_n(\bar{X}_{\eta_0}^{(\lambda)})$ nach Satz 5.5 eine Basis aus μ verschwindenden Zyklen besitzt, reicht es zu zeigen, dass jeder verschwindende Zyklus δ eine ganzzahlige Linearkombination von $\delta_1, \ldots, \delta_\mu$ ist.

Es sei $(\gamma_1, \ldots, \gamma_\mu)$ ein schwach ausgezeichnetes System von Wegen von den Punkten $s_1, \ldots, s_\mu$ nach η_0, so dass δ_i ein längs γ_i verschwindender Zyklus ist. Es sei ω_i die zugehörige einfache Schleife zu γ_i, $i = 1, \ldots, \mu$. Wir setzen wieder $\Delta' = \bar{\Delta}_{\eta_0} \setminus \{s_1, \ldots, s_\mu\}$. Dann ist die Fundamentalgruppe $\pi_1(\Delta', \eta_0)$ die freie Gruppe mit den Erzeugenden $(\omega_1, \ldots, \omega_\mu)$.

Es sei δ ein verschwindender Zyklus von $H_n(\bar{X}_{\eta_0}^{(\lambda)})$, der längs eines Weges γ von s_j nach η_0 verschwindet. Da wir γ durch einen homotopen Weg ersetzen können, können wir o.B.d.A. annehmen, dass es ein $\theta > 0$ gibt mit $\gamma|_{[0,\theta]} = \gamma_j|_{[0,\theta]}$. Wir betrachten nun die Schleife (vgl. Bild 5.15)

$$\omega = \gamma_j^{-1}|_{[\theta,1]}\gamma|_{[\theta,1]}.$$

Wir fassen ω als Element von $\pi_1(\Delta', \eta_0)$ auf. Es gilt $\delta = \pm h_{\omega *}(\delta_j)$, wobei das Vorzeichen von der Orientierung von δ und δ_j abhängt. Nun kann ω nach Voraussetzung durch $\omega_1, \omega_1^{-1}, \ldots, \omega_\mu, \omega_\mu^{-1}$ ausgedrückt werden, d.h.

$$\omega = \omega_{i_1}^{\varepsilon_1}\omega_{i_2}^{\varepsilon_2}\cdots\omega_{i_r}^{\varepsilon_r}, \ \varepsilon_i \in \{\pm 1\}, \ i_j \in \{1, \ldots, \mu\}.$$

Dann gilt

$$h_{\omega *} = h_{\omega_{i_r} *}^{\varepsilon_r} h_{\omega_{i_{r-1}} *}^{\varepsilon_{r-1}} \cdots h_{\omega_{i_1} *}^{\varepsilon_1}.$$

Aus den Picard-Lefschetz-Formeln (Korollar 5.2) folgt nun, dass $\delta = \pm h_{\omega *}(\delta_j)$ eine ganzzahlige Linearkombination von $\delta_1, \ldots, \delta_\mu$ ist. □

Satz 5.5 besagt, dass $H_n(\bar{X}_{\eta_0})$ eine freie abelsche Gruppe vom Rang μ ist. Sie ist mit einer ganzzahligen Bilinearform, der Schnittform $\langle\ ,\ \rangle : H_n(\bar{X}_{\eta_0}) \times H_n(\bar{X}_{\eta_0}) \to \mathbb{Z}$, versehen.

Definition Ein Paar $(L, \langle\ ,\ \rangle)$, das aus einer freien abelschen Gruppe von endlichem Rang und einer Bilinearform $\langle\ ,\ \rangle : L \times L \to \mathbb{Z}$ mit Werten in $\mathbb{Z}$ besteht, heißt ein *Gitter*. Ist $\langle\ ,\ \rangle$ symmetrisch oder schiefsymmetrisch, so nennt man das Gitter *symmetrisch* oder *schiefsymmetrisch*. Ist $(L, \langle\ ,\ \rangle)$ ein symmetrisches Gitter und gilt $\langle v, v\rangle \in 2\mathbb{Z}$ für alle $v \in L$, so heißt das Gitter $(L, \langle\ ,\ \rangle)$ *gerade*.

Definition Es sei $L = H_n(\bar{X}_{\eta_0})$, $\langle\ ,\ \rangle$ die Schnittform auf L. Das Paar $(L, \langle\ ,\ \rangle)$ heißt das *Milnorgitter* der Singularität f.

Das Milnorgitter ist symmetrisch und gerade für n gerade und schiefsymmetrisch für n ungerade.

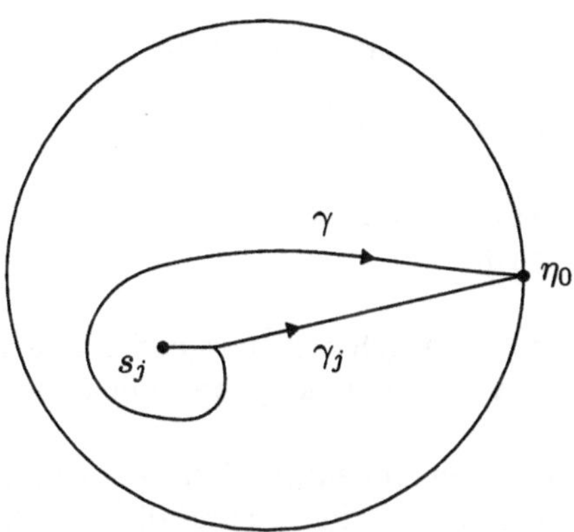

Bild 5.15: Die Schleife ω

5.5 Schnittmatrix und Coxeter-Dynkin-Diagramm

Wir behalten die Voraussetzungen und Bezeichnungen des vorherigen Abschnitts bei. Wir haben gesehen, dass die Milnorfaser $\bar{X}_{\eta_0}$ diffeomorph zu der entsprechenden Faser $\bar{X}_{\eta_0}^{(\lambda)}$ einer Morsifikation f_λ von f ist. Deswegen können wir die folgende Definition treffen.

Definition Ein *verschwindender Zyklus* $\delta \in H_n(\bar{X}_{\eta_0})$ ist das Bild eines verschwindenden Zyklus in $H_n(\bar{X}_{\eta_0}^{(\lambda)})$ unter dem Isomorphismus $H_n(\bar{X}_{\eta_0}^{(\lambda)}) \cong H_n(\bar{X}_{\eta_0})$.

Definition Eine Basis $(\delta_1, \dots, \delta_\mu)$ von $H_n(\bar{X}_{\eta_0})$ heißt *stark* (bzw. *schwach*) *ausgezeichnet* , wenn $(\delta_1, \dots, \delta_\mu)$ ein stark (bzw. schwach) ausgezeichnetes System von verschwindenden Zyklen ist.

Nach Satz 5.5 und Satz 5.6 bildet jedes stark oder schwach ausgezeichnete System von verschwindenden Zyklen eine Basis.

Bemerkung 5.3 Die Begriffe „ausgezeichnet“ und „schwach ausgezeichnet“ stammen von A.M. Gabrielov. Um die beiden Begriffe besser unterscheiden zu können, sagen wir, einem Vorschlag von E. Brieskorn folgend, auch oft „stark ausgezeichnet“ statt „ausgezeichnet“. Für eine stark ausgezeichnete Basis ist auch der Begriff „geometrische Basis“ gebräuchlich.

Definition Die *Monodromiegruppe* Γ der Singularität f ist die Monodromiegruppe der Morsefunktion f_λ einer Morsifikation von f.

Wir werden später zeigen, dass die Menge der verschwindenden Zyklen und die Monodromiegruppe einer Singularität nicht von der gewählten Morsifikation abhängen.

Definition Es sei $(\delta_1, \dots, \delta_\mu)$ eine schwach ausgezeichnete Basis von $H_n(\bar{X}_{\eta_0})$. Die Matrix

$$(\langle \delta_i, \delta_j \rangle)_{j=1,\dots,\mu}^{i=1,\dots,\mu}$$

heißt die *Schnittmatrix* von f bezüglich $(\delta_1, \dots, \delta_\mu)$.

Nach Satz 5.3 gilt für die Diagonaleinträge der Schnittmatrix

$$\langle \delta_i, \delta_i \rangle = (-1)^{\frac{n(n-1)}{2}} (1 + (-1)^n) \text{ für alle } i.$$

Es ist üblich, die Schnittmatrix durch einen Graphen darzustellen, der Coxeter-Dynkin-Diagramm genannt wird.

Definition Es sei $(\delta_1, \dots, \delta_\mu)$ eine schwach ausgezeichnete Basis von $H_n(\bar{X}_{\eta_0})$. Das *Coxeter-Dynkin-Diagramm* der Singularität f bezüglich $(\delta_1, \dots, \delta_\mu)$ ist der wie folgt definierte Graph D:

(i) Die Ecken von D stehen in eineindeutiger Beziehung zu den Elementen $\delta_1, \dots, \delta_\mu$.

(ii) Für $i < j$ mit $\langle \delta_i, \delta_j \rangle \neq 0$ werden die i-te und die j-te Ecke durch $|\langle \delta_i, \delta_j \rangle|$ Kanten verbunden, die mit dem Vorzeichen $+1$ oder -1 von $\langle \delta_i, \delta_j \rangle \in \mathbb{Z}$ gewichtet sind. Das Gewicht

$$\varepsilon = \begin{cases} (-1)^{\frac{n}{2}} & \text{für } n \text{ gerade,} \\ (-1)^{\frac{n+1}{2}} & \text{für } n \text{ ungerade,} \end{cases}$$

deuten wir durch eine gestrichelte Kante an, das Gewicht $-\varepsilon$ durch eine durchgezogene Kante.

Beispiel 5.2

$$\langle \delta_i, \delta_j \rangle = -\varepsilon \iff \overset{\bullet\!\!-\!\!-\!\!-\!\!\bullet}{i \quad\; j}$$

$$\langle \delta_i, \delta_j \rangle = 2\varepsilon \iff \overset{\bullet = = = \bullet}{i \quad\; j}$$

Die Schnittmatrix bzw. das Coxeter-Dynkin-Diagramm bestimmt das Milnorgitter der Singularität f. Sie bestimmt auch die Monodromiegruppe von f: Nach §5.2 wird die Monodromiegruppe von den Picard-Lefschetz-Transformationen h_i zu den Wegen γ_i eines schwach ausgezeichneten Systems von Wegen erzeugt. Nach Korollar 5.2 sehen die Bilder unter h_i der Basiselemente der zugehörigen schwach ausgezeichneten Basis $(\delta_1, \dots, \delta_\mu)$ wie folgt aus:

$$h_i(\delta_j) = \delta_j - (-1)^{\frac{n(n-1)}{2}} \langle \delta_j, \delta_i \rangle \delta_i.$$

Also bestimmt die Schnittmatrix die Operation h_i und damit die Monodromiegruppe.

Die Schnittmatrix bzw. das Coxeter-Dynkin-Diagramm bezüglich einer stark ausgezeichneten Basis bestimmt auch den klassischen Monodromieoperator und damit auch die Variation der Singularität f. Ist nämlich $(\delta_1, \dots, \delta_\mu)$ eine stark ausgezeichnete Basis, so ist der klassische Monodromieoperator h_* gleich dem Produkt $h_1 \cdots h_\mu$ der zugehörigen Picard-Lefschetz-Transformationen. Denn die Schleife ω zu h_* ist homotop zu der Zusammensetzung $\omega_\mu \omega_{\mu-1} \cdots \omega_1$ der einfachen Schleifen zu $h_\mu, h_{\mu-1}, \dots, h_1$ (vgl. Bild 5.16).

Beispiel 5.3 Wir wollen nun ein Beispiel studieren. Wir betrachten die Funktion $f : \mathbb{C}^2 \to \mathbb{C}$ mit $f(z, y) = z^3 + y^2$.

Als Morsifikation können wir

$$f_\lambda(z, y) = z^3 - 3\lambda z + y^2 \text{ für } \lambda > 0 \text{ klein}$$

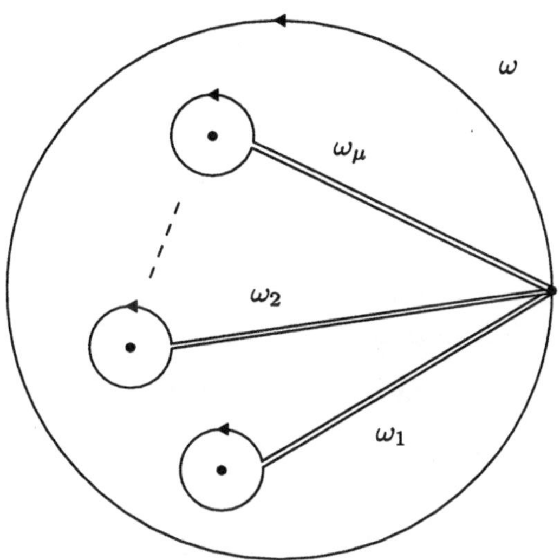

Bild 5.16: ω ist homotop zu $\omega_\mu \omega_{\mu-1} \cdots \omega_1$

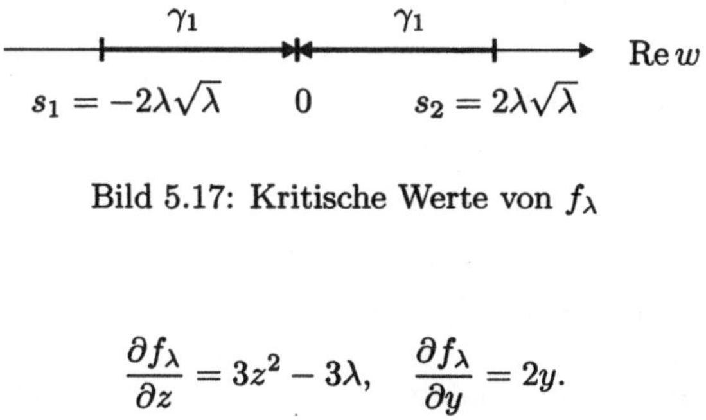

γ_1 γ_1 Re w

$s_1 = -2\lambda\sqrt{\lambda}$ 0 $s_2 = 2\lambda\sqrt{\lambda}$

Bild 5.17: Kritische Werte von f_λ

wählen. Es gilt

$$\frac{\partial f_\lambda}{\partial z} = 3z^2 - 3\lambda, \quad \frac{\partial f_\lambda}{\partial y} = 2y.$$

Daher hat f_λ die kritischen Punkte $p_1 = (\sqrt{\lambda}, 0)$ und $p_2 = (-\sqrt{\lambda}, 0)$ mit den kritischen Werten $s_1 = -2\lambda\sqrt{\lambda}$ und $s_2 = 2\lambda\sqrt{\lambda}$. Als nicht kritischen Wert wählen wir $s = 0$. Wir verbinden s_1 und s_2 mit $s = 0$ durch Strecken auf der reellen w-Achse (vgl. Bild 5.17).

Die Milnorfaser $\bar{X}_0^{(\lambda)}$ ist eine Teilmenge der Nullstellenmenge der Funktion f_λ. Dies ist die Riemann'sche Fläche zu der mehrdeutigen Funktion

$$y = \pm\sqrt{-z^3 + 3\lambda z}$$

der komplexen Variablen z. Diese Riemann'sche Fläche ist eine zweifache Überlagerung der komplexen Ebene mit der Koordinate z, die über den Punkten $a_1 = -\sqrt{3\lambda}$, $a_2 = 0$, $a_3 = \sqrt{3\lambda}$ verzweigt ist. Man erhält sie aus zwei Kopien der komplexen Ebene mit Schnitten von a_1 nach a_2 und von a_3 nach ∞ durch kreuzweises Aneinanderkleben der Ufer (vgl. Bild 5.18). Die Niveaufläche $f^{-1}(w)$ zu $w \in \mathbb{R}$, $w \neq \pm 2\lambda\sqrt{\lambda}$, ist die Riemann'sche Fläche der Funktion

$$y = \pm\sqrt{-z^3 + 3\lambda z + w}.$$

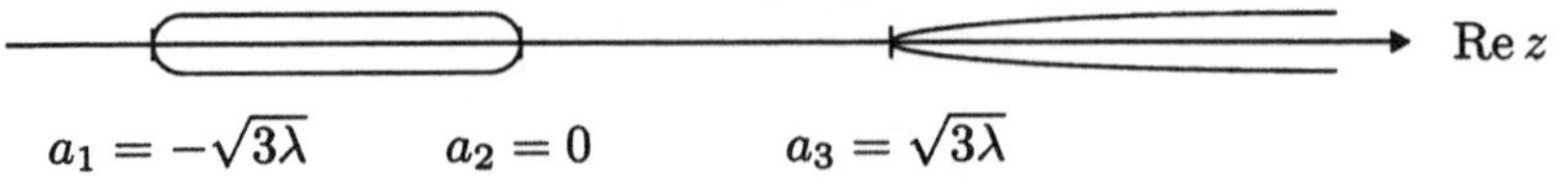

Re z

$a_1 = -\sqrt{3\lambda}$ $a_2 = 0$ $a_3 = \sqrt{3\lambda}$

Bild 5.18: Riemann'sche Fläche zu $y = \pm(-z^3 + 3\lambda z)^{1/2}$

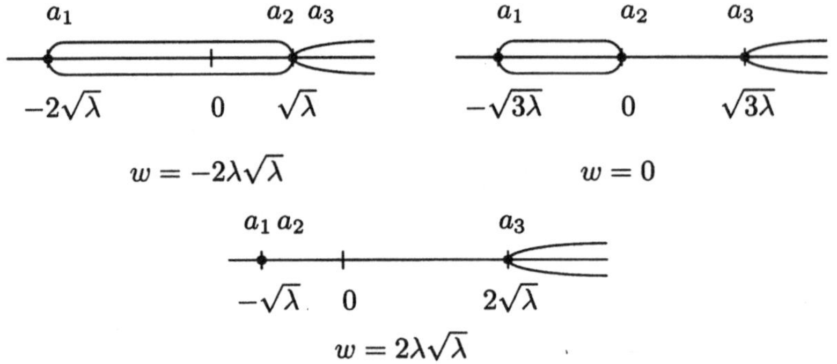

Bild 5.19: Riemann'sche Fläche zu $y = \pm(-z^3 + 3\lambda z + w)^{1/2}$ für $w = -2\lambda\lambda^{1/2}, 0, 2\lambda\lambda^{1/2}$

Sie ist ebenfalls eine über drei Punkten $a_1(w), a_2(w), a_3(w) \in \mathbb{R}$ verzweigte zweifache Überlagerung von $\mathbb{C}$. Für $w = \pm 2\lambda\sqrt{\lambda}$ gilt

$$y = \pm\sqrt{(z \pm \sqrt{\lambda})^2(z \mp 2\sqrt{\lambda})},$$

und die entsprechende affine Kurve hat einen singulären Punkt.

Lassen wir nun w von $s_1 = -2\lambda\sqrt{\lambda}$ entlang der reellen Achse nach $s_2 = 2\lambda\sqrt{\lambda}$ laufen, so bewegen sich die Verzweigungspunkte $a_1(w), a_2(w), a_3(w)$ wie in Bild 5.19 dargestellt. Die entsprechenden Fasern $\bar{X}_w^{(\lambda)}$ sind in Bild 5.20 dargestellt. Derartige Bilder sind schon in einer Arbeit von Felix Klein [Kle73] zu finden.

Es ist demnach klar, was die entsprechenden verschwindenden Zyklen sind: Es sind die eingezeichneten Zyklen δ_1, δ_2 mit einer geeigneten Orientierung. Gehen wir mit γ_1^{-1} von 0 nach s_1, so zieht sich δ_1 auf einen Punkt zusammen. Gehen wir entsprechend mit γ_2^{-1} von 0 nach s_2, so zieht sich δ_2 auf einen Punkt zusammen.

Wir orientieren δ_1 und δ_2 so, dass $\langle \delta_1, \delta_2 \rangle = 1$. Dann ist (δ_1, δ_2) eine stark ausgezeichnete Basis der Singularität f mit der Schnittmatrix

$$\begin{pmatrix} 0 & 1 \\ -1 & 0 \end{pmatrix}$$

und dem in Bild 5.21 dargestellten Coxeter-Dynkin-Diagramm. Dies ist ein Diagramm vom Typ A_2 (vgl. 3.11).

Übungsaufgabe 5.1 Man berechne die Picard-Lefschetz-Transformationen h_1, h_2 bei diesem Beispiel und verifiziere die Picard-Lefschetz-Formeln.

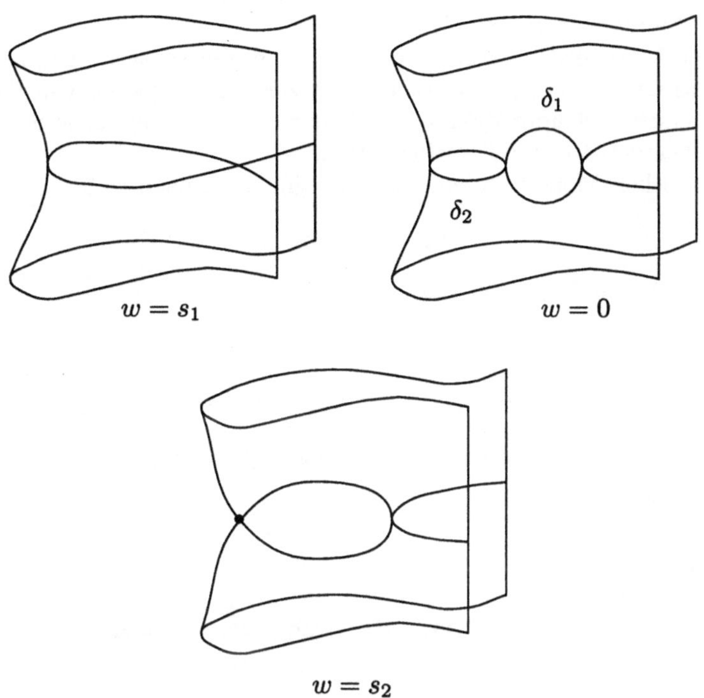

Bild 5.20: Die Fasern $\bar{X}_w^{(\lambda)}$ für $w = s_1, 0, s_2$

Bild 5.21: Coxeter-Dynkin-Diagramm vom Typ A_2

5.6 Klassische Monodromie, Variation und Seifertform

Wir wollen in diesem Abschnitt den Zusammenhang zwischen der Schnittmatrix und der Variation einer Singularität untersuchen.

Es sei f_λ eine Morsifikation von f und $(\delta_1, \dots, \delta_\mu)$ eine stark ausgezeichnete Basis von $H_n(\bar{X}_{\eta_0})$. Es sei $(\gamma_1, \dots, \gamma_\mu)$ ein stark ausgezeichnetes System von Wegen, so dass δ_i ein längs γ_i verschwindender Zyklus ist. Weiter sei ω_i eine einfache Schleife zu γ_i, h_i die zugehörige Picard-Lefschetz-Transformation.

Für den klassischen Monodromieoperator h_* gilt dann nach §5.5

$$h_* = h_1 \cdots h_\mu .$$

Entsprechend gilt für die Variation $\mathrm{Var} = \mathrm{Var}_f$ von f

$$\mathrm{Var} = \mathrm{var}_{\omega_\mu \cdots \omega_1} .$$

Ist nun τ die Zusammensetzung zweier Schleifen τ_1 und τ_2, $\tau = \tau_1\tau_2$, so gilt

$$\mathrm{var}_\tau = \mathrm{var}_{\tau_1} + \mathrm{var}_{\tau_2} + \mathrm{var}_{\tau_2} \circ j_* \circ \mathrm{var}_{\tau_1} .$$

Daraus folgt

$$\begin{aligned} \mathrm{Var} &= \mathrm{var}_{\omega_\mu \cdots \omega_1} \\ &= \sum_{r=1}^{\mu} \sum_{i_1 < i_2 < \dots < i_r} \mathrm{var}_{\omega_{i_1}} \circ j_* \circ \mathrm{var}_{\omega_{i_2}} \circ j_* \circ \cdots \circ j_* \circ \mathrm{var}_{\omega_{i_r}} \end{aligned} \qquad (*)$$

Satz 5.7 *Die Variation*

$$\mathrm{Var} : H_n(\bar{X}_{\eta_0}, \partial \bar{X}_{\eta_o}) \longrightarrow H_n(\bar{X}_{\eta_0})$$

der Singularität f ist ein Isomorphismus.

Beweis. Nach Theorem 4.5 existiert eine Basis $(\delta_1^*, \dots, \delta_\mu^*)$ von $H_n(\bar{X}_{\eta_0}, \partial \bar{X}_{\eta_o})$, die dual zu der gegebenen stark ausgezeichneten Basis $(\delta_1, \dots, \delta_\mu)$ von $H_n(\bar{X}_{\eta_0})$ ist, d.h. es gilt

$$\langle \delta_i^*, \delta_j \rangle = \delta_{ij} \text{ für } 1 \le i, j \le \mu .$$

Aus $\mathrm{var}_{\omega_i}(\alpha) = -(-1)^{n(n-1)/2} \langle \alpha, \delta_i \rangle \delta_i$ und der Formel $(*)$ folgt

$$\mathrm{Var}(\delta_i^*) = -(-1)^{\frac{n(n-1)}{2}} \delta_i + \sum_{j<i} c_{ji} \delta_j \text{ mit } c_{ij} \in \mathbb{Z}.$$

Daraus folgt, dass die Matrix von Var bezüglich der Basen $(\delta_1^*, \dots, \delta_\mu^*)$ und $(\delta_1, \dots, \delta_\mu)$ eine obere Dreiecksmatrix mit $-(-1)^{n(n-1)/2}$ auf der Diagonalen ist. Eine solche Matrix ist invertierbar über $\mathbb{Z}$. Daraus folgt die Behauptung. □

Nach Satz 5.7 ist

$$\mathrm{Var}^{-1} : H_n(\bar{X}_{\eta_0}) \longrightarrow H_n(\bar{X}_{\eta_0}, \partial \bar{X}_{\eta_0})$$

definiert.

Definition Für $a, b \in H_n(\bar{X}_{\eta_0})$ definieren wir $v(a,b) := \langle \operatorname{Var}^{-1} a, b \rangle$.

Satz 5.8 *Für $a, b \in H_n(\bar{X}_{\eta_0})$ gilt*

$$\langle a, b \rangle = -v(a,b) - (-1)^n v(b,a).$$

Beweis. Nach Satz 5.7 gibt es $a', b' \in H_n(\bar{X}_{\eta_0}, \partial \bar{X}_{\eta_0})$ mit $a = \operatorname{Var} a'$, $b = \operatorname{Var} b'$. Nach Satz 5.1 gilt

$$\begin{aligned} \langle a, b \rangle &= \langle \operatorname{Var} a', \operatorname{Var} b' \rangle \\ &= -\langle a', \operatorname{Var} b' \rangle - \langle \operatorname{Var} a', b' \rangle \\ &= -\langle \operatorname{Var}^{-1} a, b \rangle - \langle a, \operatorname{Var}^{-1} b \rangle \\ &= -\langle \operatorname{Var}^{-1} a, b \rangle - (-1)^n \langle \operatorname{Var}^{-1} b, a \rangle \\ &= -v(a,b) - (-1)^n v(b,a), \end{aligned}$$

was zu zeigen war. □

Es sei S die Schnittmatrix von f bezüglich der ausgezeichneten Basis $(\delta_1, \ldots, \delta_\mu)$, V die Matrix von v bezüglich $(\delta_1, \ldots, \delta_\mu)$, d.h.

$$V = (v(\delta_i, \delta_j))_{j=1,\ldots,\mu}^{i=1,\ldots,\mu}.$$

Dann erhalten wir folgendes Korollar:

Korollar 5.3 (i) *Die Matrix V ist eine obere Dreiecksmatrix mit $-(-1)^{n(n-1)/2}$ auf der Diagonalen.*

(ii) *Es gilt*

$$S = -V - (-1)^n V^t$$

(V^t bezeichnet die transponierte Matrix.)

Beweis. (i) folgt aus dem Beweis von Satz 5.7,
(ii) folgt aus Satz 5.8. □

Bemerkung 5.4 Wir haben S als Summe einer oberen und einer unteren Dreiecksmatrix dargestellt und diesen Matrizen eine geometrische Bedeutung gegeben.

Es sei H die Matrix der klassischen Monodromie h_* bezüglich $(\delta_1, \ldots, \delta_\mu)$.

Satz 5.9 *Es gilt*

$$H = (-1)^{n+1} V^{-1} V^t.$$

Beweis. Es sei

$$(\operatorname{Var}^{-1})^t : H_n(\bar{X}_{\eta_0}) \longrightarrow H_n(\bar{X}_{\eta_0}, \partial \bar{X}_{\eta_0})$$

definiert durch

$$\langle (\operatorname{Var}^{-1})^t a, b \rangle = v(b,a) = \langle \operatorname{Var}^{-1} b, a \rangle$$

für $a, b \in H_n(\bar{X}_{\eta_0})$. Aufgrund von Satz 5.7 ist damit $(\mathrm{Var}^{-1})^t a$ wohl definiert. Es sei wieder $j_* : H_n(\bar{X}_{\eta_0}) \to H_n(\bar{X}_{\eta_0}, \partial\bar{X}_{\eta_0})$ der kanonische Homomorphismus. Dann gilt $\langle a, b\rangle = \langle j_* a, b\rangle$ für alle $a, b \in H_n(\bar{X}_{\eta_0})$. Aus Satz 5.8 folgt damit

$$j_* = -\mathrm{Var}^{-1} - (-1)^n(\mathrm{Var}^{-1})^t.$$

Für den klassischen Monodromieoperator h_* gilt nach §5.1

$$\begin{aligned} h_* &= \mathrm{id} + \mathrm{Var} \circ j_* \\ &= \mathrm{id} + \mathrm{Var}(-\mathrm{Var}^{-1} - (-1)^n(\mathrm{Var}^{-1})^t) \\ &= (-1)^{n+1}\,\mathrm{Var} \circ (\mathrm{Var}^{-1})^t. \end{aligned}$$

Da V die Matrix von Var^{-1} bezüglich der Basen $(\delta_1, \ldots, \delta_\mu)$ und $(\delta_1^*, \ldots, \delta_\mu^*)$ ist, folgt die Behauptung. □

Aus Korollar 5.3 und Satz 5.9 folgt erneut, dass die Schnittmatrix bezüglich einer ausgezeichneten Basis den klassischen Monodromieoperator bzw. seine Matrixdarstellung bezüglich der gleichen Basis bestimmt. Es gilt auch die Umkehrung. Dies folgt aus einem Lemma aus der linearen Algebra.

Lemma 5.5 *Es seien A, B obere Dreiecksmatrizen mit 1 auf der Diagonale, $C = AB^t$. Dann sind A und B durch C eindeutig bestimmt.*

Beweis. Es seien $A = (a_{ij})$, $B = (b_{ij})$, $C = (c_{ij})$ $m \times m$-Matrizen. Man sieht leicht, dass man das Gleichungssystem

$$\begin{pmatrix} 1 & a_{12} & \cdots & a_{1m} \\ & 1 & \ddots & \vdots \\ & & \ddots & a_{m-1,m} \\ 0 & & & 1 \end{pmatrix} \begin{pmatrix} 1 & & & 0 \\ b_{12} & 1 & & \\ \vdots & \ddots & \ddots & \\ b_{1m} & \cdots & b_{m-1,m} & 1 \end{pmatrix} = \begin{pmatrix} c_{11} & c_{12} & \cdots & c_{1m} \\ c_{21} & c_{22} & \cdots & c_{2m} \\ \vdots & \vdots & \ddots & \vdots \\ c_{m1} & c_{m2} & \cdots & c_{mm} \end{pmatrix}$$

rekursiv nach a_{ij} und b_{ij} auflösen kann. □

Satz 5.10 *Die Matrix des klassischen Monodromieoperators bezüglich einer stark ausgezeichneten Basis bestimmt die Schnittmatrix.*

Beweis. Dies folgt mit Hilfe von Lemma 5.5 aus Satz 5.9 und Korollar 5.3. □

Wir wollen nun noch eine andere Interpretation der Bilinearform $v(\cdot,\cdot)$ geben. Es sei S_ε^{2n+1} der Rand der Kugel $\bar{B}_\varepsilon$. Wir setzen

$$K = f^{-1}(0) \cap S_\varepsilon^{2n+1}.$$

Da $f^{-1}(0)$ nach Wahl von ε die Sphäre S_ε^{2n+1} transversal schneidet, ist K eine $(2n-1)$-dimensionale differenzierbare Untermannigfaltigkeit von S_ε^{2n+1}.

Definition Man nennt K den *Umgebungsrand* der Singularität f.

Es sei NK das Normalenbündel des Tangentialbündels TK von K in TS_ε^{2n+1} bezüglich der natürlichen Riemann'schen Metrik, die S_ε^{2n+1} als differenzierbare Untermannigfaltigkeit von $\mathbb{R}^{2n+2}$ besitzt. Es sei

$$\mathring{N}_\rho K = \{v \in NK \mid \|v\| < \rho\}$$

das zugehörige offene ρ-Scheibenbündel zu einem Radius $\rho > 0$. Nach einem Satz aus der Differentialtopologie (vgl. [BJ73, (12.11)]) gibt es ein $\rho > 0$ und eine Einbettung $\tau : \mathring{N}_\rho K \to S_\varepsilon^{2n+1}$. Das Bild dieser Einbettung heißt eine (*offene*) *Tubenumgebung* von K. Wir wählen $\rho > 0$ hinreichend klein und eine zugehörige offene Tubenumgebung T von K.

Im Buch von Milnor [Mil68] wird das folgende Resultat bewiesen.

Satz 5.11 (Milnor) *Die Abbildung*

$$\begin{array}{rccc} \Phi: & S_\varepsilon^{2n+1} \setminus T & \longrightarrow & S^1 \subset \mathbb{C} \\ & z & \longmapsto & \frac{f(z)}{|f(z)|} \end{array}$$

ist die Projektion eines differenzierbaren Faserbündels.

Zusatz Die Einschränkung

$$\Phi|_{\partial(S_\varepsilon^{2n+1}\setminus T)} : \partial(S_\varepsilon^{2n+1} \setminus T) = \partial \bar{T} \longrightarrow S^1$$

ist die Projektion eines trivialen differenzierbaren Faserbündels.

Die Einschränkung der Milnorfaserung

$$f|_{\bar{B}_\varepsilon \cap f^{-1}(\bar{\Delta}\setminus\{0\})} : \bar{B}_\varepsilon \cap f^{-1}(\bar{\Delta} \setminus \{0\}) \longrightarrow \bar{\Delta} \setminus \{0\}$$

auf den Rand $S_{\eta_0}^1$ von $\bar{\Delta}$ definiert eine Faserung

$$\tilde{f} : f^{-1}(S_{\eta_0}^1) \cap \bar{B}_\varepsilon \longrightarrow S_{\eta_0}^1.$$

Die Einschränkung von $\tilde{f}$ auf den Rand $f^{-1}(S_{\eta_0}^1) \cap S_\varepsilon^{2n+1}$ definiert ebenfalls ein triviales differenzierbares Faserbündel über $S_{\eta_0}^1$.

Satz 5.12 *Die Faserungen $\Phi : S_\varepsilon^{2n+1} \setminus T \to S^1$ und $\tilde{f} : f^{-1}(S_{\eta_0}^1) \cap \bar{B}_\varepsilon \to S_{\eta_0}^1$ sind äquivalent (relativ zu dem Diffeomorphismus $S^1 \to S_{\eta_0}^1$, der durch Multiplikation mit η_0 gegeben wird). Insbesondere ist die Faser $\bar{F}_{w/|w|} = \Phi^{-1}(w/|w|)$ diffeomorph zu $\bar{X}_w$ für $w \in S_{\eta_0}^1$.*

Beweis. Siehe [Mil68, §5]. □

Aufgrund von Satz 5.12 können wir die Variation Var von f auch mittels der Faserung Φ definieren. Es sei

$$g_t : \bar{F}_1 \longrightarrow \bar{F}_{e^{2\pi it}}$$

die Parallelverschiebung längs $\omega(t) = e^{2\pi it}$. Es seien a, b stückweise differenzierbare n-Zyklen in der Faser $\bar{F}_1 \subset S_\varepsilon^{2n+1}$, die in S_ε^{2n+1} nullhomolog sind. Der Zyklus $g_{1/2}(b)$ liegt in $\bar{F}_{-1}$ und schneidet daher a nicht. Deswegen ist nach §4.7 die Verschlingungszahl $l(a, g_{1/2}(b))$ von a und $g_{1/2}(b)$ in S_ε^{2n+1} definiert.

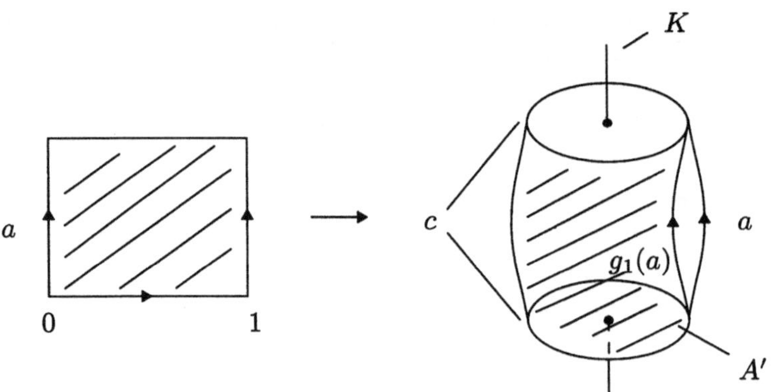

Bild 5.22: Die Abbildung α

Definition Die *Seifertform* von f ist die Bilinearform $L : \tilde{H}_n(\bar{F}_1) \times \tilde{H}_n(\bar{F}_1) \to \mathbb{Z}$, die durch $L(a, b) = l(a, g_{1/2*}(b))$ für $a, b \in \tilde{H}_n(\bar{F}_1) \cong \tilde{H}_n(\bar{X}_{\eta_0})$ definiert ist.

Satz 5.13 *Für* $a \in H_n(\bar{F}_1, \partial\bar{F}_1)$, $b \in \tilde{H}_n(\bar{F}_1)$ *gilt*

$$L(\operatorname{Var} a, b) = \langle a, b\rangle.$$

Beweis. Wir wählen stückweise differenzierbare n-Zyklen, die a und b repräsentieren und die wir mit dem gleichen Symbol bezeichnen. Wir betrachten die Abbildung

$$\begin{array}{cccc} \alpha: & [0,1] \times a & \longrightarrow & S_\varepsilon^{2n+1} \\ & (t, z) & \longmapsto & g_t(z) \end{array}$$

Es gilt $\alpha(\{0\} \times a) = a$, $\alpha(\{1\} \times a) = g_1(a)$, $\alpha([0,1] \times \partial a) \subset \partial\bar{T}$, wobei T die Tubenumgebung von K ist (vgl. Bild 5.22).

Das Bild A' von α ist eine stückweise differenzierbare $(n+1)$-Kette in S_ε^{2n+1} mit $\partial A' = g_1(a) - a + c$, wobei c ein n-Zyklus in $\partial\bar{T}$ ist. Da die Einschränkung von Φ auf $\partial\bar{T}$ eine triviale Faserung über S^1 ist, kann c innerhalb von $\bar{T}$ auf $\partial a \subset \partial\bar{F}_1$ retrahiert werden (vgl. Bild 5.23).

Die resultierende stückweise differenzierbare $(n+1)$-Kette in S^{2n+1} nennen wir A. Dann gilt $\partial A \subset \bar{F}_1$, $\partial A = \operatorname{Var} a$. Damit folgt

$$\begin{aligned} L(\operatorname{Var} a, b) &= l(\operatorname{Var} a, g_{\frac{1}{2}*}b) \\ &= \langle A, g_{\frac{1}{2}*}b\rangle_{S_\varepsilon^{2n+1}} \\ &= \langle g_{\frac{1}{2}*}a, g_{\frac{1}{2}*}b\rangle_{\bar{F}_{-1}} \\ &= \langle a, b\rangle_{\bar{F}_1} \end{aligned}$$

was zu beweisen war. □

Korollar 5.4 *Für* $a, b \in \tilde{H}_n(\bar{X}_{\eta_0})$ *gilt*

$$v(a, b) = L(a, b).$$

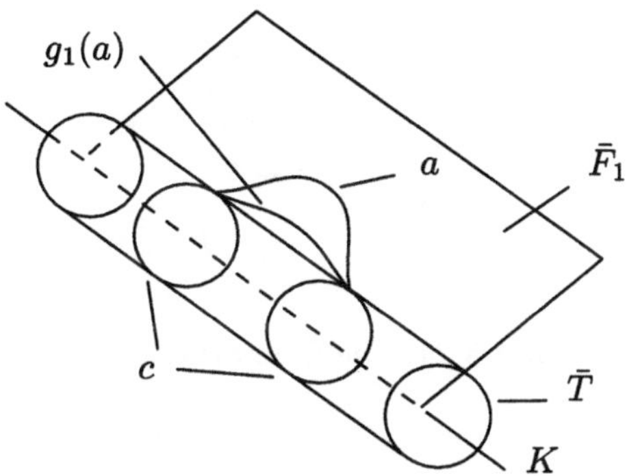

Bild 5.23: Retraktion von c auf ∂a

Beweis. Es gilt

$$v(a,b) \underset{\text{Def.}}{=} \langle \operatorname{Var}^{-1} a, b\rangle \underset{\text{Satz 5.13}}{=} L(a,b),$$

was zu zeigen war. □

Damit haben wir die Form v mit der Seifertform L identifiziert. Satz 5.8 können wir damit so ausdrücken:

Korollar 5.5 *Für $a, b \in \tilde{H}_n(\bar{X}_{\eta_0})$ gilt*

$$\langle a, b\rangle = -L(a,b) - (-1)^n L(b,a).$$

5.7 Die Operation der Zopfgruppe

Ein stark oder schwach ausgezeichnetes System $(\gamma_1, \dots, \gamma_\mu)$ von Wegen kann auf viele verschiedene Arten gewählt werden. Wir betrachten nun elementare Operationen auf Wegesystemen, die die Eigenschaft, stark oder schwach ausgezeichnet zu sein, erhalten.

Es sei $(\gamma_1, \dots, \gamma_\mu)$ ein stark ausgezeichnetes System von Wegen von $s_1, \dots, s_\mu$ nach s, $(\delta_1, \dots, \delta_\mu)$ ein zugehöriges stark ausgezeichnetes System von verschwindenden Zyklen. Ferner sei $(\omega_1, \dots, \omega_\mu)$ ein zugehöriges System von einfachen Schleifen.

Definition Wir definieren eine Operation α_j für $1 \leq j < \mu$. Wir definieren ein neues System von Wegen

$$(\tilde{\gamma}_1, \dots, \tilde{\gamma}_\mu) = \alpha_j(\gamma_1, \dots, \gamma_\mu)$$

wie folgt:

$$\begin{aligned} \tilde{\gamma}_i &= \gamma_i \text{ für } i \neq j, j+1, \\ \tilde{\gamma}_{j+1} &= \gamma_j, \\ \tilde{\gamma}_j &\sim \gamma_{j+1}\omega_j, \end{aligned}$$

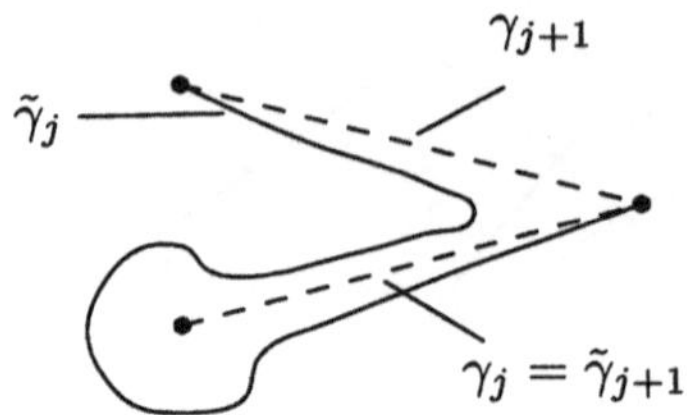

Bild 5.24: Die Operation α_j

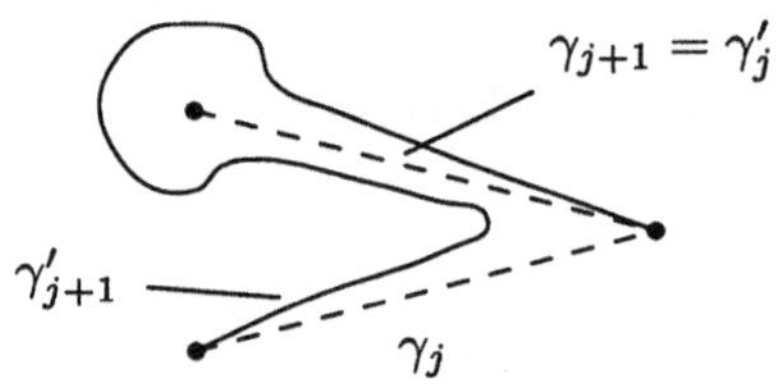

Bild 5.25: Die Operation β_{j+1}

wobei $\tilde{\gamma}_j$ eine kleine homotopische Deformation von $\gamma_{j+1}\omega_j$ ist, so dass $\tilde{\gamma}_j$ keine Selbstschnittpunkte hat und die anderen Wege nur für $t = 1$ in s schneidet (vgl. Bild 5.24).

Dann ist $(\tilde{\gamma}_1, \ldots, \tilde{\gamma}_\mu)$ ebenfalls ein stark ausgezeichnetes System von Wegen. Für das zugehörige System $(\tilde{\delta}_1, \ldots, \tilde{\delta}_\mu)$ von verschwindenden Zyklen gilt

$$\begin{aligned} \tilde{\delta}_i &= \delta_i \text{ für } i \neq j, j+1, \\ \tilde{\delta}_{j+1} &= \delta_j, \\ \tilde{\delta}_j &= h_j(\delta_{j+1}) = \delta_{j+1} - (-1)^{n(n-1)/2}\langle\delta_{j+1}, \delta_j\rangle\delta_j. \end{aligned}$$

Die Operation $(\delta_1, \ldots, \delta_\mu) \mapsto (\tilde{\gamma}_1, \ldots, \tilde{\gamma}_\mu)$ bezeichnen wir ebenfalls mit α_j.

Definition Wir definieren eine Operation β_{j+1} für $1 \leq j < \mu$. Wir definieren ein neues System von Wegen

$$(\gamma'_1, \ldots, \gamma'_\mu) = \beta_{j+1}(\gamma_1, \ldots, \gamma_\mu)$$

wie folgt

$$\begin{aligned} \gamma'_i &= \gamma_i \text{ für } i \neq j, j+1, \\ \gamma'_j &= \gamma_{j+1}, \\ \gamma'_{j+1} &\sim \gamma_j\omega_{j+1}^{-1}, \end{aligned}$$

wobei für γ'_{j+1} dasselbe wie für $\tilde{\gamma}_j$ gilt (vgl. Bild 5.25). Dann ist $(\gamma'_1, \ldots, \gamma'_\mu)$ ebenfalls ein stark ausgezeichnetes System von Wegen. Für das zugehörige System $(\delta'_1, \ldots, \delta'_\mu)$

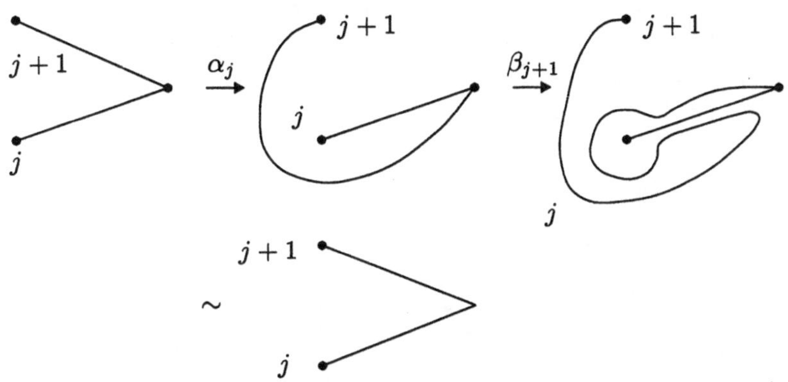

Bild 5.26: Die Operation $\beta_{j+1}\alpha_j$

von verschwindenden Zyklen gilt

$$\begin{aligned} \delta_i' &= \delta_i \text{ für } i \neq j, j+1, \\ \delta_j' &= \delta_{j+1}, \\ \delta_{j+1}' &= h_{j+1}^{-1}(\delta_j) = \delta_j - (-1)^{n(n-1)/2}\langle \delta_{j+1}, \delta_j \rangle \delta_{j+1}. \end{aligned}$$

Die Operation $(\delta_1, \ldots, \delta_\mu) \mapsto (\delta_1', \ldots, \delta_\mu')$ bezeichnen wir ebenfalls mit β_{j+1}.

Definition Zwei stark ausgezeichnete Systeme $(\gamma_1, \ldots, \gamma_\mu)$ und $(\tau_1, \ldots, \tau_\mu)$ von Wegen heißen *homotop*, in Zeichen $(\gamma_1, \ldots, \gamma_\mu) \sim (\tau_1, \ldots, \tau_\mu)$, wenn es Homotopien $\varphi_i : I \times I \to \bar{\Delta}$ zwischen γ_i und τ_i, $i = 1, \ldots, \mu$ gibt, so dass für alle $u \in I$ und die Wege $\varphi_i^u : I \to \bar{\Delta}$, $t \mapsto \varphi_i(u,t)$, $i = 1, \ldots, \mu$, die folgenden Eigenschaften erfüllt sind:

(i) $\varphi_i^u(0) = s_i$, $\varphi_i^u(1) = s$.

(ii) Die Wege φ_i^u sind doppelpunktfrei.

(iii) Je zwei Wege φ_i^u und φ_j^u haben für $i \neq j$ nur den Endpunkt s gemeinsam.

Lemma 5.6 *Die Operationen α_j und β_{j+1} sind invers zueinander, d.h. die Anwendung von $\alpha_j\beta_{j+1}$ und $\beta_{j+1}\alpha_j$ auf ein stark ausgezeichnetes Wegesystem $(\gamma_1, \ldots, \gamma_\mu)$ liefert dazu homotope stark ausgezeichnete Wegesysteme.*

Beweis. Wir betrachten die Hintereinanderausführung $\beta_{j+1}\alpha_j$. Der Beweis für $\alpha_j\beta_{j+1}$ geht analog (Übungsaufgabe). Wir brauchen nur die Operation auf den Wegen γ_j und γ_{j+1} zu studieren. Bis auf Homotopie von stark ausgezeichneten Wegesystemen sieht diese Operation wie in Bild 5.26 dargestellt aus. □

Satz 5.14 *Bis auf Homotopie von stark ausgezeichneten Wegesystemen gilt:*

(i) $\alpha_i\alpha_j = \alpha_j\alpha_i$ *für* i, j *mit* $|i - j| \geq 2$.

(ii) $\alpha_j\alpha_{j+1}\alpha_j = \alpha_{j+1}\alpha_j\alpha_{j+1}$ *für* $1 \leq j < \mu - 1$.

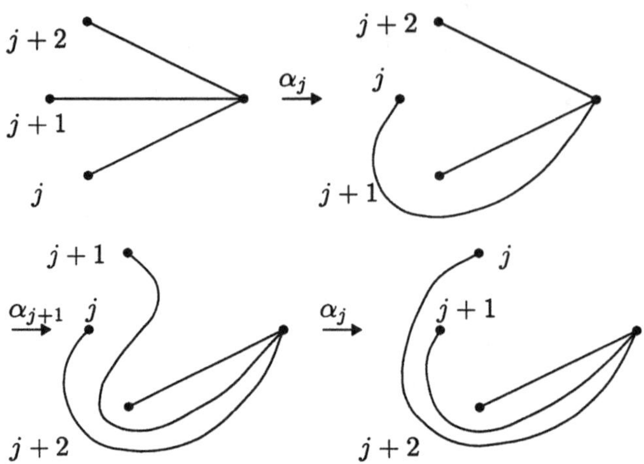

Bild 5.27: Die Operation $\alpha_j\alpha_{j+1}\alpha_j$

Beweis. (i) ist klar nach Definition.

Zu (ii): Wir brauchen nur die Wege γ_j, γ_{j+1} und γ_{j+2} zu betrachten. Die Operation der linken Seite von (ii) ist in Bild 5.27 angegeben, die rechte Seite operiert wie in Bild 5.28 dargestellt. □

Nach Satz 5.14 haben wir eine Operation der Zopfgruppe B_μ (vgl. §4.8) auf der Menge der Homotopieklassen von stark ausgezeichneten Wegesystemen und damit auch auf der Menge aller stark ausgezeichneten Systeme von verschwindenden Zyklen erklärt.

Einem Paar $(\gamma_1, \dots, \gamma_\mu)$, $(\tau_1, \dots, \tau_\mu)$ stark ausgezeichneter Wegesysteme kann man nun einen Zopf b mit μ Strängen wie folgt zuordnen: Nachdem wir eventuell $(\tau_1, \dots, \tau_\mu)$ durch ein homotopes stark ausgezeichnetes Wegesystem ersetzt haben, können wir annehmen, dass für das Wegesystem $(\tau_1, \dots, \tau_\mu)$ gilt: Zu jedem $i \in \{1, \dots, \mu\}$ gibt es ein $t_i \in (0,1)$, so dass $\tau_i(t) = \gamma_i(t)$ für alle $t \in [t_i, 1]$ gilt. Dann betrachten wir die Wege $\gamma_i|_{[0,t_i]}\tau_i|_{[0,t_i]}^{-1}$. Diese Wege bestimmen einen Zopf b (vgl. Bild 5.29). Es ist klar, dass dieser Zopf nur von den Homotopieklassen der beiden stark ausgezeichneten Wegesysteme abhängt.

Ist $(\tau_1, \dots, \tau_\mu)$ das durch die Operation α_j aus $(\gamma_1, \dots, \gamma_\mu)$ hervorgegangene Wegesystem, so ist der zugehörige Zopf gerade der Zopf a_j. Auf diese Weise sieht man, dass die Zuordnung $\alpha_j \mapsto a_j$ einen Gruppenisomorphismus

$$B_\mu \cong \pi_1(Y_\mu, \bar{y})$$

induziert (vgl. §4.8).

Satz 5.15 *Die Zopfgruppe B_μ operiert transitiv auf der Menge aller Homotopieklassen von stark ausgezeichneten Wegesystemen, d.h. je zwei stark ausgezeichnete Wegesysteme lassen sich durch Iteration der Operationen α_j und β_{j+1} und eine anschließende Homotopie ineinander überführen.*

Beweis. Dies folgt daraus, dass zwei ausgezeichnete Wegesysteme $\{\gamma_1, \dots, \gamma_\mu\}$ und

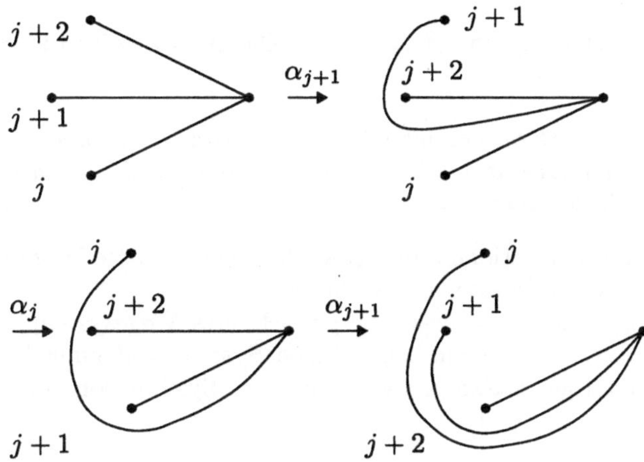

Bild 5.28: Die Operation $\alpha_{j+1}\alpha_j\alpha_{j+1}$

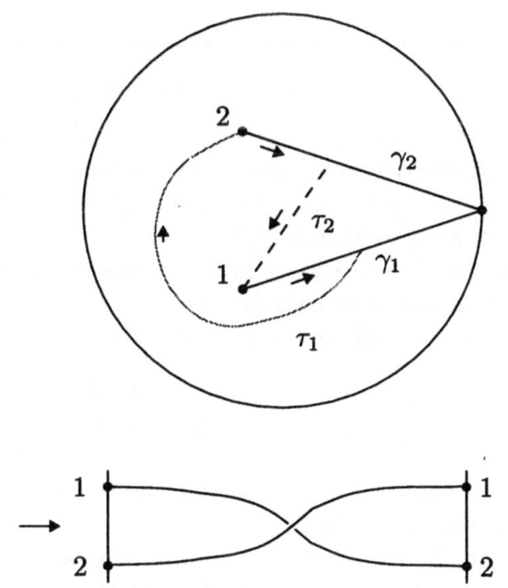

Bild 5.29: Der Zopf b zu einem Paar stark ausgezeichneter Wegesysteme $(\gamma_1, \gamma_2), (\tau_1, \tau_2)$

$\{\tau_1, \dots, \tau_\mu\}$ einen Zopf b bestimmen. Unter dem Isomorphismus

$$B_\mu \cong \pi_1(Y_\mu, \bar{y})$$

entspricht b einem Wort in α_j und $\beta_{j+1} = \alpha_j^{-1}$. Dieses Wort gibt die gewünschte Folge von Operationen an. □

Korollar 5.6 *Je zwei stark ausgezeichnete Systeme von verschwindenden Zyklen lassen sich durch Iteration der Operationen α_j und β_{j+1} und anschließendem Orientierungswechsel von einigen Zyklen ineinander überführen.*

Wir betrachten nun Operationen, die schwach ausgezeichnete Wegesysteme wieder in schwach ausgezeichnete Wegesysteme überführen.

Es sei $(\gamma_1, \dots, \gamma_\mu)$ nun ein schwach ausgezeichnetes Wegesystem von den Punkten $s_1, \dots, s_\mu$ nach s, $(\omega_1, \dots, \omega_\mu)$ ein zugehöriges System von einfachen Schleifen und $(\delta_1, \dots, \delta_\mu)$ ein zugehöriges schwach ausgezeichnetes System von verschwindenden Zyklen.

Definition Wir definieren Operationen $\alpha_i(j)$ und $\beta_i(j)$ für $i, j \in \{1, \dots, \mu\}$, $i \neq j$, wie folgt:

$$\begin{aligned} \alpha_i(j)(\gamma_1, \dots, \gamma_\mu) &= (\gamma_1, \dots, \gamma_{j-1}, \gamma_j\omega_i, \gamma_{j+1}, \dots, \gamma_\mu) \\ \beta_i(j)(\gamma_1, \dots, \gamma_\mu), &= (\gamma_1, \dots, \gamma_{j-1}, \gamma_j\omega_i^{-1}, \gamma_{j+1}, \dots, \gamma_\mu). \end{aligned}$$

Diese Operationen induzieren auf den zugehörigen Systemen von einfachen Schleifen die folgenden Operationen, die wir mit dem gleichen Symbol bezeichnen:

$$\begin{aligned} \alpha_i(j)(\omega_1, \dots, \omega_\mu) &= (\omega_1, \dots, \omega_{j-1}, \omega_i^{-1}\omega_j\omega_i, \omega_{j+1}, \dots, \omega_\mu) \\ \beta_i(j)(\omega_1, \dots, \omega_\mu) &= (\omega_1, \dots, \omega_{j-1}, \omega_i\omega_j\omega_i^{-1}, \omega_{j+1}, \dots, \omega_\mu). \end{aligned}$$

Wenn $\omega_1, \dots, \omega_\mu$ ein Erzeugendensystem für $\pi_1(\Delta', s)$ bildet, so wird $\pi_1(\Delta', s)$ auch von den neuen einfachen Schleifen erzeugt, die nach Anwendung der Operationen $\alpha_i(j)$ und $\beta_i(j)$ entstehen. Deswegen überführen $\alpha_i(j)$ und $\beta_i(j)$ schwach ausgezeichnete Wegesysteme wieder in schwach ausgezeichnete Wegesysteme.

Diese Operationen induzieren also auch Operationen auf den zugehörigen schwach ausgezeichneten Systemen von verschwindenden Zyklen, die wir ebenfalls mit dem gleichen Symbolen bezeichnen und die wie folgt aussehen:

$$\begin{aligned} \alpha_i(j)(\delta_1, \dots, \delta_\mu) &= (\delta_1, \dots, \delta_{j-1}, h_i(\delta_j), \delta_{j+1}, \dots, \delta_\mu), \\ \beta_i(j)(\delta_1, \dots, \delta_\mu) &= (\delta_1, \dots, \delta_{j-1}, h_i^{-1}(\delta_j), \delta_{j+1}, \dots, \delta_\mu). \end{aligned}$$

Die Operationen $\alpha_i(j)$ und $\beta_i(j)$ sind wieder wie im obigen Sinne invers zueinander. Für gerades n stimmen sie sogar überein.

Ist $(\gamma_1, \dots, \gamma_\mu)$ sogar ein stark ausgezeichnetes Wegesystem und bezeichnet $\tau_{j,j+1} \in S_\mu$ die Transposition von j und $j+1$, so gilt bis auf Homotopie:

$$\begin{aligned} \alpha_j &= \tau_{j,j+1} \circ \alpha_j(j+1), \\ \beta_{j+1} &= \tau_{j,j+1} \circ \beta_{j+1}(j). \end{aligned}$$

Es gilt nun auch der folgende Satz:

Satz 5.16 *Es seien $(\omega_1, \ldots, \omega_\mu)$ und $(\omega'_1, \ldots, \omega'_\mu)$ zwei freie Erzeugendensysteme der freien Gruppe $\pi_1(\Delta', s)$, so dass ω_i und ω'_i konjugiert zueinander sind, für $i = 1, \ldots, \mu$. Dann kann man $(\omega'_1, \ldots, \omega'_\mu)$ aus $(\omega_1, \ldots, \omega_\mu)$ durch Anwendung einer Folge von Operationen vom Typ $\alpha_i(j)$ oder $\beta_i(j)$ erhalten.*

Dieser Satz wurde von S. M. Gusein-Zade vermutet und von S. P. Humphries 1985 [Hum85] bewiesen. Er folgt auch, wie R. Pellikaan bemerkt hat, aus einem alten Resultat von J. H. C. Whitehead aus dem Jahre 1936 (vgl. [LS77, Proposition 4.20]). Wir verweisen auf [Hum85].

Korollar 5.7 *Je zwei schwach ausgezeichnete Systeme von verschwindenden Zyklen lassen sich Iteration der Operationen $\alpha_i(j)$ und $\beta_i(j)$ und anschließendem Orientierungswechsel von einigen Zyklen ineinander überführen.*

Zum Abschluss dieses Abschnitts betrachten wir ein Beispiel.

Beispiel 5.4 Wir betrachten die Funktion $f : \mathbb{C} \to \mathbb{C}$ mit $f(z) = z^{k+1}$.

Die Milnorfaser $\bar{X}_\eta$ besteht dann aus $k+1$ Punkten, nämlich den $(k+1)$-ten Wurzeln aus η. Es gilt

$$\tilde{H}_0(\bar{X}_\eta) \cong \mathbb{Z}^k$$

und $\mu = k$.

Die Funktion $f_\lambda(z) = z^{k+1} - \lambda z$ ist für $\lambda \neq 0$ eine Morsifikation von f. Es sei nun $\lambda \in \mathbb{R}$, $\lambda > 0$. Die kritischen Punkte der Funktion f_λ werden durch die Gleichung

$$f'_\lambda(z) = (k+1)z^k - \lambda = 0$$

gegeben. Es sind die Punkte

$$p_i = \sqrt[k]{\frac{\lambda}{k+1}}\xi_i, \quad \xi_i = e^{-\frac{2\pi i\sqrt{-1}}{k}},$$

mit den kritischen Werten

$$s_i = -\frac{\lambda k}{k+1}\sqrt[k]{\frac{\lambda}{k+1}}\xi_i, \quad i = 1, \ldots, k.$$

Als nichtkritischen Wert wählen wir $-\eta_0$, wobei $\eta_0 \in \mathbb{R}$, $\eta_0 > 0$ und

$$\eta_0 \gg \frac{\lambda k}{k+1}\sqrt[k]{\frac{\lambda}{k+1}}.$$

Es sei $\gamma_i : [0,1] \to \bar{\Delta}$, $t \mapsto (1-t)s_i$, und τ ein Weg von 0 nach $-\eta_0$, der längs der reellen Achse läuft und um den kritischen Wert

$$s_k = -\frac{\lambda k}{k+1}\sqrt[k]{\frac{\lambda}{k+1}}\xi_k \in \mathbb{R}$$

in positiver Richtung herumläuft (vgl. Bild 5.30).

Wir betrachten nun das Wegesystem $(\gamma_1\tau, \ldots, \gamma_k\tau)$. Durch eine kleine Deformation können wir dieses Wegesystem in ein stark ausgezeichnetes Wegesystem deformieren.

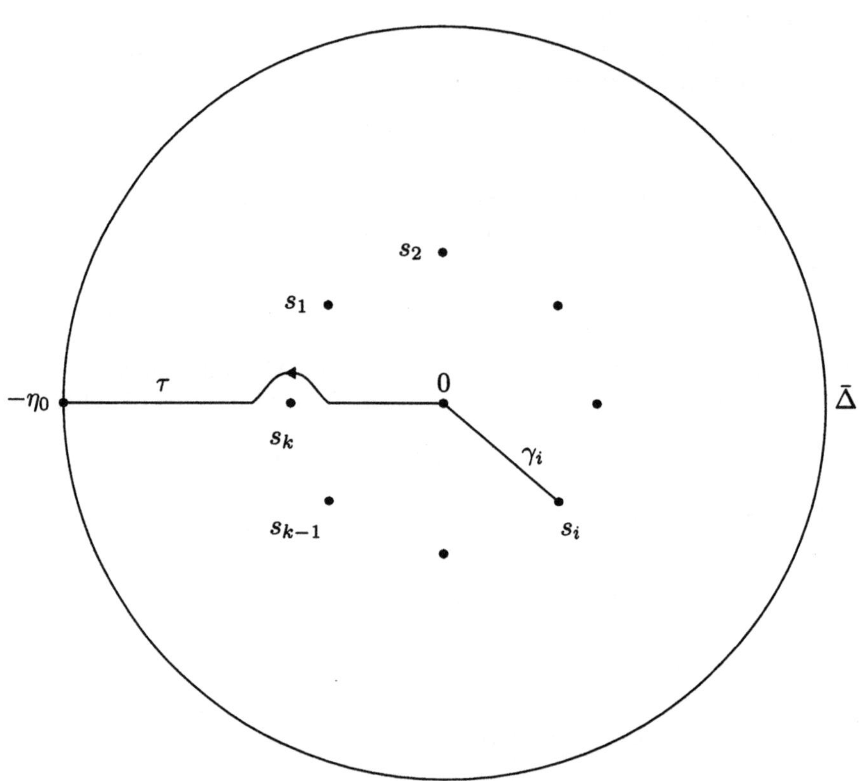

Bild 5.30: Kritische Werte der Funktion f_λ und die Wege γ_i und τ

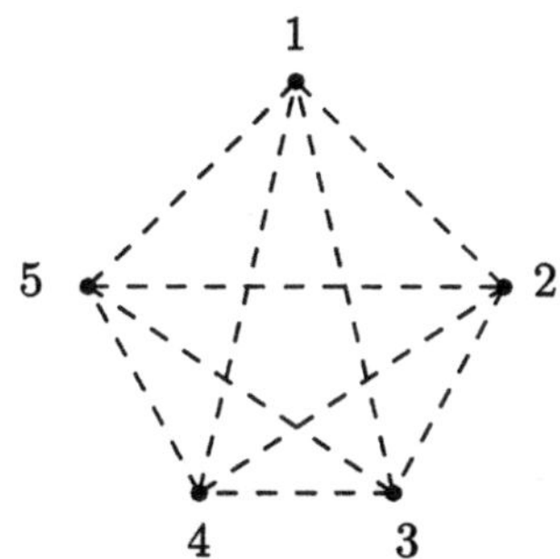

Bild 5.31: Coxeter-Dynkin-Diagramm zu $(\delta_1, \dots, \delta_k)$ für $k = 5$

Es sei $(\delta_1, \dots, \delta_k)$ ein zugehöriges stark ausgezeichnetes System von verschwindenden Zyklen in $\tilde{H}_0(\bar{X}_{-\eta_0})$.

Um die Schnittzahlen $\langle \delta_i, \delta_j \rangle$ der verschwindenden Zyklen in $\tilde{H}_0(\bar{X}_{-\eta_0})$ zu berechnen, transportieren wir das System $(\delta_1, \dots, \delta_k)$ durch Parallelverschiebung längs des Weges τ^{-1} nach $\tilde{H}_0(\bar{X}_0)$. Wir betrachten also ein System von verschwindenden Zyklen in $\tilde{H}_0(\bar{X}_0)$, das wir ebenfalls mit $(\delta_1, \dots, \delta_k)$ bezeichnen und das durch das Wegesystem $(\gamma_1, \dots, \gamma_k)$ definiert ist.

Die Faser $\bar{X}_0$ besteht aus den $k+1$ Punkten

$$x_0 = 0, x_1 = \sqrt[k]{\lambda}\xi_1, \dots, x_k = \sqrt[k]{\lambda}\xi_k.$$

Dann wird δ_i bis auf Orientierung durch den Zyklus $x_i - x_0$ repräsentiert, denn man rechnet leicht nach, dass $x_i - x_0$ längs γ_i verschwindet, d.h. dass die Punkte x_i und x_0 längs γ_i zusammenfallen. Es sei

$$\delta_i = [x_i - x_0], \ i = 1, \dots, k.$$

Dann gilt

$$\langle \delta_i, \delta_j \rangle = \begin{cases} 2 & \text{für } i = j, \\ 1 & \text{für } i \neq j. \end{cases}$$

Damit sieht das Coxeter-Dynkin-Diagramm D zu $(\delta_1, \dots, \delta_k)$ wie folgt aus: D ist ein vollständiger Graph mit lauter gestrichelten Kanten (d.h. je zwei Ecken sind durch eine gestrichelte Kante verbunden (vgl. Bild 5.31 für $k = 5$)).

Wir vereinfachen nun diesen Graphen mit Hilfe der Operation der Zopfgruppe

$$\begin{array}{ll} & (\delta_1, \dots, \delta_k) \\ \overset{\alpha_{k-1}}{\longmapsto} & (\delta'_1, \dots, \delta'_k) = (\delta_1, \dots, \delta_{k-2}, \delta_k - \delta_{k-1}, \delta_{k-1}). \end{array}$$

Es gilt

$$\begin{aligned} \langle \delta'_i, \delta'_{k-1} \rangle &= 0 \text{ für } 1 \leq i \leq k-2, \\ \langle \delta'_k, \delta'_{k-1} \rangle &= -1. \end{aligned}$$

Das zugehörige Coxeter-Dynkin-Diagramm (für $k = 5$) ist in Bild 5.32 angegeben.

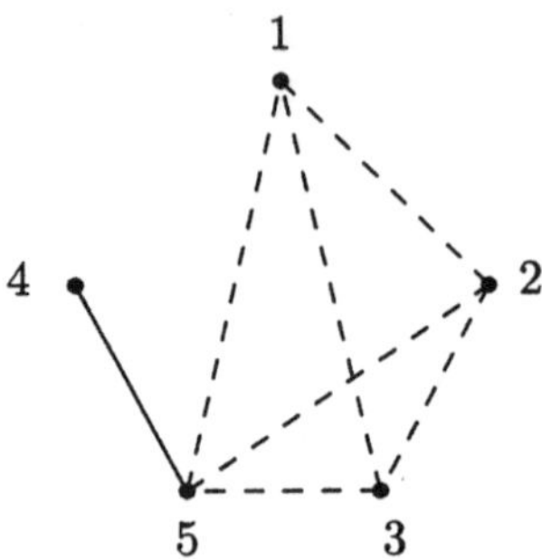

Bild 5.32: Coxeter-Dynkin-Diagramm zu $(\delta_1', \ldots, \delta_k')$ für $k = 5$

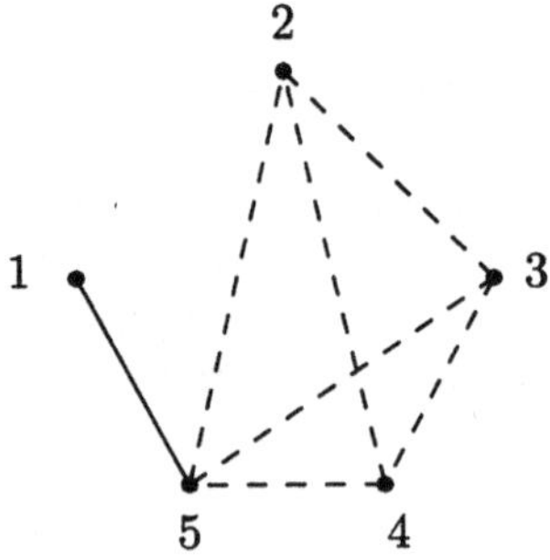

Bild 5.33: Coxeter-Dynkin-Diagramm zu $(\delta_1^{(k-1)}, \ldots, \delta_k^{(k-1)})$ für $k = 5$

Wir führen nun die Operationen $\alpha_{k-2}, \alpha_{k-3}, \ldots, \alpha_1$ aus. Da die Ecke δ_{k-1}' nicht mit den Ecken $\delta_{k-2}', \ldots, \delta_1'$ verbunden ist, ändern diese Operationen nichts an der Form des Diagramms, sondern ändern nur die Nummerierung:

$$\begin{array}{ll} \overset{\alpha_{k-2}}{\longmapsto} & (\delta_1, \ldots, \delta_{k-3}, \delta_k - \delta_{k-1}, \delta_{k-2}, \delta_{k-1}) \\ \overset{\alpha_{k-3}}{\longmapsto} & \ldots \overset{\alpha_2}{\longmapsto} \\ \overset{\alpha_1}{\longmapsto} & (\delta_1^{(k-1)}, \ldots, \delta_k^{(k-1)}) = (\delta_k - \delta_{k-1}, \delta_1, \delta_2, \ldots, \delta_{k-1}) \end{array}$$

Das Coxeter-Dynkin-Diagramm zu $(\delta_1^{(k-1)}, \ldots, \delta_k^{(k-1)})$ (für $k = 5$) ist in Bild 5.33 dargestellt.

Der Teilgraph zu $\delta_2^{(k-1)}, \ldots, \delta_k^{(k-1)}$ ist wieder ein vollständiger Graph und wir können nun entsprechende Operationen auf diesen Teilgraphen anwenden:

$$\begin{array}{lll} \overset{\alpha_{k-1}}{\longmapsto} & \ldots & \overset{\alpha_2}{\longmapsto} (\delta_k - \delta_{k-1}, \delta_{k-1} - \delta_{k-2}, \delta_1, \ldots, \delta_{k-2}) \\ \overset{\alpha_{k-1}}{\longmapsto} & \ldots & \overset{\alpha_3}{\longmapsto} (\delta_k - \delta_{k-1}, \delta_{k-1} - \delta_{k-2}, \delta_{k-2} - \delta_{k-3}, \delta_1, \ldots, \delta_{k-3}) \\ & \vdots & \\ \overset{\alpha_{k-1}}{\longmapsto} & \overset{\alpha_{k-2}}{\longmapsto} & (\delta_k - \delta_{k-1}, \delta_{k-1} - \delta_{k-2}, \ldots, \delta_3 - \delta_2, \delta_1, \delta_2) \\ & \overset{\alpha_{k-1}}{\longmapsto} & (\delta_k - \delta_{k-1}, \delta_{k-1} - \delta_{k-2}, \ldots, \delta_2 - \delta_1, \delta_1) =: (\tilde{\delta}_1, \tilde{\delta}_2, \ldots, \tilde{\delta}_k) \end{array}$$

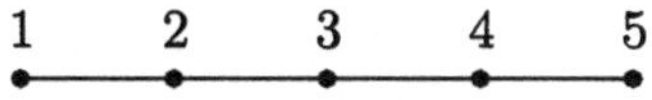

1 2 3 4 5

Bild 5.34: Coxeter-Dynkin-Diagramm zu $(\tilde{\delta}_1, \ldots, \tilde{\delta}_k)$ für $k = 5$

1 2 3 ... $k-1$ k

Bild 5.35: Coxeter-Dynkin-Diagramm vom Typ A_k

Das Coxeter-Dynkin-Diagramm zu $(\tilde{\delta}_1, \ldots, \tilde{\delta}_k)$ (für $k = 5$) ist der in Bild 5.34 dargestellte Graph. Es gilt

$$\tilde{\delta}_1 = [x_k - x_{k-1}],\ \tilde{\delta}_2 = [x_{k-1} - x_{k-2}],\ \ldots,\ \tilde{\delta}_{k-1} = [x_2 - x_1],\ \tilde{\delta}_k = [x_1 - x_0].$$

Die Basis $(\tilde{\delta}_1, \ldots, \tilde{\delta}_k)$ hat das in Bild 5.35 dargestellte Coxeter-Dynkin-Diagramm. Dies ist ein klassisches Coxeter-Dynkin-Diagramm vom Typ A_k (vgl. §3.11).

5.8 Monodromiegruppe und verschwindendes Gitter

Das Coxeter-Dynkin-Diagramm hängt a priori von der Wahl der Morsifikation und von der Auswahl des stark ausgezeichneten Wegesystems ab. Die Abhängigkeit von der Auswahl des stark ausgezeichneten Wegesystems haben wir in §5.7 diskutiert. Wir wollen nun die Abhängigkeit von der Wahl der Morsifikation untersuchen.

Es sei $f : (\mathbb{C}^{n+1}, 0) \to (\mathbb{C}, 0)$ ein holomorpher Funktionskeim mit einer isolierten Singularität in 0, $\operatorname{grad} f(0) = 0$. Nach Satz 3.16 erhält man eine universelle Entfaltung F von f wie folgt: Es seien $g_0 = -1, g_1, \ldots, g_{\mu-1}$ Repräsentanten einer Basis des $\mathbb{C}$-Vektorraums

$$\mathcal{O}_{n+1} \Big/ \left(\frac{\partial f}{\partial z_1}, \ldots, \frac{\partial f}{\partial z_n} \right) \mathcal{O}_{n+1},$$

der die Dimension μ hat, vgl. Satz 3.19. Setze dann

$$\begin{aligned} F:\quad (\mathbb{C}^{n+1} \times \mathbb{C}^\mu, 0) &\longrightarrow (\mathbb{C}, 0) \\ (z, u) &\longmapsto f(z) + \sum_{j=0}^{\mu-1} g_j(z) u_j. \end{aligned}$$

Es sei

$$F : M \times U \to \mathbb{C}$$

ein Repräsentant der Enfaltung F, wobei M eine offene Umgebung der 0 in $\mathbb{C}^{n+1}$ und U eine offene Umgebung der 0 in $\mathbb{C}^\mu$ ist. Wie in §3.8 setzen wir

$$\begin{aligned} \mathcal{Y} &:= \{(z, u) \in M \times U \mid F(z, u) = 0\}, \\ \mathcal{Y}_u &:= \{z \in M \mid F(z, u) = 0\}. \end{aligned}$$

Da $F(z, 0) = f(z)$, gibt es nach Lemma 3.5 ein $\varepsilon > 0$, so dass jede Sphäre $S_\rho \subset M$ um 0 vom Radius $\rho \leq \varepsilon$ die Menge $\mathcal{Y}_0$ transversal schneidet. Es sei $\varepsilon > 0$ so gewählt. Dann gibt es auch ein $\eta > 0$, so dass für $|u| \leq \eta$ die Menge $\{u \in \mathbb{C}^\mu \mid |u| \leq \eta\}$ ganz in U liegt und $\mathcal{Y}_u$ die Sphäre S_ε transversal schneidet. Es sei auch η so gewählt. Wir setzen

$$\begin{aligned}
\mathcal{X} &:= \{(z,u) \in \mathcal{Y} \mid |z| < \varepsilon, |u| < \eta\}, \\
\bar{\mathcal{X}} &:= \{(z,u) \in \mathcal{Y} \mid |z| \leq \varepsilon, |u| < \eta\}, \\
\partial\bar{\mathcal{X}} &:= \{(z,u) \in \mathcal{Y} \mid |z| = \varepsilon, |u| < \eta\}, \\
S &:= \{u \in U \mid |u| < \eta\},
\end{aligned}$$

$$\begin{array}{rccc} p: & \bar{\mathcal{X}} & \longrightarrow & S \\ & (z,u) & \longmapsto & u. \end{array}$$

Es sei C die Menge der kritischen Punkte und $D = p(C) \subset S$ die Diskriminante von p. Nach dem Ehresmann'schen Faserungssatz ist dann die Abbildung

$$p' := p|_{\bar{\mathcal{X}} - p^{-1}(D)} : \bar{\mathcal{X}} - p^{-1}(D) \longrightarrow S - D$$

die Projektion eines differenzierbaren Faserbündels und die Fasern von p' sind diffeomorph zu einer Milnorfaser $\bar{X}_w$ von f.

Es sei $s \in S - D$ und $\bar{X}_s := p^{-1}(s) = (p')^{-1}(s)$. Nach §4.4 definiert p' eine Darstellung

$$\rho : \pi_1(S - D, s) \longrightarrow \operatorname{Aut}(H_n(\bar{X}_s)).$$

Unser Ziel ist es, den folgenden Satz zu beweisen.

Satz 5.17 *Das Bild Γ des Homomorphismus*

$$\rho : \pi_1(S - D, s) \longrightarrow \operatorname{Aut}(H_n(\bar{X}_s))$$

stimmt mit der Monodromiegruppe der Singularität überein.

Bemerkung 5.5 Satz 5.17 liefert eine andere Definition der Monodromiegruppe, in der von Morsifikationen keine Rede mehr ist. Damit ist die Unabhängigkeit der Monodromiegruppe von der Wahl der Morsifikation gezeigt. Man kann auch leicht einsehen, dass Γ nicht von der Wahl des Repräsentanten der universellen Entfaltung abhängt.

Zum Beweis von Satz 5.17 wollen wir $\pi_1(S - D, s)$ näher untersuchen.

Lemma 5.7 (Zariski) *Es sei $\Delta \subset \mathbb{C}$ eine Kreisscheibe vom Radius η_0 um 0 und $T \subset \mathbb{C}^{\mu-1}$ eine offene und zusammenziehbare Umgebung von $0 \in \mathbb{C}^{\mu-1}$. Wir setzen $S := \bar{\Delta} \times T$. Es sei D eine analytische Hyperfläche in $\Delta \times T$, die abgeschlossen in $\bar{\Delta} \times T$ ist, und $\pi : \bar{\Delta} \times T \to T$ die Projektion. Dann ist $\pi|_D : D \to T$ eine endliche verzweigte Überlagerung. Es sei $B \subset T$ das Bild des Verzweigungsortes von $\pi|_D$. Ferner sei $t \in T - B$, $S_t = \pi^{-1}(t)$, $D_t = D \cap S_t$, $s \in S_t - D_t$.*

Dann gilt: Die Inklusion $i : S_t - D_t \to S - D$ induziert eine Surjektion $i_* : \pi_1(S_t - D_t, s) \to \pi_1(S - D, s)$ der Fundamentalgruppen.

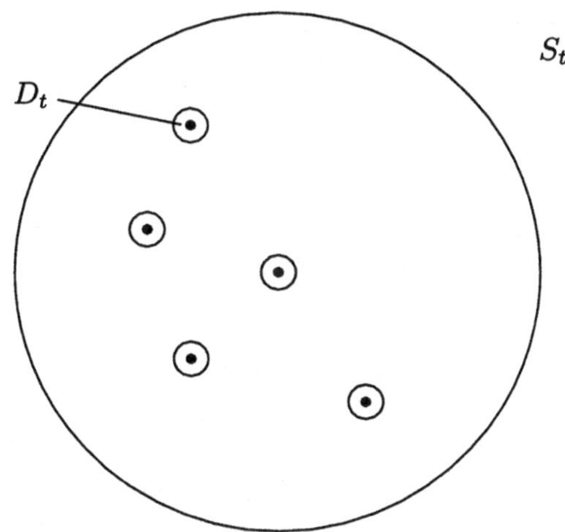

Bild 5.36: Kleine Kreisscheiben um die Punkte von D_t in S_t

Beweis. Es sei $(S-D)_{T-B} = S - D \cap \pi^{-1}(T-B)$. Da $\pi|_D : D \to T$ eine endliche verzweigte Überlagerung ist, ist

$$\pi : (S-D)_{T-B} \longrightarrow T - B$$

nach dem Ehresmann'schen Faserungssatz die Projektion eines differenzierbaren Faserbündels. Es sei $t \in T - B$ und $s = (\eta_0, t) \in \partial\bar{\Delta} \times T$. Dann hat dieses Faserbündel einen Schnitt $\sigma : T - B \to (S-D)_{T-B}$, der definiert ist durch $\sigma(t) = (\eta_0, t)$. Nach Satz 4.20 haben wir damit eine spaltende kurze exakte Sequenz

$$0 \longrightarrow \pi_1(S_t - D_t, s) \xrightarrow{i_*} \pi_1((S-D)_{T-B}, s) \underset{\sigma_*}{\overset{\pi_*}{\rightleftarrows}} \pi_1(T-B, t) \longrightarrow 0$$

und einen Isomorphismus

$$\begin{array}{rccc} (i_*, \sigma_*) : & \pi_1(S_t - D_t, s) \times \pi_1(T-B, t) & \longrightarrow & \pi_1((S-D)_{T-B}, s) \\ & (\alpha, \beta) & \longmapsto & \alpha\beta. \end{array}$$

(Die Voraussetzung, dass die Fasern des Faserbündels kompakt sein müssen, ist zunächst nicht erfüllt. Sie kann aber erfüllt werden, indem man aus den Fasern kleine offene Kreisscheiben um die Punkte aus D_t herausnimmt (vgl. Bild 5.36). Wir übergehen diesen kleinen technischen Punkt.)

Es sei nun ω ein geschlossener Weg in $S - D$ mit Anfangs- und Endpunkt s, also $[\omega] \in \pi_1(S - D, s)$. Da die reelle Kodimension von B in T größer oder gleich 2 ist, kann man durch eine kleine homotopische Deformation von ω erreichen, dass $\pi \circ \omega$ disjunkt zu B ist. Dies nehmen wir nun an. Dann liegt ω in $(S-D)_{T-B}$. Aufgrund des obigen Isomorphismus ist ω dann in $(S-D)_{T-B}$ homotop zu $\omega_1 * \omega_2$, wobei ω_1 ein geschlossener Weg in $S_t - D_t$ und ω_2 ein geschlossener Weg in $\{\eta_0\} \times T$ ist. Da $\{\eta_0\} \times T$ zusammenziehbar ist, folgt, dass ω in $S - D$ homotop zu ω_1 ist. Also gilt $i_*[\omega_1] = [\omega]$, was zu zeigen war. □

Beweis von Satz 5.17. Wie in §3.8 sei $T := \{t = (u_1, \dots, u_{\mu-1}) \in \mathbb{C}^{\mu-1} \mid |t| < \eta_1\}$ eine offene Kugel vom Radius $\eta_1 > 0$ um $0 \in \mathbb{C}^{\mu-1}$ und $\Delta \subset \mathbb{C}$ eine Kreisscheibe vom Radius $\eta_0 > 0$ um 0, so dass

$$\bar{\Delta} \times T = \{(u_0, u_1, \dots, u_{\mu-1}) \in \mathbb{C}^{\mu} \mid u_0 \in \bar{\Delta}, (u_1, \dots, u_{\mu-1}) \in T\} \subset S$$

(vgl. Bild 3.8). Wir ersetzen S durch $\bar{\Delta} \times T$ und $\bar{\mathcal{X}}$ durch $\bar{\mathcal{X}} \cap p^{-1}(\bar{\Delta} \times T)$, behalten aber die gleichen Bezeichnungen bei. Für $t \in T$ setzen wir

$$\begin{aligned} S_t &:= \bar{\Delta} \times \{t\} \\ &= \{(u_0, u_1, \dots, u_{\mu-1}) \in \bar{\Delta} \times T \mid (u_1, \dots, u_{\mu-1}) = t\}. \end{aligned}$$

Wir betrachten einen geeigneten Repräsentanten $\tilde{F} : \bar{\mathcal{X}} \to S = \bar{\Delta} \times T$ von

$$\begin{array}{rccc} \tilde{F}: & (\mathbb{C}^{n+1} \times \mathbb{C}^{\mu}, 0) & \longrightarrow & (\mathbb{C} \times \mathbb{C}^{\mu-1}, 0) \\ & (z, u) & \longmapsto & (F(z,u), u_1, \dots, u_{\mu-1}) \end{array}$$

wobei F von der Gestalt

$$F(z, u) = f(z) - u_0 + \sum_{j=1}^{\mu-1} g_j(z) u_j$$

ist. Es sei $t \in T$, $t \neq 0$. Wir definieren

$$f_{\lambda t} : M \longrightarrow \Delta \times \{\lambda t\}$$

durch $f_{\lambda t}(z) = \tilde{F}(z, 0, \lambda t)$.

Wegen der universellen Eigenschaft der universellen Entfaltung F und Lemma 3.9 lässt sich jede Morsifikation von f als $f_{\lambda t}$ für ein $\lambda t \neq 0$ realisieren. Es sei λt so gewählt, dass $f_{\lambda t}$ eine Morsefunktion ist. Nach Bemerkung 3.18 ist dann $\lambda t \notin B$, wobei B das Bild des Verzweigungsortes von $\pi|_D : D \to T$ wie in Lemma 5.7 ist. Es sei $D_{\lambda t} = D \cap S_{\lambda t}$, $s \in S_{\lambda t} - D_{\lambda t}$. Wir wählen in $S_{\lambda t}$ ein schwach ausgezeichnetes Wegesystem $(\gamma_1, \dots, \gamma_\mu)$, so dass die zugehörigen einfachen Schleifen $\omega_1, \dots, \omega_\mu$ die Fundamentalgruppe $\pi_1(S_{\lambda t} - D_{\lambda t}, s)$ frei erzeugen. Nach Lemma 5.7 erzeugen $\omega_1, \dots, \omega_\mu$ dann auch die Fundamentalgruppe $\pi_1(S - D, s)$. Daraus folgt, dass das Bild der Darstellung

$$\rho : \pi_1(S - D, s) \longrightarrow \mathrm{Aut}(H_n(\bar{X}_s))$$

mit der Monodromiegruppe der Singularität f übereinstimmt. □

Wir wollen nun weitere Folgerungen aus Satz 3.21 ziehen und insbesondere die Irreduzibilität von D ausnutzen.

Es sei $p : \bar{\mathcal{X}} \to S = \bar{\Delta} \times T$ wie oben, D die Diskriminante von p. Wir bezeichnen mit $S(D)$ die Menge der singulären Punkte von D, $D_{\mathrm{reg}} := D - S(D)$.

Lemma 5.8 D_{reg} *ist wegzusammenhängend.*

Beweis. Für $\mu = 1$ ist die Behauptung trivial. Sei also $\mu > 1$. Nach Satz 3.21(iii) ist D eine irreduzible Hyperfläche in S. Nach Satz 2.36 ist daher $S(D)$ eine echte analytische Teilmenge von D. Es sei

$$A := p^{-1}(S(D)) \cap C.$$

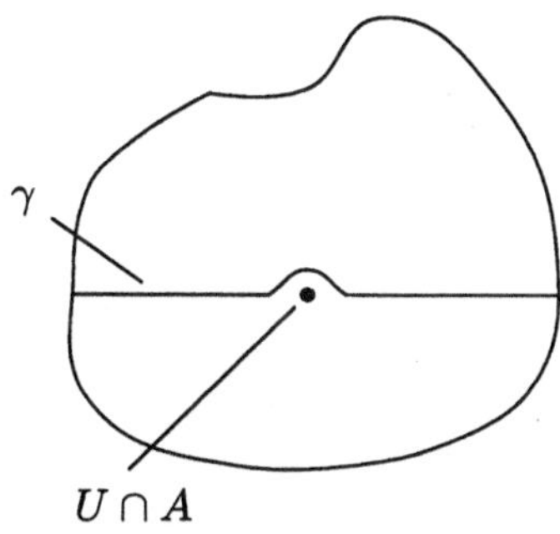

Bild 5.37: Neuer Weg γ

Dann ist A eine echte analytische Teilmenge von C. Nach Satz 3.21(ii) ist C eine nichtsinguläre analytische Teilmenge von $\mathcal{X}$ der Dimension $\mu - 1$. Es seien $a, b \in C - A$. Dann lassen sich a, b durch einen Weg $\gamma : [0,1] \to C$ mit $\gamma(0) = a$ und $\gamma(1) = b$ verbinden. Nach Satz 2.24 hat A in C lokal die Kodimension ≥ 1. Deswegen kann man annehmen, dass $\gamma(I)$ die Menge A nur in endlich vielen Punkten schneidet. Es sei $p \in A$ ein solcher Schnittpunkt, $\varphi : U \to U' \subset \mathbb{C}^{\mu-1}$ eine Karte von C um p, wobei U eine offene zusammenhängende Umgebung von p in C ist. Dann ist $\varphi(U \cap A)$ eine exakte analytische Teilmenge von $U' \subset \mathbb{C}^{\mu-1}$. Nun ist U' ein Gebiet in $\mathbb{C}^{\mu-1}$. Nach Satz 2.23 ist $U' - \varphi(U \cap A)$ zusammenhängend, also auch $U - U \cap A$. Deswegen kann man den Weg γ in U durch einen Weg ersetzen, der A vermeidet (vgl. Bild 5.37). Also ist $C - A$ wegzusammenhängend. Deshalb ist auch $p(C - A) = D - S(D)$ wegzusammenhängend. □

Es sei nun $\pi : \bar{\Delta} \times T \to T$ die Projektion, $B \subset T$ das Bild des Verzweigungsortes von $\pi|_D : D \to T$. Ferner sei $t \in T - B$, $S_t := \pi^{-1}(t)$, $D_t := D \cap S_t =: \{s_1, \dots, s_\mu\}$, $s \in S_t - D_t$. Es sei $(\gamma_1, \dots, \gamma_\mu)$ ein schwach ausgezeichnetes Wegesystem in S_t, das die Punkte $s_1, \dots, s_\mu$ mit s verbindet, so dass die zugehörigen einfachen Schleifen $\omega_1, \dots, \omega_\mu$ die Fundamentalgruppe $\pi_1(S_t - D_t, s)$ frei erzeugen. Wir definieren wieder $\tilde{\gamma}_i$, τ_i wie in §5.2 (siehe Bild 5.38). Schließlich sei $i : S_t - D_t \to S - D$ die Inklusion und $i_* : \pi_1(S_t - D_t, s) \to \pi_1(S - D, s)$ die induzierte Abbildung der Fundamentalgruppen.

Lemma 5.9 *Die Homotopieklassen $i_*[\omega_1], \dots, i_*[\omega_\mu]$ sind in $\pi_1(S - D, s)$ zueinander konjugiert.*

Beweis. Nach Lemma 5.8 ist D_{reg} wegzusammenhängend. Es sei $1 \leq i, j \leq \mu$, $i \neq j$. Dann lassen sich die Punkte s_i und s_j durch einen Weg $\gamma : [0,1] \to D_{\text{reg}}$ mit $\gamma(0) = s_i$, $\gamma(1) = s_j$ verbinden. Da D in S Kodimension 1 hat, kann man γ zu einem Weg $\tilde{\gamma}$ in $S - D$ so verschieben, dass $\tilde{\gamma}$ die Anfangspunkte von $\tilde{\gamma}_i$ und $\tilde{\gamma}_j$ verbindet, siehe Bild 5.39.

Wir betrachten den Weg

$$\tilde{\gamma}_i^{-1}\tilde{\gamma}\tau_j\tilde{\gamma}^{-1}\tilde{\gamma}_i.$$

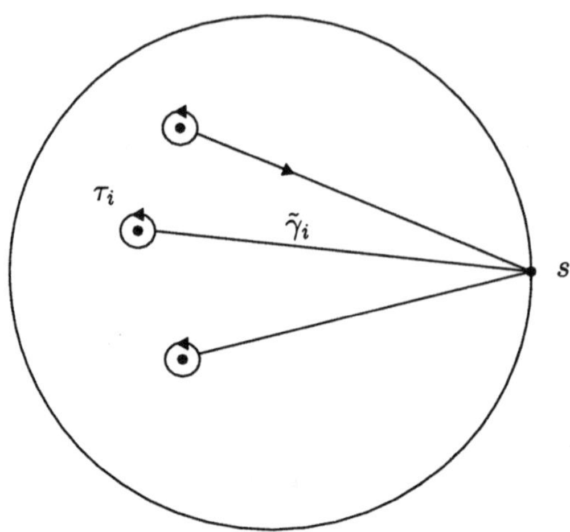

Bild 5.38: Definition von $\tilde{\gamma}_i$ und τ_i

Dieser Weg ist damit homotop zu ω_i. Wegen $\omega_j = \tilde{\gamma}_j^{-1}\tau_j\tilde{\gamma}_j$ gilt

$$\begin{aligned} i_*[\omega_i] &= [\tilde{\gamma}_i^{-1}\tilde{\gamma}\tilde{\gamma}_j\tilde{\gamma}_j^{-1}\tau_j\tilde{\gamma}_j\tilde{\gamma}_j^{-1}\tilde{\gamma}^{-1}\tilde{\gamma}_i] \\ &= [\tilde{\gamma}_i^{-1}\tilde{\gamma}\tilde{\gamma}_j]i_*[\omega_j][\tilde{\gamma}_i^{-1}\tilde{\gamma}\tilde{\gamma}_j]^{-1}. \end{aligned}$$

Also ist $i_*[\omega_j]$ konjugiert zu $i_*[\omega_i]$. □

Satz 5.18 *Es seien $h_1, \ldots, h_\mu$ die Picard-Lefschetz-Transformationen zu dem schwach ausgezeichneten Wegesystem $(\gamma_1, \ldots, \gamma_\mu)$. Dann sind $h_1, \ldots, h_\mu$ in der Monodromiegruppe Γ zueinander konjugiert.*

Beweis. Dies folgt unmittelbar aus Lemma 5.9 und Satz 5.17. □

Korollar 5.8 (Gabrielov, Lazzeri) *Das Coxeter-Dynkin-Diagramm zu einem schwach ausgezeichneten System $(\delta_1, \ldots, \delta_\mu)$ von verschwindenden Zyklen ist ein zusammenhängender Graph.*

Beweis. Wäre das Coxeter-Dynkin-Diagramm nicht zusammenhängend, so könnten wir die Indexmenge $\{1, \ldots, \mu\}$ in zwei nicht leere disjunkte Teilmengen I, J zerlegen, so dass $\langle\delta_i, \delta_j\rangle = 0$ für alle $i \in I$, $j \in J$. Dann gilt aber $h_i h_j = h_j h_i$ für alle $i \in I$, $j \in J$, d.h. h_i und h_j kommutieren miteinander. Damit ist Γ isomorph zu $\Gamma_I \times \Gamma_J$, wobei Γ_I die von den h_i, $i \in I$, und Γ_J die von den h_j, $j \in J$, erzeugte Untergruppe von Γ. Dann ist aber kein h_i, $i \in I$, konjugiert zu einem h_j, $j \in J$. □

Wir benötigen nun den folgenden Satz, den wir aber erst im nächsten Abschnitt beweisen können.

Satz 5.19 *Ist 0 weder ein regulärer noch ein nicht ausgearteter kritischer Punkt von f, so gibt es zwei verschwindende Zyklen δ, δ' von f mit $\langle\delta, \delta'\rangle = 1$.*

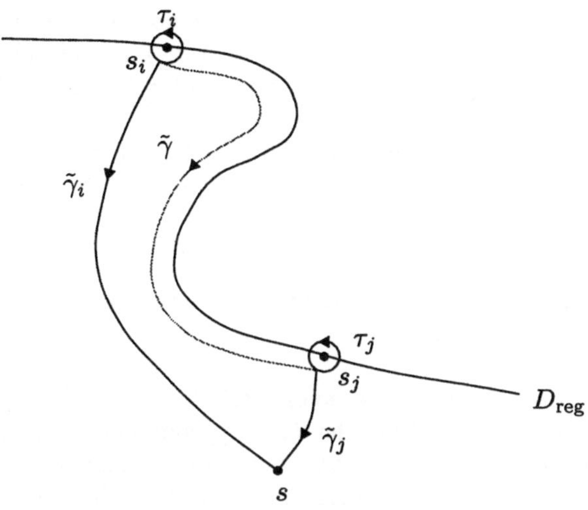

Bild 5.39: Der Weg $\tilde{\gamma}$

Definition Es sei Δ die Menge der verschwindenden Zyklen der Singularität f. Der Orbit eines Elementes $\delta \in \Delta$ unter Γ wird mit $\Gamma \cdot \{\delta\}$ bezeichnet.

Satz 5.20 *Ist nicht gleichzeitig n ungerade und 0 ein nicht ausgearteter kritischer Punkt von f, so ist Δ ein einziger Γ-Orbit, d.h. die Monodromiegruppe Γ operiert transitiv auf Δ.*

Beweis. Es seien $\delta_1, \delta_2 \in \Delta$. Wir müssen zeigen, dass unter den Voraussetzungen von Satz 5.20 gilt: Es gibt ein $h \in \Gamma$ mit $h(\delta_1) = \delta_2$.

Wir benutzen zunächst die gleiche Konstruktion wie beim Beweis von Lemma 5.9. Verschwindet δ_1 längs eines Weges γ_1 und δ_2 längs eines Weges γ_2 und setzen wir

$$\omega = \tilde{\gamma}_1^{-1} \tilde{\gamma} \tilde{\gamma}_2^{-1},$$

$\tilde{\gamma}_1, \tilde{\gamma}, \tilde{\gamma}_2$ wie im Beweis von Lemma 5.9, so gilt $h_{\omega *}^{-1}(\delta_1) = \pm\delta_2$.

Ist n gerade, so gilt $h_{\omega_2 *}(\delta_2) = -\delta_2$. Also folgt in diesem Fall $\delta_2 \in \Gamma \cdot \{\delta_1\}$.

Ist n ungerade und 0 weder ein regulärer Punkt (in diesem Fall ist $\Delta = \emptyset$, also die Behauptung trivial) noch ein nicht ausgearteter kritischer Punkt von f, so gibt es nach Satz 5.19 ein $\delta_3' \in \Delta$ mit $\langle \delta_2, \delta_3' \rangle = 1$. Für $\delta_3 := (-1)^{n(n-1)/2} \delta_3'$ gilt dann $\langle \delta_2, \delta_3 \rangle = (-1)^{n(n-1)/2}$ und

$$\begin{aligned} h_{\delta_3} h_{\delta_2} h_{\delta_2} h_{\delta_3}(\delta_2) &= h_{\delta_3} h_{\delta_2} h_{\delta_2}(\delta_2 - \delta_3) \\ &= h_{\delta_3} h_{\delta_2}(-\delta_3) \\ &= h_{\delta_3}(-\delta_3 - \delta_2) \\ &= -\delta_2. \end{aligned}$$

Also folgt auch in diesem Fall $\delta_2 \in \Gamma \cdot \{\delta_1\}$. □

Aus Satz 5.20 folgt, dass das Paar $(\tilde{H}_n(\bar{X}_s, \Delta)$ ein verschwindendes Gitter ist. Diesen Begriff wollen wir nun definieren.

Definition Es sei $(L, \langle\, , \rangle)$ ein Gitter. Ein *Automorphismus* des Gitters L ist ein Isomorphismus $h : L \to L$, der die Bilinearform $\langle\, , \rangle$ respektiert, d.h. für den gilt: $\langle h(v), h(w)\rangle = \langle v, w\rangle$ für alle $v, w \in L$. Die Gruppe aller Automorphismen des Gitters L bezeichnen wir mit $\mathrm{Aut}(L)$.

Es sei nun L symmetrisch und gerade oder schiefsymmetrisch, $\varepsilon \in \{+1, -1\}$, $\delta \in L$. Ist L symmetrisch, so sei $\langle \delta, \delta\rangle = 2\varepsilon$. Wir definieren einen Automorphismus $s_\delta \in \mathrm{Aut}(L)$ durch

$$s_\delta(v) := v - \varepsilon\langle v, \delta\rangle\delta$$

für alle $v \in L$. Dann ist s_δ eine Spiegelung im symmetrischen Fall und eine symplektische Transvektion im schiefsymmetrischen Fall.

Definition Es sei $(L, \langle\, , \rangle)$ ein gerades symmetrisches oder schiefsymmetrisches Gitter, Λ eine Teilmenge von L, $\varepsilon \in \{\pm 1\}$. Ist $(L, \langle\, , \rangle)$ symmetrisch, so sei $\langle \delta, \delta\rangle = 2\varepsilon$ für alle $\delta \in \Lambda$. Es sei $\Gamma_\Lambda \subset \mathrm{Aut}(L)$ die von den Transformationen s_δ, $\delta \in \Lambda$, erzeugte Untergruppe von $\mathrm{Aut}(L)$. Das Paar (L, Λ) habe die folgenden Eigenschaften:

(i) Λ erzeugt L.

(ii) Λ ist ein Orbit von Γ_Λ in L.

(iii) Falls der Rang von L größer als 1 ist, gibt es $\delta, \delta' \in \Lambda$ mit $\langle \delta, \delta'\rangle = 1$.

Dann heißt das Paar (L, Λ) ein *verschwindendes Gitter* und Γ_Λ die zugehörige *Monodromiegruppe.*

Korollar 5.9 *Es sei nicht gleichzeitig n ungerade und 0 ein nicht ausgearteter kritischer Punkt von f. Dann ist das Paar $(\tilde{H}_n(\bar{X}_s), \Delta)$ ein verschwindendes Gitter mit $\varepsilon = (-1)^{n(n-1)/2}$ und Γ ist die zugehörige Monodromiegruppe.*

Beweis. Dies folgt aus Satz 5.20 und Satz 5.6. □

Beispiel 5.5 Wir betrachten den Fall $n = 0$, also $f : (\mathbb{C}, 0) \to (\mathbb{C}, 0)$. Dann besteht die Milnorfaser $\bar{X}_s$ aus $\mu + 1$ Punkten. Die geometrische Monodromiegruppe Γ_{geo} der Singularität f ist eine Untergruppe der Permutationsgruppe $\mathrm{Sym}(\mu + 1)$ dieser $\mu + 1$ Punkte.

Es sei f_λ eine Morsifikation von f. In einer Umgebung eines nicht ausgearteten kritischen Punktes p_i hat f_λ die Gestalt

$$z \longmapsto z^2$$

(vgl. Bild 5.40). Ist ω_i eine Schleife um den zugehörigen kritischen Wert s_i, so ist h_{ω_i} die Transposition der beiden Punkte von $\bar{X}_s$, die in s_i zusammenfallen. Es sei $(\gamma_1, \dots, \gamma_\mu)$ ein schwach ausgezeichnetes Wegesystem zu f_λ. Nach Satz 5.18 gilt

a) Γ_{geo} wird von Transpositionen $h_1, \dots, h_\mu$ erzeugt, die alle in Γ zueinander konjugiert sind.

Außerdem gilt

b) Für jedes $x \in \bar{X}_s$ gibt es ein i mit $h_i(x) = h_{\omega_i}(x) \neq x$.

Beweis von b). Angenommen, es gibt ein $x_0 \in \bar{X}_s$ mit $h_i(x_0) = x_0$ für alle $i = 1, \dots, \mu$. Es sei $\bar{X}_s = \{x_0, x_1, \dots, x_\mu\}$. Längs jedes Weges γ_i verschwindet ein Zyklus $x_{j_i} - x_{k_i}$, $j_i, k_i \in \{0, 1, \dots, \mu\}$. Ist $j_i = 0$ oder $k_i = 0$, so gilt $h_i(x_0) \neq x_0$. Also gilt $x_{j_i}, x_{k_i} \in$

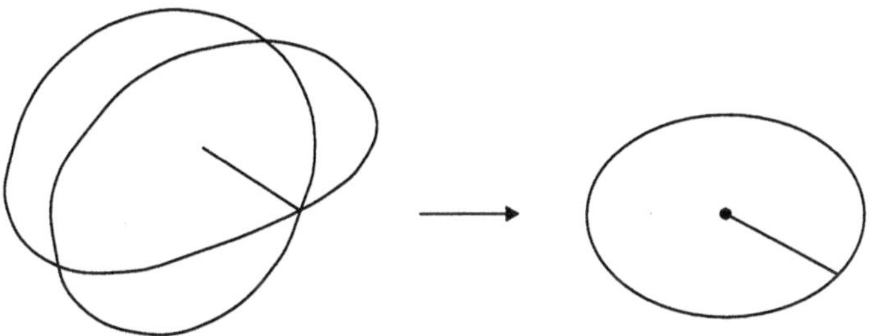

Bild 5.40: Die Abbildung $z \mapsto z^2$

$\{x_1, \dots, x_\mu\}$ für alle $i = 1, \dots, \mu$. Also ist $[x_0 - x_1] \in \tilde{H}_0(\bar{X}_s)$ keine Linearkombination der Elemente $\delta_i := [x_{j_i} - x_{k_i}]$, $i = 1, \dots, \mu$, von $\tilde{H}_0(\bar{X}_s)$. Dies ist ein Widerspruch zu Satz 5.6, der besagt, dass $(\delta_1, \dots, \delta_\mu)$ eine Basis von $\tilde{H}_0(\bar{X}_s)$ bildet. □

Aus den Eigenschaften a) und b) folgt nun, dass $\Gamma = \mathrm{Sym}(\mu + 1)$ (Übungsaufgabe in Gruppentheorie).

Das verschwindende Gitter (L, Δ) lässt sich in diesem Fall wie folgt beschreiben: Es sei $e_1, \dots, e_{\mu+1}$ die kanonische Basis des $\mathbb{R}^{\mu+1}$, $\langle\, , \,\rangle$ das euklidische Skalarprodukt auf $\mathbb{R}^{\mu+1}$,

$$\begin{aligned} L &= \tilde{H}_0(\bar{X}_s) = \{v = (v_1, \dots, v_{\mu+1}) \in \mathbb{Z}^{\mu+1} \mid v_1 + \dots + v_{\mu+1} = 0\}, \\ \Delta &= \{e_i - e_j \mid 1 \le i, j \le \mu + 1, i \neq j\} \\ &= \{v \in L \mid \langle v, v \rangle = 2\}, \\ \Gamma &= \Gamma_\Delta = \mathrm{Sym}(\mu + 1). \end{aligned}$$

Dieses verschwindende Gitter heißt ein *Wurzelgitter vom Typ A_μ*.

5.9 Deformation

Wir wollen nun den Beweis von Satz 5.19 nachtragen. Wir benötigen dazu einige Vorbereitungen, die auch für sich genommen von Interesse sind.

Wir behalten die Notation von §5.8 bei und betrachten wieder die Abbildung $p : \bar{\mathcal{X}} \to S = \bar{\Delta} \times T$ mit Diskriminante D. Es sei $s_1 \in D$ und $x_1, \dots, x_k$ seien die Punkte von $C_{s_1} := p^{-1}(s_1) \cap C$. Für jedes $i = 1, \dots, k$ wählen wir eine abgeschlossene Kugel B_i in $\mathcal{X}$ um x_i und außerdem wählen wir eine offene und zusammenhängende Umgebung U von s_1 in S, so dass die beiden folgenden Bedingungen erfüllt sind:

(i) $B_i \cap B_j = \emptyset$ für alle $i \neq j$.

(ii) Für alle $s \in U$ schneidet die Faser $p^{-1}(s)$ die Ränder der Kugeln B_i transversal.

Es sei $s_2 \in U - (U \cap D)$, $\bar{Y}_i = X_{s_2} \cap B_i$, $\mathcal{X}_U = \mathcal{X} \cap p^{-1}(U)$. Dann ist

$$p|_{\mathcal{X}_U \cap B_i} : \mathcal{X}_U \cap B_i \longrightarrow U$$

ein Repräsentant einer Entfaltung einer Singularität $f_i : (\mathbb{C}^{n+1}, x_i) \to (\mathbb{C}, s_1)$, $\bar{Y}_i$ ist eine Milnorfaser dieser Singularität (vgl. Bild 5.41).

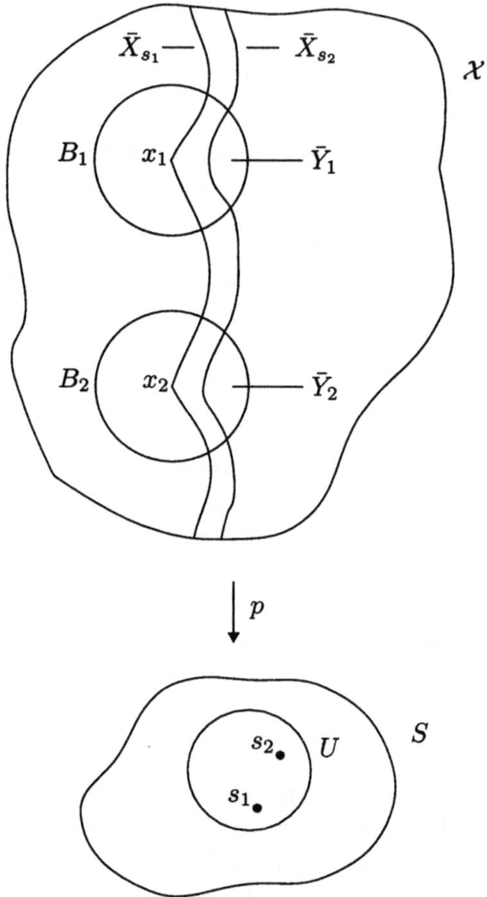

Bild 5.41: Die lokalen Milnorfasern $\bar{Y}_i$

Definition Es sei M ein freier $\mathbb{Z}$-Modul. Ein Untermodul $N \subset M$ heißt *primitiv*, falls M/N torsionsfrei ist.

Satz 5.21 *Die Inklusion* $i : \bigcup_{j=1}^{k} \bar{Y}_j \to \bar{X}_{s_2}$ *induziert eine injektive Abbildung von freien* $\mathbb{Z}$*-Moduln*

$$i_* : \bigoplus_{j=1}^{k} \tilde{H}_n(\bar{Y}_j) \longrightarrow \tilde{H}_n(\bar{X}_{s_2}).$$

Das Bild von i_* *ist ein primitiver Untermodul von* $\tilde{H}_n(\bar{X}_{s_2})$.

Die Abbildung i_* *erhält die Schnittform und bildet verschwindende Zyklen auf verschwindende Zyklen ab.*

Wenn $\delta'_1, \dots, \delta'_m \in \bigcup_{i=1}^{k} \tilde{H}_n(\bar{Y}_i)$ *ein stark ausgezeichnetes System von verschwindenden Zyklen für die Singularitäten* $f_1, \dots, f_k$ *ist, so kann man* $\delta_1 := i_*(\delta'_1), \dots, \delta_m := i_*(\delta'_m)$ *zu einem stark ausgezeichneten System von verschwindenden Zyklen* $\delta_1, \dots, \delta_m, \delta_{m+1}, \dots, \delta_\mu$ *der Singularität* f *erweitern.*

Beweis. Es sei

$$\begin{aligned} Z &:= \bar{\mathcal{X}}_u - \bigcup_{j=1}^{k}(B_j \cap \bar{\mathcal{X}}_u), \\ Z_{s_1} &:= \bar{X}_{s_1} - \bigcup_{j=1}^{k}(B_j \cap \bar{X}_{s_1}). \end{aligned}$$

Dann ist $(Z, p|_Z, U, Z_{s_1})$ ein triviales differenzierbares Faserbündel (nach Satz 4.11). Deshalb gibt es für jedes $q \in \mathbb{Z}$ Isomorphismen

$$\tilde{H}_q(\bar{X}_{s_2}, \bigcup_j \bar{Y}_j) \cong \tilde{H}_q(\bar{\mathcal{X}}_U, \bigcup_j (\bar{\mathcal{X}}_U \cap B_j) \cong \tilde{H}_q(\bar{X}_{s_1}, \bigcup_j (\bar{X}_{s_1} \cap B_j)).$$

Da $\bar{X}_{s_1} \cap B_j$ für jedes $j = 1, \dots, k$ nach Satz 5.4 zusammenziehbar ist, gilt

$$\tilde{H}_q(\bar{X}_{s_1}, \bigcup_j (\bar{X}_{s_1} \cap B_j)) \cong \tilde{H}_q(\bar{X}_{s_1}, C_{s_1}).$$

Da $\bar{X}_{s_2}$ den Homotopietyp eines Bouquets von n-Sphären hat (Satz 5.2) und $\bar{X}_{s_1}$ aus $\bar{X}_{s_2}$ durch Kontraktion einiger dieser Sphären entsteht, hat auch $\bar{X}_{s_1}$ den Homotopietyp eines Bouquets von n-Sphären. Daraus folgt

$$\tilde{H}_{n+1}(\bar{X}_{s_1}, C_{s_1}) = 0.$$

Damit erhalten wir für die exakte reduzierte Homologiesequenz des Paares $(\bar{X}_{s_1}, C_{s_1})$:

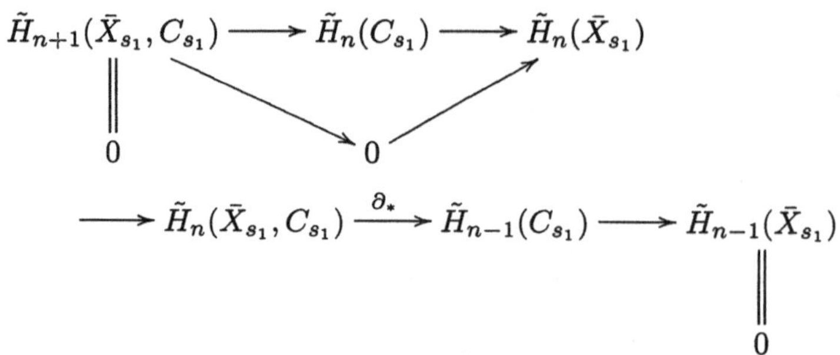

Da $\bar{Y}_i$ ebenfalls homotopieäquivalent zu einem Bouquet von n-Sphären ist, folgt

$$\tilde{H}_{n-1}(\bigcup_i \bar{Y}_i) \cong \tilde{H}_{n-1}(C_{s_1}).$$

Daraus folgt für die exakte reduzierte Homologiesequenz des Paares $(\bar{X}_{s_2}, \bigcup_i \bar{Y}_i)$:

$$\begin{array}{ccccc} \tilde{H}_{n+1}(\bar{X}_{s_2}, \bigcup_i \bar{Y}_i) & \longrightarrow & \tilde{H}_n(\bigcup_i \bar{Y}_i) & \xrightarrow{i_*} & \tilde{H}_n(\bar{X}_{s_2}) \\ \| & & \| & & \\ 0 & & \bigoplus_i \tilde{H}_n(\bar{Y}_i) & & \end{array}$$

$$\begin{array}{cccc} \longrightarrow & \tilde{H}_n(\bar{X}_{s_2}, \bigcup_i \bar{Y}_i) & \xrightarrow{\partial_*} & \tilde{H}_{n-1}(\bigcup_i \bar{Y}_i) \\ & \| & & \| \\ & \tilde{H}_n(\bar{X}_{s_1}, C_{s_1}) & & \tilde{H}_{n-1}(C_{s_1}) \end{array}$$

Also erhalten wir folgende kurze exakte Sequenz:

$$0 \longrightarrow \bigoplus_{i=1}^{k} \tilde{H}_n(\bar{Y}_i) \xrightarrow{i_*} \tilde{H}_n(\bar{X}_{s_2}) \longrightarrow \tilde{H}_n(\bar{X}_{s_1}) \longrightarrow 0.$$

Dabei ist jeder Term ein freier $\mathbb{Z}$-Modul, da alle Räume homotopieäquivalent zu Bouquets von n-Sphären sind. Aus dieser Sequenz folgt, dass i_* injektiv ist. Wegen

$$\tilde{H}_n(\bar{X}_{s_2}) / \operatorname{Im} i_* \cong \tilde{H}_n(\bar{X}_{s_1})$$

ist $\operatorname{Im} i_*$ ein primitiver Untermodul von $\tilde{H}(\bar{X}_{s_2})$.

Es ist klar, dass i_* die Schnittform respektiert und verschwindende Zyklen auf verschwindende Zyklen abbildet.

Wir müssen schließlich die letzte Aussage des Satzes beweisen. Es sei $S = \bar{\Delta} \times T$, $\pi : \bar{\Delta} \to T$ die Projektion. Ferner sei $t_1 = \pi(s_1)$. Dann schneidet die Gerade $\mathbb{C} \times \{t_1\}$ die Diskriminante D in μ Punkten (mit Vielfachheit gezählt), die in $S_{t_1} = \bar{\Delta} \times \{t_1\}$ liegen. Der Schnittpunkt $s_1 \in D \cap S_{t_1}$ hat die Vielfachheit m. Für allgemeines t nahe bei t_1 schneidet die Gerade $\mathbb{C} \times \{t\}$ die Diskriminante D in μ regulären Punkten,

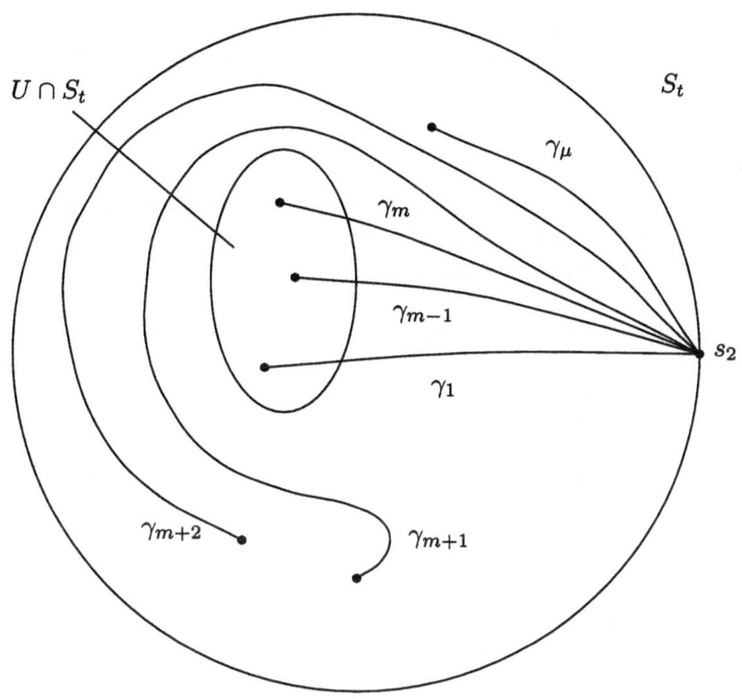

Bild 5.42: Erweiterung des stark ausgezeichneten Wegesystems $(\gamma_1, \ldots, \gamma_m)$ zu $(\gamma_1, \ldots, \gamma_\mu)$

die in S_t liegen. Davon liegen m Punkte in $U \cap S_t$. Wir nehmen an, dass $s_2 \in \partial S_t$. Wir wählen ein stark ausgezeichnetes Wegesystem $(\gamma_1, \ldots, \gamma_m)$ von den m Punkten von $U \cap D \cap S_t$ nach s, so dass die gegebenen Zyklen $\delta_1 = i_*(\delta_1'), \ldots, \delta_m = i_*(\delta_m') \in \tilde{H}_n(\bar{X}_{s_2})$ längs $\gamma_1, \ldots, \gamma_m$ verschwinden. Wir erweitern dieses Wegesystem zu einem stark ausgezeichnetem Wegesystem $(\gamma_1, \ldots, \gamma_\mu)$ von den μ Punkten von $D_t = S_t \cap D$ nach s_2 (vgl. Bild 5.42). Das zugehörige stark ausgezeichnete System von verschwindenden Zyklen $(\delta_1, \ldots, \delta_\mu)$ von $\tilde{H}_n(\bar{X}_{s_2})$ ist dann die gesuchte Erweiterung. □

Wir wollen nun eine Halbordnung auf der Menge aller Rechtsäquivalenzklassen von holomorphen Funktionskeimen mit isolierten Singularitäten einführen. Es sei $f : (\mathbb{C}^{n+1}, 0) \to (\mathbb{C}, 0)$ ein holomorpher Funktionskeim mit einer isolierten Singularität in 0, $df(0) = 0$. Es sei F ein Repräsentant der universellen Entfaltung $F : (\mathbb{C}^{n+1} \times \mathbb{C}^\mu, 0) \to (\mathbb{C}, 0)$ von f wie in §3.8.

Es sei nun $g : (\mathbb{C}^{n+1}, 0) \to (\mathbb{C}, 0)$ ein weiterer holomorpher Funktionskeim mit isolierter Singularität in 0.

Definition Wir sagen, $[f]$ *deformiert in* $[g]$, in Zeichen $[f] \to [g]$ oder $[f] \geq [g]$, wenn es für jedes $\varepsilon > 0$ ein $s_1 = (w_1, t_1) \in D$ mit $|s_1| < \varepsilon$ und ein $x \in C_{s_1}$ gibt, so dass der Keim der durch $F_{s_1}(z) = F(z, s_1)$ gegebenen holomorphen Funktion F_{s_1} in x rechtsäquivalent zu $g : (\mathbb{C}^{n+1}, 0) \to (\mathbb{C}, 0)$ ist.

Definition Es seien (M, Λ), (L, Δ) verschwindende Gitter. Eine *primitive Einbettung* von (M, Λ) in (L, Δ) ist ein injektiver $\mathbb{Z}$-Modulhomomorphismus $j : M \to L$, der die Bilinearformen respektiert und Λ nach Δ abbildet und für den gilt: $j(M)$ ist ein primitiver Untermodul von L.

Aus Satz 5.21 folgt nun unmittelbar:

Korollar 5.10 *Deformiert die Singularität $[f]$ in die Singularität $[g]$, so existiert eine primitive Einbettung des verschwindenden Gitters (M, Λ) von g in das verschwindende Gitter (L, Δ) von f. Insbesondere gilt $\mu(g) \leq \mu(f)$.*

Bemerkung 5.6 Es ist klar, dass rechtsäquivalente Singularitäten f_1 und f_2 das gleiche verschwindende Gitter haben.

Satz 5.22 *Es sei $f : (\mathbb{C}^{n+1}, 0) \to (\mathbb{C}, 0)$ ein holomorpher Funktionskeim mit einer isolierten Singularität in 0. Es sei 0 weder ein regulärer noch ein nicht ausgearteter kritischer Punkt von f. Dann deformiert $[f]$ in die Singularität $A_2 = [g]$ mit $g(z) = z_1^3 + z_2^2 + \ldots + z_{n+1}^2$.*

Beweis. Nach dem verallgemeinerten Morselemma (Satz 3.20) ist f rechtsäquivalent zu einem holomorphen Funktionskeim der Form

$$z \longmapsto f'(z_1, \ldots, z_r) + z_{r+1}^2 + \ldots + z_{n+1}^2,$$

wobei $r \geq 1$ und $f' \in \mathfrak{m}_r^3$ ist. Dann reicht es zu zeigen, dass $[f'] \to [g']$ mit $g'(z) = z_1^3 + z_2^2 + \ldots + z_r^2$. Denn eine universelle Entfaltung F' von f' bestimmt eine universelle Entfaltung F von f durch

$$F(z, u) = F'(z, u) + z_{r+1}^2 + \ldots + z_{n+1}^2.$$

Also können wir o.B.d.A. annehmen, dass $f \in \mathfrak{m}_{n+1}^3$.

Wir betrachten nun die Entfaltung $G : (\mathbb{C}^{n+1} \times \mathbb{C}^n, 0) \to (\mathbb{C}, 0)$ von f mit

$$G(z, u) = f(z) + u_1 z_2^2 + \ldots + u_n z_{n+1}^2.$$

Es sei $G_u : (\mathbb{C}^{n+1}, 0) \to (\mathbb{C}, 0)$ definiert durch $G_u(z) = G(z, u)$. Für beliebig kleines $u \neq 0$ ist G_u rechtsäquivalent zu $\tilde{g} : (\mathbb{C}^{n+1}, 0) \to (\mathbb{C}, 0)$ mit

$$\tilde{g}(z) = h(z_1) + z_2^2 + \ldots + z_{n+1}^2,$$

$h \in \mathfrak{m}_1^3$. Wir betrachten nun die Entfaltung $H : (\mathbb{C} \times \mathbb{C}, 0) \to (\mathbb{C}, 0)$ von h mit

$$H(z_1, v) = h(z_1) + v z_1^3.$$

Für beliebig kleines $v \neq 0$ ist H_v mit $H_v(z_1) = H(z_1, v)$ von der Form

$$H_v(z_1) = w^3$$

für eine holomorphe Funktion w von z_1. Also ist H_v rechtsäquivalent zu $z_1 \to z_1^3$. Daraus folgt die Behauptung. □

Beweis von Satz 5.19. Es sei $f : (\mathbb{C}^{n+1}, 0) \to (\mathbb{C}, 0)$ ein holomorpher Funktionskeim mit einer isolierten Singularität in 0 und 0 sei weder ein regulärer noch ein nicht ausgearteter kritischer Punkt von f. Dann deformiert $[f]$ nach Satz 5.22 in die Singularität A_2. In Verallgemeinerung von Beispiel 5.3 sieht man leicht, dass eine Singularität

$$g(z) = z_1^3 + z_2^2 + \ldots + z_{n+1}^2$$

vom Typ A_2 eine stark ausgezeichnete Basis von verschwindenden Zyklen (δ_1, δ_2) mit $\langle \delta_1, \delta_2 \rangle = \pm 1$ besitzt. Die Behauptung folgt damit aus Korollar 5.10. □

5.10 Polarkurven und Coxeter-Dynkin-Diagramme

Wir wollen nun eine Methode von A.M. Gabrielov zur Berechnung von Coxeter-Dynkin-Diagrammen darstellen, die auf höherdimensionale Singularitäten anwendbar ist und die es erlaubt, Coxeter-Dynkin-Diagramme für eine Reihe von wichtigen Singularitäten zu berechnen. Es geht uns im Folgenden darum, einen Überblick über einige neuere Resultate zu geben und wir werden daher zum Teil auf Beweise verzichten.

Es sei $f : (\mathbb{C}^{n+1}, 0) \to (\mathbb{C}, 0)$ ein holomorpher Funktionskeim mit einer isolierten Singularität in 0. Es sei $\zeta : \mathbb{C}^{n+1} \to \mathbb{C}$ eine lineare Funktion, die zum Beispiel nach einem geeigneten Koordinatenwechsel als die letzte Koordinatenfunktion gewählt werden kann. Wir betrachten den Abbildungskeim

$$\Phi = (\Phi_1, \Phi_2) = (f, \zeta) : (\mathbb{C}^{n+1}, 0) \longrightarrow (\mathbb{C}^2, 0).$$

Wir bezeichnen mit $\Sigma_\zeta(f)$ die kritische Menge dieser Abbildung, genauer den Keim dieser analytischen Menge in 0.

Satz 5.23 *Es gilt* $\dim_{\mathbb{C}} \Sigma_\zeta(f) = 1$, *d.h.* $\Sigma_\zeta(f)$ *ist eine (nicht notwendig reduzierte) Kurve.*

Beweis. Wir betrachten einen Repräsentanten

$$\Phi : U \longrightarrow \mathbb{C}^2,$$

wobei $U \subset \mathbb{C}^{n+1}$ eine geeignete offene Umgebung der 0 ist. Dann gilt

$$\begin{aligned} \Sigma_\zeta(f) &= \left\{ z \in U \;\middle|\; \operatorname{rg} \begin{pmatrix} \frac{\partial f}{\partial z_1} & \cdots & \frac{\partial f}{\partial z_{n+1}} \\ \frac{\partial \zeta}{\partial z_1} & \cdots & \frac{\partial \zeta}{\partial z_{n+1}} \end{pmatrix} < 2 \right\} \\ &= \{ z \in U \mid \operatorname{grad} f(z) = \varepsilon \operatorname{grad} \zeta(z) \text{ für ein } \varepsilon \in \mathbb{C} \} \\ &= \{ z \in U \mid z \text{ ist ein kritischer Punkt von } f - \varepsilon\zeta \text{ für ein } \varepsilon \in \mathbb{C} \}. \end{aligned}$$

Da f in 0 eine isolierte Singularität hat, hat die Funktion $f - \varepsilon\zeta$ für hinreichend kleines U und ε nur endlich viele kritische Punkte in U. Daraus folgt die Behauptung. □

Definition Die Kurve $\Sigma_\zeta(f)$ heißt die *Polarkurve* der Singularität f bezüglich der linearen Funktion ζ.

Bemerkung 5.7 Aus dem Beweis von Satz 5.23 folgt eine andere Beschreibung der Polarkurve $\Sigma_\zeta(f)$ von f: $\Sigma_\zeta(f)$ ist die Menge aller Punkte z aus einer Umgebung U von $0 \in \mathbb{C}^{n+1}$, in denen der Tangentialraum der Niveaufläche von f durch diesen Punkt parallel zur festen Hyperebene $\zeta = 0$ ist. Denn dies gilt genau dann für ein $z \in U$, wenn die Gradienten $\operatorname{grad} f(z)$ und $\operatorname{grad} \zeta(z)$ linear abhängig sind.

Es sei $\Sigma_\zeta(f) = \bigcup_i \Sigma_i$ die Zerlegung der Polarkurve in irreduzible Komponenten. Wir haben bereits gesehen, dass die kritischen Punkte der Funktionen $f - \varepsilon\zeta$, $\varepsilon \in \mathbb{C}$, auf $\Sigma_\zeta(f)$ liegen.

Definition Es sei μ_i die Summe der Milnorzahlen der kritischen Punkte der Funktion $f - \varepsilon\zeta$ für kleines $\varepsilon \neq 0$, die auf Σ_i liegen und für $\varepsilon \to 0$ gegen 0 streben.

Es gilt $\mu(f) = \sum_i \mu_i$.

Lemma 5.10 *Die kritischen Punkte der Funktion $f|_{\zeta=\varepsilon}$ auf der Hyperebene $\zeta = \varepsilon$ in $\mathbb{C}^{n+1}$ liegen auf der Polarkurve $\Sigma_\zeta(f)$.*

Beweis. Nach der Lagrange'schen Multiplikatorregel werden die kritischen Punkte von $f|_{\zeta=\varepsilon}$ auf $\zeta = \varepsilon$ durch die Gleichungen

$$\begin{aligned} \zeta(z) &= \varepsilon \\ \operatorname{grad} f(z) &= \lambda \operatorname{grad} \zeta(z) \end{aligned}$$

gegeben. Diese Gleichungen beschreiben die Menge

$$\Sigma_\zeta(f) \cap \{\zeta = \varepsilon\}.$$

Damit ist Lemma 5.10 bewiesen. □

Lemma 5.11 *Die folgenden Aussagen sind äquivalent*

(i) $f|_{\zeta=0}$ *hat eine isolierte Singularität in* 0.
(ii) $\Sigma_i \not\subset \{\zeta = 0\}$ *für alle* i.
(iii) $f|_{\Sigma_i} \not\equiv 0$ *für alle* i.

Beweis. (i)⇒(ii): Aus (i) folgt, dass 0 ein isolierter Punkt von $\Sigma_i \cap \{\zeta = 0\}$ ist, für alle i. Also folgt $\Sigma_i \not\subset \{\zeta = 0\}$ für alle i.

(ii)⇔(iii):

$$\begin{aligned} & f|_{\Sigma_i} \equiv 0 \\ \Leftrightarrow\ & \operatorname{grad} f|_{\Sigma_i} = 0 \\ \Leftrightarrow\ & \operatorname{grad} \zeta|_{\Sigma_i} = 0 \\ \Leftrightarrow\ & \zeta|_{\Sigma_i} = 0 \\ \Leftrightarrow\ & \Sigma_i \subset \{\zeta = 0\}. \end{aligned}$$

(ii)⇒(i): Angenommen, $f|_{\zeta=0}$ hat eine nicht isolierte Singularität in 0. Es sei $C \subset \{\zeta = 0\}$ die Menge der singulären Punkte von $f|_{\zeta=0}$. Dann ist C eine analytische

Teilmenge von $\{\zeta = 0\}$ und besitzt eine irreduzible Komponente C_0 mit $\dim C_0 \geq 1$. Nach Lemma 5.10 gilt

$$C_0 \subset C \subset \Sigma_\zeta(f).$$

Da C_0 irreduzibel von der Dimension $\dim C_0 \geq 1$ ist, muss $C_0 = \Sigma_i$ für ein i gelten. Für dieses i gilt $\Sigma_i \subset \{\zeta = 0\}$. □

Definition Für i mit $\Sigma_i \not\subset \{\zeta = 0\}$ sei ν_i die Summe der Milnorzahlen der kritischen Punkte der Funktion $f|_{\zeta=\varepsilon}$ für ein kleines $\varepsilon \neq 0$, die auf Σ_i liegen und für $\varepsilon \to 0$ gegen 0 streben.

Hat die Funktion $f|_{\zeta=0}$ eine isolierte Singularität in 0, so gilt nach Lemma 5.11 $\Sigma_i \not\subset \{\zeta = 0\}$ für alle i und

$$\mu(f|_{\zeta=0}) = \sum_i \nu_i.$$

Es sei $\Sigma_i \not\subset \{\zeta = 0\}$. Wir betrachten die Kurve $\Phi(\Sigma_i)$. Wir wählen Koordinaten (ζ, λ) von $\mathbb{C}^2$, so dass die Abbildung $\Phi : U \to \mathbb{C}^2$ durch $\Phi_2(z) = \zeta$ und $\Phi_1(z) = f(z) = \lambda$ für $z \in U \subset \mathbb{C}^{n+1}$ gegeben wird. Wegen $\Sigma_i \not\subset \{\zeta = 0\}$ fällt $\Phi(\Sigma_i)$ nicht mit der Koordinatenachse $\zeta = 0$ zusammen. Deshalb besitzt der offene Kurvenzweig $\Phi(\Sigma_i)$ nach Theorem 1.4 eine Puiseuxentwicklung

$$\lambda = a_i\zeta^{\alpha_i} + \text{ Terme höherer Ordnung,}$$
$$a_i \neq 0, a_i \in \mathbb{C}, \alpha_i \in \mathbb{Q}.$$

Nach der Definition von λ, kann man dies auch so interpretieren, dass $f|_{\Sigma_i}$ als eine Puiseuxreihe, d.h. eine Potenzreihe in ζ mit gebrochenen Exponenten, geschrieben werden kann, die mit dem Term $a_i\zeta^{\alpha_i}$ beginnt.

Lemma 5.12 *Gilt* $\Sigma_i \not\subset \{\zeta = 0\}$, *so ist* $\alpha_i > 1$.

Beweis. $\Sigma_\zeta(f)$ stimmt nach dem Beweis von Satz 5.23 in einer Umgebung U von $0 \in \mathbb{C}^{n+1}$ mit der Menge der kritischen Punkte der Funktion $f - \varepsilon\zeta$ überein. Für $\varepsilon \to 0$ müssen die entsprechenden Punkte gegen 0 gehen. Diese Punkte sind Lösungen der Gleichungen

$$\begin{aligned}\frac{\partial f}{\partial \zeta} &= a_i\alpha_i\zeta^{\alpha_i - 1} + \text{ Terme höherer Ordnung}\\ &= \varepsilon.\end{aligned}$$

Damit ist Lemma 5.12 bewiesen. □

Für i mit $\Sigma_i \subset \{\zeta = 0\}$ setzen wir $\alpha_i = 1$.

Lemma 5.13 *Falls* $\alpha_i > 1$ *gilt:* $\mu_i = \nu_i(\alpha_i - 1)$.

Beweis. Es sei Σ_i eine irreduzible Komponente von $\Sigma_\zeta(f)$ mit $\alpha_i > 1$. Es sei n_i die Multiplizität von Σ_i. Wir schreiben die Puiseuxentwicklung von $\Phi(\Sigma_i)$ in der Form

$$\zeta = t^{n_i k_i}, \ \lambda = a_i t^{n_i m_i} + \text{ Terme höherer Ordnung,}$$

wobei $k_i, m_i \in \mathbb{N}$. Es gilt

$$\alpha_i = \frac{m_i n_i}{k_i n_i} = \frac{m_i}{k_i}.$$

Die Zahl μ_i ist gleich der Anzahl der von 0 verschiedenen Lösungen der Gleichung

$$\frac{\partial f}{\partial t} - \varepsilon \frac{\partial \zeta}{\partial t} = 0,$$

die für $\varepsilon \to 0$ gegen 0 gehen. Die Zahl ν_i ist nach Lemma 5.10 die Anzahl der Lösungen der Gleichung $t^{n_i k_i} = \varepsilon$. Es folgt $\mu_i = (m_i - k_i)m_i$, $\nu_i = n_i k_i$. Daraus folgt

$$\frac{\mu_i}{\nu_i} = \frac{(m_i - k_i)n_i}{k_i n_i} = \frac{m_i}{k_i} - 1 = \alpha_i - 1.$$

Damit ist Lemma 5.13 bewiesen. □

Die Methode von Gabrielov beruht darauf, eine Schnittmatrix der Singularität f mit einer Schnittmatrix der Singularität $f + \zeta^2$ (oder $f|_{\zeta=0}$) in Verbindung zu bringen. Dazu betrachten wir das Verhalten der kritischen Punkte und kritischen Werte für spezielle Entfaltungen dieser Singularitäten, bei denen die kritischen Punkte auf der Polarkurve der Singularität f liegen. Wir betrachten zunächst eine Entfaltung

$$F_\varepsilon = f + (\zeta - \varepsilon)^2,$$

$\varepsilon \in \mathbb{C}$ klein, der Funktion $f + \zeta^2$. Man rechnet leicht nach, dass die kritischen Punkte der Funktion F_ε auf der Polarkurve $\Sigma_\zeta(f)$ der Funktion f liegen. Wir interessieren uns nun für diejenigen kritischen Punkte von F_ε, die auf der Komponente Σ_i liegen und für $\varepsilon \to 0$ gegen 0 streben. Sie sind Lösungen der Gleichung

$$\frac{\partial F_\varepsilon|_{\Sigma_i}}{\partial \zeta} = 0.$$

Mit Hilfe der Puiseuxentwicklung von Σ_i können wir diese Gleichung wie folgt schreiben

$$a_i \alpha_i \zeta^{\alpha_i - 1} + 2(\zeta - \varepsilon) + o(\zeta^{\alpha_i - 1}) = 0.$$

Für $\alpha_i > 2$ folgt hieraus

$$\zeta = \varepsilon + o(\varepsilon^{\alpha_i - 1}),\ F_\varepsilon|_{\Sigma_i}(\zeta) = a_i \varepsilon^{\alpha_i} + o(\varepsilon^{\alpha_i}).$$

Die Anzahl dieser kritischen Punkte ist ν_i.

Für $\alpha_i = 2$, $a_i \neq -1$, gilt

$$\zeta = \frac{\varepsilon}{a_i + 1} + o(\varepsilon),\ F_\varepsilon|_{\Sigma_i}(\zeta) = \frac{a_i}{a_i + 1}\varepsilon^2 + o(\varepsilon^2).$$

Die Anzahl dieser kritischen Punkte ist ebenfalls ν_i.

Für $\alpha_i < 2$ reduziert sich die Gleichung wie folgt

$$a_i \alpha_i \zeta^{\alpha_i - 1} - 2\varepsilon + o(\zeta) = 0.$$

In erster Approximation beschreibt diese Gleichung die kritischen Punkte der Funktion $f - 2\varepsilon\zeta$. Die Anzahl dieser kritischen Punkte ist nach Definition von μ_i gleich μ_i. Es gilt

$$\zeta = \left(\frac{2\varepsilon}{a_i \alpha_i}\right)^{\frac{1}{\alpha_i - 1}} + o(\varepsilon) = o(\varepsilon),\ F_\varepsilon|_{\Sigma_i}(\zeta) = \varepsilon^2 + o(\varepsilon^2).$$

Damit haben wir die beiden folgenden Sätze bewiesen.

Satz 5.24 *Die kritischen Werte derjenigen kritischen Punkte von $F_\varepsilon = f + (\zeta - \varepsilon)^2$, die auf Σ_i liegen und für $\varepsilon \to 0$ gegen 0 streben, sind*

$$a_i \varepsilon^{\alpha_i} + o(\varepsilon^{\alpha_i}), \text{ falls } \alpha_i > 2,$$
$$\frac{a_i}{a_i + 1}\varepsilon^2 + o(\varepsilon^2), \text{ falls } \alpha_i = 2, a_i \neq -1,$$
$$\varepsilon^2 + o(\varepsilon^2), \text{ falls } \alpha_i < 2.$$

Satz 5.25 *Ist $a_i \neq -1$ für $\alpha_i = 2$, so gilt für die Milnorzahl $\mu(f + \zeta^2)$ der Singularität $f + \zeta^2$*

$$\mu(f + \zeta^2) = \sum_{\substack{i \\ \alpha_i < 2}} \mu_i + \sum_{\substack{j \\ \alpha_j \geq 2}} \nu_j.$$

Korollar 5.11 *Es gilt*

$$\mu(f + \zeta^2) \leq \mu(f|_{\zeta=0})$$

und Gleichheit gilt genau dann, wenn $\alpha_i \geq 2$ für alle i gilt.

Bemerkung 5.8 Man kann leicht zeigen, dass für $f \in \mathfrak{m}^k$ und hinreichend allgemein gewähltes ζ gilt: $\alpha_i \geq k$ für alle i.

Wir wollen nun eine Schnittmatrix der Singularität f mit einer Schnittmatrix der Singularität $f + \zeta^2$ in Verbindung bringen. Dazu betrachten wir die Entfaltung $F_\varepsilon = f + (\zeta - \varepsilon)^2$ und konstruieren nun ein stark ausgezeichnetes Wegesystem für diese Entfaltung. Es sei

$$A = \{\alpha_i\}.$$

Nach Satz 5.24 liegen die kritischen Werte von F_ε in Kreisringen um den Nullpunkt. Es sei $\varepsilon \neq 0$ hinreichend klein. Für jedes $\alpha \in A$ mit $\alpha > 2$ können wir positive Zahlen r'_α und r''_α wählen, so dass die kritischen Werte aller kritischen Punkte von F_ε, die zu Σ_i mit $\alpha_i = \alpha$ gehören und für $\varepsilon \to 0$ gegen 0 streben, in dem offenen Kreisring

$$\{u \in \mathbb{C} \mid r'_\alpha < |u| < r''_\alpha\}$$

enthalten sind. Ebenso können wir positive Zahlen r'_2 und r''_2 wählen, so dass die kritischen Werte aller zu Σ_i mit $\alpha_i \leq 2$ gehörigen kritischen Punkte, die außerdem für $\varepsilon \to 0$ gegen 0 streben, in dem offenen Kreisring

$$\{u \in \mathbb{C} \mid r'_2 < |u| < r''_2\}$$

enthalten sind. Ferner können die Zahlen r'_α und r''_α $(\alpha \geq 2)$ so gewählt werden, dass für $\alpha \geq \beta$ gilt $r''_\alpha < r'_\beta$.

Im Folgenden nehmen wir an, dass das Argument der komplexen Zahl u, $\arg u$, im Intervall $[-\pi, \pi]$ liegt. Es sei $\sigma : \mathbb{R}_+ \to \mathbb{R}_+$ eine stetige monoton fallende Funktion mit

$$\sigma(r) = \alpha - 1 \text{ für } r'_\alpha \leq r \leq r''_\alpha.$$

Wir definieren

$$V_m := \{u \in \mathbb{C} \mid \arg u + 2\pi\sigma(|u|) \geq (2m - 1)\pi\},$$

wobei $m = 1, 2, \ldots$.

Wir nehmen an, dass die folgende Bedingung erfüllt ist

$$(-a_i)^{q_i} \notin \mathbb{R}_+ \text{ für } \alpha_i = \frac{p_i}{q_i}, (p_i, q_i) = 1.$$

Dann kann man leicht aus Satz 5.24 ableiten, dass für hinreichend kleines $\varepsilon \in \mathbb{R}_+ \setminus \{0\}$ die kritischen Werte von F_ε nicht in $\mathbb{R}_-$ oder im Rand einer Menge V_m enthalten sind.

Nun wählen wir ein stark ausgezeichnetes System $(\gamma_1, \ldots, \gamma_\nu)$ von Wegen ($\nu := \mu(f + \zeta^2)$), das die kritischen Werte von F_ε mit dem nicht kritischen Wert 0 verbindet. Stark ausgezeichnet heißt in diesem Fall, dass die Wege doppelpunktfrei, kreuzungsfrei ($\gamma_i \cap \gamma_j = \{0\}$) und in der folgenden Weise geordnet sind: Für $i < j$ sei $\arg u_i > \arg u_j$, wobei u_i bzw. u_j der Schnittpunkt von γ_i bzw. γ_j mit einem kleinen Kreis um den Nullpunkt ist. Wir nehmen zusätzlich an, dass das Wegesystem die folgende Eigenschaft habe:

> Jeder Weg schneidet $\mathbb{R}_-$ nur im Nullpunkt, und ein Weg, der bei einem kritischen Wert in V_m beginnt, bleibt ganz in V_m. (V)

Diese Bedingung ist z.B. für ein System von Geradenabschnitten zwischen den kritischen Werten von F_ε und 0 erfüllt (mit geeigneten Änderungen, falls zwei kritische Werte auf dem gleichen Geradenstück liegen). Man vergleiche Bild 5.43.

Gabrielov hat nun in [Gab79] folgenden Satz bewiesen.

Theorem 5.3 (Gabrielov) *Es sei $(\delta_1, \ldots, \delta_\nu)$ eine stark ausgezeichnete Basis von verschwindenden Zyklen der Singularität $f + \zeta^2$, die durch das stark ausgezeichnete Wegesystem $(\gamma_1, \ldots, \gamma_\nu)$ definiert ist.*

Dann besitzt f eine stark ausgezeichnete Basis $(\delta_j^m \mid 1 \leq j \leq \nu, 1 \leq m \leq M_j)$ von verschwindenden Zyklen, die durch die lexikographische Ordnung der Paare (m, j) geordnet ist, mit den folgenden Eigenschaften:

(i) *Für $1 \leq j, j' \leq \nu$, $1 \leq m \leq M_j - 1$ gilt:*

$$\langle \delta_j^1, \delta_{j'}^1 \rangle = \langle \delta_j, \delta_{j'} \rangle, \quad \delta_j^{m+1} = h_*(\delta_j^m),$$

wobei h_* der klassische Monodromieoperator der Singularität f ist.

(ii) *Ein Paar (m, j) heiße* zulässig, *wenn $1 \leq j \leq \nu$ und $1 \leq m \leq M_j$. Die ersten μ_i Paare von jeder Menge von Paaren (m, j), wobei δ_j ein verschwindender Zyklus ist, der in einem kritischen Punkt auf Σ_i verschwindet, sind zulässig.*

(iii) *Die Basis (δ_j^m) hat die folgende Schnittmatrix:*

$$\begin{aligned}
\langle \delta_j^m, \delta_{j'}^m \rangle &= \langle \delta_j, \delta_{j'} \rangle, \\
\langle \delta_j^m, \delta_{j'}^{m'} \rangle &= -(-1)^{n(n-1)/2}(m' - m)^n \text{ für } |m' - m| = 1, \\
\langle \delta_j^m, \delta_{j'}^{m'} \rangle &= -\langle \delta_j, \delta_{j'} \rangle \text{ für } |m' - m| = 1 \text{ und } (m' - m)(j' - j) < 0, \\
\langle \delta_j^m, \delta_{j'}^{m'} \rangle &= 0 \text{ für } |m' - m| > 1 \text{ oder } (m' - m)(j' - j) > 0.
\end{aligned}$$

Es habe nun $f|_{\zeta=0}$ eine isolierte Singularität in 0. Dann gibt es eine analoge Beziehung zwischen Schnittmatrizen der Singularitäten f und $f|_{\zeta=0}$. Dazu betrachten wir die Entfaltung

$$G_\varepsilon = f|_{\zeta=\varepsilon}, \ \varepsilon \in \mathbb{C} \text{ klein},$$

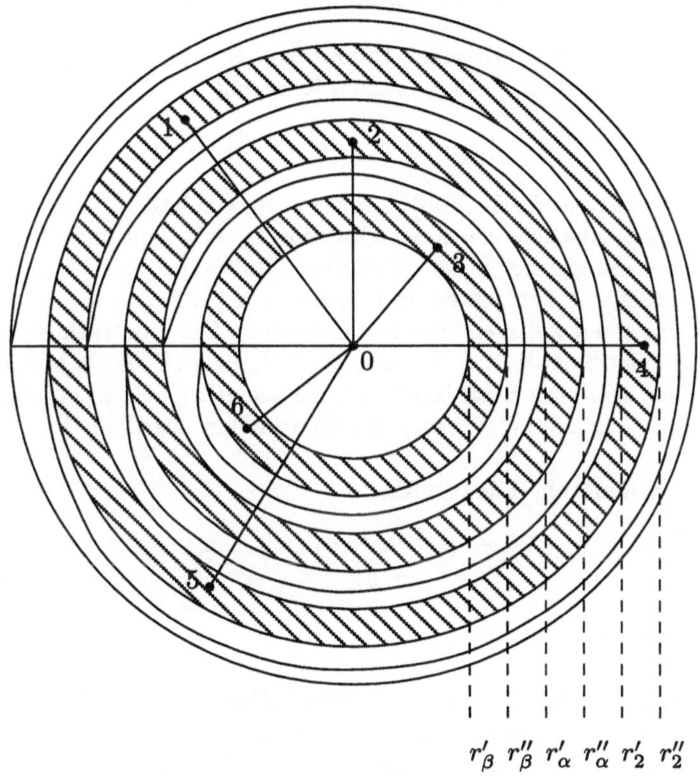

Bild 5.43: Zur Wahl des stark ausgezeichneten Wegesystems $(\gamma_1, \ldots, \gamma_\nu)$ nach Gabrielov

der Singularität $f|_{\zeta=0}$. Nach Lemma 5.10 liegen die kritischen Werte von G_ε auf der Polarkurve $\Sigma_\zeta(f)$. Die kritischen Werte derjenigen Punkte von G_ε, die auf der Komponente Σ_i liegen und für $\varepsilon \to 0$ gegen 0 streben, sind

$$a_i \varepsilon^{\alpha_i} + o(\varepsilon^{\alpha_i}).$$

Deswegen können wir für hinreichend kleines $\varepsilon \neq 0$ und jedes $\alpha \in A$ positive Zahlen r'_α und r''_α wählen, so dass

$$\begin{aligned} r'_\alpha &< r''_\alpha \text{ für alle } a \in A, \\ r''_\alpha &< r'_\beta \text{ für } \alpha > \beta \end{aligned}$$

und die kritischen Werte aller kritischen Punkte von G_ε, die zu Σ_i mit $\alpha_i = \alpha$ gehören und für $\varepsilon \to 0$ gegen 0 streben, in dem offenen Kreisring

$$\{u \in \mathbb{C} \mid r'_\alpha < |u| < r''_\alpha\}$$

enthalten sind. Wir definieren die Funktion $\sigma(r)$, die Gebiete V_m und das Wegesystem $(\gamma_1, \ldots, \gamma_\nu)$, das die kritischen Werte der Funktion G_ε mit dem nicht kritischen Wert 0 verbindet auf genau die gleiche Weise wie für die Funktion F_ε mit dem einzigen Unterschied, dass wir alle $\alpha \in A$ betrachten und nicht nur $\alpha \geq 2$.

Wir zitieren nun einen weiteren Satz von Gabrielov. Dazu betrachten wir den Begriff der Stabilisierung einer Singularität. Es sei $g : (\mathbb{C}^{n+1}, 0) \to (\mathbb{C}, 0)$ ein holomorpher Funktionskeim mit einer isolierten Singularität in. Es seien $(x_1, \ldots, x_{n+1})$ die Koordinaten des $\mathbb{C}^{n+1}$ und $(x_1, \ldots, x_{n+1}, y_1, \ldots, y_m)$ die Koordinaten des $\mathbb{C}^{n+1+m}$.

Definition Der holomorphe Funktionskeim

$$\begin{aligned} g(x) + y_1^2 + \ldots + y_m^2 : \quad (\mathbb{C}^{n+1+m}, 0) &\longrightarrow (\mathbb{C}, 0) \\ (x, y) &\longmapsto g(x) + y_1^2 + \ldots + y_m^2 \end{aligned}$$

heißt eine *Stabilisierung* von g.

Theorem 5.4 (Gabrielov) *Es sei g_λ eine Morsifikation der Singularität g, $(\gamma_1, \ldots, \gamma_\mu)$ ein stark ausgezeichnetes Wegesystem zu g_λ und $(\delta_1, \ldots, \delta_\mu)$ eine zugehörige stark ausgezeichnete Basis von verschwindenden Zyklen.*

Dann ist $g_\lambda(x) + y_1^2 + \ldots + y_m^2$ eine Morsifikation der Singularität $g(x) + y_1^2 + \ldots + y_m^2$, mit den gleichen kritischen Werten, $(\gamma_1, \ldots, \gamma_\mu)$ auch ein stark ausgezeichnetes Wegesystem für diese Singularität und für die zugehörige stark ausgezeichnete Basis $(\tilde{\delta}_1, \ldots, \tilde{\delta}_\mu)$ von verschwindenden Zyklen gilt:

$$\langle \tilde{\delta}_i, \tilde{\delta}_j \rangle = [\operatorname{sign}(j - i)]^m (-1)^{(n+1)m + \frac{m(m-1)}{2}} \langle \delta_i, \delta_j \rangle$$

für $i \neq j$.

Zum Beweis dieses Satzes siehe [BK91].

Wir fahren nun in der Betrachtung der Funktion G_ε fort. Es sei $(\gamma_1, \ldots, \gamma_\nu)$ ein stark ausgezeichnetes Wegesystem wie beschrieben. Es sei $(\tilde{\delta}'_1, \ldots, \tilde{\delta}'_\nu)$ eine dadurch definierte stark ausgezeichnete Basis von verschwindenden Zyklen für $f|_{\zeta=0}$. Nach Theorem 5.4

bestimmt $(\gamma_1, \ldots, \gamma_\nu)$ auch eine stark ausgezeichnete Basis $(\tilde{\delta}_1, \ldots, \tilde{\delta}_\nu)$ von verschwindenden Zyklen für $f|_{\zeta=0} + \zeta^2$ und für die Schnittmatrix gilt

$$\langle \tilde{\delta}_j, \tilde{\delta}_{j'} \rangle = (-1)^n \langle \tilde{\delta}'_j, \tilde{\delta}'_{j'} \rangle.$$

Theorem 5.5 (Gabrielov) *Angenommen, $f|_{\zeta=0}$ hat eine isolierte Singularität in 0. Dann kann in Theorem 5.3 die Singularität $f + \zeta^2$ und die stark ausgezeichnete Basis $(\delta_1, \ldots, \delta_\nu)$ durch $f|_{\zeta=0} + \zeta^2$ und $(\tilde{\delta}_1, \ldots, \tilde{\delta}_\nu)$ ersetzt werden.*

Theorem 5.5 reduziert die Berechnung einer Schnittmatrix einer Singularität f einer Funktion in $n+1$ Variablen auf die Berechnung der Schnittmatrix der Singularität $f|_{\zeta=0}$ einer Funktion in n Variablen bezüglich eines speziellen stark ausgezeichneten Wegesystems und der Indizes α_i für die Komponenten Σ_i der Polarkurve $\Sigma_\zeta(f)$ von f.

Beispiel 5.6 $f(x, \zeta) = x^3 + x^2\zeta^2 + \zeta^{6+l}$, $l \geq 0$. Dann hat $f|_{\zeta=0} = x^3$ eine isolierte Singularität vom Typ A_2 in 0. Es gilt

$$\nu = \mu(f|_{\zeta=0}) = 2$$

und die Schnittmatrix der stark ausgezeichneten Basis $(\tilde{\delta}_1, \tilde{\delta}_2)$ muss bei einer geeigneten Orientierung der verschwindenden Zyklen $\tilde{\delta}_1, \tilde{\delta}_2$ lauten:

$$\begin{pmatrix} 0 & 1 \\ -1 & 0 \end{pmatrix}.$$

Die Polarkurve $\Sigma_\zeta(f)$ von f wird durch die Gleichung

$$0 = \frac{\partial f}{\partial x} = 3x^2 + 2x\zeta^2$$

gegeben. Sie hat die irreduziblen Komponenten

$$\begin{aligned} \Sigma_1 &= \{x = 0\}, \\ \Sigma_2 &= \{3x + 2\zeta^2 = 0\}. \end{aligned}$$

Es gilt $\nu_1 = \nu_2 = 1$,

$$f|_{\Sigma_1} = \zeta^{6+l},$$

also $\alpha_1 = 6 + l$, $\mu_1 = 5 + l$, und

$$f|_{\Sigma_2} = -\frac{8}{27}\zeta^6 + \frac{4}{9}\zeta^6 + \zeta^{6+l},$$

also $\alpha_2 = 6$, $\mu_2 = 5$. Nach Theorem 5.5 hat f eine stark ausgezeichnete Basis (δ_j^m) von verschwindenden Zyklen mit dem in Bild 5.44 dargestellten Coxeter-Dynkin-Diagramm.

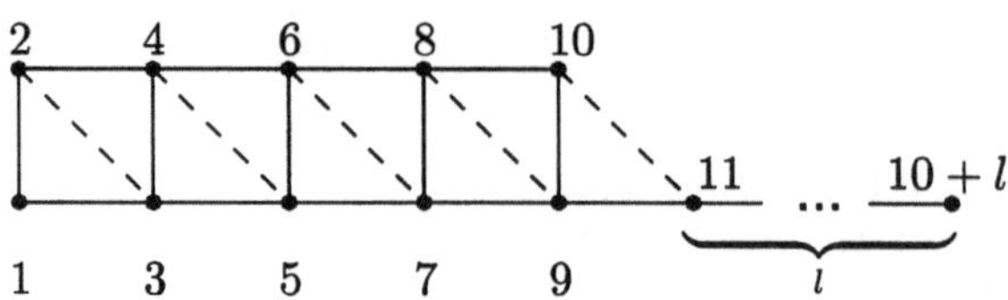

Bild 5.44: Coxeter-Dynkin-Diagramm zu der Basis (δ_j^m) des Beispiels

Name	Gleichung	Coxeter-Dynkin-Diagramm
$\tilde{E}_6$	$x^3+y^3+z^3+\lambda xyz$, $\lambda^3+27\neq 0$	
$\tilde{E}_7$	$x^4+y^4+z^2+\lambda x^2y^2$, $\lambda^2\neq 4$	
$\tilde{E}_8$	$x^3+y^6+z^2+\lambda x^2y^2$, $4\lambda^3+27\neq 4$	
$T_{p,q,r}$	$x^p+y^q+z^r+\lambda xyz$, $\frac{1}{p}+\frac{1}{q}+\frac{1}{r}<1, \lambda\neq 0$	

Tabelle 5.1: Die parabolischen und hyperbolischen unimodalen Singularitäten

Name	Gleichung	Coxeter-Dynkin-Diagramm
E_{12}	$x^3 + y^7 + z^2 + \lambda xy^5$	
E_{13}	$x^3 + xy^5 + z^2 + \lambda y^8$	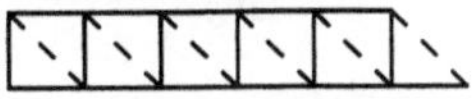
E_{14}	$x^3 + y^8 + z^2 + \lambda xy^6$	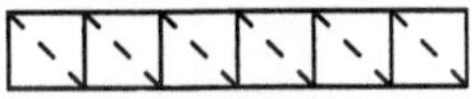
Z_{11}	$x^3y + y^5 + z^2 + \lambda xy^4$	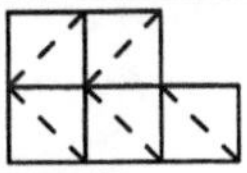
Z_{12}	$x^3y + xy^4 + z^2 + \lambda y^6$	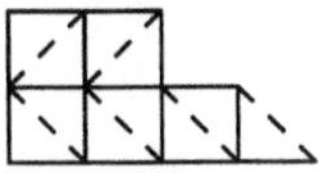
Z_{13}	$x^3y + y^6 + z^2 + \lambda xy^5$	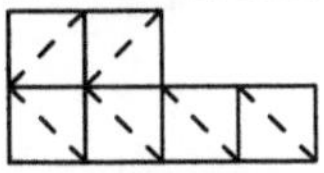
W_{12}	$x^4 + y^5 + z^2 + \lambda x^2y^3$	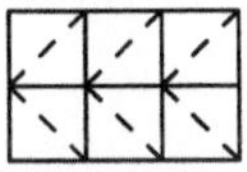
W_{13}	$x^4 + xy^4 + z^2 + \lambda y^6$	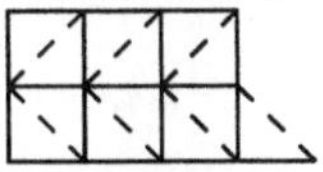
Q_{10}	$x^2z + y^3 + z^4 + \lambda yz^3$	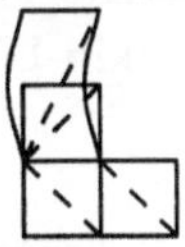
Q_{11}	$x^2z + y^3 + yz^3 + \lambda z^5$	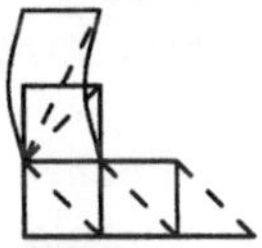
Q_{12}	$x^2z + y^3 + z^5 + \lambda yz^4$	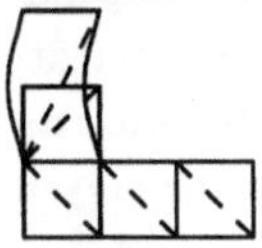
S_{11}	$x^2z + yz^2 + y^4 + \lambda y^3z$	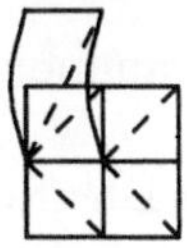
S_{12}	$x^2z + yz^2 + y^4 + \lambda y^5$	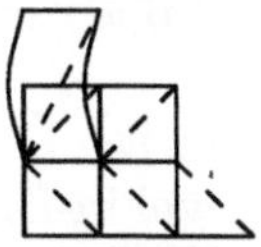
U_{12}	$x^3 + y^3 + z^4 + \lambda xyz^2$	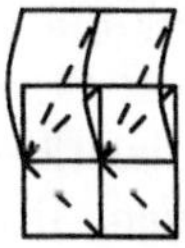

Tabelle 5.2: Die 14 exzeptionellen unimodalen Singularitäten

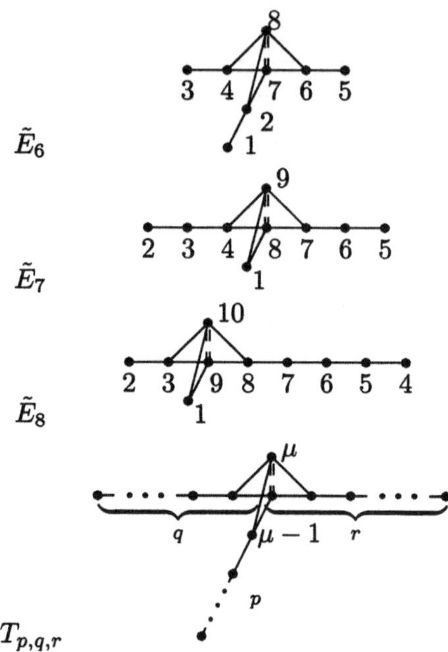

Tabelle 5.3: Coxeter-Dynkin-Diagramme der parabolischen und hyperbolischen unimodalen Singularitäten

5.11 Unimodale Singularitäten

In §3.10 haben wir die einfachen Singularitäten klassifiziert. Wir wollen nun die Klassifikation der unimodalen Singularitäten nach Arnold darstellen.

Die unimodalen Singularitäten werden bis auf Stabilisierung durch die in den Tabellen 5.1 und 5.2 angegebenen Funktionskeime gegeben. Wir listen jeweils den Namen, die Gleichung und ein Coxeter-Dynkin-Diagramm auf, das man durch die in §5.10 beschriebene Methode erhält.

Bei den Dynkindiagrammen haben wir in den meisten Fällen die Nummerierung weggelassen.

Die Coxeter-Dynkin-Diagramme der unimodularen Singularitäten lassen sich durch Operationen der Zopfgruppe auf die in den Tabellen 5.3 und 5.4 angegebenen Formen bringen.

Für die Singularitäten $\tilde{E}_6$, $\tilde{E}_7$, $\tilde{E}_8$ und $T_{p,q,r}$ hat Gabrielov gezeigt, dass die angegebenen Graphen Coxeter-Dynkin-Diagramme zu stark ausgezeichneten Basen der jeweiligen Singularitäten sind. Für die exzeptionellen Singularitäten hat Gabrielov gezeigt, dass die angegebenen Graphen Coxeter-Dynkin-Diagramme zu schwach ausgezeichneten Basen der jeweiligen Singularitäten sind. Deswegen nennt man die jeweiligen Zahlen p, q, r auch die *Gabrielov-Zahlen.* Der Autor hat gezeigt [Ebe81], dass man auch stark ausgezeichnete Basen mit diesen Coxeter-Dynkin-Diagrammen finden kann.

Es sei $f : (\mathbb{C}^3, 0) \to (\mathbb{C}, 0)$ ein holomorpher Funktionskeim mit einer isolierten Singularität in 0. Es sei L das Milnorgitter von f und $(\delta_1, \ldots, \delta_\mu)$ eine stark ausgezeichnete Basis von verschwindenden Zyklen von f. Wir betrachten dann den μ-dimensionalen

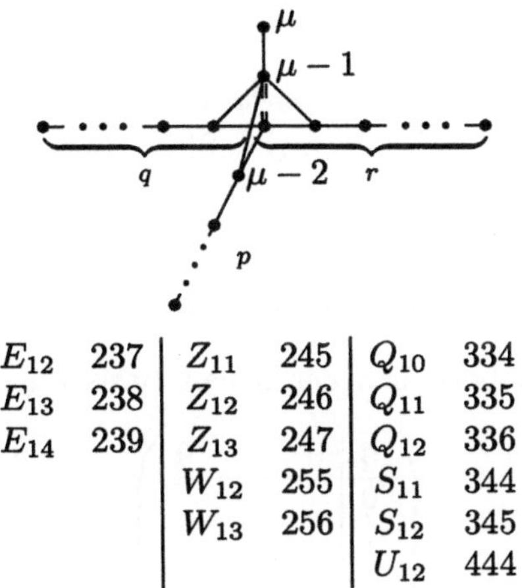

E_{12}	237	Z_{11}	245	Q_{10}	334
E_{13}	238	Z_{12}	246	Q_{11}	335
E_{14}	239	Z_{13}	247	Q_{12}	336
		W_{12}	255	S_{11}	344
		W_{13}	256	S_{12}	345
				U_{12}	444

Tabelle 5.4: Coxeter-Dynkin-Diagramm der exzeptionellen unimodalen Singularitäten

reellen Vektorraum

$$V = L \otimes \mathbb{R} = \{a_1\delta_1 + \ldots + a_\mu\delta_\mu \mid a_i \in \mathbb{R}\}.$$

Die Schnittform $\langle\ ,\ \rangle$ induziert dann eine symmetrische Bilinearform

$$\langle\ ,\ \rangle : V \times V \longrightarrow \mathbb{R}$$

auf V. Nach dem Satz über die Hauptachsentransformation lässt sich eine Basis von V finden, bezüglich der die Matrix von $\langle\ ,\ \rangle$ Diagonalgestalt besitzt. Es sei

$$\begin{aligned} \mu_+ &= \#\ \text{positive Diagonaleinträge}, \\ \mu_0 &= \#\ 0\ \text{auf Diagonale}, \\ \mu_- &= \#\ \text{negative Diagonaleinträge}. \end{aligned}$$

Diese Zahlen sind unabhängig von der Basis und heißen auch die *Trägheitsindizes* (von Sylvester). Es gilt

$$\mu = \mu_+ + \mu_0 + \mu_-.$$

Wir wollen nun die Trägheitsindizes für die unimodalen Singularitäten bestimmen. Es sei $f : (\mathbb{C}^3, 0) \to (\mathbb{C}, 0)$ ein unimodaler holomorpher Funktionskeim und $(\delta_1, \ldots, \delta_\mu)$ eine stark ausgezeichnete Basis von verschwindenden Zyklen von f zu dem jeweiligen obigen Coxeter-Dynkin-Diagramm.

Es sei zunächst f aus einer der Klassen $\tilde{E}_6$, $\tilde{E}_7$, $\tilde{E}_8$ oder $T_{p,q,r}$. Wir betrachten den Vektor

$$\lambda_0 = \delta_{\mu-1} - \delta_\mu.$$

Dann gilt

$$\begin{aligned}\langle\lambda_0,\lambda_0\rangle &= \langle\delta_{\mu-1}-\delta_\mu,\delta_{\mu-1}-\delta_\mu\rangle\\ &= \langle\delta_{\mu-1},\delta_{\mu-1}\rangle-2\langle\delta_{\mu-1},\delta_\mu\rangle+\langle\delta_\mu,\delta_\mu\rangle\\ &= -2+4-2\\ &= 0,\\ \langle\lambda_0,\delta_i\rangle &= 0 \text{ für } i=1,\dots,\mu-1.\end{aligned}$$

Die Matrix der Schnittform bezüglich der neuen Basis $(\lambda_0,\delta_1,\dots,\delta_{\mu-1})$ hat also die Gestalt

$$\left(\begin{array}{c|ccc} 0 & 0 & \cdots & 0\\ \hline 0 & & & \\ \vdots & & S' & \\ 0 & & & \end{array}\right)$$

und S' entspricht das Coxeter-Dynkin-Diagramm von Bild 5.45, wobei wir für $\tilde{E}_6$, $\tilde{E}_7$, $\tilde{E}_8$ die folgenden Werte von p,q,r haben:

$$\begin{aligned}\tilde{E}_6 &: 3\ 3\ 3,\\ \tilde{E}_7 &: 2\ 4\ 4,\\ \tilde{E}_8 &: 2\ 3\ 6.\end{aligned}$$

Man rechnet nun leicht aus:

$$\begin{aligned}\det S' &= (-1)^{\mu-1}(qr+pr+pq-pqr)\\ &= (-1)^{\mu-1}pqr\left(\frac{1}{p}+\frac{1}{q}+\frac{1}{r}-1\right).\end{aligned}$$

Daraus folgt

$$(-1)^{\mu-1}\det S'\begin{cases} >0 & \text{falls } \frac{1}{p}+\frac{1}{q}+\frac{1}{r}>1,\\ =0 & \text{falls } \frac{1}{p}+\frac{1}{q}+\frac{1}{r}=1,\\ <0 & \text{falls } \frac{1}{p}+\frac{1}{q}+\frac{1}{r}<1.\end{cases}$$

Damit erhalten wir

$$\begin{aligned}\tilde{E}_6,\tilde{E}_7,\tilde{E}_8 &: \mu_+=0,\ \mu_0=2,\\ T_{p,q,r} &: \mu_+=1,\ \mu_0=1.\end{aligned}$$

Die Schnittformen von $\tilde{E}_6,\tilde{E}_7,\tilde{E}_8$ sind daher (negativ) semidefinit. Solche Formen nennt man auch parabolisch und die Singularitäten $\tilde{E}_6$, $\tilde{E}_7$ und $\tilde{E}_8$ heißen daher auch die *parabolischen Singularitäten.*

Eine quadratische Form mit $\mu_+=1$ nennt man *hyperbolisch.* Die Schnittformen der Singularitäten $T_{p,q,r}$ sind also hyperbolisch und man nennt diese Singularitäten daher auch *hyperbolische* Singularitäten.

Arnold hat gezeigt, dass die einfachen (Hyperflächen)singularitäten die einzigen Singularitäten mit einer definiten Schnittform, die Singularitäten $\tilde{E}_6,\tilde{E}_7,\tilde{E}_8$ die einzigen mit

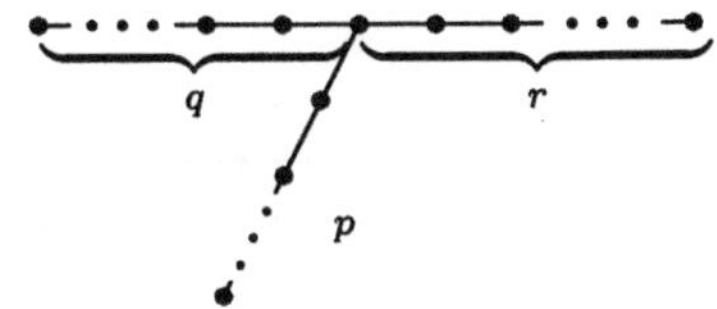

Bild 5.45: Coxeter-Dynkin-Diagramm zu S'

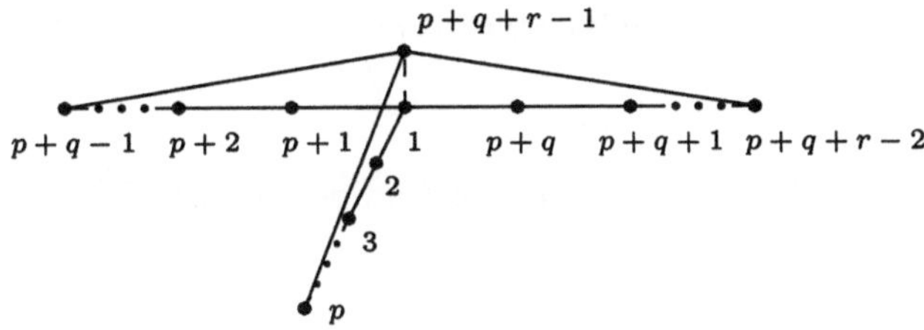

Bild 5.46: Normalform der Coxeter-Dynkin-Diagramme der parabolischen und hyperbolischen unimodalen Singularitäten

parabolischen Schnittformen und die $T_{p,q,r}$ die einzigen Singularitäten mit einer hyperbolischen Schnittform sind.

Es sei nun f eine exzeptionelle unimodale Singularität. Wir betrachten die Vektoren

$$\begin{aligned} \lambda_0 &= \delta_{\mu-2} - \delta_{\mu-1}, \\ \lambda_1 &= \delta_{\mu-2} - \delta_{\mu-1} - \delta_{\mu}. \end{aligned}$$

Die Matrix der Schnittform bezüglich der Basis $(\lambda_0, \lambda_1, \delta_1, \ldots, \delta_{\mu-2})$ hat dann die Gestalt

$$\left(\begin{array}{cc|ccc} 0 & 1 & 0 & \cdots & 0 \\ 1 & 0 & 0 & \cdots & 0 \\ \hline 0 & 0 & & & \\ \vdots & \vdots & & S' & \\ 0 & 0 & & & \end{array}\right).$$

Die Matrix $\begin{pmatrix} 0 & 1 \\ 1 & 0 \end{pmatrix}$ ist über $\mathbb{R}$ äquivalent zu $\begin{pmatrix} 1 & 0 \\ 0 & -1 \end{pmatrix}$. Also folgt für die exzeptionellen unimodalen Singularitäten

$$\mu_+ = 2, \ \mu_0 = 0.$$

Die Diagramme von Tabelle 5.3 und Tabelle 5.4 hatten den Vorteil, dass man mit ihrer Hilfe leicht die Trägheitsindizes der Schnittform bestimmen konnte. Ein Nachteil dieser Diagramme ist aber, dass sie eine Kante vom Gewicht -2 enthalten. Man kann aber auch Coxeter-Dynkin-Diagramme zu ausgezeichneten Basen finden, die diesen Diagrammen sehr nahe kommen, aber nur Kanten vom Gewicht $+1$ oder -1 enthalten. Durch Operationen der Zopfgruppe lassen sich die obigen Diagramme auf die in Bild 5.46 und Bild 5.47 dargestellten Formen bringen (vgl. [Ebe96]).

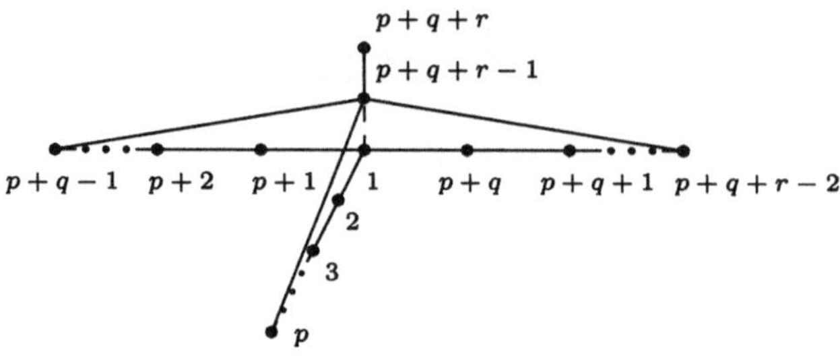

Bild 5.47: Normalform der Coxeter-Dynkin-Diagramme der exzeptionellen unimodalen Singularitäten

Unter Benutzung eines Satzes von N. A'Campo hat G.G. Ilyuta [Ily87] den folgenden Satz gezeigt.

Theorem 5.6 (Ilyuta) *Ein Coxeter-Dynkin-Diagramm zu einer stark ausgezeichneten Basis einer nicht einfachen Singularität enthält mindestens eine Kante von negativem Gewicht.*

Die obigen Diagramme haben also die Eigenschaft, im Sinne von Theorem 5.6 minimal zu sein. Die Diagramme haben noch eine weitere Eigenschaft: Ein geschlossener Weg in einem Coxeter-Dynkin-Diagramm heißt ein *monotoner Zyklus*, wenn die Nummerierung der Ecken beim Durchlaufen des Zyklus streng monoton wachsend ist (bis auf den letzten Schritt). Die obigen Diagramme enthalten genau drei monotone Zyklen und nach Löschen der Kante von 1 nach $p+q+r-1$ werden die monotonen Zyklen zerstört (vgl. auch [Ebe96]).

5.12 Die Monodromiegruppen der isolierten Hyperflächensingularitäten

In diesem Abschnitt sollen allgemeine Resultate über die Monodromiegruppen von verschwindenden Gittern dargestellt werden.

Es sei (L, Δ) ein verschwindendes Gitter.

Definition $L^\# = \mathrm{Hom}(L, \mathbb{Z})$ heißt der *duale Modul.*

Es sei

$$\begin{array}{rccl} j: & L & \longrightarrow & L^\# \\ & v & \longmapsto & l_v \text{ mit } l_v(x) = \langle v, x\rangle, x \in L, \end{array}$$

der kanonische Homomorphismus. Ein Homomorphismus $h : L \to L$ induziert einen Homomorphismus $h^t : L^\# \to L^\#$ des dualen Moduls. Lässt h die Bilinearform $\langle\, ,\, \rangle$ invariant, so gilt $h^t(j(L)) \subset j(L)$. Ein Automorphismus $h \in \mathrm{Aut}(L)$ induziert also einen Homomorphismus $h^t : L^\#/j(L) \to L^\#/j(L)$.

Definition Es sei $\mathrm{Aut}^\#(L) \subset \mathrm{Aut}(L)$ die Untergruppe derjenigen Automorphismen $h \in \mathrm{Aut}(L)$ mit $h^t = \mathrm{id}_{L^\#/j(L)}$.

Man sieht leicht, dass $\Gamma_\Delta \subset \mathrm{Aut}^\#(L)$ gilt.

Es sei nun L symmetrisch und $\varepsilon \in \{-1,+1\}$. Wir setzen

$$\begin{aligned} \bar{L} &:= L/\ker j, \\ \bar{L}_{\mathbb{R}} &:= \bar{L} \otimes \mathbb{R}. \end{aligned}$$

Dann ist $\bar{L}_{\mathbb{R}}$ ein endlich-dimensionaler reeller Vektorraum mit einer nicht ausgearteten symmetrischen Bilinearform. Wir definieren nun einen Homomorphismus

$$\nu_\varepsilon : \mathrm{Aut}(L) \longrightarrow \{+1,-1\}$$

wie folgt. Es sei $h \in \mathrm{Aut}(L)$ und $\bar{h}$ das induzierte Element in $O(\bar{L}_{\mathbb{R}})$. Nach einem Resultat aus der linearen Algebra kann man $\bar{h}$ als ein Produkt von Spiegelungen

$$\bar{h} = s_{v_1} \circ \ldots \circ s_{v_r}$$

mit $v_i \in \bar{L}_{\mathbb{R}}$, $\langle v_i, v_i\rangle \neq 0$, $i = 1,\ldots,r$, schreiben. Wir definieren

$$\nu_\varepsilon(h) := \begin{cases} +1 & \text{falls } \varepsilon\langle v_i, v_i\rangle < 0 \text{ für eine gerade Anzahl von Indizes,} \\ -1 & \text{sonst.} \end{cases}$$

Der Homomorphismus $\nu_\varepsilon : \mathrm{Aut}(L) \to \{-1,+1\}$ heißt die *reelle ε-Spinornorm.*

Definition Wir definieren eine Untergruppe $O_\varepsilon^*(L) \subset O(L)$ wie folgt:

$$O_\varepsilon^*(L) := \mathrm{Aut}^\#(L) \cap \ker \nu_\varepsilon.$$

Man sieht leicht, dass $\Gamma_\Delta \subset O_\varepsilon^*(L)$ gilt. Ist L nicht ausgeartet, so ist $L^\#/j(L)$ eine endliche Gruppe und daher ist $O^\#(L) = \mathrm{Aut}^\#(L)$ eine Untergruppe von endlichem Index in $O(L) = \mathrm{Aut}(L)$. Die Untergruppe $\ker \nu_\varepsilon \subset O(L)$ ist vom Index ≤ 2 in $O(L)$. Ist also L nicht ausgeartet, so ist $O_\varepsilon^*(L)$ eine Untergruppe von endlichem Index in $O(L)$.

Unter Benutzung eines Resultates von M. Kneser hat der Autor den folgenden Satz bewiesen (vgl. [Ebe87]).

Theorem 5.7 *Es sei (L,Δ) ein gerades symmetrisches verschwindendes Gitter. Wir nehmen an, dass Δ sechs Elemente $\delta_1,\ldots,\delta_6$ mit*

$$(\langle\delta_i,\delta_j\rangle) = \begin{pmatrix} 2\varepsilon & -\varepsilon & 0 & 0 & 0 & 0 \\ -\varepsilon & 2\varepsilon & -\varepsilon & -\varepsilon & 2\varepsilon & 0 \\ 0 & -\varepsilon & 2\varepsilon & -\varepsilon & -\varepsilon & 0 \\ 0 & -\varepsilon & -\varepsilon & 2\varepsilon & -\varepsilon & 0 \\ 0 & 2\varepsilon & -\varepsilon & -\varepsilon & 2\varepsilon & -\varepsilon \\ 0 & 0 & 0 & 0 & -\varepsilon & 2\varepsilon \end{pmatrix}$$

enthält (vgl. Bild 5.48).

Dann gilt

(i) $\Delta = \{v \in L \mid \langle v,v\rangle = 2\varepsilon$ *und* $\langle v, L\rangle = \mathbb{Z}\}$

(ii) $\Gamma = O_\varepsilon^*(L)$.

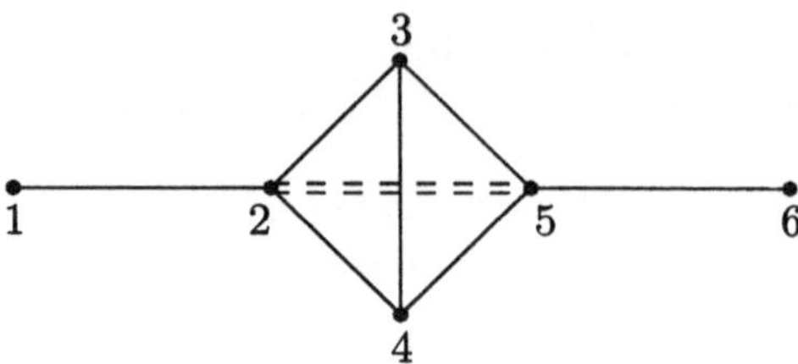

Bild 5.48: Coxeter-Dynkin-Diagramm zu $(\delta_1, \ldots, \delta_6)$

Hierbei bedeutet $\langle v, L\rangle = \mathbb{Z}$: es gibt ein $y \in L$ mit $\langle v, y\rangle = 1$.

Es sei nun (L, Δ) ein schiefsymmetrisches verschwindendes Gitter. Ein schiefsymmetrisches Gitter L besitzt eine Basis $(e_1, f_1, \ldots, e_m, f_m, g_1, \ldots, g_k)$, so dass die Matrix der Bilinearform $\langle\ ,\ \rangle$ bezüglich dieser Basis die folgende Gestalt hat:

$$\begin{pmatrix} \boxed{\begin{matrix} 0 & d_1 \\ -d_1 & 0 \end{matrix}} & & & & & & \\ & \boxed{\begin{matrix} 0 & d_2 \\ -d_2 & 0 \end{matrix}} & & & 0 & & \\ & & \ddots & & & & \\ & 0 & & \boxed{\begin{matrix} 0 & d_m \\ -d_m & 0 \end{matrix}} & & & \\ & & & & 0 & & \\ & & & & & \ddots & \\ & & & & & & 0 \end{pmatrix},$$

wobei $d_i \in \mathbb{N}$ mit $d_i | d_{i+1}$ $(i = 1, \ldots, m-1)$. Eine solche Basis heißt eine *symplektische* Basis.

Es sei $(e_1, f_1, \ldots, e_m, f_m, g_1, \ldots, g_k)$ eine symplektische Basis von L. Es sei $\eta_2(L)$ der Exponent von 2 in der Primfaktorzerlegung von d_m. Es sei $\mu = 2m + k$. Wir identifizieren L mit $\mathbb{Z}^\mu$ mittels der symplektischen Basis $(e_1, f_1, \ldots, e_m, f_m, g_1, \ldots, g_k)$. Einer Untergruppe $G \subset \mathrm{Aut}^\#(L)$ entspricht dann eine Untergruppe $\rho(G) \subset \mathrm{Sp}^\#(\mu, \mathbb{Z})$.

Definition Es sei $r \in \mathbb{N} \setminus \{0\}$. Eine Untergruppe $G \subset \mathrm{Aut}^\#(L)$ heißt eine *Kongruenzuntergruppe modulo* r, wenn gilt:

$$\rho(G) = \{A \in \mathrm{Sp}^\#(\mu, \mathbb{Z}) \mid A \equiv E \bmod r\}.$$

Hierbei ist E die Einheitsmatrix und $A \equiv E \bmod r$ bedeutet $a_{ij} \equiv \delta_{ij} \bmod r$ für alle $1 \leq i, j \leq \mu$, wobei $A = (a_{ij})$.

Eine Kongruenzuntergruppe ist offensichtlich von endlichem Index in der Gruppe $\mathrm{Aut}^\#(L) = \mathrm{Sp}^\#(L)$.

Notation Es sei $a \in L$. Gibt es ein Element $b \in L$ mit $a - 2b \in \Delta$, so schreiben wir $a \in \Delta \bmod 2$.

W.A.M. Janssen [Jan83] hat folgenden Satz bewiesen:

Theorem 5.8 (Janssen) *Für jedes schiefsymmetrische verschwindende Gitter* (L, Δ) *gilt*
(i) $\Delta = \{v \in L \mid \langle v, L\rangle = \mathbb{Z}$ *und* $v \in \Delta \bmod 2\}$
(ii) Γ_Δ *enthält die Kongruenzuntergruppe modulo* $2^{\eta_2(L)+1}$ *von* $\mathrm{Sp}^{\#}(L)$.

Janssen gibt auch eine vollständige Klassifikation der schiefsymmetrischen verschwindenden Gitter, vgl. [Jan85].

Wir wollen nun zum Abschluss diese Resultate auf Singularitäten anwenden. Es gilt

Theorem 5.9 *Es sei* $f : (\mathbb{C}^{n+1}, 0) \to (\mathbb{C}, 0)$ *ein holomorpher Funktionskeim mit einer isolierten Singularität in* 0 *und* n *sei gerade,* $\varepsilon = (-1)^{n(n-1)/2}$. *Wir nehmen an, dass* f *nicht vom Typ* $T_{p,q,r}$ *mit* $(1/p)+(1/q)+(1/r) < 1$ *und* $(p,q,r) \neq (3,3,4),(2,4,5),2,3,7)$ *ist. Es sei* L *das Milnorgitter,* Γ *die Monodromiegruppe und* Δ *die Menge der verschwindenden Zyklen von* f. *Dann gilt*
(i) $\Gamma = O_\varepsilon^*(L)$
(ii) $\Delta = \{v \in L \mid \langle v, v\rangle = 2\varepsilon$ *und* $\langle v, L\rangle = \mathbb{Z}\}$
In (ii) *wird dabei vorausgesetzt, dass* 0 *kein regulärer Punkt von* f *ist.*

Beweisidee. Für die einfachen, parabolischen und die drei hyperbolischen Singularitäten $T_{3,3,4}, T_{2,4,5}, T_{2,3,7}$ kann man die Behauptung direkt zeigen.

Für die exzeptionellen unimodalen Singularitäten kann man zeigen, dass die Voraussetzung von Theorem 5.7 erfüllt ist. Außerdem kann man zeigen, dass jede nicht einfache, nicht parabolische und nicht hyperbolische Singularität in eine exzeptionelle unimodale Singularität deformiert. Damit ist nach Korollar 5.10 die Voraussetzung von Theorem 5.7 für jede solche Singularität erfüllt. □

Aus Theorem 5.8 leitet man direkt ab:

Theorem 5.10 *Es sei* $f : (\mathbb{C}^{n+1}, 0) \to (\mathbb{C}, 0)$ *ein holomorpher Funktionskeim mit einer isolierten Singularität in* 0 *und* n *sei ungerade. Dann gilt:*
(i) Γ *enthält die Kongruenzuntergruppe modulo* $2^{\eta_2(L)+1}$ *von* $\mathrm{Sp}^{\#}(L)$.
(ii) $\Delta = \{v \in L \mid \langle v, L\rangle = \mathbb{Z}$ *und* $v \in \Delta \bmod 2\}$.

Dieses Resultat wurde von S.V. Chmutov [Chm82] nach Vorarbeiten von N. A'Campo [A'C79] und B. Wajnryb [Waj80] bewiesen und von W.A.M. Janssen [Jan83] auf den Fall von isolierten Singularitäten vollständiger Durchschnitte verallgemeinert. Auch Theorem 5.9 besitzt ein Analogon für vollständige Durchschnitte, vgl. [Ebe87].

Literaturverzeichnis

[A'C79] N. A'Campo: Tresses, monodromie et le groupe symplectique. Comment. Math. Helv. 54, 318–327 (1979).

[Arn73] V. I. Arnold: Normal forms for functions near degenerate critical points, the Weyl groups of A_k, D_k, E_k and Lagrangian singularities. Funct. Anal. Appl. 6, 254–272 (1973).

[Arn91] V. I. Arnold: Gewöhnliche Differentialgleichungen. (Hochschulbücher für Mathematik, Band 83) Deutscher Verlag der Wissenschaften, Berlin, 1991.

[AGV85] V. I. Arnold, S.M. Gusein-Zade, A.N. Varchenko: Singularities of Differentiable Maps, I. Birkhäuser-Verlag, Basel, 1985.

[AGV88] V. I. Arnold, S.M. Gusein-Zade, A.N. Varchenko: Singularities of Differentiable Maps, II. Birkhäuser-Verlag, Basel, 1988.

[Arn93] V. I. Arnold (Ed.): Dynamical Systems VI – Singularity Theory I. (Encyclopaedia of Math. Sciences, Vol. 6) Springer-Verlag, New York etc., 1993.

[BK91] D. Bättig, H. Knörrer: Singularitäten. Birkhäuser-Verlag, Basel, 1991.

[Bre93] G. Bredon: Geometry and Topology. (Graduate Texts in Math. 139) Springer-Verlag, New York etc., 1993.

[Bri70] E. Brieskorn: Die Monodromie der isolierten Singularitäten von Hyperflächen. Manuscripta math. 2, 103–160 (1970).

[Bri88] E. Brieskorn: Automorphic sets and braids and singularities. Contemporary Math. 78, 1988, pp. 45–115.

[BK86] E. Brieskorn, H. Knörrer: Plane Algebraic Curves. Birkhäuser-Verlag, Basel, 1986.

[BJ73] Th. Bröcker, K. Jänich: Einführung in die Differentialtopologie. (Heidelberger Taschenbücher, Band 143) Springer Verlag, Heidelberg, 1973 und 1990.

[Chm82] S. V. Chmutov: Monodromy groups of critical points of functions. Invent. Math. 67, 123–131 (1982).

[DFN85] B. A. Dubrovin, A. T. Fomenko, S. P. Novikov: Modern Geometry – Methods and Applications. Part II. The Geometry and Topology of Manifolds. (Graduate Texts in Math. 104) Springer Verlag, New York etc., 1985.

[Dur79] A. H. Durfee: Fifteen characterizations of rational double points and simple critical points. Enseign. Math. 25, 131–163 (1979).

[Ebe81] W. Ebeling: Quadratische Formen und Monodromiegruppen von Singularitäten. Math. Ann. 255, 463–498 (1981).

[Ebe87] W. Ebeling: The Monodromy Groups of Isolated Singularities of Complete Intersections. (Lecture Notes in Math., Vol. 1293) Springer Verlag, Berlin etc., 1987.

[Ebe96] W. Ebeling: On Coxeter-Dynkin diagrams of hypersurface singularities. J. of Math. Sciences 82, 3657–3664 (1996).

[Fis76] G. Fischer: Complex Analytic Geometry. (Lecture Notes in Math., Vol. 538) Springer-Verlag, Berlin etc., 1976.

[FL88] W. Fischer, I. Lieb: Ausgewählte Kapitel aus der Funktionentheorie. Vieweg, Braunschweig Wiesbaden, 1988.

[FL92] W. Fischer, I. Lieb: Funktionentheorie, 6. Auflage. Vieweg, Braunschweig Wiesbaden, 1992.

[For77] O. Forster: Riemannsche Flächen. (Heidelberger Taschenbücher 184) Springer-Verlag, Heidelberg, 1977.

[For81] O. Forster: Lectures on Riemann Surfaces. (Graduate Texts in Math., Vol. 81) Springer-Verlag, New York etc., 1981.

[For83] O. Forster: Analysis 1, 4. Auflage. Vieweg, Braunschweig Wiesbaden, 1983.

[For84] O. Forster: Analysis 2, 5. Auflage. Vieweg, Braunschweig Wiesbaden, 1984.

[Gab79] A. M. Gabrielov: Polar curves and intersection matrices of singularities. Invent. math. 54, 15–22 (1979).

[GG74] M. Golubitsky, V. Guillemin: Stable Mappings and their Singularities. (Graduate Texts in Math., Vol. 14) Springer Verlag, Berlin etc., 1974.

[GF74] H. Grauert, K. Fritzsche: Einführung in die Funktionentheorie mehrerer Veränderlicher. (Hochschultext) Springer-Verlag, Heidelberg etc., 1974.

[GR71] H. Grauert, R. Remmert: Analytische Stellenalgebren. (Grundlehren der math. Wiss. 176) Springer-Verlag, Heidelberg etc., 1971.

[GR77] H. Grauert, R. Remmert: Theorie der Steinschen Räume. (Grundlehren der math. Wiss. 227) Springer-Verlag, Heidelberg etc., 1977.

[GR84] H. Grauert, R. Remmert: Coherent Analytic Sheaves. (Grundlehren der math. Wiss. 265) Springer-Verlag, Heidelberg etc., 1984.

[GH81] M. J. Greenberg, J. R. Harper: Algebraic Topology: A First Course. Benjamin/Cummings, Menlo Park, CA, 1981.

[GH78] Ph. Griffith, J. Harris: Principles of Algebraic Geometry. Wiley and Sons, New York, 1978.

[GR65] R. C. Gunning, H. Rossi: Analytic Functions of Several Complex Variables. Prentice-Hall, Englewood Cliffs, N. J., 1965.

[Hir76] M. W. Hirsch: Differential Topology. (Graduate Texts in Math. 33) Springer-Verlag, Berlin etc., 1976.

[Hum85] S. P. Humphries: On weakly distinguished bases and free generating sets of free groups. Quart. J. Math. Oxford (2), 36, 215–219 (1985).

[Ily87] G. G. Il'yuta: On the Coxeter transformation of an isolated singularity. Russ. Math. Surveys 42:2, 279–280 (1987).

[Jan83] W. A. M. Janssen: Skew-symmetric vanishing lattices and their monodromy groups. Math. Ann. 266, 115–133 (1983).

[Jan85] W. A. M. Janssen: Skew-symmetric vanishing lattices and their monodromy groups II. Math. Ann. 272, 17–22 (1985).

[JS87] G. A. Jones, D. Singerman: Complex Functions: An Algebraic and Geometric Viewpoint. Cambridge University Press, Cambridge, 1987.

[dJP00] Th. de Jong, G. Pfister: Local Analytic Geometry. Vieweg, Braunschweig Wiesbaden, 2000.

[KK83] L. Kaup, B. Kaup: Holomorphic Functions of Several Variables. Walter de Gruyter, Berlin New York, 1983.

[Kle73] F. Klein: Über Flächen dritter Ordnung. Math. Ann. 6, 551-581 (1873) (Gesammelte Math. Abhandlungen, Bd. II, J. Springer, Berlin, 1922, pp. 11–44, mit Zusätzen pp. 44–62).

[Kod86] K. Kodaira: Complex Manifolds and Deformation of Complex Structures. (Grundlehren der math. Wiss. 283) Springer-Verlag, New York etc., 1986.

[Kun91] E. Kunz: Algebra. Vieweg, Braunschweig Wiesbaden, 1991.

[Lam75] K. Lamotke: Die Homologie isolierter Singularitäten. Math. Z. 143, 27–44 (1975).

[Lef75] S. Lefschetz: Applications of Algebraic Topology. (Applied Math. Sciences, Vol. 16) Springer-Verlag, Berlin etc., 1975.

[Loj91] S. Lojasiewicz: Introduction to Complex Analytic Geometry. Birkhäuser, Basel, 1991.

[Loo84] E. J. N. Looijenga: Isolated Singular Points on Complete Intersections. (London Math. Soc. Lecture Note Series 77) Cambridge University Press, Cambridge 1984.

[LS77] R. C. Lyndon, P. E. Schupp: Combinatorial Group Theory. (Ergebnisse der Mathematik und ihrer Grenzgebiete 89) Springer-Verlag, Berlin Heidelberg New York, 1977.

[Mal68] B. Malgrange: Analytic spaces. In: Topics of Several Variables. L'Enseignement Math. Monographie 14, Genève, 1968, pp. 1-28.

[Mar82] J. Martinet: Singularities of Smooth Functions and Maps. (London Math. Soc. Lecture Note Series 58) Cambridge University Press, Cambridge, 1982.

[Mil63] J. Milnor: Morse Theory. (Ann. of Math. Studies 51) Princeton University Press, Princeton, 1963.

[Mil65] J. Milnor: Topology from the Differentiable Viewpoint. The University Press of Virginia, Charlottesville, 1965.

[Mil68] J. Milnor: Singular Points of Complex Hypersurfaces. (Ann. of Math. Studies 61) Princeton University Press, Princeton, 1968.

[MK71] J. Morrow, K. Kodaira: Complex Manifolds. Holt, Rinehart, and Winston, New York, 1971.

[Mum76] D. Mumford: Algebraic Geometry I, Complex Projective Varieties. Springer-Verlag, Berlin etc., 1976.

[Nar66] R. Narasimhan: Introduction to the Theory of Analytic Spaces. (Lecture Notes in Math., Vol. 25) Springer-Verlag, Berlin etc., 1966.

[Nar85] R. Narasimhan: Analysis on Real and Complex Manifolds. Third printing. North-Holland, Amsterdam New York Oxford, 1985.

[Orl76] P. Orlik: The multiplicity of a holomorphic map at an isolated critical point. In: Real and Complex Singularities (P. Holm, ed.), Proc. Nordic Summer School, Oslo 1976, Sijthoff & Noordhoff, Alphen a/d Rijn 1976, pp. 405-474.

[RK82] W. Rothstein, K. Kopfermann: Funktionentheorie mehrerer komplexer Veränderlicher. B. I.-Wissenschaftsverlag, Mannheim, 1982.

[Ste51] N. Steenrod: The Topology of Fibre Bundles. Princeton University Press, Princeton, 1951.

[SZ88] R. Stöcker, H. Zieschang: Algebraische Topologie. Teubner Verlag, Stuttgart, 1988.

[Voi80] E. Voigt: Marokkanische Zöpfe: eine mathematische Bastelanleitung. Diplomarbeit, Bonn, 1980.

[War83] F. Warner: Foundations of Differentiable Manifolds and Lie Groups. (Graduate Texts in Math., Vol. 94) Springer-Verlag, New York etc., 1983.

[Waj80] B. Wajnryb: On the monodromy group of plane curve singularities. Math. Ann. 246, 141–154 (1980).

[Wel80] R. O. Wells: Differential Analysis of Complex Manifolds. (Graduate Texts in Math. 65) Springer Verlag, New York etc., 1980.

[Whi72] H. Whitney: Complex Analytic Varieties. Addison-Wesley, Reading, Massachusetts, 1972.

[Wol64] J. Wolf: Differentiable fibre spaces and mappings compatible with Riemannian metrics. Michigan J. Math. 11, 65–70 (1964).

Index

Milnor's Textbook on Dynamics

John Milnor

Dynamics in One Complex Variable

Introductory Lectures

2. ed. 2000. viii, 257 pp. Softc. DM 49,80 ISBN 3-528-13130-6

Contents: Chronological Table - Riemann Surfaces - Iterated Holomorphic Maps - Local Fixed Point Theory - Periodic Points: Global Theory - Structure of the Fatou Set - Using the Fatou Set to study the Julia Set - Appendices

This text studies the dynamics of iterated holomorphic mappings from a Riemann surface to itself, concentrating on the classical case of rational maps of the Riemann sphere. It is based on introductory lectures given by the author at Stony Brook, NY, in the past ten years. The subject is large and rapidly growing. These notes are intended to introduce the reader to some key ideas in the field, and to form a basis for further study. The reader is assumed to be familiar with the rudiments of complex variable theory and of two-dimensional differential geometry, as well as some basic topics from topology. The exposition is clear and enriched by many beautiful illustrations.

Abraham-Lincoln-Straße 46
65189 Wiesbaden
Fax 0611.7878-400
www.vieweg.de

Stand 1.11.2000
Änderungen vorbehalten.
Erhältlich im Buchhandel oder im Verlag.